A. ESCOFFIER

L'aide-mémoire culinaire

SUIVI D'UNE

Étude sur les Vins
Français et Étrangers
à l'usage des Cuisiniers
o Maîtres d'hôtel et o
Garçons de Restaurant

ERNEST FLAMMARION, EDITEUR

L'aide-mémoire
culinaire

Note de l'Auteur

<hr>

Le présent **Aide-Mémoire culinaire** est le seul qui puisse être présenté et vendu comme étant de moi.

Je proteste formellement contre l'usurpation de mon nom dans tout ouvrage similaire et fais réserve de tous mes droits d'auteur en ce qui concerne les emprunts faits — ou qui pourraient être faits — au **Guide culinaire**, sans mon autorisation écrite.

En ce qui concerne l'étude et la rédaction générale des Menus, je renvoie le lecteur au **Livre des Menus** où il trouvera tous les renseignements qui peuvent le concerner et l'intéresser.

A. Escoffier

A. ESCOFFIER

L'aide-mémoire culinaire

SUIVI D'UNE

Étude sur les Vins français et étrangers

à l'usage

des Cuisiniers, Maîtres d'hôtel et Garçons de Restaurant

ERNEST FLAMMARION, ÉDITEUR

26, RUE RACINE, PARIS

Avertissement important

Dans les différents chapitres que comporte cet Aide-Mémoire, l'ordre alphabétique a été suivi aussi rigoureusement que possible, afin d'éviter de recourir à une Table générale.

Par l'ordre établi, toute recherche est du reste simplifiée, puisque chacun des chapitres représente l'une des grandes divisions de la cuisine. C'est ainsi que, dans la partie traitant des Viandes de Boucherie, par exemple, celles-ci ont été sériées par nature : Bœuf, Veau, Mouton, Agneau de lait.

Donc, le lecteur n'a qu'à consulter le Tableau de pagination placé à la fin du volume, pour trouver le chapitre où se trouve la recette dont il a besoin.

AVANT-PROPOS

Il y a bien longtemps que j'eus l'idée de faciliter la tâche du personnel de restaurant (cuisiniers, maîtres d'hôtel et garçons) en mettant à sa disposition un ouvrage de petit format réunissant en des exposés brefs, et cependant explicites, la plus grande partie des recettes culinaires qui figurent sur nos Menus du jour.

L'idée fut exploitée, plus ou moins heureusement; on comprit en tous cas combien elle pouvait être utile et l'expérience l'a démontré.

Dans mon esprit, le *Guide culinaire* n'était, à son origine, en 1902, que *l'Aide-Mémoire* dont j'avais signalé l'impérieuse nécessité; mais, entraîné par l'ardeur de mes collaborateurs et les encouragements de nombreux collègues, cet ouvrage prit une extension beaucoup plus considérable et s'éleva au titre de Livre classique culinaire, apportant, non plus de brefs renseignements, mais un enseignement complet.

Avec le présent ouvrage, je reviens à mon idée première, mais en lui apportant les modifications dictées par les circonstances présentes.

Il est de nécessité absolue que le personnel servant

puisse répondre à toute interrogation d'un client au sujet du composé de tel ou tel mets, sans avoir à recourir continuellement aux _xplications du personnel culinaire. Pour le faire, il lui faut des renseignements concis, précis, et tel est le but de ce petit ouvrage.

Il est non moins nécessaire que le client puisse être conseillé par celui qui le sert au sujet du vin qui devra accompagner tel ou tel mets pour en faire ressortir la note savoureuse; c'est pourquoi j'ai consacré un article à cette importante question.

Mais n'oublions pas que des changements importants vont se manifester dans la façon de vivre et que, déjà, se font sentir les prodromes de l'évolution que nous pressentions.

L'épreuve douloureuse que nous venons de traverser, l'aura hâtée et même fixée.

Pendant des années, tous les pays d'Europe, et surtout ceux qui ont eu à subir la guerre abominable, devront se consacrer à rétablir l'équilibre de leurs finances et, pour cela, d'immenses sacrifices seront demandés à tous. A la vie luxueuse et prodigue que nous avons connue va donc succéder une vie où l'économie sera une nécessité et un retour à la simplicité; mais une simplicité de bon goût qui n'exclura nullement la perfection savoureuse de notre cuisine, ni la correcte élégance de nos services.

C'est parce que je prévois ce que sera demain que j'ai cru devoir, — tout en conservant à la cuisine française les hautes qualités qui l'ont rendue universelle — rompre avec des traditions que les circonstances frappent de désuétude, en remaniant et simplifiant un grand nombre des recettes d'hier, en les conformant aux exigences d'aujourd'hui, en supprimant même de nombreuses recettes d'intérêt secondaire, pour ne conserver que celles dont l'intérêt est immédiat et d'exécution journalière. Une sélection méthodique s'imposait d'ailleurs dans la multiplicité de formules qui ne sont souvent que d'encombrantes redites.

Cinquante-six années passées dans les cuisines des grands restaurants, m'ont permis de constater les nombreuses lacunes qui existent dans les différents services de ces maisons et qu'il serait urgent de combler. Certes, nous avons de bons cuisiniers; mais nous avons aussi, et nous avons toujours eu en France d'excellents maîtres d'hôtel connaissant à fond leur profession. Ils sont restés les maîtres incontestés du service à la carte et les nombreux étrangers qui fréquentent nos restaurants sont unanimes à reconnaître leur tact et leur complaisance polie et digne.

Si leur étoile fut un instant voilée par quelque nuage passager, la cause en fut imputable au développement extraordinaire de la restauration en France. Il arriva alors que des maîtres d'hôtel furent formés à la hâte, et l'on vit beaucoup de jeunes gens occuper des situations qui exigeaient une compétence qu'ils n'avaient pas eu le temps d'acquérir.

En raison des vides causés par la guerre, il est malheureusement à craindre un retour à cet état de choses; du moins jusqu'au moment où pourra être mis en activité le personnel nouveau instruit dans les Écoles professionnelles promises, ou formé sous la direction des bons maîtres d'hôtel actuels.

C'est donc dans l'intention d'être utile à cette intéressante corporation qu'est née l'idée de ce petit ouvrage qui s'adresse aussi bien au personnel de la salle qu'aux cuisiniers.

Je crois que la suite logique et nécessaire de la partie culinaire, serait une variété de petits menus, types d'usage courant, rédigés en s'en rapportant à la carte du jour établie par le chef de cuisine et en s'inspirant même de ses conseils. Cette idée sera étudiée et bientôt mise en application.

Mon but, en un mot, a été de faciliter la tâche de mes collaborateurs naturels, comme il a toujours été de créer entre eux et le personnel de la cuisine des rapports sympathiques et cordiaux, générateurs de services fonctionnant irréprochablement, à la satisfaction de tous.

Car si le cuisinier doit faire tout son possible pour obliger le garçon qui est en contact avec le client et doit le contenter, le garçon ne doit pas oublier dans quelles conditions pénibles travaille souvent le cuisinier ; quels efforts il doit fournir pour assurer la célérité du service et la perfection des mets qu'il livre.

C'est pourquoi il importe que, d'un côté comme de l'autre, règne une large indulgence, que le désir de s'entr'aider soit réciproque.

Là, comme partout où s'agitent des travailleurs, doit régner l'union introublée, la volonté de réaliser au mieux l'œuvre commune, de grandir encore la renommée de la cuisine française et les impeccables services de nos restaurants.

A. ESCOFFIER.

L'AIDE-MÉMOIRE CULINAIRE

POTAGES

Sont compris ici, dans la même série alphabétique de A à Z : Les Potages clairs ; les Potages liés (purées, crèmes et veloutés) ; les Potages spéciaux et mixtes ; les Soupes de légumes et Potées provinciales ; les Potages étrangers.

Les *potages Clairs* comportent un Consommé, additionné d'une garniture légère dont la composition est déterminée par la dénomination du potage.

Les éléments de ces garnitures sont le plus souvent : Une Royale (sorte de crème renversée, froide, au consommé) ou à base de purée de légumes, de volaille ou de crustacés, détaillée de formes diverses ; de fines juliennes de légumes, de filets de volaille ou de chair de crustacés ; de quenelles, de grosseur variable ; de petites profiteroles ; de diablotins ; de pâtes diverses, etc.

Les *potages Purées* sont à base de légumes, de volaille, de gibier ou de crustacés. Leur garniture comporte généralement des petits croûtons en dés, fournis par l'élément de la purée, soit légume seul ou plusieurs, soit chair de volaille, de gibier, etc.

Les *Veloutés* se composent de deux parties de velouté léger (sauce blanche grasse) ; d'une partie de purée quelconque (légumes, volaille, crustacés) qui est l'élément de base ;

d'une partie repr[illegible]ntée par une liaison de crème et de jaunes d'œufs et beurre. Une sobre garniture les complète.

Les *Crèmes* se préparent comme les Veloutés ; à cette différence que le velouté est remplacé par de la sauce Béchamel claire, et que la quantité de crème fraîche employée pour la mise au point est plus forte.

Les *potages invariables* sont ceux dont la composition ne peut être modifiée. On comprend sous le nom de *potages mixtes*, ceux qui résultent d'une combinaison raisonnée de deux potages, comme, par exemple, un mélange de Saint-Germain et de Crème de volaille. Ces potages peuvent être variés à l'infini.

Les *soupes aux légumes* et *potées locales* figurent assez fréquemment sur les menus pour avoir leur place ici.

Les *potages Etrangers*, intercalés dans la série, ont été sélectionnés parmi les plus usuels.

Abréviations : C. (consommé) ; Cl. (clair) ; Lé. (lié) ; Cr. (crème) ; Vel. (velouté) ; Cr. et Vel. (signifie que le potage peut se faire indifféremment en Crème ou en Velouté) ; Garn. (garniture).

Agnès Sorel (Cr. ou Vel.). — Crème ou velouté de volaille additionné d'un quart de purée de champignons. — Garn. : Julienne de champignons sautée au beurre, de filet de volaille et de langue écarlate.

Ailerons (Cl.). — C. de volaille. — Garn. : ailerons de poulet farcis et braisés ; riz en grains.

Albigeoise (Soupe). — Potée de bœuf, rondin de veau, jambon, saucisson, confit d'oie ; carottes, navets, poireaux et choux émincés, féverolles. — Se sert avec fines aiguillettes de confit et lames de pain de ménage.

Albuféra (Vel.). — Léger velouté d'écrevisses fini au beurre fin. — Garn. : un œuf de pigeon, poché au consommé, par personne.

Ambassadeurs. — Purée Saint-Germain additionnée d'une chiffonnade d'oseille et de laitue ; riz en grains et pluches de cerfeuil.

Américaine. — Se compose de deux parties de bisque

d'écrevisses, une partie de purée Portugaise et une partie de tapioca. — Garn. : queues d'écrevisses en gros dés.

Ancienne (Cl.). — ... de la petite marmite. — Garn. : Croûtes évidées garnies d'une Brunoise de légumes de la marmite, mitonnées et gratinées légèrement.

Andalouse (Cr. ou Vel.). — Béchamel légère ou velouté clair additionné de un tiers purée de tomate et un cinquième purée Soubise. — Garn. : riz en grains, fine julienne de poivrons doux.

Antonelli. — Crème de tomate au riz. — Garn. : un aileron de poulet désossé, farci et braisé par personne.

Arenberg (d') (Cl.). — C. de volaille. — Garn. : Perles de carottes, navets et truffes ; petites quenelles rondes ; royale de pointes d'asperges en rondelles.

Ariégeoise (Soupe). — Potée de porc salé, confit d'oie, chou, carottes, pommes de terre, *farci* et lard gras haché. Le farci est une sorte de pain de farce au jambon qui se met cuire dans la potée après avoir été coloré à la poêle. Servir la soupe avec légumes et lames de pain de ménage. Le reste des légumes, viandes et farci se servent à part.

Bagration gras. — Velouté (au blond de veau) additionné de un quart de purée de volaille. Liaison de jaunes d'œufs et crème, beurre. — Garn. : Macaroni cuit, coupé en petits tronçons ; fromage râpé à part.

Bagration maigre. — Velouté de poisson, léger, additionné de un sixième purée de champignons. Liaison aux jaunes et à la crème, beurre. Garn. : Julienne de filets de soles, petites quenelles et queues d'écrevisses.

Balvet. — Est une purée Saint-Germain claire. Garn. : Légumes comme pour la Croûte au pot.

Batwinia (russe). — Purée de feuilles d'épinards, feuilles d'oseille et feuilles de betterave, délayée avec du vin blanc aigrelet ; sel, sucre, un peu d'échalote, cerfeuil et estragon. Se sert froid avec glace en petits cubes dans le potage.

Bellini (Cl.). — C. de volaille. Garn. à part : Petits gnokis de semoule légèrement gratinés.

Bennet-soup (américain). — Viande de bœuf maigre coupée en dés, cuite en marmite avec orge perlé, poivre en grains et clou de girofle enfermés dans un sachet (lequel doit être retiré au moment de servir), carotte, navet, céleri, oignon, choux taillés en dés. Se sert tel quel.

Bisque d'Écrevisses. — Écrevisses cuites dans une Mirepoix ¡condimentation composée de carotte, oignon, queues de persil, thym et laurier, revenue au beurre). Après avoir retiré les queues et réservé quelques coffres d'écrevisses (un par personne) piler les débris; y joindre Mirepoix et cuisson des écrevisses, riz cuit au consommé. Relâcher la purée et passer à l'étamine; mettre au point avec beurre et crème; relever au Cayenne. Garn. : Les queues d'écrevisses coupées en dés et les coffres, garnis de farce de poisson et pochées.

Bisque d'Écrevisses à l'ancienne. — Même préparation que ci-dessus, sauf que le riz de liaison est remplacé par des croûtons de pain frits au beurre.

Bisque de Homard ou de Langouste. — Se prépare exactement comme celui d'écrevisses avec des crustacés vivants. Garn. : Petits dés de chair de la queue des crustacés employés.

Bisque de crevettes. — Se prépare comme celui d'écrevisses avec des crevettes vivantes. Garn. : Petites queues de crevettes décortiquées.

Blanchailles au Currie (Vel.). — Blanchailles très fraîches cuites avec oignon passé au beurre, Currie, safran, sel, bouquet garni. Passer au tamis; finir avec liaison jaunes et crème, beurre. Garn. : Fines tranches de pain beurrées et séchées; riz en grains ou vermicelle.

Bohémienne. — Consommé Cendrillon (V. ce mot) additionné d'un tiers de Velouté de volaille lié aux jaunes d'œufs.

Bonne-femme (Soupe). — Blanc de poireau émincé et passé au beurre. Mouiller avec eau ou lait, saler; ajouter pommes de terre émincées en fines rondelles (50 gr. par personne). Beurrer et compléter avec rondelles de flûte finement taillées.

Bortsch-Koop (russe). — Étuver au beurre une julienne de carotte, poireau, oignon, céleri; mouiller avec consommé et un peu de jus de betterave râpée; ajouter de la poitrine de bœuf coupée en dés, bouquet de fenouil et de marjolaine. Cuire doucement et passer le bouillon (la julienne ne se sert pas). Garn. : Betterave bien rouge, émincée finement et cuite dans le bouillon. *A part* : Petits pâtés chauds; petites galettes de Kache.

Bortsch Polonais (russe). — Julienne de betterave, poireau, oignon, céleri, racine de persil, étuvée au beurre.

Mouiller avec consommé et un peu de jus de betterave ;
ajouter bouquet de fenouil et marjolaine, poitrine de bœuf,
canard à moitié rôti. Cuire doucement. Finir le potage avec
un peu d'essence de gribouis, jus de betterave, fenouil et
persil hachés et blanchis. Garnir avec la poitrine de bœuf
coupée en dés, la chair du canard (filets) escalopée, petites
saucisses chipolata. *A part :* Crème aigre.

Nota : On peut remplacer les chipolatas par des petits pâtés à la
farce de canard, qui se servent à part.

Bouchère (Cl.). — C. de la Petite Marmite. Garn. : Petites
boules de chou braisé. *A part :* Petits toasts de pain grillé
garnis de rondelles de moelle de bœuf pochée au consommé.

Boulangère. — Potage Parmentier très léger, lié aux
jaunes d'œufs et crème, à raison de quatre jaunes par litre
de potage. Garn. : Orge perlé et petits pois bien verts.

Bouquetière (Cl.). — C. de volaille. Garn. : Petit printanier comportant toutes les primeurs disponibles.

Bourguignonne (Potée). — En marmite : porc du saloir,
jarret de porc frais, eau, carotte, navet, poireau, chou.
Cuire doucement et longtemps. A mi-cuisson, ajouter pommes
de terre et cervelas à l'ail. La soupe se trempe avec un peu
de tous les légumes et lames de pain bis. *A part :* Le reste
des légumes et les viandes.

Bressane (Cr. ou Vel.). — Potiron de plaine pelé, coupé
en dés et cuit avec lait, sel, sucre et croûtons de pain frits
au beurre. Finir la purée avec beurre et crème. Garn. : Pâtes
d'Italie.

Nota : Se fait aussi en crème ou en velouté, en procédant comme
il est dit à la notice du début.

Brunoise (Cl.). — Carotte, navet, blanc de poireau,
céleri, oignon détaillés en dés de 3 millim. de côté. Assaisonner sel et sucre, étuver au beurre, mouiller au consommé
et cuire doucement. Compléter avec la quantité nécessaire
de consommé, petits pois, haricots verts en losanges, pluches
de cerfeuil.

Nota : La Brunoise peut être, à volonté, additionnée de petites quenelles, d'orge perlé, de riz, etc.

Camaro à la Brésilienne. — En marmite : poule bien
en chair, vidée ; eau, sel, bouquet de persil et cerfeuil,
oignon. Cuire doucement ; en cours de cuisson, ajouter

30 grammes de riz par litre de liquide. Se sert tel quel, après avoir retiré bouquet et oignon.

Cardinal (Vel.). — Velouté de poisson condimenté de champignons, fini avec 75 grammes de beurre de homard et 25 grammes de beurre rouge par litre de potage. Garn. : Chair de homard coupée en dés.

Carmen (Cl.). — Velouté léger de volaille à la crème et aux poivrons rouges, doux. Garn. : riz cuit au consommé (4 cuillerées par litre de potage).

Caroline (Vel.). — Velouté au riz fini avec liaison à la crème et beurre. Garn. : Royale de riz au lait d'amandes ; riz en grains.

Cendrillon (Cl.). — C. de Volaille. Garn. : 60 grammes de truffes cuites au Marsala, taillées en julienne ; 4 cuillerées de riz, cuit au consommé, par litre de potage.

Cérès (Cr. et Vel.). — Blé vert trempé à l'eau froide et cuit au consommé. Passer ; ajouter la purée dans une Béchamel ou un Velouté. (Se fait aussi au lait ou au bouillon avec farine de blé vert.)

Chancelière (Cl.). — C. de volaille. Garn : Royale à la purée de pois frais ; julienne de filets de volaille et de truffe.

Chasseur (Cl.). — C. de gibier fini au moment avec un demi-décilitre de vin de Porto par litre de consommé. Garn. : Julienne de champignons. *A part :* Petites profiteroles.

Chevreuse (Cr. ou Vel.). — Se compose de 2 parties Béchamel ou Velouté ; une partie de purée de volaille, une partie de purée de cerfeuil bulbeux ; 3 parties de semoule cuite au lait ou au consommé. Finir avec liaison ou crème (selon que le potage est Crème ou Velouté). Garn. : Julienne de filets de volaille et julienne de truffe.

Chicken-Broth (anglais). — En marmite : un poulet bien en chair, consommé, bouquet de persil et céleri, oignon piqué d'un clou de girofle. Après ébullition, ajouter 50 gr. de riz Patna par litre de consommé. Cuire doucement. Garn. : Le poulet découpé ; 4 cuillerées de brunoise ordinaire.

Choisy (Cr. ou Vel.). — Laitues blanchies, émincées, étuvées au beurre, ajoutées à Béchamel ou Velouté. Finir avec liaison et beurre ou crème. Garn. : Petits croûtons frits au beurre, pluches de cerfeuil.

Clams-Chowder (américain). — Oignon haché revenu avec panne de porc fraiche. Ajouter tomates pelées et émincées, persil concassé, les *clams* (coquillages) et leur eau ; pommes de terre coupées en dés, un peu de thym, sel et poivre. Faire la liaison avec de la chapelure de *crackers* ou de biscotte. Se sert tel quel.

Cocky-Lecky (anglais). — Poulet bien en chair, cuit dans un fond de veau léger avec aromates. Julienne de blanc de poireau taillée fine, étuvée au beurre et cuite avec bouillon du poulet. *Pour servir :* Passer et tirer le bouillon à clair ; ajouter les chairs du poulet, escalopées, et la julienne de poireaux. *A part :* Une compote de pruneaux (accompagnement facultatif).

Colbert (Cl.). — C. de volaille. Garn. : Petit printanier et petits œufs pochés,

Compiègne. — Purée de haricots blancs finie avec cuisson des haricots, lait, beurre, oseille ciselée, fondue au beurre, et pluches de cerfeuil. (Se fait aussi en Crème ou en Velouté).

Comtesse (Cr. ou Vel.). — Purée d'asperges blanches ajoutée à une Béchamel ou un Velouté. Finir avec crème, ou avec liaison et beurre, selon que le potage est préparé comme Crème ou Velouté. Garn. : Têtes d'asperges blanches cuites ; chiffonnade d'oseille et de laitue.

Condé. — Purée de haricots rouges cuits avec eau et un décilitre de vin rouge par litre d'eau ; aromates. Mettre la purée au point avec la cuisson des haricots et beurre.

Conti. — Purée de lentilles cuites au consommé avec garniture aromatique ordinaire et lard de poitrine en dés. Pluches de cerfeuil.

Crécy. — Rouge de carotte finement émincé, assaisonné de sel et sucre, étuvé au beurre avec oignon haché et soupçon de thym. Mouiller au consommé ; ajouter 100 grammes de riz par livre de carotte et cuire doucement. Passer ; mettre au point avec consommé et beurre. Garn. : Petits croûtons frits au beurre. (Se fait aussi en Crème ou en Velouté.

Nota : Les croûtons peuvent être remplacés par une garniture de Riz ou de Perles du Japon.

Crécy à la Briarde. — Etuver au beurre le rouge de carotte, comme ci-dessus. Remplacer le consommé par de l'eau, et le riz par de la pomme de terre (200 grammes par livre de carotte.) Finir avec crème et beurre. Garn. : Petits croûtons frits au beurre et pluches de cerfeuil.

Crevettes à la Normande (Cr. ou Vel.). — Cuire les

crevettes avec une Mirepoix comme il est indiqué au Bisque.
Piler, ajouter la purée dans une Béchamel ou un Velouté de
poisson. Passer à l'étamine ; finir avec beurre de crevettes
et liaison ou crème. Garn. : Queues de crevettes et 2 huîtres,
pochées et ébarbées, par personne.

Croûte au pot. — C. de la petite marmite. Garn. : Légumes
de la marmite mitonnés dans du consommé gras ; croûtes
de flûte arrosées de graisse de la marmite et séchées au
four.

Cultivateur. — Grosse brunoise de carotte, navet, poireau, oignon, étuvée au beurre et cuite au consommé. A mi-
cuisson, ajouter pommes de terre et lard de poitrine maigre
en dés, lequel représente la garniture.

Cyrano (Cl.). — C. au fumet de canard. Garn. à part :
Grosses quenelles en farce de canard, pochées, égouttées et
saupoudrées de Parmesan râpé. Arroser de glace de viande
et faire glacer.

Dame Blanche. — Velouté de volaille fini avec lait
d'amandes ; liaison ordinaire et beurre. Garn. : Blanc de
volaille en dés ; petites quenelles en farce mousseline de
volaille.

Demidoff (Cl.). — C. de volaille. Garn. : Légumes du printanier et truffe en perles ; petits pois, petites quenelles en
farce de volaille aux fines herbes, pluches de cerfeuil.

Derby. — Purée de tomate légère au riz. Garn. : Queue
de bœuf braisée, désossée et coupée en gros dés.

Deslignac (Cl.). — C. de volaille. Garn. : Royale à la
crème ; rondelles de laitue farcies ; pluches de cerfeuil.

Diablotins (Cl.). — C. de volaille. Garn. à part : Minces
rondelles de flûte, tartinées de Béchamel réduite, additionnée
de fromage râpé et pointe de cayenne, gratinées au moment.

Diane (Cl.). — C. de volaille au fumet de faisan. Garn. :
Quenelles en farce de faisan ; brunoise de blanc de céleri et
orge perlé.

Diplomate (C.). — C. de volaille. Garn. : Petites rondelles
de boudin en farce de volaille au beurre d'écrevisse et
julienne de truffe.

Divette (Cl.). — C. de volaille. Garn. : Petits ovales de
royale au Velouté d'écrevisse ; perles de truffes ; petites quenelles en farce d'éperlan.

Dominicaine (Cl.). — C. de volaille. Garn. : Blanc de

poulet en julienne ; petites pâtes d'Italie. *A part :* Fromage râpé.

Doris (Vel.). — Velouté de merlan, fini au beurre d'écrevisse et fortement crémé. Garn. : 3 huîtres pochées et ébarbées, par personne.

Dorzia (Cl.). — C. de volaille. Garn. : Blanc de poulet en petits dés ; laitue braisée, concombres en dés cuits au consommé ; orge perlé.

Dubarry (Cl.). — C. de volaille. Garn. : Royale de chou-fleur ; fragments de bouquets de chou-fleur ; pluches de cerfeuil.

Ecossaise (Cl.). — Bouillon de mouton. Garn. : Chair de poitrine de mouton, coupée en dés ; orge perlé ; grosse brunoise de légumes.

Ecrevisses Joinville (Cr. ou Vel.). — Ecrevisses cuites avec Mirepoix comme pour Bisque. Piler ; ajouter la purée dans un Velouté de poisson ou une Béchamel. Passer et mettre au point avec liaison et beurre ou crème. Garn. : Queues d'écrevisses ; julienne de champignons et de truffe.

Edouard VII (Cl.). — C. de volaille au Currie. Garn. : Crêtes de coq braisées dans un fonds de veau ; grosses queues d'écrevisses ; riz cuit au consommé.

Emilienne d'Alençon. — C. de volaille au Currie et quantité égale de Velouté de volaille. Finir avec 2 décilitres de crème double très fraîche par litre de potage.

Eperlans. — Etuver au beurre, avec oignon et jus de citron, 150 grammes de filets d'éperlans et 350 grammes de chair de merlan ou de sole. Mélanger dans un litre de Velouté ordinaire ; passer à l'étamine, mettre au point avec liaison à la crème et beurre : relever légèrement au Cayenne.

NOTA : Ce velouté se fait également ; à la Dieppoise, à la Joinville, à la Princesse, à la Saint-Malo. (Pour ces recettes complémentaires, voir le *Guide culinaire.*)

Esaü. — Purée Conti, additionnée de riz cuit au consommé.

Eugénie (Vel.). — Léger velouté de crevettes roses, fini avec une liaison de 5 jaunes d'œufs, 4 cuillerées de crème fraîche et 3 cuillerées de vieux Madère par litre de potage. Garn. : Queues de crevettes.

Excelsior (Vel.). — Composition : trois quarts de litre de crème d'orge ; un demi-litre de Velouté ordinaire ; 5 décilitres de purée d'asperges vertes. Liaison ordinaire et beurre. Garn. : Orge perlé, très fin, cuit au consommé.

Faubonne. — Mélange en parties égales de purée de haricots blancs et de julienne ordinaire. Pluches de cerfeuil.

Fédora. — Velouté de volaille légèrement tomaté, fini à la crème. — Garn. : Vermicelle fin.

Fémina (Cl.). — C. de volaille garni d'un printanier, fini avec une liaison de 8 jaunes d'œufs et 4 cuillerées de crème. Ajouter 2 cuillerées de truffe fraîche râpée.

Fermière. — Carotte, navet, blanc de poireau, oignon, émincés en paysanne, étuvés au beurre et cuits au consommé avec addition de chou émincé. Se sert avec de minces lames de pain de ménage.

Flavigny (Cl.). — C. de volaille. Garn. : Morilles fraîches étuvées au beurre ; riz cuit au consommé ; julienne de blanc de poulet.

Florian (Cl.). — C. de volaille, garni d'un printanier et d'œufs de pluviers, pochés.

Florentine (Cl.). — C. de volaille. Garn. *à part* : Laitues farcies au riz à la florentine, rondelles de moelle de bœuf pochées au consommé.

Foies de volaille à l'Anglaise. — Dans un litre trois-quarts de sauce brune claire, mélanger 250 grammes de purée de foies de volaille. Passer, relever en poivre et finir avec un décilitre de madère. Garn. : Foies de volaille finement escalopés, sautés au beurre au dernier moment.

Fontanges. — Purée Saint-Germain additionnée de chiffonnade d'oseille et pluches de cerfeuil.

Fornarina (Cl.). — C. de volaille à l'essence de tomate. Garn. *à part* : Quenelles en farce de volaille, pochées, égouttées, saupoudrées de Parmesan râpé et arrosées de jus de veau réduit.

Freneuse. — Purée de navets additionnée d'un tiers de purée de pomme de terre. Mettre au point avec du lait ; finir avec beurre et crème.

Galitzin (Cl.). — C. de volaille. Garn. : Kloskis de sarrasin, pluches de fenouil.

Garbure béarnaise. — Potée faite avec lard de poitrine, confit d'oie, navet, pomme de terre, chou, haricots blancs, haricots verts. Cuire doucement. Dresser, dans une cocotte en terre, les légumes alternés de morceaux de lard et de confit ; couvrir de rondelles de flûte, saupoudrer de fromage et gratiner. Servir cette cocotte de légumes en même temps que le bouillon de la potée.

Garbure à l'oignon. — Soupe à l'oignon, mouillée au consommé et légèrement liée. Passer l'oignon ; finir avec lait et beurre. Garn. *à part* : Rondelles de flûte séchées, garnies de l'oignon, tel, ou mis en purée, saupoudrées de fromage râpé et gratinées.

NOTA : Les Garbures se font aussi à la *Crécy*, a la *Dauphinoise*, à la *Fermière*, à la *Freneuse*, aux *Laitues*, à la *Limousine*, etc (Voir *Guide culinaire*.)

Gauloise (Cl.) — C. de volaille tomaté. Garn. : Petites crêtes de coq pochées et braisées.

Georges V (Cl.). — C. de volaille au fumet de faisan. Garn. : Quenelles en farce de faisan à la crème, truffées; orge perlé ; julienne de cœur de céleri.

Georgette. — Purée de fonds d'artichauts finie avec beurre d'artichaut et crème. Garn. : Perles du Japon pochées au consommé.

Germinal (Cl.). — C. ordinaire à l'essence d'estragon. Garn. : Petites quenelles en farce de volaille à l'estragon ; petits pois, haricots verts en losanges; pointes d'asperges.

Germiny. — Feuilles d'oseille fondues au beurre et passées au tamis. Joindre la purée à du consommé blanc (80 grammes au litre); ajouter 5 jaunes par litre de potage et cuire comme une crème anglaise. Finir avec beurre et pluches de cerfeuil.

Girondins. — Purée Condé finie avec crème. Garn. : Macédoine de légumes.

Gladiateur (Cl.). — C. de queue de bœuf et volaille fini au Madère. Garn. : Orge perlé et œufs pochés.

Grandville. — Velouté léger au bouillon de moules condimenté au Currie. Liaison à la crème. Garn. : Riz cuit au consommé.

Grimaldi (Cl.). — C. tomaté. Garn. : Royale ordinaire au Parmesan; julienne de céleri.

Hamilton. — Crème d'orge au Currie. Garn. : Fine brunoise de légumes.

Hélène (Cl.). — C. de volaille au suc de tomate. Garn. : Royale ordinaire, petites profiteroles au parmesan.

Henriette (Cl.). — C. de la petite marmite. Garn. : Fines pâtes d'Italie ; œufs pochés. *A part* : Parmesan fraîchement râpé.

Hernani. — Crème de petits pois, additionnée d'un tiers de tapioca au consommé de volaille.

Hindou (Cl.) — Bouillon de mouton avec garniture de chair de mouton coupée en dés. *A part* : Riz pilaw au Currie additionné de piment rouge.

Hochepot. — En marmite : Oreilles et pieds de porc; lard salé; poitrine de bœuf; épaule et poitrine de mouton; carotte, oignon, blanc de poireau, pommes de terre et chou émincé. Cuisson longue et lente. *Service* : Le bouillon en soupière avec quelques légumes. *A part* : Le reste des légumes, les viandes et saucisses chipolata, pochées.

Homard à la Cleveland (Vel.). — Purée de homard à l'américaine jointe à un Velouté ordinaire. Liaison ordinaire et beurre. Garn. : Chair de homard en dés, chair de tomate en dés, fondue au beurre.

Nota : Ce Velouté se fait également à l'*Indienne,* à l'*Orientale,* au *Paprika,* etc.

Huîtres (Vel.). — Velouté de poisson très fin additionné de l'eau des huîtres. Liaison ordinaire à la crème et beurre. Garn. : 4 huîtres pochées et ébarbées, par personne.

Ida (Vel.). — Velouté de volaille au suc de concombres. Liaison ordinaire et beurre. Garn. : Julienne de truffe et de blanc de poulet.

Invalid-soup. — Purée de blanc de poulet mise au point avec lait, jaunes d'œufs et vieux Marsala. Ce potage doit être tenu très léger.

Iris. (Cl.). — C. de volaille. Garn. : Orge perlé; rouge de carotte râpé, cuit au consommé; pointes d'asperges vertes; royale ordinaire.

Isabelle de France (Cl.). — C. de volaille. Garn. : Petits pois à l'anglaise; petites quenelles en farce de volaille à la crème; julienne de truffes noires cuites au vin de Frontignan.

Isaline (Vel.). — Velouté à la purée de volaille fini avec liaison à la crème et beurre d'écrevisse. Garn. : Perles du Japon. (Peut se faire en crème.)

Ivan (Cl.). — C. de volaille additionné de un décilitre de jus de betterave par litre de potage. Garn. : Riz cuit au consommé. *A part* : Petits pâtés chauds.

Nota : Ce consommé se sert aussi dans les soupes, en tasses, mais sans garniture de riz.

Jack. — Julienne ordinaire, additionnée d'une forte liaison de jaunes d'œufs et crème.

Jeanne Granier (Cl.). — C. de volaille et de pigeon. Garn. : Queues d'écrevisses cuites au champagne et riz cuit au consommé.

Jeanneton. — Purée de blanc de poireau et pomme de terre à la crème. Garn. : Vermicelle.

Jeannette. — Paysanne de navets, poireaux et pomme de terre étuvée au beurre, cuite au consommé et additionnée de petits pois et haricots verts. Finir avec chiffonnade d'oseille et feuilles de cresson, lait, beurre, rondelles de flûte et pluches de cerfeuil.

Josselin. — Vermicelle au bouillon de moules bien aromatisé. Liaison ordinaire à la crème.

Jouvence (Vel.). — Velouté au coulis de cuisses de grenouilles et riz cuit au bouillon de poulet. Finir avec liaison à la crème et beurre de crevettes roses. Garn. : Queues de crevettes fendues dans la longueur.

Jubilée. — Est le potage Balvet.

Judic (Cr.). — Mélange en parties égales de crème de volaille et de crème Choisy. Garn. : Rondelles de feuilles de laitue farcies et pochées; petits rognons de coq. (Peut se faire en velouté.)

Julienne. — Rouge de carotte, navet, blanc de poireau, céleri, oignon taillés en filets, étuvés au beurre et cuits au consommé. En cours de cuisson ajouter du chou taillé de même et blanchi; petits pois et haricots verts. Compléter avec chiffonnade d'oseille et laitue et pluches de cerfeuil.

Julienne d'Arblay. — La julienne ci-dessus, ajoutée dans un potage Parmentier très clair. Liaison à la crème et beurre.

Juliette (Cl.). — C. de volaille à l'estragon. Garn. : Œufs pochés; petits pois; petites pâtes d'Italie.

Kléber (Cl.). — C. de la Petite marmite. Garn. : Boules de pomme de terre et de carottes cuites au consommé; petits pois à l'anglaise; poitrine de bœuf (cuite dans la marmite) taillée en petits cubes.

Kloskis (Cl.). — C. de volaille. Garn. : Blanc de volaille coupé en dés et petits kloskis.

Nota : Les Kloskis sont un genre de quenelles en pâte à chou au lait et à la crème, pochées au consommé.

Krilof. — Purée Soubise liée à la crème de riz et mouillée au lait. Liaison ordinaire. Garn. : Queues d'écrevisses. *Comme variation :* huitres pochées ou quenelles en farce de poisson.

Laboureur. — En marmite de campagne : Jarret de porc dessalé, petit salé, carotte, navet, poireau et oignon émincés; eau et 40 grammes de pois cassés par litre d'eau. Cuisson lente. Servir tel avec petits morceaux de chair de jarret et de lard.

La Fayette. — Crème de volaille et de maïs frais. Garn. : 3 huitres pochées et étuvées, par personne.

Laffitte. — Crème de perdreau à l'essence de truffe et Marsala. Garn. : Petits rognons de coq étuvés au beurre et dépouillés de leur enveloppe.

Lamballe. — Mélange en parties égales de purée de pois frais et de consommé au tapioca.

La Pérouse (Cl.). — C. à la semoule. Garn. : Petits pois et œufs pochés.

La Vallière. — Mélange de 5 parties de crème de volaille et 3 parties de crème de céleri. Garn. : Royale de céleri ; petites profiteroles.

Lièvre (Hare Soup, anglais). — Morceaux de lièvre revenus avec Mirepoix et jambon, saupoudrés d'arrow-root et mouillés au consommé. Cuisson lente. Désosser les morceaux, piler les chairs, passer, mettre la purée en soupière. Au moment de servir, délayer la purée avec le fonds de cuisson; ajouter une légère infusion d'herbes à tortue, beurre, pointe de Cayenne et vin de Porto. Garn. : Chair de cuisse de lièvre, coupée en dés.

Lithuanien (russe). — Parmentier très clair additionné d'une julienne de cœur de céleri étuvée au beurre. Compléter la cuisson. Finir avec oseille fondue au beurre et crème aigre. Garn. : Dés de lard maigre fumé et cuit; saucisses chipolatas, jaunes d'œufs frits.

Livonien aux kloskis (russe). — Epinards et oseille ciselés, oignons haché étuvés au beurre et ajoutés à une sauce Béchamel. Cuire, passer et mettre au point avec consommé, crème aigre et beurre. Garn. : Petits kloskis en pâte à chou additionnée de jambon haché et petits croûtons frits.

Longchamps. — Purée de pois frais additionnée de un

tiers de vermicelle au consommé; chiffonnade d'oseille et pluches de cerfeuil. (Se dénomme aussi *Potage Sport.*)

Lucette (Cl.). — C. aux pâtes d'Italie. Garn. : Œufs pochés et fondue de tomate.

Lucullus (Cl.). — C. au fumet de cailles rôties. Garn. : Les suprèmes de cailles; quenelles en farce de volaille à la crème; julienne de truffes cuites au vin de champagne.

Madeleine. — Mélange de : 3 parties de purée d'artichaut, 3 parties de purée de haricots blancs et 2 parties de purée Soubise dans un consommé au Sagou. Liaison ordinaire et beurre.

Madrilène (Cl.). — C. de volaille au fumet de céleri léger, fortement tomaté en le clarifiant et relevé au piment. Garn. : tomate crue et piment coupés en fins dés. (Pour les soupers, se sert froid, en tasse, et sans garniture.)

Maintenon (Cl.). — Blond de veau et perdrix, condimenté aux morilles. Garn. : Crêtes de coq braisées; quenelles en farce de perdreau à la crème; riz cuit au consommé.

Maïs (Cr.). — Purée de maïs frais ajoutée à même quantité de sauce Béchamel claire. Finir avec crème fraiche. Garn. : Grains de maïs cuits à l'eau salée. (Se fait aussi en velouté.)

Marcilly. — Mélange en parties égales de crème de pois frais et crème de volaille. Garn. : Perles du Japon; perles en farce de volaille à la crème.

Marengo. — Velouté de volaille très léger, additionné d'un tiers de purée de tomate. *A part :* Rondelles de flûte séchées, mises en plat creux, saupoudrées de fromage râpé, humectées de consommé et mitonnées quelques minutes.

Maria. — Purée de haricots blancs (frais ou secs) mise au point avec moitié consommé et lait ou crème légère. Garn. : Petit printanier et pluches de cerfeuil. (Ce potage se dénomme aussi *Québec* et peut se faire en Crème.)

Marianne. — Mélange de 5 parties de purée de potiron et 3 parties de purée de pomme de terre. Mettre au point avec consommé blanc ou lait et beurre. Garn. : Petite chiffonnade d'oseille et de laitue; rondelles de flûte fromagées et gratinées.

Marie-Louise (Vel.). — Velouté de volaille à la purée d'orge. Liaison ordinaire et beurre. Garn. : Macaroni fin coupé en dés. (Se fait également en Crème.)

2

Marie-Stuart (Cl.). — C. de mouton, clarifié avec grouse rôtie, hachée, et céleri. Garn. : Orge perlé ; rouge de carotte râpé cuit au consommé ; filets de grouse en dés.

Messaline (Cl.). — C. tomaté. Garn. : Petits rognons de coq ; julienne de poivrons doux ; riz en grains.

Midinette (Cl.). — C. de volaille lié au tapioca. Garn. : Petits œufs pochés.

Mikado (Cl.). — C. de volaille fortement tomaté. Garn. : 2 parties de chair de tomate en dés, pochée au consommé ; une partie de blanc de volaille, en dés.

Mille-fanti (italien). — Mélange de : 100 grammes de mie de pain fraîche ; 50 grammes Parmesan râpé ; 3 œufs battus ; poivre et muscade. Verser, en remuant, dans un litre trois quarts de consommé bouillant. Cuire 7 ou 8 minutes.

Millet. — Léger potage semoule à l'eau et beurre. Pocher des œufs dans le potage ; finir avec de la crème.

Minestra (italien). — Paysanne de carotte, navet, blanc du poireau, céleri, pomme de terre, chou, tomate, cuite au consommé avec lard gras haché (40 grammes par litre de consommé). En cours de cuisson, ajouter : petits pois, haricots verts, riz (ou spaghettis fragmentés). Finir en dernier lieu avec 6 grammes d'ail écrasé, 2 grammes basilic, cerfeuil haché, mélangés à une cuillerée de lard gras râpé.

Mireille (Cl.). — C. de volaille. Garn. : Quenelles ou tartelettes en farce de volaille tomatée. *A part :* Riz créole safrané.

Mirette (Cl.). — C. de la Petite marmite. Garn. : Quenelles rondes en farce de volaille ; chiffonnade de laitue et pluches de cerfeuil. *A part :* Paillettes au Parmesan.

Miss Betsy. — Orge perlé (125 grammes) longuement cuit dans un litre trois quarts de consommé et un litre d'eau, avec bouquet de persil, cerfeuil et céleri. Ajouter en dernier lieu 4 cuillerées de purée de tomate. (Doit être tenu plutôt clair qu'épais.) Garn. : 2 pommes de reinette coupées en dés et cuites au beurre.

Mistral (Cl.). — C. de la Petite Marmite. Garn. : Vermicelle fin de Valence ; tomates fondues à l'huile d'olive avec assaisonnement et aromates ; petits pois fraîchement cuits. *A part* : fromage râpé.

Mock-Turtle (Fausse Tortue). — Fonds brun légèrement tomaté condimenté de champignons, bouquet garni et céleri, additionné finalement d'une infusion de basilic, romarin et marjolaine ; 3 cuillerées de Madère par litre de potage et pointe de Cayenne. Garn. : Petites rondelles de peau de tête de veau ; quenelles de jaunes d'œufs durs mélangés dans de la farce ordinaire.

Monsigny (Cl.). — C. de volaille. Garn. : Crêtes de coq ; laitues braisées coupées en petits carrés ; riz cuit au consommé. ›

Montespan (Cl.). — C. de volaille et de pigeonneau. Garn. : Mousselines d'écrevisses ; julienne de truffes bien noires, cuites au vin de Frontignan. *A part :* Petits pâtés feuilletés, garnis chacun d'un ortolan désossé et farci d'une petite cuillerée de Parfait de foie gras.

Mulligatawny (anglais). — Poulet découpé, cuit en fricassée, avec condiments et aromates. Avec la cuisson du poulet, oignon revenu au beurre et poudre de Currie, préparer un fonds lié à la fécule et cuire 10 minutes. Passer et finir avec crème. Garn. : Les morceaux de poulet. *A part :* Riz à l'indienne.

Murat (Cl.). — C. de la Petite marmite. Garn. *à part :* Raviolis pochés, égouttés et dressés en plats creux, par couches saupoudrées de Parmesan râpé et arrosées de jus de veau réduit, légèrement tomaté.

Murillo (Cl.). — C. de la Petite marmite. Garn. : Royale de potiron rouge ; petits pois ; riz en grains.

Mutton Broth (anglais). — Grosse brunoise de légumes, étuvée au beurre, cuite au consommé avec orge perlé blanchi, épaule et collet de mouton. Garn. : La viande de mouton désossée et coupée en losanges ; persil haché et blanchi.

Nana (Cl.). — C. de volaille. Disposer dans la soupière des rondelles de flûte séchées, par couches, en les alternant de Gruyère et Parmesan râpés ; en dernier lieu des œufs pochés. Ajouter le consommé bouillant.

Nota : Si le nombre des œufs est supérieur à 4, il est préférable de les servir a part.

Nantua (Cl.). — C. de volaille corsé. Garn. : Crêtes et rognons de coq ; pointes d'asperges vertes. *A part :* Petites tartelettes garnies chacune de 4 queues d'écrevisses, enrobées de sauce Nantua, saupoudrées de fromage fraîchement râpé et glacées à la Salamandre.

Narbonnais. — Purée de haricots blancs, additionnée de un tiers de consommé au riz et chiffonnade d'oseille.

Napolitaine. — C. à la semoule additionnée de un tiers de purée de tomate fraîche. Garn. : Chair de queue de bœuf. coupée en gros dés.

Nesselrode (Cl.). C. de gibier à l'essence de gélinotte. Garn. : Royale de purée de marrons et sauce salmis de gibier ; julienne de filets de gélinottes et de gribouis.

Niccolini. — Potage à l'oignon, passé au chinois, additionné d'un tiers de purée de tomate. Disposer dans la soupière, par couches, de minces tranches de pain grillé alternées de Parmesan râpé et lamelles de Gruyère.

Nids d'hirondelles (Cl.). — C. de volaille corsé. Y ajouter des nids de salangane (hirondelle de mer) à raison de 2 nids par litre de consommé. Ces nids doivent être nettoyés avec le plus grand soin. Assurer la dissolution des nids par une ébullition lente et longue.

Okra (américain). — Chair de poulet, lard maigre et jambon cru coupés en dés, revenus au beurre avec oignon haché. Mouiller avec du consommé, cuire doucement. En cours de cuisson ajouter des Gombos émincés (100 grammes par litre de consommé) et tomates concassées. Compléter la cuisson ; finir avec un filet de Worcestershire-sauce et quelques cuillerées de riz à l'indienne.

Olla-Podrida (espagnol). — Est le potage Hochepot, augmenté de jambon cru, perdrix, poulet, garbanzos, saucissons dits « chorizos » et laitue. Service : Le bouillon en soupière ; les viandes et légumes à part, chacun sur un plat.

Olga (Cl.). — C. ordinaire additionné, au moment, de un demi-décilitre de Porto par litre de consommé. Garn. : Julienne de céleri-rave et d'agoursis ; vésiga en dés, cuit au consommé.

Orléans (d') (Cl.). — C. de volaille. Garn. : Petites quenelles en farce de volaille, blanches, roses et vert-pâle ; pluches de cerfeuil.

Orsay (d') (Cl.). — C. de volaille. Garn. : Jaunes d'œufs pochés ; quenelles en farce de pigeon ; julienne de filets de pigeon et pointes d'asperges.

Orloff (Cl.). — Marmite marquée avec queue de bœuf désossée et farcie, jarret de veau, poule, vieux faisan, légumes ordinaires et cèpes secs. Cuire doucement ; passer le consommé à la serviette. Garn. : Rondelles de queue et légumes de la marmite. *A part* : Petits pâtés chauds.

Oseille à l'avoine (Cr.). — Farine d'avoine délayée avec lait bouillant ; assaisonner et cuire doucement. Ajouter finalement, pour un litre de lait, 150 grammes d'oseille fondue. Passer et finir à la crème.

NOTA : Ce potage se fait aussi à la farine d'orge. Le lait peut être remplacé par du consommé. Une garniture quelconque comme : Riz, Pâtes d'Italie, perles du Japon, orge perlé, brunoise, printanier, etc., peut y être ajoutée.

Otello (Cl). — C. de vol. tomaté. Garn. *à part* : Rizotto Piémontais aux truffes blanches.

Otéro (Cl.). — C. Madrilène. Garn. : Petits pois ; riz ; cuisses de grenouilles pochées au court-bouillon au vin blanc et partagées en deux. *A part* : Paillettes pimentées.

Ouka (russe). — Bouillon de poisson préparé avec esturgeon et arêtes de poisson, aromates, vin blanc, eau. Clarifier avec chair de merlan et caviar. Garn. : Petites paupiettes de Sigui ; julienne de céleri, blanc de poireau et racines de persil. *A part* : Kache de Sarrasin ; Rastegaïs sur serviette (V. Hors-d'œuvre chauds).

Ox-tail clair (anglais). — Queues de bœuf tronçonnées, cuites doucement avec aromates et fonds préparé avec des os gélatineux. Passer le bouillon et clarifier avec viande de bœuf hachée et blanc de poireau. Garn. : Grosse brunoise de carotte, navet et céleri ; les tronçons de queue de bœuf.

Ox-tail lié (anglais). — Cuire les queues comme ci-dessus. Passer la cuisson ; la lier avec 50 grammes de roux brun par litre de liquide. Tomater légèrement. Garn. : La même que pour « l'Ox-tail clair ».

Oyster's-soup with okra (américain). — C. additionné d'oignon revenu dans de la panne de porc, tomates en quartiers, gombos émincés, piment vert. Ajouter en dernier lieu huîtres crues, ébarbées. Lier légèrement à l'arrow-root.

Palestine. — Purée de topinambour finie au consommé et liée à l'arrow-root. (Se fait aussi en Crème ou en Velouté.)

Palestro (Cl.). — C. de volaille. Garn. : Fondue de tomates ; œufs pochés. *A part* : Rondelles de flûte séchées, mises en légumier en les saupoudrant de fromage râpé, arrosées de consommé et mitonnées quelques minutes.

Parisienne. — Blanc de poireau étuvé au beurre et

julienne de pommes de terre cuits avec bouillon du pot au feu. Finir avec quantité de bouillon nécessaire et chiffonnade d'oseille. *A part :* rondelles de flûte séchées.

Parmentier. — Purée de pommes de terre additionnée de blanc de poireau étuvé au beurre; mise au point avec consommé, crème et beurre. Garn. : Petits croûtons frits; pluches de cerfeuil. (Se fait aussi en Crème ou en Velouté.)

Paysanne. — Carotte, navet, blanc de poireau, pommes de terre émincés, étuvés au beurre et cuits au consommé; légumes verts de saison ou de conserve; pluches de cerfeuil.

Pérette. — Crème de homard au riz. Garn. : Cuisses de grenouilles cuites au court-bouillon au vin blanc.

Petite Marmite. — Se prépare en ustensile spécial avec : morceaux de viande de bœuf maigre, poule, consommé ordinaire ; légumes comme pour le pot-au-feu. Garn. : légumes comme pour la croûte au pot ; petits morceaux de bœuf et de volaille. *A part :* petits toasts de pain grillé garnis de rondelles de moëlle ; rondelles de flûte arrosées de graisse de marmite et séchées au four. (Se dénomme aussi *Petite Marmite Henri IV* ou *Poule au pot.*)

Petite Marmite Béarnaise. — Même préparation que ci-dessus. Garn. : Les légumes de la marmite taillés en paysanne et les chairs de la poule en grosse julienne.

Pistou (italien). — Pommes de terre émincées, tomates hachées, haricots verts en petits tronçons, simplement couverts d'eau et cuits doucement. Quand les légumes sont cuits aux trois quarts ajouter du gros vermicelle. Compléter au moment avec : 1º une composition d'ail pilé, basilic, tomates pelées et grillées, le tout délayé avec un peu d'huile et quelques cuillerées de soupe ; 2º fromage de Gruyère frais, râpé au moment.

Poireau (Cr. ou Vel.). — Blanc de poireau émincé, étuvé au beurre, ajouté à Béchamel ou Velouté clair. Finir avec Crème ou liaison ordinaire et beurre. Garn. : Petits croûtons en dés frits au beurre.

Polaire (Cl.). — C. de volaille légèrement lié au tapioca, servi en tasses, avec adjonction d'un jaune d'œuf cru (très frais) dans chaque tasse.

Polignac. — Crème de carotte au tapioca, finie avec liaison de jaunes d'œufs fortement crémée.

Pompadour (Cl.). — C. de volaille. Garn. : Petites quenelles de volaille ; queues d'écrevisses ; julienne de truffe et de cœur de céleri.

Portalis (Cl.). — C. de volaille au suc de tomate, légèrement safrané. Garn. : Vermicelle poché au consommé. *A part :* Fromage râpé.

Portugaise. — Purée de tomates au riz additionnée de lard maigre en dés ; oignon, carotte, thym, laurier, sucre, pointe d'ail. Garn. : Riz en grains ; dés de chair de tomate sautés au beurre.

Princesse (Cr.). — Mélange en parties égales de crème de riz claire et de crème de volaille. Mise au point avec de la crème fraîche. Garn. : Petites escalopes de filet de volaille ; pointes d'asperges blanches ; pluches de cerfeuil. (Se fait également en velouté.)

Printanier (Cl.). — C. de volaille. Garn. : Carottes et navets en petits bâtonnets, cuits au consommé ; petits pois, haricots verts coupés en losanges, rondelles de feuilles de laitue et d'oseille, pochées ; pluches de cerfeuil. (Ce potage peut s'additionner de petites quenelles, d'une Royale ordinaire ou de Royales de légumes.)

Puchéro (espagnol). — Se prépare comme *l'Olla-Podrida*, mais avec une garniture moins abondante. Même service que l'Olla-Podrida.

Psyché (Cl.). — C. de volaille (très fort en volaille) au suc de tomate. Garn. : Cheveux d'ange (vermicelle très fin) pochés au consommé.

Québec. — Est le même que le potage *Maria*.

Quenelles et moëlle (Cl.). — C. ordinaire légèrement lié au tapioca. Garn. : Quenelles à la moelle ; dés de moëlle fraîche pochés au consommé.

Queue de bœuf à la française. — En marmite. Queue de bœuf tronçonnée, jarret de veau, consommé blanc, légumes ordinaires de la marmite. Cuisson lente et longue. Le consommé clarifié avec viande de bœuf hachée et lié légèrement à l'arrow-root Garn. : Tronçons de queue ; carottes et navets en forme de gousses d'ail, cuits au consommé.

Queue de bœuf Napolitaine — C. à la semoule additionné de un tiers de purée de tomate fraîche. Garn. : Chair de tronçons de queue de bœuf coupée en gros dés. (La queue étant tronçonnée, braisée au vin blanc et bouillon avec aromates, carotte, oignon et tomates.)

Rabagas. — Mélange en parties égales de consommé Réjane et de purée Saint-Germain.

Rabelais (Cl.). — C. de volaille au fumet de perdreau. Garn. : Quenelles en farce de perdreau à la crème; julienne de truffe. *A part :* Petites profiteroles au Parmesan.

Rachel (Cl.). — C. de volaille. Garn. : Royale à la purée d'asperges vertes, royale à la purée de volaille. *A part :* Profiteroles au Parmesan.

Raviolis (Cl.). — C. ordinaire. Garn. : Raviolis pochés, mis en plat creux, arrosés de jus de veau réduit tomaté. *A part :* Fromage râpé.

Récamier (Cl.). — C. de volaille. Garn. : Nids d'hirondelles; pointes d'asperges vertes; julienne de truffe. *A part.* Petits pâtés aux queues d'écrevisses à la crème.

Régence (Cr. ou Vel.). Crème d'orge, finie avec beurre d'écrevisse et crème, ou liaison ordinaire. Garn. : Petites quenelles en farce de volaille au beurre d'écrevisse; petites crètes de coq ; orge perlé.

Reine. — Purée de volaille au riz avec liaison ordinaire et beurre. Garn. : Blanc de volaille coupé en petits dés. (Se fait également en crème ou en velouté.)

Reine-Margot (Cr. ou Vel.). — Crème de volaille finie avec crème fraîche ou avec liaison et lait d'amandes douces. Garn. : Petites quenelles en farce de volaille à la purée de pistache.

Réjane. — Poulette bien en chair cuite très doucement avec bouillon blanc, julienne de blanc de poireau et de pomme de terre. La garniture se complète avec le blanc de la volaille taillé en julienne et rondelles de flûte séchées.

Renaissance (Cl.). — C. de volaille. Garn. : Petit printanier avec tous légumes de primeur; royale aux herbes printanières ; pluches de cerfeuil.

Rosemonde. — Velouté de volaille additionné de un tiers de purée de champignons, fini au beurre d'écrevisse et crème. Garn. : Julienne de truffe.

Rossolnick (russe). — Velouté de volaille léger additionné de jus de concombres. Garn. : Racines de persil et de céleri taillés en forme de carottes à garniture ; concombres salés taillés en losanges, blanchis et finis de cuire dans le velouté : petites quenelles en farce de volaille. Le potage fini avec liaison à la crème et jus de concombres.

Royale (Cl.). — C. de volaille. Garn. : Royale ordinaire détaillée en petits cubes réguliers.

Santé. — Potage Parmentier très clair additionné, par litre, de 2 cuillerées d'oseille fondue au beurre. Liaison ordinaire et beurre ; pluches de cerfeuil ; minces rondelles de flûte.

Saint-Germain. — Purée de pois frais cuits à l'anglaise, finie au consommé blanc et beurrée. Garn. : Petits pois et pluches de cerfeuil.

Saint-Hubert (Cl.) — C. de gibier au fumet de lièvre et vin de Pouilly réduit. Garn. : Royale de purée de venaison ; julienne de filets de lièvre.

Saint-Julien. — Mélange en parties égales de crème de potiron et potage Parmentier. Crémer. *A part :* Lamelles de pain dorées au four et fromage râpé

Saint-Marceaux. — Purée de pois frais mise au point, additionnée d'une julienne de blanc de poireau et pluches de cerfeuil.

Sapho (Cl.). — C. de volaille au fumet de perdreau. Garn. : Concombre taillé en bâtonnets et cuit au consommé ; quenelles en farce de perdreau à la crème ; julienne de truffe.

Sarah-Bernhardt (Cl.). — Tapioca léger au consommé de volaille. Garn. : Petites quenelles en farce de volaille au beurre d'écrevisse ; rondelles de moelle, pochées ; pointes d'asperges et julienne de truffe.

Sélianka (russe). — C. à l'essence de jambon. Garn. : Choucroute et feuilles de persil, blanchies.

Séverine (Cl.). — C. de volaille. Garn. : Riz en grains ; petites boules de pomme de terre et de concombre, cuites au consommé ; petits pois.

Simone. — Mélange en parties égales de consommé Solange (V. ce mot.) ; crème de carotte et purée Parmentier.

Soissonnaise. — Purée de haricots blancs (frais autant que possible) finie avec lait ou crème et beurre. Garn. : Petits croûtons frits au beurre. (Se fait également en Crème ou en Velouté.)

Solange (Cl.). — C. ordinaire. Garn. : Orge perlé ; julienne de blanc de poulet ; laitue cuite coupée en carrés.

Sport. (*V. Longchamps*. Est le même.)

Staël (Cl.). — C. de volaille. Garn. : Œufs de pigeon, pochés; petits pois. *A part :* Profiteroles au Parmesan.

Stanley (Cl.). — C. de volaille. Garn. : Quenelles en farce de volaille à la crème au Currie; julienne de truffe et de champignons blancs; riz en grains.

Stschy (russe). — Velouté léger, condimenté d'oignon, additionné de poitrine de bœuf coupée en dés; choucroute hachée et bouquet de persil. Cuisson lente et assez longue. Finir avec crème aigre et persil haché, blanchi.

Sultane (Cl.) — Crème de volaille, mise au point avec lait d'avelines, Beurre de pistache et crème. Garn. : Lames de truffe décorées d'un croissant de farce rose.

Suzette (Cl.). — C. de la Petite Marmite. Garn. : Julienne de blanc de céleri et de truffe; Royale à la crème. *A part :* Paillettes au Parmesan.

Talleyrand (Cl.). — C. de volaille. Garn. : Quenelles en farce de perdreau à la crème; julienne de truffe; petits rognons de coq, pochés au consommé et débarrassés de leur enveloppe.

Terrapène (américain). — Est un potage *Tortue*, clair ou lié, garni de chair de Terrapène coupée en dés assez gros. *A part :* Tranches de citron parées à vif; œufs durs; persil haché et blanchi.

Théodora (Cl.). — C. de volaille. Garn. : Julienne de filets de volaille et de truffe; pointes d'asperges; royale ordinaire en dés.

Thermidor. — Velouté de homard, fini au beurre d'Isigny. Garn. : Quenelles en farce de brochet au piment rouge et doux.

Thourins. — Se prépare comme le *Garbure à l'oignon*. (V. ce mot) en remplaçant le consommé par du lait. Liaison aux jaunes d'œufs et crème relevée de quelques gouttes de vinaigre ou de citron et beurre. Rondelles de flûte.

Thourins Roumanille. — Potage à l'oignon comme ci-dessus garni de vermicelle. Liaison ordinaire et beurre.

Toréador (Cl.). — C. de volaille. Garn. : Chair de tomate en dés, cuite au consommé; riz en grains; petites chipolatas pochées et dépouillées; petits pois à l'anglaise.

Tortue clair (*Turtle-soup* anglais). — C. très fort et gélatineux, obtenu par coction lente et longue de : jarret de bœuf, jarret et pied de veau, chairs de l'intérieur de la tortue et condiments. Une heure avant la fin de cuisson, ajouter, pour aromatisation du potage les herbes suivantes dites « à tortue » : *Basilic, marjolaine, sauge, romarin, sarriette, thym;* coriandre et poivre en grains En dernier lieu, passer le potage et compléter avec de 2 cuillerées de vieux Madère par litre de potage. Garn. : Chair du plastron et de la carapace, coupée en carrés ; escalopes de graisse de tortue pochées à l'eau salée. *A part*, et facultativement : Un verre de Milk Punch par personne.

Milk Punch — Se compose de sirop à 17° avec infusion de zeste d'orange et de citron ; rhum, kirsch, lait, jus d'orange et de citron. Se sert très froid, après filtrage.

Tortue lié. — Est le même que ci-dessus, légèrement lié au roux blond ou à l'arrow-root.

Tortue avec de la conserve. — Le potage, conservé en boîte, se dédouble simplement avec du Consommé très fort. Mise au point finale avec du vieux Madère, comme ci-dessus.

Tortue sèche. — Après avoir trempé 24 heures à l'eau froide, la chair de tortue est cuite avec eau, garniture de marmite et un peu d'herbes à tortue. La cuisson sert à mouiller les viandes dont on tire le Consommé, qui doit être corsé et gélatineux. Se complète, au moment, avec la chair de tortue, coupée en carrés, et Madère.

Tortue verte de conserve (*Green Turtle-soup.*) — C. très corsé de jarret de veau et volaille, colorée au four, condimenté avec : oignon piqué de girofle, racine de persil, poireau, pelures de champignons, céleri, thym et laurier, macis, basilic et marjolaine. Lier légèrement à la fécule ; relever au cayenne et compléter avec Worcestershire-sauce et Xérès. Garn. : Chair de tortue verte, chauffée au bain et divisée en carrés.

Toulousaine (Cl.) — C. de la Petite Marmite préparée comme à l'ordinaire, avec addition de cuisses d'oie et de champignons secs. Garn. ; Quenelles en farce de chair d'oie à la crème, légèrement truffées. *A part :* Toutes petites bouchées garnies de purée de foie gras.

Tourangelle (Vel.) — Mélange en parties égales de purée de haricots verts et flageolets frais dans un Velouté ordinaire. Liaison et beurre. Garn. : Haricots verts en losanges et petits flageolets. (Se fait également en crème.)

Trévise (Cl.). — Tapioca léger au C. de volaille. Garn. : Julienne de blanc de volaille, de langue écarlate et truffe.

Turbigo. — Crème de tomate selon les porportions ordinaires des Crèmes. Garn. : Pâtes d'Italie. *A part :* Parmesan fraichement râpé.

Tyrolienne (Cl.). — C. ordinaire tomaté à l'essence de faisan. Garn. : Fine julienne de filets de faisan rôti ; nouilles fraiches, blanchies d'abord et cuites ensuite au consommé.

Ursuline. — Riz blanchi, mouillé de lait bouillant (100 grammes de riz par litre de lait) et cuit doucement avec addition de sel, sucre et quelques cuillerées de lait d'amandes. Finir avec crème fraîche.

Uzès (d') (Cl.). C. au fumet de lièvre. Garn. : Quenelles en farce de lièvre à la crème ; orge perlé ; brunoise de rouge de carotte.

Valaisan. — Mélange de 2 parties de potage Parmentier, 2 parties de purée de raves et une partie de crème fleurette. Garn. : Lamelles de pain dorées au four et saupoudrées de Gruyère râpé.

Valenciennes (Cl.). — C. ordinaire. Garn. : Juliennes de pomme de terre, carotte, champignons, étuvées au beurre et cuites au consommé ; pluches de cerfeuil.

Valromey (Cl.). C. de volaille. Garn.: Crêtes de coq moyennes, blanchies et braisées ; julienne de truffe ; royale d'écrevisse.

Velours. — Mélange de trois quarts de tapioca ordinaire et un quart de purée Crécy.

Vendôme (Cl.). — C. de la Petite Marmite. Garn. : Dés de moelle fraiche, pochés au consommé. *A part :* Rondelles de flûte séchées au four et saupoudrées de fromage râpé.

Verdi (Cl.). — C. ordinaire. *A part :* Quenelles en farce de volaille à la crème additionnée de purée d'épinards, pochées, et mises en timbale. Saupoudrer de Parmesan râpé ; arroser de beurre fondu et jus de veau réduit.

Vermandoise (Cl.). — Tapioca léger. Garn. : Pointes d'asperges ; petits pois ; haricots verts en losanges ; rondelles d'oseille et de laitue, pochées ; pluches de cerfeuil. (Se dénomme aussi *Potage Vert-pré.*)

Viveurs (Cl.). C. de volaille à l'essence de betterave et bière réduite. Garn. : Emincé de blanc de céleri ; diablotins au Paprika.

Waldèze. — Mélange de trois quart de Tapioca ordinaire et un quart de purée de tomate. *A part :* Fromage râpé.

Warwick (Cl.). — C. de la petite Marmite. Garn. : Printanier de carotte et navet; petits pois; rondelles de laitue pochées; riz en grains; foies de volaille en gros dés, sautés au beurre et pluches de cerfeuil.

Washington (Cl.). — C. de la Petite Marmite. Garn. : Peau de joue de tête de veau cuite, détaillée en petits carrés et mijotée avec Madère et jus de veau; julienne de blanc de céleri et de truffe.

Windsor. — Crème de riz additionnée de cuisson de pieds de veau à la Mirepoix et petite infusion d'herbes à Potage Tortue. Relever au cayenne; liaison ordinaire et beurre. Garn. : Julienne de pied de veau; petites quenelles en farce de volaille additionnée de jaunes d'œufs durs.

Wladimir — (Cl.). C. de volaille. *A part :* Grosses quenelles (faites avec une composition de fromage blanc, beurre fondu, jaunes d'œufs, farine, crème, blancs en neige) pochées et mises en casserole d'argent. Saupoudrer de Parmesan râpé, arroser de beurre fondu et gratiner.

Yolande (Cl.). — C. de volaille aux cheveux d'ange. Liaison de jaunes d'œufs et crème.

Yvetot (Cl.). — C. de la Petite Marmite. Garn. : Pascalines (quenelles en fromage à la crème Gervais, lié aux jaunes d'œufs, pochées au consommé). *A part :* Moëlle pochée et petits toasts grillés.

Yvonne. — Mélange en parties égales de Velouté de volaille et de laitue. Liaison ordinaire au beurre. Garn. : Perles du Japon.

Zola (Cl.). — C. de la Croûte au pot. Garn. : Gnokis à la truffe du Piémont, pochés au consommé. *A part :* Parmesan râpé.

Zorilla (Cl.). C. Madrilène. Garn. : Riz en grains; garbanzos.

CONSOMMÉS SPÉCIAUX POUR SOUPERS
(Chauds ou froids.)

C. à l'essence de Caille.
C. à l'essence de Céleri.
C. à l'essence d'Estragon.
C. Ivan (V. ce mot).
C. Madrilène.
C. à l'essence de Morille.
C. aux Piments doux.
C. à l'essence de Truffe.
C. aux Paillettes d'or.
C. au fumet de Perdreau.
C. aux vins (de Chypre, de Madère, de Malvoisie, de Marsala, etc.).
Gelée de volaille Napolitaine.
   — id. — aux Pommes d'amour.
Velouté de volaille froid. (Peut s'additionner d'une essence quelconque : tomate, poivron, perdreau, etc.)

Nota : Ces Consommés sont toujours servis en tasses et un peu plus chargés en principes extractifs de viandes que les Consommés ordinaires. Ils doivent réunir toutes les qualités de délicatesse, de limpidité et de savorisme. Toutefois, si la saveur caractéristique du consommé doit s'accuser franchement et nettement, sa note doit rester discrète.

Servis froids, ces Consommés doivent offrir l'aspect d'une gelée très légère et fondante.

Pour les Consommés froids aux vins, un excellent Consommé de volaille s'impose absolument.

Le dosage des vins se règle en moyenne, à raison de 8 centilitres par litre de Consommé.

HORS-D'ŒUVRE FROIDS

Aceto dolce. — Petits légumes et fruits divers confits au vinaigre et conservés ensuite dans un mélange de moût de muscat, miel et moutarde. Se sert tel. (Produit italien.)

Achards. — Macédoine de légumes au vinaigre et à la moutarde. (Produit commercial.)

Agoursis. — Concombres russes salés. En tranches sur raviers.

Allumettes. — Petits rectangles en demi-feuilletage, masqués d'une légère couche de farce de poisson.

Anchois (Filets d'). — Détaillés en minces lanières et marinés à l'huile. Se dressent sur raviers avec entourage de blanc et jaune d'œuf dur et persil hachés, câpres, en alternant les couleurs.

Anchois (Médaillons d'). — Filets marinés disposés en couronne sur rondelles de pomme de terre cuite ou de betterave. Le centre garni à volonté d'œuf haché, caviar, purée de laitance, etc.

Anchois (Paupiettes d'). — Filets masqués d'une purée de poisson cuit et roulés. Un point de beurre d'anchois sur chaque paupiette.

Anchois aux poivrons. — Filets marinés, dressés sur ravier en les alternant de lanières de pimentos. Entourer d'œuf dur et persil hachés.

Anchois des Tamarins. — Pomme de terre tiède, râpée, assaisonnée huile, vinaigre, sel, poivre, fines herbes. Dresser sur ravier ; entourer de Paupiettes d'anchois avec une olive noire sur chaque paupiette.

Anguille au vin blanc et Paprika. — Tronçonnée et cuite en matelote condimentée au Paprika. Refroidir, diviser les chairs en lanières ; dresser sur raviers ; couvrir avec la cuisson légèrement collée. Servir bien froid.

Artichauts à la Grecque. — Petits artichauts sans foin, parés, écourtés, blanchis, cuits en marinade composée de : un litre d'eau ; un décilitre et demi d'huile ; 10 grammes de sel ; jus de 3 citrons ; fenouil, céleri, coriandre poivre, en grains, thym et laurier. Servir très froid, avec marinade.

Artichauds garnis (Fonds d'). — Tout petits fonds cuits, marinés, garnis d'une purée de poisson ou de macédoine de légumes liée à la Mayonnaise

Barquettes. — Petites croustades ovales garnies à volonté de Mousse de crustacés, huitres, salpicons, etc.

Betterave en salade. — Cuite au four, refroidie, détaillée en julienne avec addition d'oignon cuit aux 3 quarts. Assaisonner comme salade ordinaire ; saupoudrer de persil et cerfeuil hachés.

Betterave en salade à la crème. — La julienne de betterave et oignon ci-dessus, assaisonnée avec un mélange de crème fraiche, moutarde, sel et poivre.

Beurres pour H. d'œuvre. — (V. *Beurres composés*, fin chapitre des *Sauces*.)

Bigarreaux confits. — Laisser un fragment de queue comme pour Cerises à l'eau-de-vie. Mettre en bocal avec feuilles d'estragon et vinaigre bouilli légèrement salé. Laisser macérer 15 à 20 jours. Servir sur raviers.

Canapés. — Se font en pain de mie et de formes diverses, selon leur garniture. Leur épaisseur ne doit pas dépasser un demi-centimètre. Avant de les garnir, on les fait griller ou frire au beurre clarifié.

Leur garniture ordinaire est une purée quelconque additionnée de beurre frais, ou un hachis très fin.

La nomenclature des Canapés est assez longue et comporte ceux dits : A *l'Amiral*, aux *Anchois*, à *l'Arlequine*, au *Caviar*, aux *Crevettes*, *City*, à la *Danoise*, à *l'Ecarlate*, d'*Ecrevisses*, au *Gibier*, de *Homard*, *Lucile*, au *Poisson*, *Printaniers*, *Rochelais*. (Pour préparation de ces Canapés, V. *Guide culinaire*.)

Carolines. — Petits éclairs fourrés d'une purée quelconque (volaille, foie gras, gibier etc.), chaudfroités et lustrés à la gelée. Servent aussi comme entourage d'Entrées froides (Aspics, Mousses, etc.).

Caviar. — Se sert en ustensile spécial, avec glace autour et accompagnement de Blinis (V. Hors-d'œuvre chauds), et de tartines en pain de Seigle, beurrées.

Céleri à la Bonne femme. — Branches de céleri et pommes Reinette ciselées. Assaisonnement : Sauce moutarde à la crème.

Céleri à la Grecque. — Pieds de petits céleris partagés en deux ou quatre, blanchis et cuits comme Artichauts à la Grecque.

Cèpes marinés. — Choisis petits et très frais ; blanchis, mis en terrine et couverts de marinade bouillante composée de vinaigre, huile, ail, thym, laurier, gros poivre, coriandre, fenouil, racine de persil, passée au chinois. Laisser macérer 8 jours et servir avec marinade.

Cerneaux au Verjus. — Lobes de noix fraîches débarrassés de leur pellicule jaune, dressés sur raviers et arrosés de jus de verjus. Ajouter dessus un peu de gros sel et cerfeuil haché.

Cervelle Robert. — Escalopes de cervelle de mouton dressées sur raviers, puis recouvertes de sauce Moutarde à la crème, additionnée de purée de cervelle et fine julienne de blanc de céleri.

Choux-fleurs. — Divisés en petits bouquets, cuits un peu fermes et marinés avec huile et vinaigre. Sauce moutarde à la Crème.

Choux-rouges. — Taillés en julienne, marinés avec sel et vinaigre pendant 6 heures et égouttés. Ajouter un cinquième de pommes de Reinette émincées et assaisonner comme salade ordinaire.

Choux-verts (Paupiettes de). — Feuilles de chou vert blanchies fortement et taillées en rectangles. Garnir ceux-ci de salade de riz, rouler en bouchon, dresser sur raviers et arroser d'huile.

Concombres à la Danoise. — Concombres façonnés en petites barquettes, ou en caisses rondes, garnies de purée de saumon fumé, filets de harengs en dés et œufs durs hachés. Saupoudrer de raifort râpé.

Concombres farcis. — Taillés en barquettes et garnis de purée de poisson ou de laitance, de macédoine, salade de riz.

Concombres en Salade. — Pelés, épépinés, finement émincés et saupoudrés de sel fin pour provoquer la sortie de l'eau. Egoutter, assaisonner de poivre, huile, **vinaigre et** ajouter cerfeuil haché.

Cornets d'York. — Tranches très minces, taillées en triangles et roulées en cornet dont l'intérieur est garni de gelée hachée. Dressage en couronne avec persil au milieu.

Crèmes pour Hors-d'œuvre. — Purée de caviar, saumon fumé, chair de volaille ou de gibier, détendue avec crème fraîche et additionnée de crème fouettée. Ces crèmes peuvent remplacer les Beurres pour H.-d'œuvre.

Crèmes moulées. — Crème préparée comme ci-dessus, finie à la gelée et mise à prendre en petits moules historiés.

Duchesses. — Petits choux en pâte à éclairs fourrés d'une purée quelconque (purée d'écrevisse, de volaille, de saumon fumé) et simplement lustrés à la gelée.

Eclairs Karoly. — Petits éclairs fourrés de purée de bécasse, chaudfroités à brun et lustrés à la gelée. Décor à la truffe.

Escabèche. — Procédé de préparation en marinade de petits poissons, comme Eperlans, Rougets, Sardines, Filets de sole etc. : Fariner les poissons, les frire à l'huile et ranger en plaque ; couvrir avec marinade bouillante et laisser mariner 24 heures. Servir avec accompagnement de marinade. Marinade : 8 gousses d'ail non épluchées, fines rondelles de carotte et d'oignon légèrement frits dans un demi litre d'huile ; ajouter 3 décilitres vinaigre, un décilitre et demi d'eau, fragments de thym et laurier, queues de persil, 2 piments, 10 grammes de sel. Bouillir 12 minutes.

Fenouil (Pieds de). — Partagés en 2 ou 4 et préparés comme Artichauts à la Grecque.

Figues. — Mûres à point et dressées sur feuilles de vigne avec glace autour.

Filet d'Anvers. — Même préparation que les *Cornets d'Yorck.*

Foie gras. — Façonné en petites coquilles et dressé sur serviette.

Frivolités. — Sont compris sous ce mot les petits Hors-d'œuvre comme Crèmes moulées, Barquettes, Tartelettes etc.

Fruits de mer. — Tous les genres de coquillages marins (sauf les huitres) servis avec minces tartines de pain beurrées.

Harengs Dieppoise. — Harengs frais, couverts de marinade bouillante, pochés 12 minutes et refroidis en marinade. Servir très froid avec rondelles de carotte et d'oignon, lamelles de citron et marinade. Marinade : 2 tiers vin blanc, un tiers vinaigre, fines rondelles de carotte et d'oignon, thym, laurier, queues de persil, échalotes émincées. Faire bouillir à l'avance.

Filets de Harengs. — Filets de harengs saurs ou salés, dépouillés, dressés et couverts de Mayonnaise additionnée de un tiers de purée de laitance, oignon, persil, cerfeuil, céleri, ciboulette et estragon finement hachés.

Harengs à la Livonienne. — Filets de harengs fumés, dépouillés; pommes de terre et pommes Reinette coupées en dés; persil, cerfeuil, estragon et fenouil hachés. Assaisonner huile et vinaigre, bien mélanger ; dresser cette salade en forme de hareng; rapporter sur chacun tête et queue réservées.

Harengs Lucas. — Filets de harengs fumés, dessalés dans du lait; divisés ensuite en lanières et dressés sur raviers. Recouvrir d'une Mayonnaise aux jaunes d'œufs durs et à la moutarde, finie avec échalote, cerfeuil et cornichons hachés.

Harengs à la Russe. — Fines escalopes de filets de harengs fumés dressées en les alternant de tranches de pommes de terre. Assaisonner d'huile et vinaigre ; compléter avec cerfeuil, estragon, fenouil et échalote hachés.

Haricots verts. — Cuits en les tenant un peu fermes ; assaisonnés, chauds, avec huile et vinaigre. Refroidir, dresser et semer dessus persil, cerfeuil et ciboulettes hachés.

Huîtres. — Dresser sur glace pilée. Accompagner de minces tartines de pain noir, beurrées; sauce mignonnette et demi-citrons.

Huîtres natives au Caviar. — Croûtes de tartelettes garnies de Caviar avec, au milieu, une huître de Whistable ou de Burnham, ébarbée ; assaisonner poivre du moulin et goutte de jus de citron.

Huîtres marinées. — Conserve commerciale.

Kilkis (ou Anchois de Norvège). — Se dressent sur raviers avec un peu de leur saumure.

Macédoine. — Se compose de petits oignons blancs frais, petits bouquets de choux-fleurs blanchis, haricots verts, petits cornichons, petits piments, escalopes d'artichauts blanchis. Mettre en pots ; couvrir de vinaigre bouilli additionné de moutarde et salé. Laisser macérer quelques jours.

M quereaux marinés. — Les plus petits possible. Se préparent comme les *Harengs à la Dieppoise*.

Melon Cantaloup. — Se dresse sur feuilles vertes avec glace pilée autour.

Melon Cocktail. — Chair de melon coupée en gros dés, saupoudrée de sucre et refroidie sur glace. Arroser au moment de Kirsch, Marasquin, Champagne ou Porto blanc. Dresser en coupes.

Melon frappé aux Vins divers. — Cantaloup ouvert du côté de la queue, débarrassé des grains et filaments. Verser dans l'intérieur 2 décilitres et demi du vin adopté (Madère, Porto, Marsala etc.); refermer avec le morceau enlevé et tenir sanglé pendant 2 heures. Servir à la cuiller sur assiettes très froides.

Moëlle de végétaux. — Tiges ou trognons de légumes (artichauts, choux, choux-fleurs, romaines) débarrasssés de leur enveloppe ligneuse et traités comme les *Artichauts à la Grecque*.

Moules. — Pochées, ébarbées et additionnées de blanc de céleri taillé en fine paysanne ; assaisonnées de sauce moutarde à la crème relevée de poivre du moulin.

Mûres. — Se servent comme les Figues fraîches.

Museau et Palais de bœuf. — Blanchis, cuits dans un Blanc léger et refroidis. Emincer finement et assaisonner avec huile, vinaigre. Ajouter oignon et persil hachés.

Œufs garnis. — Cuits durs, partagés en deux (jaune retiré) et garnis à volonté de purées, salades de légumes ou de riz.

Œufs de Vanneau. — Les cuire 8 minutes à l'eau bouillante ; rafraîchir. Enlever le haut de la coquille et dresser sur nid de beurre ou touffe de cresson.

Olives farcies. — Grosses olives dénoyautées, garnies d'un Beurre quelconque (Anchois, thon, saumon etc.).

Pâté d alouettes. — Pâté ou terrine refroidi sur glace. En tranches minces, dressées en couronne avec gelée hachée au milieu

Pickles et Piccalilis. — Produits commerciaux.

Pimentos à l'Algérienne. — Grillés à feu doux, pelés, taillés en julienne et assaisonnés d'huile et vinaigre. Dresser sur raviers avec minces anneaux d'oignon autour.

Poireaux à la Grecque. — Tronçons de blanc de poireaux, blanchis, et traités ensuite comme Artichauts à la Grecque.

Poitrines d'oies fumées. — Détaillées en fines escalopes et dressées avec branches de persil.

Poutargue de Mulet et de Thon. — Se détaille en tranches minces et s'assaisonne d'huile et jus de citron.

Purées Anglaises. — Se servent en pots comme les Rillettes de Tours. (Pour préparation, voir *Guide culinaire.*)

Radis noirs. — Pelés, émincés finement et saupoudrés de sel fin. Laisser dégorger 20 minutes, égoutter et assaisonner poivre, huile et vinaigre.

Relishes Américains. — Sorte d'*Aceto Dolce.* S'accompagne de petits biscuits à la cannelle et reste sur table pendant tout le service.

Rillettes de Tours. — Se servent dans leurs pots, et bien froides.

Rillons de Blois. — Se dressent en cassolettes ou sur serviette.

Rougets à l'Orientale. — Les plus petits. Ranger en plaque huilée, couvrir de vin blanc, saler modérément, ajouter tomates concassées, racine de persil, thym et laurier, pointe d'ail, poivre en grains, coriandre et safran. (Ce dernier doit dominer.) Faire partir l'ébullition, et cuire doucement pendant 10 à 12 minutes. Refroidir dans la cuisson. Servir avec marinade et lames de citron épépinées.

Salade de pieds de mouton et Pieds de veau. — Cuits dans un Blanc et désossés. La chair taillée en filets et assaisonnée, tiède, d'une Vinaigrette.

Salades de Riz. — A la variété des Salades pour Hors-d'œuvre, j'ai ajouté celles ou le riz est l'élément principal. La préparation de ces Salades s'équilibre naturellement sur des proportions définies qu'il m'est difficile d'exposer, vu la forme synoptique adoptée pour ce livre. J'indique seulement les éléments qui les composent.

Le riz peut être cuit d'une façon ou de l'autre; l'essentiel est qu'il soit conservé bien en grains.

Salade Bergerette. — Riz; œufs durs émincés; ciboulette hachée; crème fouettée assaisonnée de sel et poivre. Mélanger délicatement. (Peut se condimenter avec raifort râpé, Currie, Paprika, moutarde, etc.)

Salade Brésilienne. — En parties égales, riz et ananas frais coupé en dés. Assaisonnement : Crème, jus de citron, sel.

Salade Castelnau. — Riz ; queue d'écrevisses ; julienne de truffe. Assaisonnement : Vinaigrette additionnée de moutarde et poivron rouge, légèrement liée à la Mayonnaise.

Salade Catalane. — Riz ; oignon blanc d'Espagne cuit au four et coupé en gros dés, poivrons rouges grillés, pelés et taillés en carrés ; filets d'anchois. Assaisonnement : Vinaigrette.

Salade Dorzia. — Riz ; concombre émincé ; julienne de blanc de poulet. Assaisonnement : Vinaigrette moutardée.

Salade Hollandaise. — Riz ; pommes aigrelettes émincées, filets de harengs fumés. Assaisonnement : Vinaigrette moutardée.

Salade Italienne. — Riz ; petits pois ; rouge de carotte en dés. Assaisonnement : Vinaigrette.

Salade Midinette. — En parties égales, riz et petits pois. Assaisonnement : Vinaigrette avec cerfeuil et estragon hachés.

Salade des Moines. — Riz ; pointes d'asperges ; julienne de blanc de poulet. Assaisonner de Vinaigrette moutardée ; dresser et saupoudrer la surface de truffe noire râpée.

Salade Monte-Carlo. — Riz ; lames de truffe ; langoustine de pays ; fine julienne de blanc de céleri. Assaisonnement : Vinaigrette relevée de poivre rouge, légèrement liée à la Mayonnaise.

Salade Nantaise. — Riz ; thon effeuillé, chair de tomate coupée en dés. Assaisonnement : Huile, vinaigre, sel, poivre ; cerfeuil, estragon et ciboulette hachés.

Salade Normande. — Riz ; pommes aigrelettes émincées, Assaisonnement : Crème, sel, poivre, jus de citron.

Salade des Pêcheurs. — Riz ; oignon blanc d'Espagne cuit au four et coupé en carrés ; filets d'anchois. Assaisonnement : Huile, vinaigre, sel, poivre, moutarde, persil haché.

Salade Portugaise. — Riz ; tranches de tomates pelées ; julienne de poivrons rouges doux grillés et pelés. Assaisonnement : Huile et vinaigre, sel et poivre, essence d'anchois.

Salade Provençale. — Riz ; tomates en petits quartiers, pelées, assaisonnées, sautées à l'huile avec pointe d'ail et persil haché ; aubergine en gros dés, sautées à l'huile ; dés de filets d'anchois. Assaisonnement : Huile et vinaigre.

Salade Réjane. — Riz ; œufs durs, lames de truffe ; raifort râpé ; crème Chantilly assaisonnée de sel. Bien mélanger.

Salade Vauclusienne. — Riz ; oignon blanc cuit au four et coupé en dés ; lames de truffe. Assaisonnement : Huile, vinaigre, sel et poivre, moutarde, essence d'anchois.

Salade de Riz diverses. — Peuvent être encore utilisées en Hors-d'œuvre les Salades : à l'*Andalouse, Carmen, Créole*, des *Nonnes, Orientale*. (V. aux Salades composées.)

Salade de Pieds de veau à la Clarence. — Cuits dans un Blanc, désossés, mis en presse et émincés. Mariner 20 minutes avec huile et vinaigre ; lier avec une Mayonnaise aux herbes. Dresser et entourer de quartiers d'œufs durs.

Saucisson d'Arles, de Lyon, etc. — Se détaillent en minces rondelles et se dressent en couronne avec persil au milieu.

Saucisson de Foie gras, de Faisan, etc. — Se détaillent en minces rondelles. Dressage en couronne avec gelée hachée.

Saumon fumé. — Se détaille en lames minces qui sont roulées en cornets. Dresser avec persil frisé bien vert.

Spratts. — Sardine fumée. Supprimer tête et peau, ranger en plat, saupoudrer d'échalote et persil hachés ; arroser d'huile et de vinaigre. Laisser mariner 5 à 6 heures.

Tartelettes. — Se garnissent comme les Barquettes.

Thon à la Marinette. — Tranches de thon à l'huile, fines rondelles de tomate et d'oignon dressées sur raviers en les alternant. Entourer de rondelles de pomme de terre et arroser avec assaisonnement ordinaire de salade.

Tomates à la Monégasque. — Toutes petites tomates vidées, garnies d'un hachis de thon, oignon, persil, cerfeuil et estragon lié à la Mayonnaise. Dresser avec feuilles de persil autour.

Truites marinées (Filets de). — Enlever la peau des filets, napper d'une sauce froide quelconque ; semer dessus du corail haché et dresser en raviers sur salades de légumes. Entourer de rondelles d'œufs durs, de radis et de concombres.

Vrilles de Vigne. — Les blanchir à l'eau salée ; égoutter et mettre en terrine avec feuilles d'estragon et quelques feuilles de cassissier. Couvrir de vinaigre bouillant et laisser macérer 5 jours. Servir avec marinade.

Zampino. — Charcuterie italienne. Se détaille en tranches minces et se dresse avec persil frisé.

HORS-D'ŒUVRE CHAUDS

Allumettes. — Rectangles de feuilletage (2 centimètres de largeur) masqués d'une farce quelconque, truffée *ou non* *et* cuits au moment. Prennent le nom de l'élément de la garniture (Ex. Allumettes aux anchois.)

Attereaux. — Se composent de différents éléments taillés en escalopes, lesquelles sont enfilées, en les alternant sur brochettes en métal, enveloppées de sauce réduite et refroidies. Les attereaux sont ensuite panés à l'anglaise et frits au moment. Se dressent sur serviette avec persil frit.

Att. à la Genevoise. — Foies de poularde sautés, ris d'agneau, cervelle, champignons, truffe et fonds d'artichauts enfilés sur brochettes, enveloppés de sauce Duxelles réduite. Refroidir, masquer de farce molle, paner à l'anglaise et frire au moment.

Att. au Parmesan. — Appareil de semoule cuite au consommé, liée au Parmesan et beurre, étalée sur plaque à l'épaisseur de un demi-centimètre et refroidie. Détailler en petites rondelles; les enfiler sur brochettes en les alternant de rondelles de Gruyère de mêmes dimensions. Paner à l'anglaise et frire. (Se dénomment aussi Attereaux *à la Florentine.*)

Att. à la Villeroy. — Se composent d'un élément principal, comme Ris de veau, Cervelle, Foie gras, Crêtes, etc., et d'éléments auxiliaires comme Champignons, Truffe, Jambon, Langue. Se préparent comme ci-dessus avec sauce Villeroy. (Ces attereaux prennent toujours le nom de l'élément principal. Ex. : Attereaux de foie gras à la Villeroy.,

Barquettes. — Croustades en forme de petits bateaux faites en pâte fine ou en demi-feuilletage, et cuites à blanc. Leur garniture est le plus ordinairement un salpicon de : Crevettes, queues d'écrevisses, filets de Soles, chair de homard, laitance, etc. (Pour détails complets V. *Guide Culinaire*.)

Beignets. — Les éléments des Beignets sont généralement marinés. Au moment de les frire on les trempe dans une pâte à frire légère ; veiller a ce que la pâte couvre bien partout et traiter à grande friture. Servir sur serviette avec persil frit.

Beurrecks. — Petites rissoles en pâte à nouille, façonnées en forme de gros cigare ; garnies d'un salpicon de Gruyère lié d'une Béchamel réduite et panées à l'angaise. Frire au dernier moment.

Blinis. — Sorte de crêpe russe, en pâte à crêpe fermentée, finie avec blancs en neige et crème fouettée. Se cuisent en petites poêles spéciales, et toujours au moment de servir.

Bouchées. — Se font généralement en feuilletage et de formes différentes selon le genre qui les caractérise.

B. à la Bohémienne. — Petites caisses en brioche, garnies d'un salpicon de foie gras et truffe, lié au jus de veau et fini au Madère.

B. à la Bouquetière. — Toutes petites et rondes. Garnies d'un petit printanier au Velouté de volaille.

B. Diane. — Rondes unies. Salpicon chair de gibier à plume et truffes ; sauce Salmis.

B. Grand-Duc. — Rondes dentelées. Pointes d'asperges ; julienne de truffes ; sauce Béchamel à la crème.

B. Isabelle. — Ovales dentelées. Salpicon de langue et truffe lié d'une purée de volaille. Ovale de langue comme couvercle.

B. Joinville. — Ovales dentelées. Garniture Joinville.

B. Marie-Rose. — Losanges dentelés. Quenelles d'éperlans, julienne de truffe, queues de crevettes ; sauce crevettes. Couvrir avec fines rondelles taillées sur boudin de farce rose.

B. Mogador. — Losanges dentelés. Salpicon 2 tiers langue écarlate, un tiers blanc de volaille ; sauce Béchamel au beurre de foie gras.

B. Monseigneur. — Ovales dentelées. Garnir moitié purée de laitances truffée, moitié sauce crevettes.

B. Montglas. — Carrées dentelées. Salpicon foie gras, champignons, langue, truffes ; sauce demi-glace Madère.

B. à la Nantua. — Ovales dentelées. Queues d'écrevisses et truffes ; sauce Nantua.

B. à la Périgourdine. — Rondes dentelées. Garnir purée de truffes additionnée de sauce demi-glace au Madère.

B. Petite Princesse. — Carrées dentelées et toutes petites. Garnir purée de volaille au Velouté et truffes en dés.

B. à la Reine. — Rondes dentelées. Salpicon de blanc de volaille, champignons et truffes ; sauce Parisienne.

B. Saint-Hubert. — Rondes dentelées et très petites. Garnir purée de gibier noir relâchée avec sauce brune de gibier.

B. Marie-Stuart. — Rondes unies. Garnir aux 3 quarts avec hachis composé de 2 tiers blanc de volaille, un tiers champignons. Compléter avec Velouté de volaille au Beurre d'écrevisse.

B. Victoria. — Rondes cannelées. Salpicon de chair de homard et truffes ; sauce homard.

Brochettes. — Se composent d'un élément principal comme : Foie de veau, foies de volaille, ris de veau ou d'agneau, et d'éléments auxiliaires, comme : champignons, carrés de lard maigre ou de jambon. Ces éléments sont réunis et roulés dans de la Duxelles, enfilés sur brochettes, en les alternant, chapelurés, arrosés de beurre fondu et grillés.

Se servent sur Beurre Maître-d'hôtel ou une sauce claire en rapport avec l'élément principal des brochettes.

Ciernikis (russe). — Galettes de 4 cent. de diamètre, faites avec une pâte composée de fromage blanc, pressé ; farine, beurre fondu, œufs, sel, poivre et muscade. Pocher un quart d'heure à l'eau bouillante ; égoutter, dresser en timbale et arroser de beurre fondu.

Colombines à la chevreuse. — Sorte de croquettes faites en moules à Tartelettes ou à Barquettes. Elles se composent d'un salpicon de volaille, gibier, foie gras, crevettes, etc., préparé comme pour croquettes, ou d'une purée serrée des éléments indiqués. Salpicon ou purée sont enfermés entre deux couches de semoule liée au Parmesan et jaunes d'œufs. Les Colombines ainsi formées sont démoulées, panées à l'anglaise, frites au moment et dressées sur serviette avec persil frit. Elles prennent le nom de l'élément principal de la garniture. **Ex. :** *Colombines de foie gras à la Chevreuse.*

Côtelettes diverses. — Se composent d'un Salpicon quelconque à croquettes, lié avec une farce correspondante. L'appareil est moulé en petites côtelettes qui sont panées à l'anglaise et colorées au beurre clarifié. Dresser en turban avec petites papillottes fixées sur un fragment de macaroni simulant l'os de côtelette.

Cromesquis. — Se composent des mêmes appareils que les Croquettes et se façonnent en forme de rectangles.

A la Française : Les rectangles sont trempés en pâte à frire légère, traités à grande friture et dressés sur serviette avec persil frit.

A la Polonaise : Sont enveloppés d'une mince crêpe sans sucre, traités et dressés comme ci-dessus.

A la Russe : Sont enveloppés de crépine mince d'abord, d'une crêpe ensuite et trempés en pâte à frire.

Croquettes. — Se composent d'un élément principal, comme : Volaille, gibier, poissons ou crustacés et d'éléments auxiliaires, comme : Champignons, langue écarlate ou jambon. L'élément principal représente toujours la moitié du poids total. Ces éléments sont taillés en petits dés, réunis dans une sauce très réduite en rapport avec l'élément principal. Quand l'appareil est refroidi, on le divise en parties du poids de 70 grammes qui sont moulées de formes diverses, panées à l'anglaise et frites au moment. Se dressent sur serviette avec persil frit. *A part :* Sauce ou Coulis léger en rapport avec l'élément principal. (Pour série des Croquettes usuelles, V. *Guide culinaire.*)

Croustades. — Se font en pâte fine, en petits moules ronds ou ovales et se cuisent à blanc. Se font aussi en appareil de semoule ou de pomme Duchesse. Toutes les garnitures des Bouchées leur sont applicables.

Croûtes à la Champenoise. — Croûtes rondes en pain de mie de 4 centimètres de diamètre et un centimètre et demi d'épaisseur, vidées à moitié, frites au beurre clarifié et garnies de cervelle de porc cuite au beurre avec oignon haché, pointe d'ail, sel et poivre. Sur serviette.

Croûtes au foie de Raie. — Croûtes comme ci-dessus, garnies de foie de raie poché. Arroser de beurre noisette, jus de citron ; ajouter persil haché.

Croûtes à la moëlle. — Croûtes comme ci-dessus, garnies de moëlle en dés, pochée, liée à la glace de viande et lames de truffe.

Croûtes à l'oie fumée. — Croûtes en pain de seigle, garnies choucroûte et escalopes d'estomac d'oie fumé. Napper légèrement de sauce brune.

Fish Balls. — V. *Croquettes de Morue* (Chap. des poissons).

Fondants. — Genre de croquettes en forme de poires, composées d'une purée quelconque (volaille, gibier, foie gras) tenue très serrée. Paner à l'anglaise et frire au moment. Sur serviette avec persil frit.

Fritots divers. — Genre de Beignets dont les éléments (escalopes de volaille, cervelle, pieds de mouton, peau de tête de veau) sont toujours marinés à l'avance. Tremper en pâte à frire et traiter à grande friture.

L'accompagnement invariable des Fritots est une *Sauce Tomate.*

Huîtres. — (V. Chap. des *Poissons et Crustacés*).

Mazagrans. — Se préparent comme les Colombines, en remplaçant la semoule par de la pomme Duchesse. La garniture intérieure est un Salpicon quelconque préparé comme pour Croquettes. Dorer et faire colorer au four ; démouler en sortant du four et dresser sur serviette.

Nalesnikis (russe). — Appareil en parties égales de fromage blanc et beurre assaisonné sel et poivre. Diviser en parties de la grosseur d'un petit œuf ; façonner en rectangle, enfermer dans un pannequet, tremper en pâte à frire légère et frire à grande friture très chaude. Sur serviette.

Pâtés chauds (Petits). — Ces pâtés sont formés de deux abaisses de feuilletage soudées et renfermant dans l'intérieur gros comme une noix de hachis fin, farce ou Salpicon quelconque, laitance, etc. Cuisson à four chaud et dressage sur serviette.

A la Dauphine. — Sont faits en pâte à brioche commune, au lieu de feuilletage et se garnissent comme les autres.

Pelmènes Sibériens. — Genre de ravioles en pâte à nouilles (forme petit pâté) garnies d'un salpicon de jambon et chair de gélinotte lié à la sauce brune réduite. Pocher à l'eau bouillante un quart d'heure ; égoutter, dresser en timbale, arroser de beurre fondu citronné ; ajouter persil haché et filet de glace de viande.

Piroguis (russe). — La variété des formes et des éléments qui composent ces préparations de la cuisine russe est très grande. (Pour apprêts : V. *Guide*.)

Pomponnettes. — Toutes petites rissoles en pâte demifeuilletée, garnies d'une purée quelconque (volaille, gibier, foie gras, etc.) fermées en bourses et traitées par la friture. Sur serviette avec persil frit.

Quiche à la Lorraine. — Flan foncé en pâte ordinaire ; le fond garni de minces tranches de lard maigre blanchi et revenu au beurre. Rempli avec appareil composé de crème, œufs, sel, beurre. Cuire au four chaleur moyenne. Se découpe en triangles quand elle est presque froide.

Quiches au jambon (Petites). — Moules à tartelettes à hauts bords foncés en pâte ordinaire ; le fond garni d'une rondelle de jambon ; remplir avec l'appareil ci-dessus additionné de jambon maigre haché. Cuisson à four moyen.

Ramequins. — Pâte à chou au lait, sans sucre, additionnée de moitié Gruyère râpé et moitié coupé en dés, à raison de 100 grammes de fromage par 750 grammes de pâte. Coucher sur plaque (grosseur d'un chou à la crème), dorer, saupoudrer de Gruyère taillé en brunoise et cuire à four moyen. Se dressent sur serviette.

Rissoles. — Se composent : d'un Salpicon préparé comme pour croquettes ; d'une enveloppe de pâte fine ordinaire ou de rognures de feuilletage. Elles prennent la dénomination *à la Dauphine* quand elles sont faites en pâte à brioche. Se traitent invariablement par la friture et se dressent sur serviette avec persil frit. Selon leur genre, les Rissoles se font de formes différentes, soit en Bourses plissées, en Chaussons, en petits pâtés ronds ou ovales, etc.

Sausselis (ou Dartois). — Bande feuilletage rectangulaire, garnie généralement d'une couche de farce de merlan additionnée de dés de filets d'anchois ou de queues de crevettes recouvertes d'une autre bande de mêmes dimensions qui est soudée sur la première. Dorer, rayer, cuire à four chaud ; découper en sortant du four. Sur serviette.

Soufflés divers (Petits). — Se font en petites caisses en porcelaine plissée ; leur composition est la même que celle des gros Soufflés.

Subrics. — Se font avec foie gras, blanc de volaille, cervelle et amourettes, etc., coupés en dés, liés avec pâte à crêpes forcée en œufs et épaisse. En parties de la grosseur d'un macaron, faire tomber l'appareil dans un sautoir contenant du beurre clarifié très chaud ; colorer des deux côtés en les retournant avec précaution. Sur serviette.

Talmouses. — Moules à tartelettes foncés en pâte fine, garnis d'un chou en pâte à Ramequins (V. ce mot.) Finir et cuire comme Ramequins. Après cuisson, fourrer l'intérieur d'une crème Pâtissière au Parmesan. Sur serviette.

Tartelettes. — Sont sujettes à modifications selon les genres. Tantôt elles sont cuites à blanc ; tantôt elles sont foncées en pâte fine, garnies et cuites avec la garniture. D'autres fois, la pâte est remplacée par une mince couche de farce, pochée, avant de recevoir la garniture. Cette garniture se compose généralement de fines escalopes de blanc de volaille ou de filets de gibier, champignons et truffes avec sauce en rapport.

(Pour Tartelettes *Châtillon, Diane, Gauloise, Gnoki, Marly, Olga, Reine*, etc., V. *Guide culinaire*.)

Timbales (Petites). — Selon les genres, se font dans des moules ronds ou ovales à bords hauts, beurrés et décorés de détails de truffe, jambon, langue, etc. Après les avoir foncés d'une couche de farce, l'intérieur est garni d'une purée réduite ou d'un Salpicon lié, lequel est recouvert de farce. Pocher au moment (de 12 à 20 minutes selon les genres) et démouler sur plat. S'accompagnent d'une sauce correspondante.

La variété de ces timbales est assez grande.

Varénikis Lithuaniens (russe). — Sorte de ravioles en pâte à nouille, détaillées à la roulette, garnis d'un Hachis de Filet et graisse de bœuf cuit au beurre avec oignon haché, assaisonné et lié avec Béchamel réduite. Pocher un quart d'heure à l'eau bouillante, égoutter ; servir en timbale avec beurre fondu.

Vatrouskis au fromage (russe). — Rondelles dentelées de pâte à brioche sans sucre, de 12 centimètres de diamètre, garnis de Twarogue. (V. Appareils précédant les Garnitures) et fermées en chausson. Ranger sur plaque, dorer et cuire 18 minutes à four moyen. Sur serviette.

SAUCES

Nota : Ce livre étant simplement un *Aide-Mémoire*, comme son titre l'indique, et non un livre de cuisine complet, ne mentionne que les choses usuelles du travail de la cuisine et la forme explicative très brève que j'ai adoptée ne permet pas d'y faire figurer certaines préparations dont les proportions ont besoin d'être rigoureusement déterminées. Pour renseignements complets, V. *Guide culinaire*.

SAUCES DE BASE

Espagnole. — 325 grammes de **roux** brun délayé avec 4 litres de fonds brun ; porter à l'ébullition en remuant ; laisser bouillir ensuite doucement et régulièrement ; ajouter 250 grammes de Mirepoix, étuvée à la graisse ; continuer la cuisson pendant 3 heures en dépouillant fréquemment la sauce. Passer au chinois avec pression ; ajouter un demi-litre de purée de tomate ; continuer la cuisson pendant 3 ou 4 heures, en ajoutant encore, par parties, 2 litres de fonds et en continuant à dépouiller la sauce. (Ce dépouillement a pour but la purification de la sauce.) Passer à l'étamine, vanner jusqu'à refroidissement et réserver.

Espagnole maigre. — Se traite comme la précédente, à cette différence que : 1º le roux est fait au beurre ; 2º que le mouillement se fait au Fumet de poisson ; 3º que le lard de la Mirepoix est supprimé et remplacé par des pelures fraîches de champignons. Temps de cuisson et de dépouillement : 5 heures.

Demi-Glace. — Est l'Espagnole, complétée en dernier lieu, et hors du feu, avec un demi-décilitre de Madère sec par litre de sauce.

Jus de veau lié. — 2 litres de fonds de veau brun, tiré

à clair, réduit à un demi litre et additionné de 15 grammes d'arrow-root délayé à froid. Cuire une minute et passer à la mousseline.

Velouté ou Sauce blanche grasse. — Délayer 225 grammes de roux blond au beurre avec 2 litres de fonds de veau blanc tiré à clair. Faire prendre l'ébullition en remuant; ajouter 2 décilitres et demi de cuisson de champignons et tenir en ébulition lente et régulière. Temps de cuisson et de dépouillement : une heure et demie. Passer à l'étamine.

Velouté de Volaille. — Remplacer le fonds de veau par ou fonds de volaille blanc. Même traitement que celui du Velouté ordinaire.

Velouté de poisson. — Mêmes proportions de roux et de mouillement que pour le Velouté ordinaire, en remplaçant le fonds de veau par du fumet de poisson. Temps de cuisson : 20 minutes. Passer à l'étamine et vanner.

Parisienne (ex-allemande). — Un litre Velouté ordinaire; 5 jaunes d'œufs, un demi litre de fonds blanc, pincée de mignonnette, muscade, 2 décilitres cuisson champignons, filet de jus de citron. Mélanger le tout dans un sautoir à fond épais; remuer en plein feu et sans discontinuer jusqu'à réduction d'un bon tiers. Passer à l'étamine. Au moment de l'emploi, compléter avec 50 grammes de beurre.

Suprême. — Un litre Velouté de volaille, un litre fonds blanc de volaille, un décilitre cuisson de champignons. Remuer en plein feu en ajoutant petit à petit 2 décilitres et demi de crème; réduire à un litre et passer à l'étamine. Vanner et ajouter encore un décilitre de crème et 50 grammes beurre fin.

Béchamel. — Délayer 325 grammes de roux blanc avec 2 litres et demi de lait bouillant. Faire prendre l'ébullition en remuant; ajouter un oignon ciselé, brindilles de thym, pincée de mignonnette, muscade, 12 grammes de sel. Temps de cuisson : une heure.

Tomate. — Faire revenir au beurre, jusqu'à léger rissolage, 250 grammes de Mirepoix au lard; saupoudrer avec 75 grammes de farine, cuire quelques minutes et ajouter : 2 litres purée de tomate, ou 3 kilos de tomates crues, pressées, un litre de fonds blanc, 10 grammes d'ail, 10 grammes de sel, 15 grammes de sucre, pincée de poivre. Cuire doucement au four (après ébullition prise) pendant 2 heures. Passer à l'étamine et réserver.

PETITES SAUCES BRUNES ET BLANCHES, COMPOSÉES
SAUCES FROIDES. — SAUCES ANGLAISES, CHAUDES ET FROIDES.

(Abréviations : (*Angl.*) Anglaise. (*Fr.*) Froid.)

NOTA : Pour la facilité des recherches, toutes ces sauces ont été réunies dans une seule série alphabétique.

Aïoli. — 30 grammes ail broyé en pâte au mortier. Ajouter : un jaune d'œuf; pincée de sel fin; 2 décilitres et demi d'huile additionnée goutte à goutte au début, en remuant vivement avec le pilon; un jus de citron et une demi-cuillerée d'eau froide.

Airelles (*Cranberry-sauce*, Angl.). — Purée d'airelles rouges cuites à l'eau, relâchée à consistance de sauce épaisse avec eau de cuisson et sucrée à volonté. (Se sert avec dinde rôtie.)

Albert (*Albert-sauce*, Angl.). — Raifort râpé cuit au consommé blanc, additionné de sauce au beurre à l'anglaise, crème et mie de pain. Réduire jusqu'à épaississement, passer à l'étamine, lier aux jaunes d'œufs; assaisonner de sel, poivre et moutarde délayée avec du vinaigre. (Pour Braisés de bœuf.)

Albuféra. — Sauce suprême additionnée de glace de viande blonde et beurre de piment. (Pour volailles pochées et braisées.)

Américaine. — Sauce du Homard de ce nom. (Pour poissons.)

Anchois. — Sauce Normande, additionnée, par litre, de 150 grammes Beurre d'anchois et 60 grammes de filets d'anchois coupés en dés. (Pour poissons.)

Andalouse (Fr.). — Se compose de trois quarts de sauce Mayonnaise, un quart purée de tomate, 75 grammes de poivrons doux en dés, par litre de sauce.

Aromates (*Aromatic-sauce*, Angl.). — Infusion au consommé de : basilic, sarriette, marjolaine, sauge, thym, ciboulette, échalote hachée, muscade, gros poivre. Passer, lier avec roux blond; finir avec cerfeuil et estragon hachés et blanchis, et jus de citron. (Pour gros poissons bouillis.)

Aurore. — Mélange de trois quarts de Velouté et un quart de purée de tomate. Beurrer. (Pour œufs, volailles, viandes blanches.)

Aurore maigre. — Même mélange avec Velouté de poisson. (Pour poissons.)

Béarnaise. — Réduction de deux tiers de vin blanc et vinaigre additionnés de : échalote hachée, estragon concassé, cerfeuil, sel, mignonnette. Lier aux jaunes d'œufs et monter au beurre, à raison de 6 jaunes et 500 grammes de beurre par décilitre de réduction. Passer à l'étamine; compléter avec cerfeuil et estragon hachés. (Spéciale aux grillades de viandes de boucherie et aux poissons.)

Bercy. — Vin blanc et fumet de poisson additionnés d'échalote hachée, réduits d'un tiers. Ajouter quantité relative de Velouté; finir, hors du feu, avec beurre et persil haché. (Pour poissons.)

Beurre à l'anglaise (au) (*Butter-sauce*). — Même préparation que la sauce ci-dessous, à cette différence qu'elle est tenue plus épaisse, moins beurrée, et ne se lie pas aux jaunes d'œufs.

Beurre (au) **dite sauce bâtarde.** — Roux blanc délayé à l'eau bouillante salée; liaison de jaunes d'œufs et crème. Passer; finir avec beurre et jus de citron. (Pour asperges et poissons bouillis.)

Bigarrade. — Fonds de poêlage de caneton, dégraissé, lié à l'arrow-root, additionné de sucre caramélisé dissous avec vinaigre, jus d'orange et de citron, fine julienne de zeste d'orange et de citron, blanchie. (Pour canetons.)

Bordelaise. — Réduction aux trois quarts de vin rouge, échalote hachée, thym et laurier. Ajouter Espagnole en quantité égale à la réduction; passer; finir avec glace de viande et dés de moëlle pochés. (Pour grillades de viandes noires.)

Bordelaise Bonnefoy. — Se prépare comme celle ci-dessus, en remplaçant le vin rouge par du vin blanc et la sauce Espagnole par du Velouté. (Pour poissons grillés et grillades de viandes blanches.)

Bourguignonne. — Réduction de moitié de vin rouge, avec échalotes, queues de persil, thym et laurier. Passer, lier au beurre manié; finir avec beurre et pointe de Cayenne. (Pour œufs.)

Cambridge (Fr. Angl.). — Jaunes d'œufs durs, filets d'anchois, câpres, cerfeuil, estragon, ciboulettes pilés en pâte. Ajouter moutarde, huile, vinaigre comme pour Mayonnaise. Passer, finir avec persil haché et pointe de Cayenne. (Pour viandes froides.)

Cardinal. — Béchamel additionnée de fumet de poisson, essence de truffe, crème, finie avec beurre de homard et relevée au Cayenne. (Pour poissons.)

Cerises Escoffier. — Produit commercial. (Accompagne la venaison.)

Champignons à blanc. — Sauce Parisienne additionnée d'une réduction de cuisson de champignons et de têtes de champignons blancs, tournés. (Pour volailles.)

Champignons à brun. — Demi-glace additionnée des éléments ci-dessus, légèrement beurrée.

Charcutière. — Sauce Robert additionnée d'une julienne de cornichons. (Pour grillades de porc.)

Chasseur. — Champignons émincés à cru, sautés au beurre, additionnés d'échalote hachée, cognac et vin blanc. Ajouter demi-glace et sauce tomate en parties égales. Finir avec beurre, cerfeuil et estragon hachés. (Usages divers.)

Châteaubriand. — Réduction de 2 tiers de vin blanc additionné d'échalotes hachées, thym et laurier, pelures de champignons. Ajouter jus de veau réduit en glace de viande; passer; finir avec beurre Maître-d'hôtel et estragon haché. (P. grillades de viandes noires de boucherie.)

Chaud-froid blanche. — Velouté réduit, additionné, pendant la réduction, de gelée blanche et de crème. Passer et vanner. (Usages divers.)

Chaud-froid brune. — Demi-glace réduite, additionnée pendant la réduction, d'essence de truffe et de gelée. Compléter avec Madère ou Porto; passer et vanner jusqu'à refroidissement. (Usages divers.)

Chevreuil. — Mirepoix, avec jambon cru, ou parures de gibier (selon son emploi), revenu au beurre. Ajouter sauce Poivrade, cuire le temps voulu et passer avec pression. Dépouiller en ajoutant petit à petit un décilitre et demi de vin rouge par litre de sauce; assaisonner d'une pincée de sucre et pointe de Cayenne.

Chevreuil à l'anglaise (*Rœbuck-sauce*). — Carotte et oignon taillés **en paysanne**, jambon cru en dés, thym et laurier, gros poivre, branches de persil revenus **au beurre**. Mouiller de vinaigre, réduire aux 3 quarts; ajouter sauce Espagnole et dépouiller pendant 15 à 20 minutes. Compléter avec Porto et gelée de groseilles. (P. pièces de venaison.)

Chivry. — Velouté additionné d'une infusion au vin blanc de : cerfeuil, persil, estragon, ciboulette, pimprenelle fraîche. Finir avec beurre vert à la Chivry. (P. volailles pochées et bouillies.)

Choron. — Sauce Béarnaise tomatée, sans addition de cerfeuil et estragons hachés. (P. Tournedos.)

Colbert. — Est un beurre composé et non une sauce. (V. *beurre Colbert.*)

Crème. — Béchamel réduite additionnée de crème. (P. poissons bouillis, volaille, œufs, légumes.)

Crème à l'anglaise (*Cream-sauce*). — Velouté à l'essence de champignons et crème. (P. carrés de veau rôtis.)

Crevettes. — Velouté de poisson réduit, crémé, fini avec beurre de crevettes et queues de crevettes. (P. emplois divers.)

Crevettes à l'anglaise (*Shrimp-sauce*). — Sauce au beurre à l'anglaise, relevée au Cayenne, finie à l'essence d'anchois et garnies de queues de crevettes. (P. poissons.)

Cumberland (Fr. Angl.). — Gelée de groseilles dissoute, additionnée de : Porto, échalote hachée, blanchie; julienne de zeste d'orange et de citron, jus d'orange et de citron; moutarde, gingembre, Cayenne. (P. venaison froide.)

Currie à l'Indienne. — Oignon haché revenu à blanc, bouquet garni, macis, cannelle. Ajouter poudre de Currie, Velouté gras ou maigre (selon emploi prévu), même quantité de lait de coco. Cuire un quart d'heure, passer; finir avec crème et jus de citron.

Diable. — Réduction de 2 tiers de vin blanc et vinaigre avec échalote hachée. Ajouter demi-glace, relever au Cayenne; facultativement, fines herbes hachées. (Spéciale aux poulets et pigeons grillés.)

Diable à l'anglaise (*Devilled-Sauce*). — Réduction de 2 tiers de vinaigre et échalote. Demi-glace tomatée; finir avec Harwey-sauce, et pointe de Cayenne. Passer. (P. poulets grillés.)

Diane. — Sauce Poivrade additionnée de crème fouettée et croissants de truffe (P. côtelettes et noisettes de Venaison).

Diplomate. — Sauce Normande au beurre de homard. Garn. : Chair de homard et truffe en dés. (P. poissons.)

Duxelles. — Réduction de 2 tiers de vin blanc, cuisson de champignons et échalote hachée. Ajouter demi-glace tomatée et Duxelles sèche. Finir avec persil haché. (Usages divers.)

Ecossaise. — Sauce Crème additionnée de un dixième de brunoise de carotte, céleri, oignon et haricots verts. (P. œufs et volaille.)

Ecossaise (*Scotch eggs sauce*, Angl.). — Béchamel additionnée de purée de jaunes d'œufs durs et blancs émincés. (P. Morue.)

Estragon (à blanc). — Selon emploi, Velouté gras ou maigre additionné de purée d'estragon et estragon haché. (Usages divers.)

Estragon (à brun). — Infusion d'estragon ajoutée à jus de veau lié et réduit; finir avec estragon haché. (P. viandes blanches.)

Fenouil (*Fennel-sauce*, Angl.). — Sauce au beurre additionnée de fenouil haché et blanchi. (P. maquereaux grillés.)

Financière. — Demi-glace réduite finie avec Madère et essence de truffe. (Usages divers.)

Fines herbes (à blanc). — Sauce vin blanc, finie avec beurre d'échalote; persil, cerfeuil et estragon hachés. (P. poissons.)

Fines herbes (à brun). — Infusion d'herbes au vin blanc ajoutée à jus de veau lié. Fines herbes hachées et jus de citron. (Usages divers.)

Foyot. — Sauce Béarnaise à la glace de viande. (Usages de la Béarnaise.)

Génevoise. — Mirepoix avec tête de saumon et parures de poisson revenue au beurre et mouillée au vin rouge. Réduire de moitié; ajouter Espagnole; cuire une heure; passer avec pression, dépouiller en additionnant de vin rouge. Finir avec essence d'anchois et beurre. (P. saumon.)

Génoise (Fr.). — Mayonnaise à la purée d'herbes, blanchies, et purée de pistaches. (P. poissons froids.)

Gloucester (Angl.). — Mayonnaise complétée avec crème aigre, jus de citron, fenouil haché et *Escoffier-sauce*. (P. viandes froides.)

Godard. — Mirepoix au jambon mouillée au vin blanc

sec. Ajouter demi-glace et essence de champignons. Réduire d'un tiers et passer.

Grand Veneur. — Sauce Poivrade au fumet de venaison, finie avec liaison au sang de lièvre. (P. pièces de Venaison.)

Grand Veneur Escoffier. — Sauce Poivrade finie avec gelée de groseilles et crème. (P. Venaison.)

Gratin. — Réduction de moitié de vin blanc et fumet de poisson avec échalotes hachées. Ajouter Duxelles sèche, demi-glace et persil haché. (P. poissons au gratin.)

Gribiche. (Fr.). — Mayonnaise montée avec pâte de jaunes d'œufs durs et moutarde. Finir avec cornichons, câpres, persil, cerfeuil et estragon hachés; courte julienne de blancs d'œufs durs. (P. poissons froids.)

Groseille au Raifort. — Se compose d'une réduction de vin de Porto, avec muscade, cannelle, sel et poivre; de 5 parties de gelée de groseille dissoute et une partie de raifort finement râpé.

Groseilles vertes. — Purée de groseilles à maquereau mélangée à même quantité de sauce au Beurre. (Spéciale au maquereau.)

Nota : La sauce anglaise du même nom français (*Gooseberry-sauce*) n'est qu'une purée de groseilles à maquereau, cuites avec eau et sucre et passées au tamis.

Hachée. — Réduction de moitié de vinaigre avec échalotes hachées. Ajouter demi-glace tomatée; finir avec câpres, Duxelles sèche, maigre de jambon et persil hachés. (Usages de la sauce piquante.)

Hachée maigre. — Réduction comme ci-dessus; Espagnole maigre; finir avec câpres, fines herbes et beurre d'anchois.

Hollandaise. — Réduction de 2 tiers de vinaigre, eau, mignonnette, sel. Ajouter 5 jaunes d'œufs pour 2 cuillerées de réduction, monter avec 500 grammes de beurre divisé en petites parties et 3 cuillerées d'eau mise en 5 ou 6 fois. Finir avec sel et jus de citron. (P. poissons.)

Homard. — Velouté de poisson fini avec crème, beurre de homard et *beurre rouge;* chair de homard en dés. (P. poissons.)

Homard à l'anglaise (*Lobster sauce*). — Béchamel, relevée au Cayenne, finie avec essence d'anchois et garnie de chair de homard en dés.

Huîtres. — Sauce normande, additionnée de cuisson d'huîtres, garnie d'huîtres pochées et ébarbées. (Spéciale aux poissons.)

Huîtres à l'anglaise (*Oyster sauce*). — Béchamel additionnée de crème et cuisson d'huîtres, garnie d'huîtres pochées et ébarbées.

Huîtres à brun (*Brown oyster sauce*). — Comme la précédente avec roux et fonds brun. (P. puddings de viande et cabillaud.)

Hussarde. — Oignon et échalote émincés revenus au beurre et mouillés au vin blanc. Réduire de moitié; ajouter demi-glace tomatée, fonds blanc, bouquet garni, grain d'ail, un morceau de jambon cru, maigre. Cuire 30 minutes; réserver le jambon; passer la sauce avec pression. La compléter avec le jambon, taillé en brunoise; raifort râpé, persil haché. (Pour viandes noires de boucherie.)

Italienne. — Sauce Duxelles, additionnée de jambon en brunoise; persil, cerfeuil et estragon hachés.

Ivoire. — Sauce Suprême additionnée de glace de viande blonde. (P. volailles pochées.)

Joinville. — Sauce Normande, finie avec quantité égale de beurre d'écrevisse et beurre de crevette. (P. poissons et divers.)

Jus lié à l'estragon. — Fonds de veau ou de volaille avec infusion d'estragon, lié à l'arrow-root. (P. viandes blanches.)

Jus lié tomaté. — Fonds de veau additionné d'un tiers d'essence de tomate et réduit. (P. viandes de boucherie.)

Livonienne. — Velouté au fumet de poisson, monté au beurre. Garn. : Fine julienne de carotte, céleri, champignons, oignon, étuvée au beurre; julienne de truffe et persil concassé. (P. poissons.)

Lyonnaise. — Oignon haché, presque cuit au beurre, mouillé vin blanc et vinaigre. Réduire de 2 tiers, ajouter demi-glace, cuire quelques minutes et passer avec pression.

Madère. — Sauce demi-glace réduite, ramenée à consistance normale par addition de Madère.

Maltaise. — Sauce Hollandaise, finie avec jus d'orange sanguine et zeste d'orange haché.

Matelote au vin blanc. — Réduction de 2 tiers de court-bouillon de poisson au vin blanc. Ajouter 8 décilitres de velouté de poisson par décilitre de réduction. Beurrer et relever au Cayenne. Garn. : Petits oignons cuits à blanc, au beurre et petits champignons cuits.

Matelote vin rouge. — Réduction de court-bouillon de poisson au vin rouge, avec épluchures de champignons. Opérer comme ci-dessus, en remplaçant le Velouté par de l'Espagnole maigre ou de la demi-glace.

Mayonnaise. — 6 jaunes d'œufs, sel, poivre, une cuillerée et demie vinaigre, un litre huile. Mélanger en terrine jaunes et assaisonnement ; ajouter l'huile goutte à goutte jusqu'à liaison assurée ; la verser ensuite en petit filet jusqu'à épuisement. Rompre le corps de temps à autre par addition de quelques gouttes de vinaigre. Si la sauce doit être conservée, lui ajouter, à la fin, 3 cuillerées d'eau bouillante. (Ne pas oublier que l'huile, employée trop froide, provoque la décomposition de la sauce.)

Mayonnaise à la gelée. — Mayonnaise additionnée, petit à petit, de un tiers de gelée fondue et froide (7 décilitres de sauce, 3 décilitres de gelée.) (P. chaud-froids et salades liées.)

Mayonnaise à la Russe. — 4 décilitres de gelée fondue, 3 décilitres Mayonnaise, une cuillerée vinaigre à l'estragon, une cuillerée raifort râpé. Mélanger en bassin, fouetter sur glace jusqu'à ce que la composition soit mousseuse. (Pour salades liées moulées.)

Menthe (*Mint-sauce*, angl.). — Se compose de vinaigre assaisonné de sucre en poudre, sel et poivre ; fine julienne de feuilles de menthe. (P. agneau, chaud ou froid.)

Moelle. — Sauce bordelaise additionnée de moelle en dés, pochée ; persil haché et blanchi. (Beurrer si elle est pour légumes.)

Mornay. — Sauce Béchamel additionnée, par litre, de 50 grammes Gruyère et 50 grammes Parmesan râpés. Beurrer.

Moscovite. — Sauce poivrade au fumet de venaison, additionnée d'une infusion de baies de genévrier et de pignolis ou, à défaut, d'amandes effilées, grillées ; raisins de Corinthe trempés à l'eau tiède ; vin de Malaga. (P. Venaison.)

Mousquetaire (Fr.). — Mayonnaise additionnée d'échalote hachée cuite au vin blanc (réduction complète) ; glace de viande, ciboulette hachée ; relever au Cayenne. (P. viandes froides.)

Mousseline. — Sauce Hollandaise additionnée de crème fouettée. (Usages divers.)

Moutarde. — Sauce au beurre, finalement additionnée de moutarde, et hors du feu.

Nantua. — Sauce Béchamel réduite, additionnée de crème après réduction et finie au Beurre d'écrevisse. Garn. : queues d'écrevisses.

New-burg. — 1° Homard découpé vivant (parties crémeuses réservées), revenu à l'huile avec sel et Cayenne. Ajouter Cognac flambé et vieux Madère ; réduire de 2 tiers. Compléter avec parties égales de crème et fumet de poisson. Cuire 25 minutes. Finir avec parties crémeuses et beurre. Garn. : Chair du homard coupée en dés.

2° Escalopes de queues de homard cuit au court-bouillon, assaisonnées de sel et Cayenne, rangées en sautoir beurré, chauffées des deux côtés. Mouiller au Madère, à hauteur ; réduire de 3 quarts. Compléter avec liaison de crème et jaunes d'œufs.

Noisette. — Sauce Hollandaise finie avec Beurre de noisette. (P. Saumon et Truite.)

Normande. — Velouté de poisson additionné de jus d'huîtres, cuisson de cnampignons, fumet de sole, jus de citron ; liaison de jaunes et crème. Réduire d'un tiers ; compléter avec beurre et crème. (Usages divers.)

Œufs à l'anglaise (*Eggs-sauce*). — 1° Sauce Béchamel garnie d'œufs durs, chauds, coupés en dés. (P. Haddock et Morue.)

2° 250 grammes beurre fondu ; sel et poivre ; jus de citron ; persil haché, blanchi ; 3 œufs durs coupés en dés. (P. poissons.)

Oignons (*Onions-sauce*, angl.). — Oignons émincés, cuits au lait avec sel, poivre, muscade. Egoutter. Faire une sauce avec le lait et roux blanc (140 grammes par litre de lait) ; ajouter les oignons, hachés ; cuire 10 minutes. (Usages divers.)

Orientale. — Sauce américaine condimentée au Currie et finie à la crème.

Oxford (Fr., angl.). — Même que sauce Cumberland, en remplaçant la julienne de zeste d'orange et de citron par du zeste râpé, et en quantité moindre.

Pain (*Bread sauce.* angl.). — Panade claire à la mie de pain et au lait, cuite avec oignon piqué de girofle, sel et beurre. Au moment de servir, retirer l'oignon ; lisser la sauce au fouet et crémer. (P. rôtis volaille et gibier à plume.)

Pain frit (*Fried bread sauce*, angl.). — Brunoise de jambon maigre (30 grammes) et échalote hachée 15 grammes) cuites 10 minutes dans 2 décilitres de consommé. Au moment de servir, ajouter 50 grammes de mie de pain frite au beurre, filet de jus de citron et persil haché. (P. petits oiseaux rôtis.)

Paloise. — Se prépare comme la sauce Béarnaise, en remplaçant cerfeuil et estragon par de la menthe dans la réduction et la mise au point.

Paprika. — Oignon haché revenu au beurre, à blanc, avec Paprika. Ajouter Velouté, gras ou maigre, cuire quelques minutes; passer et beurrer. (P. noisettes d'agneau, œufs, volaille etc.)

Périgueux. — Sauce demi-glace à l'essence de truffe et truffe hachée. (Usages divers.)

Périgourdine. — La même que ci-dessus avec truffes tournées en olives ou en lames.

Persil (*Parsley sauce*, angl.). — Sauce au « Beurre à l'anglaise » additionnée d'une infusion de feuilles de persil et persil haché et blanchi. (Pour tête de veau, cervelle, etc.). *Pour poissons :* Sauce blanche préparée avec court-bouillon de poisson aromatisé au persil; finie avec jus de citron, persil haché et blanchi.

Piquante. — Réduction de moitié de vinaigre et vin blanc (parties égales) avec échalote hachée. Ajouter sauce Espagnole; cuire 10 minutes; finir avec cornichons, persil, cerfeuil et estragon hachés. (Usages divers.)

Poivrade. — Mirepoix revenue à l'huile, mouillée avec 2 tiers marinade et un tiers vinaigre. Réduire de 2 tiers, ajouter Espagnole et cuire 3 quarts d'heure. (Mettre grains de gros poivre, écrasés, 10 minutes avant de passer la sauce). Passer avec pression; relâcher avec marinade et dépouiller. Passer à nouveau, beurrer légèrement. (P. viandes de boucherie marinées.)

Poivrade pour gibier. — Procéder comme ci-dessus, en augmentant la Mirepoix de parures de gibier. Relâcher la sauce avec fonds brun de gibier; dépouiller, passer et beurrer.

Pommes (*Apple-sauce*, angl.). — Marmelade de pommes légèrement sucrée, condimentée à la cannelle. (P. canard, oie et porc rôtis.)

Portugaise. — Sauce tomate légère, condimentée d'oignon et ail, assaisonnée de sel, poivre et sucre, finie avec essence de tomate, glace de viande et persil concassé.

Poulette. — Sauce Parisienne additionnée d'une réduction de cuisson de champignons, finie avec jus de citron et beurre.

Provençale à la bourgeoise. — Tomates pelées, pressées, épépinées, concassées, fondues à l'huile avec ail écrasé, sel, poivre, sucre et persil haché.

Raifort chaude (*Horse radish sauce*, angl.). — Même que *Sauce Albert*.

Raifort froide. — Mélange de : Raifort râpé ; sel, sucre, vinaigre, crème, mie de pain trempée au lait et pressée. (Mettre le vinaigre en dernier lieu.)

Raifort aux noix. — Raifort râpé et noix hachées, épluchées, en quantité égale ; sel, sucre, jus de citron et crème.

Ravigote chaude. — Velouté additionné de vin blanc et vinaigre réduits de moitié. Finie avec Beurre d'échalote ; cerfeuil, estragon et ciboulettes hachés. (P. volailles bouillies et abats.)

Ravigote froide. — 2 tiers d'huile, un tiers vinaigre, sel et poivre, câpres fines ; oignon, persil, cerfeuil, estragon et ciboulettes hachés. (Usages divers.)

Réforme (*Reform sauce*, angl.). Sauce poivrade et demi-glace en parties égales. Julienne courte de : cornichons, blanc d'œuf dur, champignons, langue écarlate et truffe. (Spéciale aux côtes de mouton.)

Régence à brun. — Réduction de moitié de vin du Rhin avec Mirepoix et pelures de truffes. Demi-glace (P. relevés de viande de boucherie.)

Régence pour poissons. — Sauce Normande additionnée d'une réduction de vin du Rhin, fumet de poisson et pelures de truffe.

Régence pour volaille. — Sauce Parisienne additionnée d'une réduction de vin du Rhin, cuisson de champignons, pelures de truffe ; finir à l'essence de truffe.

Rémoulade (Fr.). — Mayonnaise condimentée à la moutarde, finie avec essence d'anchois, cornichons, câpres et fines herbes hachés.

Riche. — Sauce Diplomate, finie avec essence de truffe et truffe en dés.

Robert. — Oignon haché revenu au beurre et mouillé au vin blanc. Réduire de 2 tiers, ajouter demi-glace et cuire

10 minutes. Finir avec pointe de sucre et moutarde. (P. viande de porc grillée.)

Romaine. — Sauce Espagnole, additionnée de sucre caramélisé dissous au vinaigre et fonds de gibier. Réduire de un tiers; passer. Finir avec pignolis grillés, raisins de Corinthe et de Smyrne gonflés à l'eau tiède. (Usages divers.)

Rouennaise. — Sauce Bordelaise au vin rouge additionnée d'une purée crue de foies de canard. Cuire la purée sans ébullition; passer et relever l'assaisonnement. (P. canard rouennais rôti.)

Russe. — Sauce Mayonnaise additionnée de un quart de purée de parties crémeuses de homard et de Caviar, en quantité égale, pilées et passées au tamis fin. Compléter avec moutarde et *Escoffier-sauce*.

Saint-Malo. — Sauce vin blanc additionnée de Beurre d'échalote, moutarde et essence d'anchois. (P. poissons grillés.)

Salmis. — Fine Mirepoix revenue au beurre avec carcasses hachées des oiseaux ou gibiers en traitement. Mouiller au vin blanc; réduire des 2 tiers, ajouter demi-glace et cuire 3 quarts d'heure. Passer avec pression; ajouter du fonds en rapport et dépouiller. Compléter avec cuisson de champignons et essence de truffe. Passer à nouveau et beurrer légèrement.

Smitane. — Réduction à fond de vin blanc et oignon haché revenu au beurre. Ajouter crème aigre, cuire 5 minutes et passer. Aciduler au besoin avec jus de citron. (P. petits gibiers.)

Solférino. — Eau de tomate réduite en sirop épais, additionnée de glace de viande, Cayenne et jus de citron, montée avec Beurre Maître d'hôtel à l'estragon et Beurre d'échalote en parties égales. (P. viandes grillées.)

Soubise. — 1° Oignons blanchis, étuvés au beurre sans coloration, additionnés de sauce Béchamel, sel, poivre et sucre. Cuire lentement, passer et finir avec beurre et crème.

2° Oignons comme ci-dessus, remplacer la Béchamel par du riz et du consommé. Broyer au mortier, passer et finir avec beurre et crème.

Souchet. — Sauce vin blanc, additionnée d'une julienne de carotte, céleri et racine de persil, étuvée au beurre et cuite avec court-bouillon de poisson (3 quarts) et vin blanc (un quart). Beurrer légèrement.

Suédoise (Fr.). — Sauce Mayonnaise, additionnée de un quart de marmelade de pommes sans sucre, cuite au vin blanc et réduite. Finir avec raifort râpé ou moutarde selon les cas. (P. porc froid et oie rôtie, froide.)

Tartare (Fr.). — Mayonnaise aux jaunes d'œufs durs, condimentée à la purée de ciboulettes. (Usages divers.)

Tortue. — Infusion « d'herbes à tortue », pelures de champignons et gros poivre, ajoutée à sauce demi-glace tomatée. Finir avec Madère, essence de truffe et pointe de Cayenne.

Tyrolienne. — Réduction comme pour *sauce Béarnaise*. Ajouter purée de tomate réduite, jaunes d'œufs et monter à l'huile, à *chaud*, en procédant comme pour la Mayonnaise. (Pour Entrecôtes et Tournedos.)

Valois. — Est la même que la *sauce Foyot*.

Venaison. — Sauce Poivrade, additionnée finalement de gelée de groseilles et de crème.

Vénitienne. — Sauce vin blanc, additionnée d'une réduction de vinaigre, échalote hachée et cerfeuil. Finir avec Beurre vert, cerfeuil et estragon hachés. (P. poissons.)

Véron. — Se compose de 3 quarts de sauce Normande, un quart de sauce Tyrolienne, glace de viande et essence d'anchois. (P. poissons.)

Verte (Fr.). Sauce Mayonnaise, additionnée de jus d'herbes très épais (Epinards, cresson, persil, cerfeuil estragon, blanchis, rafraîchis, pressés, pilés au mortier et fortement serrés dans un torchon.) (P. poissons froids et crustacés.)

Villageoise. — Velouté additionné de jus de veau blond et cuisson de champignons, réduit de un tiers. Ajouter un quart de Soubise, liaison de jaunes et crème, beurre (P. viandes blanches.)

Villeroy. — Sauce Parisienne, additionnée d'essence de truffe et d'essence de jambon très réduite. Ne sert que pour envelopper les objets traités « à la Villeroy. » S'additionne, selon son emploi, de Soubise ou de tomate.

Vin blanc. — 1º Velouté de poisson lié aux jaunes d'œufs, réduit d'un tiers et monté au beurre.

2º Fumet de poisson réduit, lié aux jaunes et monté au beurre comme une Hollandaise.

3º Jaunes d'œufs montés au beurre, avec addition, par petites parties, de fumet de poisson.

Vincent (Fr.). — Sauce Mayonnaise, additionnée d'une

purée d'herbes blanchies (oseille, épinards, persil, cerfeuil, cresson, pimprenelle et ciboulettes *en proportions déterminées*), et purée de jaunes d'œufs durs. (P. poissons froids et crustacés.)

Yorkshire (angl.) — Sauce Espagnole, additionnée de gelée de groseille, pointes de cannelle et de Cayenne, réduite, passée et complétée avec jus d'orange et fine julienne de zeste d'orange cuite au vin de Porto. (Usages divers.)

Zingara. — Réduction de vin blanc et cuisson de champignons additionnée de demi-glace tomatée ; julienne de jambon, langue, champignons et truffes. Relever au Cayenne. (Spéciale au veau et à la volaille.)

BEURRES COMPOSÉS
(Se passent à l'étamine.)

Amandes. — 150 grammes d'amandes douces mondées, pilées avec quelques gouttes d'eau froide. Ajouter 250 grammes beurre et passer à l'étamine.

Anchois. — 100 grammes filets d'anchois. Piler, ajouter 250 grammes beurre ; passer.

Aveline. — 150 grammes d'avelines torréfiées ; piler en ajoutant 250 grammes beurre ; passer.

Bercy. — Réduction de moitié de vin blanc et échalote hachée. Ajouter beurre, moelle en dés, pochée, persil haché, sel, poivre du moulin, jus de citron.

Caviar. — 75 grammes de caviar pressé ; piler ; ajouter 250 grammes beurre ; passer.

Chivry. — 100 grammes d'herbes ; persil, cerfeuil, estragon, ciboulettes, pimprenelle, blanchies et pressées ; 25 grammes d'échalote hachée et blanchie ; piler ; ajouter 125 grammes beurre ; passer.

Colbert. — 100 grammes Beurre Maître d'hôtel additionné d'une cuillerée de glace de viande et une cuillerée à café d'estragon haché.

Colorant-rouge — Débris de carapaces de crustacés séchés et pilés avec même poids de beurre. Fondre au bain-marie et passer à la mousseline dans de l'eau glacée. Recueillir, presser et réserver. Est uniquement pour aviver la teinte des sauces roses et rouges.

Colorant-vert. — Jus d'épinards crus pilés et tordus dans un linge. Faire coaguler au bain-marie, égoutter ensuite sur serviette tendue, recueillir la substance verte et la triturer au mortier avec le double de son poids de beurre. Passer.

Crevettes. — Même poids de crevettes grises et beurre ; piler et passer.

Echalote. — 125 grammes d'échalotes hachées, blanchies, pressées, pilées avec 125 grammes beurre. Passer.

Ecrevisse. — Même poids de débris d'écrevisses cuits en mirepoix et de beurre. Piler et passer.

Escargots (d'). — 250 grammes beurre ; 25 grammes échalotte hachée ; 5 grammes ail écrasé ; 20 grammes persil haché ; 8 grammes sel, un gramme poivre. Bien mélanger.

Estragon. — 125 grammes feuilles d'estragon blanchies, rafraichies, pressées, pilées avec 250 grammes beurre. Passer.

Homard. — Parties crémeuses de homard cuit, œufs ou corail pilés avec même poids de beurre. Passer.

Laitance. — 125 grammes de laitance pochée, froide, mélangée avec 250 grammes beurre et une cuillerée à café de moutarde. Passer.

Maître-d'hôtel. — 250 grammes de beurre ramolli, additionné de une cuillerée persil haché, 8 grammes sel, un gramme poivre, jus de un quart de citron.

Marchand de vins. — Un décilitre de vin rouge réduit avec une cuillerée d'échalote hachée. Ajouter sel, poivre du moulin, une cuillerée glace de viande fondue, 150 grammes beurre, jus de un quart de citron, une cuillerée persil haché. (Pour Entrecôtes grillés.)

Meunière. — Beurre cuit à la noisette (teinte blonde) ; jus de citron. (Pour poissons et divers.)

Montpellier. — Feuilles d'épinards, de cresson et de persil ; cerfeuil, ciboulette et estragon (en proportions définies) ; échalote hachée, blanchie. Blanchir vivement les herbes ; égoutter, rafraîchir, presser et piler avec cornichons, câpres, grain d'ail et filets d'anchois. Pour 200 grammes de cette pâte, ajouter 750 grammes beurre, 3 jaunes cuits durs et 2 jaunes crus. Compléter avec sel, cayenne, 2 décilitres d'huile additionnée petit à petit et passer à l'étamine. (Pour gros poissons froids.)

Noir. — Beurre cuit jusqu'à obtention de la couleur brune; additionné de vinaigre passé dans la poële.

Noisette. — Comme le *Beurre d'Aveline.*

Paprika. — 250 grammes beurre additionné d'une cuillerée d'oignon cuit au beurre avec 4 grammes de Paprika. Passer.

Pimentos. — 100 grammes poivrons rouges braisés, froids, pilés avec 250 grammes beurre. Passer.

Pistache. — 150 grammes pistaches fraîchement mondées et pilées; ajouter 250 grammes beurre; passer.

Polonaise. — Cuit à la noisette, avec 30 grammes mie de pain fine, par 125 grammes de beurre.

Printanier. — Légume étuvé au beurre, ou blanchi, selon sa nature, pilé avec même poids de beurre. Passer à l'étamine.

Raifort. — 250 grammes beurre ramolli additionné de 50 grammes raifort râpé. Passer.

Saumon fumé (de). — 100 grammes saumon fumé, pilé avec 250 grammes beurre. Passer.

Tomate (de). — 4 tomates échaudées, pelées et pressées, pilées avec 150 grammes beurre. Passer.

Truffe (de). — 100 grammes truffe noire pilée avec une cuillerée Béchamel. Ajouter 200 grammes beurre et passer.

Huile de crustacés. — Débris de crustacés (carapace et chair) pilés finement. Ajouter, petit à petit, même poids d'huile (6 cuillerées par 100 grammes de pâte). Peut servir pour compléter la Mayonnaise.

MARINADES, SAUMURES, GELÉES DIVERSES

Pour proportions exactes et traitement de ces différents articles, V. *Guide culinaire.*

PRÉPARATIONS DIVERSES
pour garnitures chaudes.

Anglaise. — Œufs battus avec filet d'huile, sel et poivre. Les objets à paner à l'anglaise sont trempés dans cet œuf et roulés ensuite dans de la mie de pain fine. Il en résulte une enveloppe qui se solidifie en croûte au contact de la friture.

Appareils à Cromesquis et Croquettes. — V. *Hors-d'œuvre chauds.*

Appareils à Pommes Berny, Dauphine, Duchesse, Marquise, Saint-Florentin. — V. Pommes de terre, Ch. *des Légumes.*

Appareil Maintenon (*Pour Côtelettes*). — Mélange de Béchamel et de Soubise, lié aux jaunes d'œufs, réduit et additionné de champignons cuits émincés.

Appareil Montglas. — Langue écarlate, foie gras, champignons, truffes, taillés en julienne ou en salpicon, selon les cas et liés avec sauce demi-glace.

Appareil à la Provençale (*Pour Côtelettes*). — Béchamel réduite avec jaunes d'œufs et pointe d'ail.

Duxelles sèche. — Pelures de champignons hachés et pressées, ajoutées à oignon et échalotes hachés revenus au beurre. Remuer à feu vif jusqu'à évaporation totale de l'humidité. Sel, poivre, et persil haché.

Duxelles pour légumes farcis. — Mélange de Duxelles sèche, vin blanc réduit, sauce Demi-glace tomatée, pointe d'ail et mie de pain. Réduire jusqu'à épaississement convenable pour l'emploi.

Duxelles pour garnitures diverses. — Mélange dans les proportions de 100 grammes de Duxelles sèche et 60 grammes de farce à la crème ou de farce gratin.

Essence de tomate. — Jus de tomates pressées, réduit à l'état de sirop épais.

Fondue de tomate. — Chair de tomates concassée, ajoutée à oignon, revenu au beurre, avec pointe d'ail, sel, poivre et sucre. Cuisson lente jusqu'à réduction de l'humidité.

Kache de Sarrazin (*Pour Potages.*) — Pâte compacte de gruau de sarrazin détrempé à l'eau tiède salée, mise et foulée en casserole russe et cuite 2 heures à four chaud. Enlever la croûte du dessus, recueillir le Kache de l'intérieur; le travailler avec beurre; étaler en couche de un centimètre d'épaisseur et refroidir. Détailler à l'emporte-pièce (grandeur d'une pièce de 2 francs); faire colorer au beurre clarifié et dresser sur serviette.

Kache de semoule (*Pour Coulibiac*). — Grosse semoule (200 grammes mélangée) avec un œuf battu, étalée sur plaque et séchée. Passer à la grosse passoire; pocher 20 minutes au consommé et égoutter.

Matignon. — Composition condimentaire et aromatique de : carotte, oignon, céleri, laurier, thym, jambon, taillés en paysanne (émincés finement). Etuver au beurre et déglacer au Madère.

Mirepoix (*S'utilise pour sauces, potages, etc.*) — Mêmes éléments que pour la Matignon, avec lard maigre au lieu de jambon, mais taillés en dés. Etuver au beurre.

Mirepoix Bordelaise. — Se compose de rouge de carotte, oignon, queues de persil taillés en Brunoise excessivement fine; thym et laurier pulvérisés. Etuver au beurre jusqu'à cuisson complète et réserver.

Pâte à frire (*Pour Beignets, Fritots, etc.*). — 125 grammes farine, pincée de sel, 2 cuillerées d'huile. Détremper avec 2 décilitres d'eau tiède sans travailler la pâte. Au moment de l'emploi, ajouter 2 blancs d'œufs fouettés en neige.

Pâte à frire (*Pour Légumes*). — 125 grammes farine, sel, 2 cuillerées beurre fondu, eau, pour obtenir pâte liquide. Préparer à l'avance.

Riz pour volailles farcies. — Oignon haché passé au beurre; ajouter 250 grammes riz caroline, remuer jusqu'à blanchissement; mouiller consommé blanc (trois quarts litre); cuire un quart d'heure; finir avec crème, beurre, sauce Suprême et garniture prévue pour la volaille.

Salpicon. — Est simple ou composé. *Simple*, s'il ne comporte qu'un seul élément ; *composé*, s'il comporte un *élément principal* comme : chair de volaille ou de gibier, foie gras, poissons ou crustacés, et des *éléments auxiliaires* comme : langue, champignons, truffes, etc. Tous ces éléments se taillent en petits dés réguliers et sont réunis dans une sauce, réduite ou non, selon l'usage du Salpicon, et toujours en rapport avec l'élément principal.

Twarogue (*Pour Piroguis russes.*) — Fromage blanc pressé, travaillé en terrine, additionné de même poids de beurre ramolli, sel et poivre, et un œuf par 250 grammes de fromage.

PANADES

Sont de plusieurs sortes, et employées selon la nature de la farce et sa destination. Elles se préparent en pâte très compacte et ne s'emploient que froides. Les panades se font : 1° à la mie de pain ; 2° à la farine ; 3° à la frangipane ; 4° au riz ; 5° à la pomme de terre.

FARCES DIVERSES

Par leurs usages multiples, elles constituent l'un des plus utiles *fonds de cuisine.* Elles sont de différents genres qui sont 1° Le Godiveau (farce ancienne à la graisse); 2° Les farces à la panade et beurre, ou panade et crème; 3° La farce à la crème, dite *Mousseline;* 4° Les farces spéciales, dites *farces Gratin;* 5° Les farces simples.

Farce à la graisse. (*ou Godiveau.*) — Se compose de un tiers rouelle de veau; deux tiers graisse de rognon de bœuf; œufs, sel, poivre et muscade. Piler; ajouter eau glacée ou glace en morceaux pour la mise au point.

Farce à la graisse et crème. — Parties égales de veau et graisse ; sel, poivre et muscade; œufs entiers et jaunes; crème et glace pour mise au point.

Farce de Brochet et graisse. (*ou Godiveau Lyonnais.*) — Mêmes proportions de chair de brochet, graisse de rognon et Panade à la frangipane; blancs d'œufs, sel, poivre et muscade.

Farce à la Panade et Beurre. — Se compose d'un *élément principal.* (Veau, volaille, gibier, poisson, ou crustacés ;) de panade à la farine (*élément d'appui*); œufs entiers et jaunes (*élément de liaison*); beurre et assaisonnement. (Sert pour quenelles ordinaires et Bordures.)

Farce à la Panade et Crème. — Se compose d'un élément principal, comme ci-dessus ; panade à la frangipane ; blancs d'œufs ; assaisonnement ; crème fraîche. (Sert pour quenelles fines.)

Farce à la Crème. (*ou Mousseline*.) — Se compose d'un élément principal : blancs d'œufs, assaisonnement ; crème épaisse et fraîche. (Sert pour mousses et mousselines chaudes ; quenelles à potage.)

Farce Gratin. — Se compose de : lard de poitrine ; rouelle et foie de veau ; pelures de champignons et de truffes ; échalotes, thym, laurier, sel, poivre, épices ; jaunes d'œufs ; Madère ; sauce Espagnole réduite et froide. (Sert pour pâtés chauds et bordures.)

Farce Gratin au Gibier. — Se compose de : lard de poitrine ; chair de lapin de garenne ; foies de volaille et de gibier ; pelures de champignons et de truffes ; échalotes ; thym et laurier ; assaisonnement comme ci-dessus ; foie gras ; jaunes d'œufs ; beurre ; Madère ; sauce Salmis réduite et froide. (P. Pâtés chauds de gibier.)

Farce pour Croûtons et Canapés. — Se compose de : lard gras frais, râpé ; foies de volaille raidis au beurre ; pelures de champignons ; échalotes ; thym et laurier, assaisonnement. Piler et passer au tamis.

Farce pour Galantines et Pâtés. — Se compose de : un quart rouelle de veau ; un quart chair de porc ; une demie lard gras frais ; 2 œufs en assaisonnement à raison de 30 grammes de sel épicé par kilo de farce ; Cognac.

Farce pour Pâtés de volaille et de Gibier. — Se compose de : chair de volaille ou de gibier ; rouelle de veau ; chair de porc ; lard gras frais ; œufs ; assaisonnement comme ci-dessus ; Cognac.

Farce pour Poissons braisés. — Se compose de : laitance crue ; mie de pain trempée et pressée ; sel, poivre et muscade ; persil et cerfeuil hachés ; beurre ; œufs entiers et jaunes.

Nota : Pour détails complets des proportions et préparation de ces Farces, V. *Guide Culinaire*.

PRÉPARATIONS FROIDES

Aspic. — Se fait en moule à douille centrale uni ou historié, chemisé de gelée et décoré. Les éléments du décor doiven toujours être en rapport avec l'élément de garniture de l'aspic et peuvent être : truffe, blanc d'œuf dur, cornichons, pluches vertes, rondelle de radis roses, etc. Les éléments de l'aspic sont : escalopes de volaille, de foie gras, de queues de crustacés, de filets de soles, etc., et se montent par rangs alternés de couches de gelée limpide. Pour démouler, tremper le moule à l'eau chaude et renverser sur serviette pliée.

Chaud-froid — Morceaux de volaille ou de gibier, sans peau et bien parés, enveloppés de sauce Chaud-froid blanche ou brune et rangés sur plaque ou grille pour solidification de la Sauce. Lustrer à la gelée et décorer aux truffes. Le dressage des Chauds-froids se fait maintenant en plat creux, en argent ou en porcelaine.

Mousse froide. — Se compose de purée de l'élément principal, cuit (soit volaille, gibier, foie gras, jambon, poissons ou crustacés); Velouté; gelée fondue et crème demi-fouettée. Se moule en timbale en argent ou en cristal. Peut aussi se faire en moule garni de papier blanc.

Mousselines froides. — Leur composition est la même que celle de la mousse froide. Elles se font en moules ayant la forme d'un demi-œuf, chemisés de gelée, et se fourrent d'un Salpicon en rapport avec l'élément de la purée. Lustrer à la gelée et décorer à la truffe. Se dressent en plat creux, et sur couche de gelée prise.

Nota : La différence entre Mousse et Mousselines est que la première se fait pour un service, tandis que les secondes se font à raison de une par personne.

Soufflés froids. — Même composition que la Mousse. Se font en moule à Charlotte à hauts bords ou en petites cassolettes garnis de papier blanc s'élevant au dessus des bords des moules.

Pains froids. — Fumet de l'élément principal du pain (soit volaille, gibier, poissons ou crustacés) réduit à glace, monté au beurre comme une Hollandaise, additionné de gélatine fondue, un peu de purée de l'élément principal et crème fouettée. Ajouter les chairs de l'élément en traitement, coupés en dés ou escalopées, et truffes. Verser en moule à Charlotte, laisser prendre et démouler sur fonds de gelée, prise sur le plat de service.

GARNITURES

Abréviations : P. (pour) ; Bouch. (Boucherie) ; Acc. (Accompagnements.)

Algérienne (*P. pièces de Bouch.*). — Croquettes de patates ; petites tomates vidées, assaisonnées et étuvées à l'huile. Acc. : Sauce tomate avec fine julienne de piments verts.

Alsacienne (*P. Filets de bœuf, Tournedos*). — Croûtes de tartelettes garnies de choucroûte braisée, avec rond de jambon sur chacune. Acc. : jus de veau lié.

Américaine (*P. poissons*). — Escalopes de queue de homard à l'Américaine. Acc. : Sauce du homard.

Andalouse (*P. pièces de Bouch. et Volailles*). — Demi poivrons garnis de Riz à la grecque ; tronçons d'aubergines, creusés et frits, garnis de tomates sautées à l'huile ; saucisses chipolata. Acc. : jus lié.

Arlésienne (*P. Tournedos*). — Rondelles d'aubergines frites à l'huile ; tomates émincées sautées au beurre ; rondelles d'oignon divisées en anneaux frits. Acc. : Demi-glace tomatée.

Berrichonne (*P. Relevés de Bouch.*). — Boules de choux braisés ; tranches de lard maigre cuit avec les choux ; petits oignons et marrons cuits avec la pièce. Acc. : Jus de braisage lié.

Berny (*P. Gibier et pièces de Bouch. marinées*). — Croquettes de pommes Berny (V. *Chap. des Légumes*) ; tartelettes garnies de purée de lentilles avec lame de truffe sur chacune. Acc. : Sauce Poivrade légère.

Bizontine (*P. pièces de Bouch.*). — Croustades en pomme Duchesse garnies de purée de chou-fleur à la crème ; demi-laitues farcies et braisées. Acc. : jus de veau lié ou fonds de braisage.

Boulangère (P. *Agneau et Volailles*). — Oignons émincés revenus au beurre ; pommes de terre en quartiers, mélangés, mis autour de la pièce et cuits en même temps. — Pour volaille : petits oignons rissolés au beurre et pommes en olives.

Bouquetière (P. *Relevés de Bouch.*). — Carottes et navets levés à la cuillèr et glacés ; petits pois ; haricots verts coupés en dés ; bouquets de chou-fleur nappés de sauce Hollandaise. Dressage autour de la pièce en alternant les nuances. Acc. : Jus de la pièce.

Bourgeoise (P. *pièces de Bouch.*). — Carottes tournées en gousses d'ail, glacées ; petits oignons cuits au beurre ; dés de lard maigre. S'ajoute autour de la pièce au 2 tiers de la cuisson de celle-ci.

Bourguignonne (P. *pièces de Bouch.*). — Petits oignons glacés ; champignons sautés au beurre ; dés de lard de poitrine rissolés. S'ajoute autour de la pièce au cours de la cuisson de celle-ci.

Bréhan (P. *pièces de Bœuf ou de Veau*). — Petits fonds d'artichauts garnis de purée de fèves ; bouquets de chou-fleur nappés de sauce Hollandaise ; petites pommes de terre au beurre persillées. Acc. : Jus de braisage.

Bretonne (P. *Mouton*). — Haricots blancs ou flageolets, additionnés d'oignon haché cuit au beurre, liés avec sauce Demi-glace tomatée ; persil haché.

Brillat-Savarin (P. *Gibiers à plume*). — Petites croûtes de tartelettes, garnies d'appareil de Soufflé de Bécasse, poché au moment ; larges lames de truffe. Acc. : Sauce Demi-glace au fumet du gibier en traitement.

Bristol (P. *pièces de Bouch.*). — Petites croquettes rondes de rizot ; flageolets liés au Velouté ; pommes de terre à la Parisienne persillées. Acc. : Jus de braisage.

Cancalaise (P. *poissons*). — Huitres pochées et ébarbées ; queues de crevettes. Sauce Normande.

Cardinal (P. *poissons*). — Escalopes de homard ; lames de truffe ; dés de chair de homard et de truffe, en dés. Sauce Cardinal.

Castillane (P. *Tournedos et Noisettes*). — Croustades en pomme Duchesse garnies de fondue de tomate relevée à l'ail ;

rondelles d'oignon frites à l'huile, au moment. Acc. : Fonds de déglaçage.

Chambord (*P. gros Poissons braisés*). — Quenelles en farce de poisson truffée ; grosses quenelles ovales décorées ; champignons ; laitances sautées aux beurre ; truffes en olives ; écrevisses ; croûtons frits. Acc. : Sauce faite avec fonds de braisage du poisson.

Châtelaine (*P. pièces de Bouch. et Volailles*). — Fonds d'artichauts garnis de Soubise réduite ; gros marrons étuvés ; pommes de terre noisette. Acc. : Sauce Madère.

Chipolata (*P. pièces de Boucherie et Volailles*). — Petits oignons glacés ; saucisses chipolata ; marrons cuits au consommé ; dés de lard de poitrine rissolés ; carottes tournées en olives, glacées (facultatif). Acc. : Sauce Demi-glace.

Choisy (*P. Tournedos et Noisettes*). — Demi-laitues braisées ; pommes Parisienne. Acc. : Glace de viande beurrée.

Choron (*P. Tournedos et Noisettes*). — Moyens fonds d'artichauts garnis de petits pois ; pommes de terre noisette. Sauce Choron.

Clamart (*P. pièces de Bouch.*). — Croûtes de tartelettes garnies de petits pois à la française, additionnées de laitue ciselée, dressées sur fonds de pomme Macaire. Acc. : Jus lié.

Clermont (*P. Tournedos*). — Marrons étuvés ; rondelles d'oignons frits. Sauce Château.

Commodore (*P. Poissons*). — Croquettes de queues d'écrevisses (forme ovale) ; quenelles de merlan en farce au beurre d'écrevisse ; moules à la Villeroy. Sauce Normande au beurre d'écrevisse.

Compote (*P. Pigeons*). — Lardons rissolés ; petits oignons glacés, champignons sautés. Cuisson terminée autour de la pièce.

Cussy (*P. Tournedos, Volailles*). — Gros champignons grillés, garnis de purée de marrons ; rognons de coq ; petites truffes cuites au Madère. Acc. : Sauce Madère.

Daumont (*P. Poissons*). — Champignons étuvés au beurre, garnis de demi-queues d'écrevisses liées Sauce Nantua ; quenelles en farce de poisson, rondes et décorées ; escalopes de laitances panées à l'anglaise et frites. Acc. : Sauce Nantua.

Dauphine (*P. pièces de Bouch.*). — Croquettes en appareil à pomme Dauphine façonnées en forme de bouchon. Acc. : Sauce Demi-glace Madère.

Dubarry (*P. pièces de Bouch., Tournedos*). — Bouquets de choux-fleurs moulés en boules, masqués de Sauce Mornay, fromagés et gratinés. Acc. : Fonds de la pièce ou déglaçage.

Duchesse (*P. pièces de Bouch., Tournedos*). — Appareil à pomme Duchesse, moulé en petits pains, en galettes, en rectangles ou en petites brioches dorés et colorés au four au moment. Acc. : Sauce Madère.

Favorite (*P. Tournedos, Noisettes*). — Escalopes de foie gras assaisonnées, farinées et sautées au beurre; lames de truffe; pointes d'asperges. Acc. : Jus lié.

Fermière (*P. Volailles*). — Rouge de carotte, navet, oignon, céleri, émincés en paysanne, étuvés au beurre et finis de cuire autour de la pièce.

Financière (*P. pièces de Bouch., Volailles*). — Quenelles ordinaires en farce de veau ou de volaille (selon la pièce); petits champignons cannelés; crêtes et rognons de coq; lames de truffes; olives tournées et blanchies. Acc. : Sauce Financière.

Flamande (*P. pièces de Bœuf*). — Petites boules de choux braisés; carottes et navets tournés en grosses olives; pommes de terre à l'anglaise; rectangles de lard maigre (cuit avec les choux); rondelles de saucisson. Acc. : Le fonds de la pièce.

Florentine (*P. pièces de Bouch.*). — Subrics d'épinards; croquettes de semoule. Acc. : Sauce Demi-glace tomatée.

Florian (*P. Agneau*). — Laitues braisées coupées en quartiers; carottes tournées en olives et glacées; petits oignons glacés; pommes fondantes.

Forestière (*P. pièces de Bouch. et Volailles*). — Morilles sautées avec beurre et huile; gros dés de lard maigre, rissolés; pommes de terre en gros dés sautées au beurre. Acc. : Sauce Duxelles.

Frascati (*P. Relevés de Bouch.*). — Escalopes de foie gras sautées au beurre; pointes d'asperges; têtes de champignons; truffes tournées en olives et glacées; croissants en appareil à pomme Duchesse, truffé. Acc. : Jus de la pièce, lié.

Gastronome (*P. pièces de Bouch. et Volailles*). — Marrons cuits et glacés; truffes cuites au champagne; rognons de coq enrobés de glace de viande blonde, grosses morilles coupées en deux et sautées. Acc. : Sauce Demi-glace à l'essence de truffe.

Godard (*P. Relevés de Bouch. et de Volaille*). — Quenelles avec farce additionnée de champignons et truffes hachés;

quenelles ovales décorées truffe et langue ; champignons tournés ; crêtes et rognons ; ris d'agneau glacés ; truffes en olives. Sauce Godard.

Grecque (*P. Agneau et Volailles*). — Riz à la Grecque (V. *Riz*, Chap. *Légumes*). Acc. : Sauce tomate.

Henri IV (*P. Tournedos et Noisettes*). — Fonds d'artichauts garnis de pommes noisette liées à la glace de viande. Acc. : Sauce Béarnaise.

Indienne (*P. divers*). — Riz Patna à l'Indienne (V. *Riz*). Acc. : Sauce Indienne.

Italienne (*P. pièces de Bouch. et Volailles*). — Quartiers d'artichauts à l'italienne ; croquettes de macaroni. Acc. : Sauce Italienne.

Japonaise (*P. pièces de Bouch.*). — Crosnes liés au Velouté dressés en croustades cannelées ; croquettes de riz. Jus de la pièce.

Jardinière (*P. pièces de Bouch.*). — Carottes et navets levés à la cuiller ; petits pois ; flageolets ; haricots verts en losanges ; bouquets de chou-fleur saucés Hollandaise. Acc. : Jus clair.

Judic (*P. Tournedos et Volailles*). — Demi-laitues braisées ; rognons de coq ; lames de truffe. Acc. : Sauce Demi-glace.

Languedocienne (*P. pièces de Bouch. et Volailles*). — Épaisses rondelles d'aubergines frites à l'huile ; cèpes émincés et sautés ; tomates pelées, concassées et sautées à l'huile avec pointe d'ail ; persil concassé. Acc. : Jus lié.

Lorette (*P. tournedos et Noisettes*). — Petites croquettes de volaille ; pointes d'asperges ; lames de truffe. Acc. : Jus lié.

Louisiane (*P. Volailles*). — Maïs à la crème ; timbales de riz au gras ; rondelles de bananes, frites. Acc. : Le fonds de la Volaille.

Lucullus (*P. pièces de Bouch. et Volailles*). — Truffes cuites en Mirepoix au Madère, creusées, garnies de rognons de coq roulés dans de la glace de viande beurrée et refermées ; quenelles en farce de volaille truffée ; crêtes de coq. Acc. : Sauce Demi-glace à l'essence de truffe.

Macédoine (*P. pièces de Bouch.*). — Se compose des éléments de la « Jardinière », mélangés et liés au beurre.

Madeleine (*P. pièces de Bouch. et Volailles*). — Petits fonds d'artichauts garnis de Soubise réduite ; timbales de purée de haricots blancs, liée aux jaunes d'œufs. Acc. : Sauce Demi-glace.

Maillot (*Spécle aux Jambons*). — Carottes et navets tournés en grosses olives ; petits oignons glacés ; demi-laitues braisées ; petits pois et haricots verts. Acc. : Jus lié.

Maraîchère (*P. pièces de Bouch.*). — Salsifis tronçonnés, liés au Velouté serré ; choux de Bruxelles étuvés au beurre ; pommes fondantes. Acc. : Le fonds de la pièce.

Maréchale (A) (*Pour grosses pièces*). — Quenelles en farce de volaille truffée, truffes émincées, liées sauce Italienne ; crêtes de coq. Acc. : Sauce Demi-glace Madère.

(B) (*P. filets de volaille, escalopes, etc.*). — Lame de truffe sur chaque objet ; pointes d'asperges. Acc. : Sauce suprême aux truffes.

Marie-Louise (*P. Tournedos et Volailles*). — Petits ou moyens fonds d'artichauts (selon les pièces) garnis de purée de champignons soubisée, serrée. Acc. : Jus lié.

Marquise (*P. Tournedos et Volailles*). — Croûtes de tartelettes, garnies d'un appareil d'amourettes en dés, pointes d'asperges, julienne de truffe, lié avec sauce Parisienne au Beurre d'écrevisse ; pommes Marquise, cuites au moment.

Mascotte (*P. Tournedos et Volailles*). — Fonds d'artichauts en quartiers, sautés au beurre ; petites pommes de terre Château ; truffe. Acc. : Déglaçage au vin blanc et fonds de veau.

Masséna (*P. Tournedos et Noisettes*). — Fonds d'artichauts garnis de Béarnaise serrée ; rondelles de moelle pochée. Acc. : Sauce Tomate.

Médicis (*P. pièces de Bouch. et Tournedos*). — Croutes de tartelettes garnies de macaroni et truffe en dés, liés purée de foie gras ; petits pois au beurre. Acc. : Jus lié tomaté.

Mexicaine (*P. pièces de Bouch. et Volailles*). — Champignons grillés garnis de fondue de tomates, serrée ; poivrons grillés. Acc. : Jus tomaté très relevé.

Mignon (*P. Tournedos et Noisettes*). — Petits fonds d'artichauts étuvés au beurre et garnis de petits pois ; petites quenelles rondes en farce de volaille avec lame de truffe sur chacune. Acc. : Fonds de déglaçage, beurré.

Milanaise (*P. pièces de Bouch.*). — Macaroni fin, blanchi et tronçonné, additionné d'une julienne de langue écarlate et jambon, champignons et truffes ; lié avec Gruyère et Parmesan râpé, purée de tomate et beurre. Acc. : Sauce Tomate.

Mirabeau (*P. Entrecôtes grillés*). — Filets d'anchois, olives dénoyautées ; feuilles d'estragon blanchies ; Beurre d'anchois.

Mirette (*P. Tournedos*). — Petites timbales de pommes Mirette (V. *Légumes*). Acc. : Fonds de déglaçage monté au beurre.

Moderne (*P. pièces de Bouch.*). — Petites timbales de choux braisés ; demi-laitues farcies et braisées ; quenelles ovales décorées à la langue écarlate. Acc. : Jus lié.

Montbazon (*P. Volailles*). — Ris d'agneau cloutés aux truffes et braisés ; quenelles ovales en farce de volaille, décorées à la truffe ; champignons cannelés ; lames de truffe. Acc. : Sauce Suprême.

Montmorency (*P. pièces de Bouch. et Volailles*). — Fonds d'artichauts garnis de Macédoine liée au beurre ; bottillons de pointes d'asperges.

Montpensier (*P. Tournedos et Volailles*). — Bouquets de pointes d'asperges et lames de truffe. Acc. : Fonds de déglaçage monté au beurre.

Napolitaine (*P. pièces de Bouch. et Volailles*). — Macaroni dit « Bec de plume » poché, lié avec Gruyère et Parmesan râpés, purée de tomate et beurre. Acc. : Le fonds de la pièce.

Niçoise (*P. pièces de Bouch. et Volailles*). — Tomates pelées, pressées, sautées au beurre avec pointe d'ail ; haricots verts ; pommes Château. Acc. : Jus lié.

Nivernaise (*P. pièces de Bouch.*). — Carottes tournées en olives et glacées ; petits oignons. Acc. : Fonds de braisage.

Normande (*P. Poissons*). — Huîtres et moules pochées et ébarbées ; queues de crevettes ; champignons ; lames de truffe ; goujons panés à l'anglaise et frits ; écrevisses troussées, cuites au court-bouillon. Sauce Normande.

Opéra (*P. Tournedos et Noisettes*). — Croûtes de tartelettes garnies de foies de volaille sautés au Madère ; croustades en pomme Duchesse ; panées, frites, vidées et garnies de pointes d'asperges. Acc. : Fonds de déglaçage monté au beurre.

Orientale (*P. Volailles*). — Petites timbales de Riz à la Grecque dressées sur tomates étuvées à l'huile ; croquettes de patates douces. Acc. : Sauce Tomate.

Parisienne (*P. pièces de Bouch. et Volailles*). — Pommes de terre à la Parisienne ; fonds d'artichauts garnis d'un Salpicon de langue, champignons et truffes lié au Velouté serré. Acc. : Sauce Demi-glace.

Parmentier (*P. divers*). — Pommes de terre détaillées en gros dés sautées au beurre et persillées. Acc. : Jus clair.

Paysanne (*P. divers*). — Garn. : Fermière augmentée de petites pommes de terre et dés de lard maigre.

Péruvienne (*P. divers*). — Oxalis creusés et garnis d'un hachis composé de : deux tiers chair de volaille et un tiers jambon crus ; la pulpe d'oxalis réservée et hachée, lié avec Sauce Demi-glace ou sauce Parisienne réduite. Traiter comme champignons farcis. Acc. : Sauce Tomate.

Piémontaise (*P. pièces de Bouch. ou Volailles*). — Rizot additionné de truffe blanche, râpée, moulé en moules ovales à gâteaux de riz. Acc. : Sauce Tomate.

Portugaise (*P. pièces de Bouch.*). — Tomates farcies avec appareil de Duxelles ; pommes Château. Acc. : Sauce Portugaise.

Provençale (*P. pièces de Bouch.*). — Tomates et champignons, farcis avec appareil de Duxelles relevé d'une pointe d'ail.

Purées. — Figurent à la suite des légumes qui les fournissent. (V. *Légumes.*)

Rachel (*P. Tournedos et Noisettes*). — Petits fonds d'artichauts garnis chacun d'une rondelle de moelle pochée, légèrement persillée. Acc. : Sauce Bordelaise.

Régence (A) (*P. poissons*). — Quenelles en farce de merlan au Beurre d'écrevisse ; huîtres pochées et ébarbées ; petits champignons ; truffes en olives ; escalopes de laitance, pochée. Sauce Normande à l'essence de truffe.

B. (*P. Ris de veau et Volailles*). — Quenelles en farce de volaille, truffée ; grosses quenelles rondes décorées aux truffes ; crêtes ; escalopes de foie gras ; petits champignons cannelés ; truffes en olives. Sauce Parisienne à l'essence de truffe.

C. (*P. Gibiers à plumes*). — La même que B, avec quenelles plus petites, en farce de gibier. Sauce Salmis à l'essence de truffe.

Renaissance (*P. pièces de Bouch.*). — Carottes et navets levés à la grosse cuiller cannelée et glacés ; haricots verts et petits pois ; bottillons de pointes d'asperges ; pommes nouvelles au beurre ; bouquets de chou-fleur saucés Hollandaise.

Richelieu (*P. pièces de Bouch.*). — Tomates et champignons farcis à la Duxelles ; petites laitues braisées ; pommes Château. Acc. : Le fonds de la pièce, légèrement lié.

Rohan (*P. Volailles*). — Fonds d'artichauts garnis d'une rondelle de foie gras avec lame de truffe dessus ; croûtes de tartelettes garnies de rognons de coq liés à la sauce Parisienne ; crêtes de coq. Acc. : Sauce Parisienne.

Romaine (*P. pièces de Bouch.*). — Croûtes de tartelettes garnies de petits gnokis à la Romaine, gratinés ; subrics d'épinards aux filets d'anchois (ou petites timbales d'épinards liés aux jaunes d'œufs et pochés.). Acc. : Sauce Romaine tomatée.

Rossini (*P. Tournedos et Noisettes*). — Escalopes de foie gras sautées au beurre ; lames de truffe. Acc. : Sauce Demiglace à l'essence de truffe.

Saint-Florentin (*P. pièces de Bouch.*). — Pommes Saint-Florentin (V. *Légumes*) ; cèpes à la Bordelaise. Acc. : Sauce Bordelaise Bonnefoy.

Saint-Germain (*P. pièces de Bouch.*). — Petites timbales de purée de petits pois liée aux jaunes et œufs entiers et pochées ; pommes fondantes ; carottes en olives glacées. Acc. : Sauce Béarnaise.

Saint-Mandé (*P. divers*). — Petites galettes en pomme Macaire (V. *Légumes*) ; petits pois et haricots verts. Acc. : Jus lié.

Sarde (*P. Relevés de Bouch.*). — Croquettes rondes de riz lié et safrané ; petites tomates farcies ; tronçons de concombres creusés, farcis à la Duxelles, braisés et gratinés. Acc. : Sauce Tomate.

Sicilienne (*P. divers*). — Lazagnes pochées, liées avec Gruyère, Parmesan et Velouté ; beurre et purée de foies de volaille sautés au beurre.

Strasbourgeoise (*P. Oies et Dindes*). — Choucroute braisée ; rectangles de lard maigre cuit avec la choucroute ; escalopes de foie gras sautées. Acc. : Jus de la pièce.

Talleyrand (*P. pièces de Bouch. et Volailles*). — Macaroni lié avec Gruyère, Parmesan et beurre ; additionné de julienne de truffe et foie gras en dés. Acc. : Sauce Périgueux avec truffe en julienne taillée courte.

Tortue (Spéc^le à la *Tête de veau*). — Petites quenelles ; champignons ; olives farcies et pochées ; cornichons tournés en gousses d'ail ; escalopes de langue et de cervelle de veau ; jaunes d'œufs frits ; écrevisses troussées ; lames de truffe ; croûtons en cœurs, frits. Sauce Tortue.

Toulousaine (P. *Volailles et Vol-au-vent*). — Quenelles en farce de volaille; escalopes de ris de veau ; crêtes et rognons; champignons; lames de truffe. Sauce Parisienne à l'essence de champignons.

Tyrolienne (P. *grillades*). — Tomates concassées sautées au beurre; rondelles d'oignons frites à l'huile. Sauce Tyrolienne.

Vert-pré (A) (P. *grillades*). — Touffes de cresson et bouquets de pommes pailles. Beurre à la Maître-d'hôtel.

B. (P. *Canetons*). — Petits pois, haricots verts et pointes d'asperges, mélangés et liés au beurre. Acc. : Jus clair.

Vichy (P. *divers*). — V. Carottes à la Vichy, Chap. des *Légumes*.

Viroflay (P. *pièces de Bouch.*). — Boules d'épinards à la Viroflay (V. *Épinards*); quartiers d'artichauts sautés aux fines herbes; pommes Château. Acc. Jus lié.

Walewska (P. *Poissons*). — Queues de langoustines, fendues en deux dans le sens de la longueur, étuvées au beurre; lames de truffe. Sauce Mornay.

Nota : A défaut de langoustines, remplacer par escalopes de langouste ou de homard.

Washington (P. *Volailles*). — 600 grammes de maïs, dont un tiers préparé à la grecque pour farcir la volaille.

Le reste préparé à la crème et servi en timbale, à part.

ŒUFS

Alexandra. — *Froids* : Œufs pochés, enrobés de sauce Chaud-froid blanche, décorés d'une lame de truffe et lustrés à la gelée. Posés sur croûtes tartelettes ovales garnies de mousse de homard prise et bordés d'un cordon de caviar. Dresser en couronne sur plat, avec gelée hachée au milieu.

Américaine. — Cuits à la poêle, par deux œufs ; glisser sur assiettes chaudes et garnir, d'un côté de 2 tranches de Bacon grillé et d'une tomate grillée de l'autre côté.

Andalouse. — *Froids* : Œufs pochés, enrobés de sauce tomate Soubisée additionnée de gelée. Lustrer ; dresser sur petites mousses de Soubise tomatée faites en moules à tartelettes ovales. Ranger en couronne sur plat ; entourer de fins anneaux d'oignons cuits. Gelée blanche hachée au milieu.

Anglaise. — *Plat* : Œufs cuits à la poêle ; coupés à l'emporte-pièce rond, dressés chacun sur un petit toast grillé. Jus de veau lié à part.

Pochés ou Mollets : Dressés sur toasts ronds ou ovales ; saupoudrés de Chester râpé relevé au Cayenne, arrosés de eurre noisette et glacés à four vif.

Archiduc. — *Pochés ou Mollets :* Nappés de Velouté au Paprika; dressés sur croûtes de tartelettes garnies de foies de volaille escalopés et lames de truffe sautés au beurre.

Argenteuil. — *Brouillés :* Additionnés de têtes d'asperges blanches étuvées au beurre. Dressés en timbales avec bouquet de mêmes têtes d'asperges au milieu.

Froids : Œufs mollets enrobés de sauce Chaud-froid blanche additionnée de purée d'asperges vertes. Dressés en couronne autour d'une salade de têtes d'asperges entourée de minces rondelles de pommes de terre.

Pochés ou Mollets : Nappés de sauce Crème additionnée de purée d'asperges vertes; dressés sur croûtes de tartelettes garnies de têtes d'asperges blanches étuvées au beurre.

Aumale (d'). — *Brouillés :* Additionnés de purée de tomate. Dressés en timbales avec, au milieu, une garniture de rognon de veau coupé en dés et sauté au Madère.

Aurore. — *Durs :* Coupés en deux dans la longueur. Extraire les jaunes. En piler la moitié avec poids égal de beurre et de Béchamel. Ajouter, sel, poivre, fines herbes. Avec cet appareil, garnir les demi-œufs, rangés sur plat masqué de sauce Mornay; saupoudrer de fromage râpé, arroser de beurre fondu et gratiner. En sortant du four, couvrir avec le reste des jaunes hachés; entourer d'un cordon de sauce Aurore.

Pochés ou Mollets : Nappés de sauce Aurore et dressés sur feuilletés ronds ou ovales.

Bacon (au). — 1° *Plat :* Tranches de Bacon rissolées à la poêle, mises en plat avec graisse. Casser les œufs dessus et cuire 2° Cuits à la poêle, avec tranches de Bacon grillées et glissés sur assiette chaude.

Balzac — *Brouillés :* Additionnés de langue écarlate et truffe en dés. En timbale, avec entourage de petits croûtons ronds, frits, masqués de Soubise serrée. Cordon de Demiglace tomatée.

Belle-Hélène. — *Pochés ou Mollets :* Nappés de sauce Suprême et dressés sur croquettes de pointes d'asperges rondes ou ovales.

Bénédictine. — *Pochés ou Mollets :* Nappés de sauce Crème et dressés sur croûtes de tartelettes garnies de Brandade truffée.

Berceau (en). — *Pochés ou Mollets :* Pommes Hollande

cuites au four, vidées et garnies d'une couche de hachis de blanc de volaille à la crème. Placer dedans les œufs, nappés à l'avance de sauce Aurore.

Bercy. — *Plat :* Cuits comme à l'ordinaire. Saucisses Chipolata grillées, entre les jaunes. Cordon de sauce tomate autour.

Bergère. — *Cocotte :* L'intérieur des cocottes tapissé d'une couche de hachis d'agneau et mousserons liés sauce Crème. Casser les œufs, cuire et entourer les jaunes d'un cordon de jus réduit.

Frits : Dressés sur un lit de hachis comme ci-dessus, lié avec sauce Crème réduite et gratiné à l'avance sur le plat de service.

Boïeldieu. — *Pochés ou Mollets :* Croûtes de tartelettes garnies d'un Salpicon de blanc de volaille, foie gras et truffes. Les œufs dressés dessus et nappés de jus de volaille réduit et légèrement lié.

Boitelle. — *Moulés :* Cassés et pochés en moules ovales foncés de lames de champignons cuits. Dresser sur toasts frits ; napper d'une essence de champignons, beurrée et légèrement citronnée.

Bordelaise. — *Frits :* Dressés sur demi-tomates cuites à l'huile avec échalote hachée et garnies de cèpes finement émincés, sautés à la Bordelaise. Disposer en cercle sur plat ; persil frit au milieu.

Boulangère. — *Durs :* Petits pains mollets, vidés et garnis avec appareil composé de : Blancs d'œufs et la moitié des jaunes coupés en dés, liés avec sauce Béchamel réduite additionnée d'oignon haché cuit au beurre, à blanc. Saupoudrer avec le reste des jaunes hachés ; ligne de persil haché sur le milieu dans le sens de la longueur.

Bourguignonne. — *Pochés ou Mollets :* Pochés ou cuits dans du vin rouge assaisonné et aromatisé. Dressés sur croûtes de pain de ménage grillées et beurrées ; nappés de sauce faite avec le vin, réduit, lié au beurre manié, et beurrée hors du feu.

Bûcheronne. — *Frits :* Pincée de ciboulette hachée sur le jaune avant de le couvrir avec le blanc. Dressés autour d'un dôme de pulpe de pomme de terre (cuites au four) et sautée au beurre.

Cannelons (en). — *Brouillés :* Cornets en demi-feuilletage, remplis d'œufs brouillés garnis à volonté (jambon, langue, truffe, champignons etc.). Dresser sur serviette.

Cardinal. — *Pochés ou Mollets :* Nappés de sauce Cardinal saupoudrée de Corail haché ; dressés sur croûtes de tartelettes garnies d'un Salpicon de homard lié à la Béchamel.

Carème (du). — *Durs :* Œufs en rondelles ; fonds d'artichauts émincés et étuvés au beurre ; lames de truffe dressées par couches dans une croûte de timbale, en alternant les couches de sauce Nantua. Couronne de lames de truffe dessus.

Froids : Œufs plat coupés à l'emporte-pièce ovale ; rondelle de truffe sur le jaune, dressés sur croûtes de tartelettes ovales garnies de saumon cuit lié à la Mayonnaise. Cordon de caviar autour.

Carignan. — *Moulés :* Moules forme coquille allongée, foncés d'une couche de farce de volaille au beurre d'écrevisse. Casser les œufs dedans, pocher et démouler sur toasts de la forme des moules. Napper sauce Châteaubriand.

Cavour. — *Frits :* Dresser sur demi-tomates cuites à l'huile, rangées sur plat et garnies de Rizot à la Piémontaise. Jus de veau réduit en même temps, et *à part.*

Chambertin (au). — *En cocotte :* Cocottes remplies aux deux tiers de sauce au Chambertin, bouillante ; casser les œufs dans la sauce ; pocher et glacer.

Chantilly. — *Pochés ou Mollets :* Nappés de sauce Mousseline et dressés sur bouchées feuilletées, rondes ou ovales, garnies de purée de pois frais additionnée de crème fouettée.

Chartres. — *Pochés ou Mollets :* Nappés de jus de veau à l'estragon, lié ; dressés sur toasts frits. Feuilles d'estragon blanchies, disposées en étoile, sur chaque œuf.

Chasseur. — *Plat :* Une petite cuillerée de foies de volaille escalopés, sautés Chasseur, de chaque côté des œufs.

Brouillés : En timbale. Disposer au milieu garniture de foies de volaille, escalopés et sautés Chasseur. Pincée de cerfeuil et estragon hachés sur les foies. Cordon de sauce Chasseur.

Pochés ou Mollets : Nappés de sauce Chasseur ; dressés sur croûtes de tartelettes garnies de foies de volaille comme ci-dessus.

Châtelaine. — *Pochés ou Mollets :* Nappés de Velouté Soubisé ; dressés sur croûtes de tartelettes garnies de marrons cuits, concassés, liés à la glace de viande beurrée.

Châtillon. — *Brouillés* : En timbale avec, au centre, bouquet de champignons émincés, sautés au beurre. Pincée de persil haché. Cordon de glace de viande. Bordure de petits croissants en feuilletage cuits à blanc.

Chimay. — *Durs* : Partager dans la longueur. Retirer les jaunes, les piler, ajouter même quantité de Duxelles et farcir les demi-œufs avec cet appareil. Ranger sur plat à gratin ; couvrir de sauce Mornay, saupoudrer de fromage râpé, arroser de beurre fondu et glacer.

Chivry. — *Pochés ou Mollets* : Nappés de sauce Chivry ; dressés sur croûtes de tartelettes garnies de purée d'herbes liée à la Béchamel et beurrée.

Clamart. — *Brouillés* : Additionnés de petits pois cuits à la française et laitue ciselée. Cordon de sauce Crème.

Cluny. — *Plat* : Garnir d'une petite croquette de volaille, ronde, de chaque côté des œufs. Cordon de sauce Tomate.

Colbert. — *Cocotte* : Le fond et les parois des cocottes enduits d'une couche de farce à la crème. Casser les œufs, pocher ; entourer les jaunes d'un cordon de beurre Colbert.

Froids : Petits œufs pochés placés en moules ovales chemisés de gelée et foncés en chartreuse. Compléter avec de la gelée. Démouler et ranger autour d'une salade de légumes. Cordon de gelée hachée.

Colinette. — *Froids* : Petits œufs pochés, placés en moules ovales décorés en damier ; remplir de gelée. Démouler et ranger autour d'une salade Rachel bordée de rondelles de pommes de terre et lames de truffe. Croûtonner à la gelée.

Comtesse. — *Pochés ou Mollets* : Nappés de sauce Parisienne, truffe hachée semée dessus ; dressés sur croûtes de tartelettes garnies de purée d'asperges blanches.

Coque. — A) Plongés à l'eau bouillante ; 3 minutes d'ébullition pour œuf de poids moyen de 55 grammes.

B) Plongés à l'eau bouillante ; une minute d'ébullition et 3 minutes dans l'eau, hors du feu.

C) Plongés à l'eau froide et égouttés dès que l'ébullition est en marche.

Côtelettes d'œufs. — *Durs* : Blanc et jaune coupés en dés liés avec sauce Béchamel réduite. Refroidir ; diviser en parties de 60 grammes ; mouler en côtelettes, paner à l'anglaise et frire au moment. Dresser en turban avec papillotes. Sauce Tomate *à part*.

Nota : Ces côtelettes peuvent se fourrer d'un Salpicon où d'une sauce réduite, et s'accompagner de purée de pommes de terre à la crème.

Crécy. — *Plat :* Le fond du plat garni de carottes à la Vichy. Casser les œufs dessus et cuire. Cordon de sauce Crème.

Cromesquis d'œufs. — *Durs :* Salpicon d'œufs (blanc et jaune), champignons et truffes liés avec sauce Parisienne réduite. Refroidir ; diviser en parties de 60 grammes ; mouler en palets. Tremper en pâte à frire légère et frire au moment. Sur serviette avec persil frit. Sauce Tomate *à part*.

Croquettes d'œufs. — *Durs :* Appareil et préparation comme pour Cromesquis. Mouler en forme d'œufs, paner à l'anglaise et frire au moment. Sur serviette avec persil frit. Sauce Crème *à part*.

Crème. — *Cocotte :* Œufs cassés en cocottes contenant de la crème bouillante. Ajouter assaisonnement, noisette de beurre et pocher.

Crevettes. — *Brouillés :* En timbale avec, au centre, bouquet de queues de crevettes liées sauce Crevettes. Cordon de même sauce.

Daumont. — *Pochés ou Mollets :* Nappés de sauce Nantua et dressés sur larges champignons creusés, étuvés au beurre et garnis de Salpicon de queues d'écrevisses lié à la sauce Nantua.

Diable. — Cuits au beurre, à la poêle, retournés et glissés sur plat. Arroser de beurre noisette et filet de vinaigre réduit.

Diane. — *Cocotte :* Le tour des cocottes garni d'une couche de fin hachis de gibier à plumes ; une cuillerée de sauce Salmis au fond de chaque cocotte. Casser les œufs dedans et pocher. Cordon de sauce Salmis et croissant en truffe sur chaque jaune.

Espagnole. — *Brouillés .* Appareil ordinaire dressé en demi-tomates vidées et cuites à l'huile. Rondelles d'oignon frit et pincée de poivron rouge, haché, sur chaque demi-tomate.

Flora. — *Pochés ou Mollets :* Nappés moitié Velouté, moitié sauce Tomate, (persil haché sur la tomate et truffe hachée sur le Velouté) ; dressés sur feuilletés ronds ou ovales.

Floréal. — *Pochés ou Mollets :* Nappés de **Velouté** additionné de cerfeuil haché (pluche de cerfeuil sur chaque œuf); dressés sur feuilletés un peu grands et entourés d'un cordon de purée de pois bien verte.

Florentine. — *Plat :* Le fond du plat garni de feuilles d'épinards étuvées au beurre; saupoudrer de fromage râpé, casser les œufs et couvrir de sauce Mornay. A four vif, pour cuire et glacer en même temps.

Pochés ou Mollets : Nappés de sauce Mornay, saupoudrés de Parmesan râpé et dressés sur croûtes de tartelettes garnies d'épinards comme ci-dessus. Glacer vivement.

Forestière. — *Plat :* Le fond du plat garni de morilles émincées et dés de lard maigre, étuvés au beurre avec échalote hachée. Casser les œufs, cuire et disposer de chaque côté une demi-cuillerée de morilles avec pincée de persil haché.

Brouillés : Additionnés de morilles et dés de lard comme ci-dessus. Au centre, bouquet de petites morilles entières.

Frou-Frou. — *Froids :* Tout petits œufs pochés, enrobés de sauce Chaud-froid Crème additionnée de purée de jaunes d'œufs durs. Décorer chaque œuf d'un anneau dentelé, en truffe. Lustrer à la gelée. Dresser autour d'une salade de petits pois, pointes d'asperges et haricots verts liés à la Mayonnaise à la gelée, moulée en moule à dôme et démoulée sur plat rond. Border de croûtons de gelée.

Galli-Marié *Moulés :* Appareil d'œufs brouillés additionné d'œufs crus battus en omelette et pimentos en dés. Pocher en cassolettes; démouler sur fonds d'artichauts garnis de riz à la grecque; napper de Béchamel beurrée et glacer.

Georgette. — *Brouillés :* Additionnés de queues et beurre d'écrevisses; dressés en coques de pommes Hollande cuites au four et vidées de leur pulpe. Sur serviette.

Grand-Duc. — *Pochés ou Mollets :* Rangés en cercle sur plat rond; lame de truffe sur chaque œuf et une queue d'écrevisse entre chaque. Napper de sauce Mornay; glacer et garnir le milieu de pointes d'asperges.

Grand-Mère. — *Brouillés :* Mélangés, après cuisson, de petits croûtons en dés frits au beurre et ajoutés brûlants. Persil haché.

Grillés à la Diable. — *Pochés :* Epongés; passés au beurre fondu et mie de pain fine, grillés doucement sur papier beurré ; dressés sur toasts minces saupoudrés de fromage râpé additionné de Cayenne et gratinés au four. Sauce Diable à part.

Halévy. — *Pochés ou Mollets :* Nappés moitié sauce Tomate et moitié sauce Parisienne, avec cordon de glace entre les deux sauces ; dressés sur croûtes de tartelettes garnies de moitié Salpicon de volaille au Velouté et moitié fondue de tomates.

Héloïse. — *Pochés ou Mollets :* Nappés de sauce Parisienne beurrée, additionnée d'un Salpicon de blanc de volaille, langue, truffe ; posés sur croûtons frits, et glacés vivement. Entourer chaque œuf d'un cordon de purée de tomate réduite.

Hollandaise. — *Pochés ou Mollets :* Nappés de sauce Hollandaise et dressés sur croûtes de tartelettes garnies de Salpicon de saumon fumé lié à la Béchamel.

Hors-d'œuvre chauds (pour). — Croûtes de tartelettes garnies aux 3 quarts d'œufs brouillés garnis à volonté et recouverts d'appareil de Soufflé au Parmesan. Pocher à four chaud.

Isaline. — *Plat :* Cuits comme à l'ordinaire ; entourés de toutes petites demi-tomates à la Provençale garnies chacune d'un foie de volaille sauté au Madère.

Jeannette. — *Cocotte :* Cuits en cocottes garnies d'une couche de farce de volaille à la crème et purée de foie gras. Cordon de Velouté autour des jaunes.

Jockey-Club. — *Plat :* Après cuisson, coupés à l'emporte-pièce ronds et placés sur toasts minces tartinés de foie gras. Dresser en couronne ; au milieu, garniture de rognon de veau sauté et truffe en dés, liée à la Demi-glace.

Lili. — *Moulés :* Appareil d'œufs brouillés à la crème, additionné d'un Salpicon de queues de crevettes et truffe, beurre, et œufs crus battus. Mettre en moules ovales beurrés et saupoudrés de corail haché. Pocher. Démouler et dresser en couronne. Sauce crevettes au milieu.

Lorette. — *Pochés ou Mollets :* Croustades en pomme Dauphine garnies de pointes d'asperges. Les œufs dressés dessus avec lame de truffe sur chaque œuf. Jus lié à part.

Lorraine. — *Plat :* Le fond du plat garni de tranches de lard maigre grillées, et lames de Gruyère. Casser les œufs dessus, entourer les jaunes de crème et cuire.

Lulli. — *Plat :* Cuits à la poêle, coupés à l'emporte-pièce rond ; posés sur ronds de jambon et ensuite sur toasts grillés. Dresser en couronne ; garnir le milieu de macaroni lié et beurré additionné de fondue de tomates.

Magda. — *Brouillés :* Additionnés de fines herbes, Gruyère râpé et moutarde. En timbale, avec couronne de croûtons en rectangles, frits au beurre.

Maintenon. — *Pochés ou Mollets :* Nappés de sauce Mornay, saupoudrés de Gruyère râpé ; placés sur croûtes de tartelettes garnies de purée Soubise. Glacer.

Malmaison. — *Pochés ou Mollets :* Dressés sur croûtes de tartelettes garnies de petits pois, pointes d'asperges, haricots verts, liés au beurre. Entourer d'un cordon de sauce Béarnaise. Pincée de cerfeuil et estragon hachés sur chaque œuf.

Maraîchère. — *Plat :* Le fond du plat garni d'une cuillerée de chiffonnade de laitue, oseille et cerfeuil. Casser les œufs dessus ; cuire. Tranche de lard maigre sauté au beurre, de chaque côté des jaunes.

Marivaux. — *Brouillés :* Additionnés d'une julienne de truffe ; dressés en timbale avec couronne de lames de champignons et gros champignon sur le centre.

Masséna. — *Pochés ou Mollets :* Nappés de sauce Tomate et dressés sur fonds d'artichauts garnis de sauce Béarnaise serrée ; rondelle de moelle pochée sur chaque œuf et persil haché.

Maupassant. — *Froids :* Œufs pochés, épongés, enrobés de sauce Matelote au vin rouge et gelée. Lustrer à la gelée. Dresser en couronne ; gelée hachée au milieu et croûtonnage en gelée de poisson, rosée.

Mexicaine. — *Frits :* Dressés sur demi-tomates cuites à l'huile et garnis de Riz à la Créole. Sauce Tomate à part.

Meyerbeer. — *Plat :* Après cuisson, placer entre les jaunes un petit rognon de mouton grillé sans être pané. Cordon de sauce Périgueux.

Mignon. — *Pochés ou Mollets :* Nappés de sauce Crevette avec lame de truffe sur chaque œuf : dressés sur fonds d'artichauts garnis de moitié petits pois et moitié queues de crevettes liés au beurre.

Milanaise. — *Pochés ou Mollets :* Nappés de sauce Mornay ; placés sur croûtes de tartelettes garnies de macaroni à la Milanaise et glacer.

Mireille. — *Pochés ou Mollets :* Petits pains ronds de riz safrané dressés en couronne en les alternant de toasts ronds frits à l'huile. Placer sur les toasts les œufs, nappés de sauce Crème safranée ; une cuillerée à café de fondue de tomates serrée sur les pains de riz.

Mogador. — *Pochés ou Mollets :* Anneaux en pomme Marquise, couchés sur plat de service et colorés au four. Un œuf nappé de Béchamel finie au Beurre de fois gras dans chaque anneau. Rond de langue écarlate sur chaque œuf et lame de truffe sur le rond de langue.

Montargis. — Croûtes de tartelettes garnies d'une julienne de foies de volaille, langue et champignons liés à la Béchamel. Napper de sauce Mornay, saupoudrer de fromage râpé et glacer. Sur chaque croûte, un œuf cuit à la poêle et coupé à l'emporte-pièce rond. Rondelle de langue sur chaque jaune.

Mornay. — *Plat :* Le fond du plat garni de sauce Mornay ; les œufs cassés dessus, masqués de même sauce ; saupoudrer de fromage râpé mélangé de chapelure fine. Cuire et glacer en même temps.

Pochés ou Mollets : Dressés sur toasts frits au beurre, nappés sauce Mornay ; saupoudrer de fromage râpé et chapelure. Gratiner.

Mortemart. — *Moulés :* Œufs brouillés ; mélangés d'œufs crus, battus ; mis en moules timbales avec lame de truffe au fond. Pocher ; démouler sur croûte tartelette garnie purée champignons. *A part :* glace de viande beurrée.

Mosaïque. — *Froids :* Œufs pochés mis en moules forme demi-œuf, chemisés et foncés en mosaïque, avec truffe, langue, blanc d'œuf, etc. Remplir de gelée blanche. Démouler autour d'un dôme de salade russe foncé en mosaïque. Croûtons de gelée blanche.

Moscovite. — *Durs :* Cerclés de filets d'anchois ; point de truffe sur le centre pour imitation de tonnelet ; vidés du jaune et remplis de caviar. Dressés sur fonds d'artichauts ; gelée hachée autour.

Nantua. — *Plat :* Le fond du plat garni de Salpicon de queues d'écrevisses. Après cuisson, entourer les jaunes de queues d'écrevisses ; lame de truffe sur jaunes ; cordon de sauce Nantua.

Pochés ou Mollets : Nappés de sauce Nantua ; dressés sur

croûtes de tartelettes garnies de Salpicon de queues d'écrevisses lié sauce Nantua ; 4 demi queues sur chaque œuf.

Napolitaine. — *Moules :* Œufs brouillés au Parmesan, additionnés d'œufs crus battus, mis en moules à brioches cannelés. Pochés ; démoulés sur plat à gratin saupoudré de fromage râpé ; nappés Demi-glace tomatée réduite et beurrée. Glacer.

Négus. — *Plat :* Après cuisson, entourer les jaunes de petites croquettes de gibier, forme palet. Cordon de sauce Périgueux.

Niçoise. — *Pochés ou Mollets :* Dressés sur pommes de terre façonnées en fonds d'artichauds, cuites au beurre, garnies de haricots verts en dés, liés au beurre. Une demi-cuillerée à café de fondue de tomates sur chaque œuf. Cordon de jus de veau, lié.

Ninon. — *Pochés ou Mollets :* Nappés de Béchamel additionnée de cerfeuil haché. Placés sur croûtons frits ; rangés en couronne sur plat avec tige de pointe d'asperge verte entre chaque œuf. Le milieu garni de pointes d'asperges liées à la Béchamel.

Normande. — *Plat :* Le fond du plat garni de crème assaisonnée et huîtres crues ébarbées. Casser les œufs, cuire et entourer d'un cordon de sauce Normande.

Pochés ou Mollets : Nappés sauce Normande ; dressés sur croûtes de tartelettes garnies d'huîtres pochées et ébarbées liées sauce Normande.

Opéra. — *Plat :* Après cuisson, garnir d'un côté de foies de volaille en dés sautés au Madère, pointes d'asperges de l'autre côté. Cordon de Jus de veau réduit et beurré.

Orléans (d'). — *Pochés ou Mollets :* Nappés de sauce Béchamel finie au Beurre de pistache ; dressés sur croûtes de tartelettes garnies de Salpicon de blanc de volaille lié à la sauce Tomate.

Orloff. — *Brouillés :* Additionnés de crème épaisse et queues d'écrevisses ; dressés en petites caisses avec lame de truffe sur chaque caisse. Sur serviette.

Orsay. — *Pochés ou Mollets :* Dressés sur toasts frits au beurre ; nappés sauce Châteaubriand.

Palermitaine. — *Moulés :* Moules à baba beurrés, le fond décoré d'une lame de truffe, les parois saupoudrés de langue hachée. Casser les œufs dedans, pocher et démouler sur croûtes de tartelettes garnies de macaroni à la crème.

Parisienne. — *Cocotte :* Cocottes garnies d'une couche de farce de volaille additionnée de langue, champignons et truffe hachés. Casser les œufs dedans ; pocher. Cordon de sauce Demi-glace.

Parmentier. — Pommes Hollande cuites au four, ouvertes et vidées, remplies à moitié avec la pulpe préparée en purée à la crème. Casser un œuf dans chacune, arroser de crème et cuire au four. Sur serviette.

Brouillés : En timbale ; au centre, bouquet de pommes de terre en dés sautées au beurre et liées à la glace de viande ; persil haché.

Pastourelle. — *Frits :* Dressés en couronne sur rectangles de lard maigre grillés ; demi rognon d'agneau sur chaque œuf. Au centre, mousserons sautés avec échalote ; persil haché.

Percheronne. — *Durs :* Rondelles d'œufs durs et rondelles de pommes de terre fraîchement cuites, dressées en timbale, par couches alternées de sauce Béchamel.

Petit-Duc. — *Pochés ou Mollets :* Dressés sur gros champignons évidés et grillés. Nappés sauce Châteaubriand.

Pochés, frits et garnis. — Se préparent comme les « Œufs à la Villeroy » et s'accompagnent au choix, de légumes verts ou d'une purée légère.

Polignac. — *Moulés :* Cuits en moules à baba beurrés avec lame de truffe au fond. Démouler sur toasts frits ; ranger en couronne : napper de Beurre Maître-d'hôtel dissous additionné de glace de viande.

Portugaise. — *Plat :* Cuits sur couche de fondue de tomates. Après cuisson, mettre de chaque côté des jaunes une cuillerée à café de fondue de tomates.

Durs : Demi-œufs dressés sur demi-tomates cuites à l'huile et nappés de sauce Portugaise.

Princesse. — *Pochés ou Mollets :* Nappés de sauce Crème ; dressés sur croûtes de tartelettes garnies moitié pointes d'asperges et moitié julienne de blanc de volaille liés de même sauce.

Princesse Marie. — *Brouillés :* Brouillés au Parmesan ; additionnés de Velouté à l'essence de truffe et truffes en dés. Dresser en petites timbales en rognures de feuilletage. Sur serviette.

Printanière. — *Moulés :* Œufs cassés en moules hexagones foncés en chartreuse ; pochés, démoulés sur **toasts** frits et nappés de sauce Suprême au Beurre printanier.

Provençale. — *Frits :* Dressés en couronne sur demi-tomates cuites à l'huile. Rondelle d'aubergine frite sur chaque œuf ; persil frit au milieu.

Rachel. — Cuits à la poêle, coupés à l'emporte-pièce rond et dressés sur toasts ronds, frits. Rondelle de moelle pochée sur chaque œuf et lame de truffe sur la moelle.

Régina. — *Pochés ou Mollets :* Nappés de sauce Normande ; dressés sur croûtes de tartelettes garnies d'un Salpicon de filets de sole, queues de crevettes et champignons lié sauce Crevette. Fine julienne de truffe sur les œufs.

Reine. — *Pochés ou Mollets :* Nappés de sauce Suprême ; dressés sur croûtes de tartelettes garnies de purée de volaille serrée.

Roland. — *Pochés ou Mollets :* Nappés de Velouté additionné de purée de volaille et truffe hachée ; dressés sur croûtons frits, évidés et garnis d'un salpicon de blanc de blanc de volaille. Glacer.

Romaine. — *Frits :* Dressés sur subrics d'épinards ovales aux filets d'anchois.

Rossini. — *Plat :* Cuits à la poêle ; coupés à l'emporte-pièce rond, dressés sur escalope de foie gras, ronde, sautée au beurre. Lame de truffe sur chaque jaune. Cordon de Demi-glace à l'essence de truffe.

Pochés ou Mollets : Dressés sur escalopes de foie gras sautées au beurre. Napper de jus de veau lié, au Madère. Lame de truffe sur chaque œuf.

Rosita. — *Froids :* Œufs pochés enrobés de sauce Chaud-froid blanche additionnée de corail haché, décorés avec croissants de truffes et lustrés à la gelée. En couronne, avec gelée hachée au centre. Entourer de petites tomates farcies d'un hachis de thon à l'huile.

Rothomago. — *Plat :* Cuits sur tranches de jambon. Après cuisson, entourés de Chipolatas grillées. Cordon de sauce Tomate.

Rougemont. — *Pochés ou Mollets :* Nappés de sauce Mornay ; dressés sur médaillons de riz à la Milanaise et glacés. Cordon de sauce Tomate.

Rothschild. — *Brouillés :* Œufs additionnés de purée d'écrevisses et crème épaisse. Cuire au bain-marie. Dresser en timbale. Au centre, bottillon de pointes d'asperges entouré de queues d'écrevisses et couronne de lames de truffe.

Saint-Hubert. — *Pochés ou Mollets :* Nappés de sauce Poivrade de gibier; dressés sur un lit de hachis de chevreuil. Bordure de croissants en feuilletage à blanc.

Sévigné. — *Pochés ou Mollets :* Nappés sauce Suprême, lame de truffe sur chaque œuf; dressés sur minces croûtons frits garnis de laitue braisée et hachée.

Senora. — *Pochés :* Dressés sur riz pilaw. Sauce Tomate à l'estragon à part.

Serbe. — *Frits :* Dressés sur riz pilaw, additionné d'aubergines en dés sautées à l'huile, en les intercalant de petites tranches de jambon, grillées.

Stanley. — *Pochés ou Mollets :* Nappés de sauce Suprême au currie; dressés sur croûtes de tartelettes garnies de purée Soubise au riz et currie.

Sultane. — *Brouillés :* Finis avec Beurre de pistache; dressés en croustades en pomme Duchesse (forme brioche.)

Toussenel. — *Pochés ou Mollets :* Nappés d'un coulis de gibier à plume additionné de purée de marrons; saupoudrer de truffe hachée. Dresser sur croquettes de gibier à plume.

Tripe. — *Durs :* En grosse rondelles ou en quartiers. Dresser en plat creux ou en timbale. Couvrir de sauce Béchamel soubisée.

Verdi. — *Moulés :* Appareil d'œufs brouillés au Parmesan et truffes en dés, tenu moelleux, additionné de 2 œufs crus, battus pour 4 œufs brouillés. En moules à darioles avec lame de truffe au fond. Pocher et démouler sur toasts frits. *A part :* Sauce Demi-glace à l'essence de truffe.

Villars. — *Pochés :* Dressés sur émincé de fonds d'artichauts lié à la Soubise. Napper de sauce Mornay et glacer.

Villeroy. — *Pochés ou Mollets :* Epongés; enrobés de sauce Villeroy et refroidis. Paner à l'anglaise avec mie de pain fine. Frire au moment et rapidement. Dresser en couronne sur serviette; persil frit au milieu. Sauce Tomate à part.

Viveurs. — *Froids :* Œufs mollets enrobés de sauce de Homard à l'Américaine liée à la gelée; dressés sur escalopes de queue de langouste enrobée de Mayonnaise collée, autour d'une salade de pommes de terre Parisienne. Bordure de rondelles de pommes de terre, alternées de rondelles de betterave cuite et marinée.

Yorkshire. — *Frits :* Dressés en couronne en les alternant de toasts rectangulaires, frits, et de lames de jambon sautées. Persil frit au milieu et Sauce Tomate à part.

Yvette. — *Brouillés :* Additionnés de pointes d'asperges, queues d'écrevisses coupées en dés et un peu de sauce Nantua ; dressés en croûtés de tartelettes faites en rognures de feuilletage. Lame de truffe sur chaque tartelette.

OMELETTES

Agnès Sorel. — Fourrée de champignons émincés, sautés au beurre, liés avec purée de volaille. Rondelles de langue écarlate sur l'omelette. Cordon de jus de veau.

Archiduc. — Fourrée de foies de volaille escalopés, sautés au beurre, liés sauce Demi-Glace. Lames de truffe sur l'omelette. Cordon de sauce Demi-Glace.

Bénédictine. — Fourrée de Brandade de morue truffée. Cordon de sauce Crème.

Bouchère. — Fourrée de moelle en dés, pochée et liée avec glace de viande. Rondelles de moelle pochées et nappées de glace de viande blonde sur l'omelette.

Boulonnaise. — Fourrée de laitance de maquereau sautée au beurre et noix de Beurre Maître-d'hôtel. Entourer de Beurre Maître-d'hôtel fondu.

Bretonne. — Ajouter aux œufs, en les battant : oignon, et blanc de poireau ciselés, champignons émincées étuvés au beurre. L'omelette faite comme de coutume.

Brillat-Savarin. — Fourrée de filets de bécasse et truffe en dés liés au coulis de Bécasse. Lames de truffes sur l'omelette. Cordon de glace de gibier à l'essence de truffe.

Bruxelloise. — Fourrée d'endives braisées, ciselées et liées à la Crème. Cordon de sauce Crème.

Chasseur. — Fourrée de foies de volaille sautés chasseur. Bouquet de même garniture avec pincée de persil haché sur l'omelette fendue au milieu. Cordon de sauce Chasseur.

Châtelaine. — Fourrée de marrons cuits, concassés, liés à la glace de viande. Cordon de Velouté soubisé.

Choisy. — Fourrée de laitue braisée, ciselée, liée sauce Crème. Cordon de même sauce.

Clamart. — Fourrée de petits pois à la française et laitue ciselée. Bouquet de petits pois sur l'omelette fendue au milieu.

Crécy. — Fourrée de purée de rouge de carotte. Rondelles de carotte sur l'omelette. Cordon de Sauce Crème.

Crevettes. — Fourrée de queues de crevettes liées sauce Crevette. Bouquet de queues chauffées au beurre et non saucées sur l'omelette, fendue au milieu. Cordon de sauce Crevette.

Durand. Ajouter aux œufs champignons et fonds d'artichauts sautés au beurre. Fourrer l'omelette de julienne de truffe et pointes d'asperges liées au Velouté. Cordon de Sauce Demi-Glace tomatée.

Espagnole. — Ajouter aux œufs dés de poivrons; fourrer l'omelette de fondue de tomates; entourer d'anneaux d'oignon frits.

Fermière. — Œufs additionnés de jambon haché; omelette faite en crêpe; persil haché dessus.

Florentine. — Fourrée d'épinards en feuilles étuvés au beurre. Cordon de Sauce Béchamel.

Fonds d'artichauts. — Ajouter aux œufs, fonds d'artichauds émincés et sautés au beurre. Lames de fonds d'artichauts sur l'omelette. Cordon de jus lié.

Forestière. - Faite avec addition de lard maigre en dés, rissolés dans la poêle; fourrées de morilles émincées, sautées au beurre et liées avec glace de viande, persil haché. Ligne de demi-morilles sur l'omelette. Cordon de jus lié.

Hollandaise. — Ajouter aux œufs de fines escalopes de saumon fumé, raidis au beurre. Cordon de Sauce Hollandaise.

Japonaise. — Fourrée de crosnes étuvés au beurre et légèrement persillés. Cordon de Sauce Béchamel.

Jurassienne. — Œufs additionnés de ciboulettes et cerfeuil hachés, versés sur dés de lard maigre rissolés au beurre. L'omelette fourrée d'oseille ciselée et fondue au beurre.

Lorraine. - - Mélanger dans les œufs : petits rectangles de lard maigre grillé; mince copeaux de Gruyère, ciboulette hachée et un peu de crème.

Mancelle. — Fourrée de marrons cuits, concassés et julienne de filets de perdreau liés à la glace de gibier. Filet de glace de gibier dans la longueur de l'omelette. Cordon de sauce Demi-Glace au fumet de gibier.

Masséna. — Fourrée aux fonds d'artichauts émincés, sautés au beurre, liés sauce tomate. Sur l'omelette, rondelles de moelle, pochées, nappées de glace de viande. Cordon de Sauce Béarnaise.

Maxim. — Omelette ordinaire. Ranger dessus queues d'écrevisses et lames de truffe. Entourer la base de cuisses de grenouilles sautées Meunière

Mexicaine. — Ajouter aux œufs champignons émincés, sautés au beurre et poivron rouge haché. L'omelette fourrée de fondue de tomates.

Mireille. — Omelette faite à l'huile; fourrée de fondue de tomates relevée d'ail. Cordon de sauce Crème Safranée.

Monselet. — Fourrée de julienne de champignons et truffe, pointes d'asperges liées à la purée de foie gras. Sur l'omelette, lames de truffe glacées. Cordon de Sauce Demi-Glace.

Mousseline. — Délayer les jaunes d'œufs avec une cuillerée de crème épaisse pour 3 jaunes. Assaisonner sel fin. Ajouter les blancs montés en neige, ferme; verser sur beurre très chaud et faire l'omelette forme plate.

Nantua. — Fourrée de queues d'écrevisses liées à la sauce Nantua. Sur l'omelette, lame de truffe au milieu et queues d'écrevisses de chaque côté. Cordon de sauce Nantua.

Nonats. — Juste au moment de faire l'omelette, ajouter aux œufs des Nonats sautés au beurre clarifié.

Normande. — Fourrée d'huîtres pochées, ébarbées, liées sauce Normande. Cordon de même sauce.

Parmentier. — Juste au moment de faire l'omelette, ajouter aux œufs pommes de terre en petits dés, sautés au beurre et bien rissolés; persil haché.

Paysanne. — Ajouter aux œufs : fines rondelles de pommes de terre sautées au beurre; oseille ciselée, fondue au beurre; cerfeuil concassé. Verser sur dés de lard maigre rissolés au beurre dans la poêle. Omelette en crêpe.

Pointes d'asperges. — Fourrée de pointes d'asperges liées au beurre. Bottillon de pointes d'asperges sur le milieu de l'omelette.

Portugaise. — Fourrée de fondue de tomates. Cordon de sauce Tomate beurrée.

Prélats (des). — Fourrée de : laitance, queues d'écrevisses et de crevettes, julienne de truffe, liées sauce Normande au Beurre d'écrevisse. Napper l'omelette de même sauce, saupoudrer de truffe hachée.

Princesse. — Fourrée de pointes d'asperges liées sauce Crème. Lames de truffe sur l'omelette. Cordon de sauce Crème.

Provençale. — Tomates pelées, épépinées, coupées en gros dés, assaisonnées et relevées d'ail. cuites en poêle à l'huile fumante. Verser les œufs additionnés de persil concassé et faire l'omelette comme de coutume.

Reine — Fourrée de purée de volaille serrée. Cordon de sauce Suprême.

Rognons. — Fourrée de rognons de veau ou de mouton en petits dés, sautés au beurre et liés sauce Demi-Glace. Une forte cuillerée de même garniture sur le milieu de l'omelette, fendue. Cordon de Sauce Demi-Glace.

Rossini. — Ajouter aux œufs, foie gras et truffe en dés. Rectangle de foie gras sur le milieu de l'omelette et rondelles de truffe de chaque côté. Cordon de Demi-Glace à l'essence de truffe.

Rouennaise. — Fourrée de purée de foies de canards sautés au beurre avec échalote. Entourer de réduction de vin rouge additionnée de glace de viande et montée au beurre.

Savoyarde. — Ajouter aux œufs : fines rondelles de pommes de terre sautées au beurre et Gruyère taillé en fins copeaux. Omelette en forme de crêpe.

Suissesse. — Ajouter aux œufs, crème et Emmenthal râpé. Omelette en forme de crêpe.

Thon. — Ajouter aux œufs du thon à l'huile coupé en dés. Napper l'omelette de Beurre d'anchois fondu.

Victoria. — Fourrée de chair de queue de langouste et truffe en dés, liés sauce Homard. Cordon de même sauce.

ŒUFS DE VANNEAU ET DE PLUVIER

Nota : — Pour cuire ces œufs, durs, con   ᵗer 8 minutes de l'instant où l'eau reprend l'ebullition. S'assurer de le. r fraîcheur en les plongeant dans de l'eau froide. Tout œuf qui surnage est de fraîcheur douteuse.

Aspic (en). — *Froids* : Moule à bordure chemisé de gelée, décoré truffe et pluches de cerfeuil. Ranger dedans les œufs, cuits durs, écalés et la pointe en bas. Remplir de gelée, par couches successives. Démouler sur serviette.

Christiana. — *Chauds :* Cuits durs ; dressés debout en nids imités en pomme Duchesse et colorés au four, nappés de sauce Demi-Glace additionnée de purée de foie gras. Saupoudrer de truffe hachée.

Danoise. — *Chauds :* Pochés ; dressés en petites croûtes de tartelettes garnies de purée de Saumon.

Gabrielle — *Froids :* Cuits mollets ; mis la pointe en bas en moules à darioles chemisés à la gelée et parsemés d'œufs de homard ; remplir de gelée. Démouler sur croûtes de tartelettes ; border d'un cordon de purée de filets de sole à la crème.

Moderne — *Froids :* Cuits durs ; mis, la pointe en bas, en moules à darioles foncés en Chartreuse. Remplir de gelée. Démouler autour d'une macédoine de légumes liée à la Mayonnaise.

Moscovite. — *Froids :* Cuits durs : dressés en croûtes de tartelettes garnies de caviar.

Nid (dans un). — *Froids :* Cuits mollets, écalés, dressés sur les bords d'un nid imités en Beurre de Montpellier. Gelée hachée au milieu du nid et cresson alénois autour.

Omelette. — Se fait comme tout autre. Ajouter un œuf de poule par 6 œufs de Vanneau.

Petite Reine. — *Froids :* Cuits durs ; dressés la pointe en bas, en moules à darioles décorés en damier. Remplir de gelée. Démouler autour d'une salade de pointes d'asperges. Bordure de croissants en gelée blanche.

Royale. — *Chauds :* Petits pains de purée de volaille liée aux œufs, pochée en moules tartelettes. Ranger en cercle ; pratiquer une cavité sur le centre pour y placer debout, les œufs cuits mollets et écalés. Napper de purée de champignons et saupoudrer de truffe hachée.

Troubadour. — *Chauds :* Cuits mollets ; introduits chacun dans une grosse tête de morille étuvée au beurre, dressés sur croûtes de tartelettes garnies de purée de foie gras.

POISSONS D'EAU DOUCE ET DE MER

COQUILLAGES — CRUSTACÉS — MOLLUSQUES

Nota : Selon la règle que j'ai adoptée, les séries de Poissons d'Eau douce et de Mer, Crustacés, etc., ont été fondues en une seule Série alphabétique, pour faciliter les recherches.

ALOSE

Farcie. — L'intérieur garni de farce de poisson ; ciselée, assaisonnée, emballée en feuilles de papier huilé. Cuisson au four 35 à 40 minutes. Acc. : Sauce Bercy.

Grillée. — *Entière :* ciselée, assaisonnée, marinée une heure avec huile, jus de citron et aromates. Temps de cuisson : 35 à 40 minutes. *Au détail :* En tranches de un centimètre et demi d'épaisseur, marinées comme ci-dessus, 20 minutes. 12 à 15 minutes de cuisson. Acc. : Beurre Maitred'hôtel, Beurre d'anchois ou sauces de poissons grillés.

Oseille. — Grillée, entière ou en tranches. Acc. : Purée d'oseille braisée servie en timbale; beurre fondu à part.

Provençale. — Garnie de farce de poisson relevée d'ail ; braisée en plaque avec tomates concassées, vin blanc, sel, poivre et 3 cuillerées d'huile. Dresser; couvrir avec les tomates ; napper avec le fonds, réduit, monté avec huile et Beurre d'anchois. Saupoudrer de persil concassé.

ANCHOIS

S'emploie généralement comme Hors-d'œuvre ou condiment. A l'état frais, se prépare en friture.

ANGUILLE

Beaucaire. — Désossée et garnie de farce de merlan additionnée de champignons hachés, sautés au beurre. Remise dans sa forme, roulée en anneau, raidie au beurre et braisée en terrine avec : échalote hachée, vin de Pouilly, filet de cognac, champignons et oignons colorés au beurre. Se sert dans la terrine.

Benoîton. — Aiguillettes de filets d'anguille tordues en vrilles, assaisonnées, farinées, frites et dressées avec persil frit. Acc. : Coulis tiré des parures d'anguille, échalotes, persil et vin rouge reduit, monté au beurre.

Coulibiac (A). — Procéder comme pour Coulibiac de saumon avec escalopes de filets d'anguille.

Coulibiac (B). — Mêmes éléments que pour A; remplacer la pâte à brioche par des rognures de feuilletage et donner la forme de chausson. Après cuisson, beurre fondu dans l'intérieur.

Frite. — Petites anguilles ciselées, pliées en forme de 8, farinées, frites et dressées avec persil frit.

Frite à l'anglaise. — Aiguillettes de filets d'anguille, marinées 4 heures avec huile, jus de citron et aromates. Paner à l'anglaise et frire. Acc. : Sauce blanche au Beurre d'anchois.

Matelote. — Se traite à la *Marinière* ou à la *Meunière*, (V. *Matelotes.*)

Ménagère. — Divisée en tronçons de 7 centimètres, ciselés, assaisonnés, grillés. Dresser sur plat bordé de cornichons. Acc. : Beurre Maître d'hôtel additionné de moutarde.

Meunière. — Divisée en tronçons; assaisonner, fariner et cuire au beurre. Dresser; couvrir avec beurre noisette, jus de citron, persil haché.

Pâté chaud (d'). — Moule à pâté long foncé en pâte ordinaire, garni, par couches alternées, de farce de brochet truffée additionnée de 50 grammes de Beurre d'anchois par livre de farce, et d'escalopes de filets d'anguille piqués de truffes, marinés 2 heures à l'avance avec vin blanc, cognac et huile, raidies au beurre avec échalotes et persil hachés. Compléter avec la marinade et beurre fondu et couvrir comme pâté ordinaire. 2 heures de cuisson. Acc. : Sauce Demi-glace maigre.

Pâté chaud (d') à l'anglaise (*Eel pie*). — Escalopes de filets d'anguille, blanchies à l'eau salée, égouttées, assaisonnées de sel, poivre, muscade, persil haché; rangées en plat long creux. par couches alternées de quartiers d'œufs durs. Ajouter vin blanc et beurre; couvrir d'une abaisse de feuilletage, dorer et rayer. Une heure et demie de cuisson. Après cuisson, introduire dans l'intérieur de la sauce Demi-glace à l'essence de poisson.

Pompadour. — Grosse anguille ciselée, roulée en anneau, cuite au court-bouillon au vin blanc et refroidie. Épongée, enrobée de sauce Villeroy, panée à l'anglaise et frite au moment. Dressée sur serviette avec persil frit et entourée de petites croquettes rondes à la Dauphine. *A part :* Sauce Béarnaise tomatée.

Romaine. — Tronçons de petites anguilles assaisonnés, raidis au beurre, cuits doucement avec petits pois frais, laitue émincée, beurre et vin blanc. Lier au beurre manié et servir en timbale.

Rouennaise. — Roulée en anneau, pochée en Mirepoix au vin rouge et glacée au four. Dresser sur plat rond ; disposer au milieu garniture de champignons, huîtres pochées et ébarbées, escalopes de laitances pochées. Couvrir avec la cuisson passée, réduite, liée à la sauce Espagnole. Entourer d'éperlans sans tête sautés Meunière.

Tartare. — Cuite au court-bouillon au vin blanc, entière ou tronçonnée. Éponger, paner à l'anglaise et frire. Dresser avec persil frit sur plat bordé de cornichons. Acc. : Sauce tartare.

Vert (au) (*froide*). — Feuilles d'oseille et d'orties nouvelles, persil, pimprenelle, sauge, sarriette, estragon, cerfeuil, fondues au beurre. Ajouter un soupçon de thym vert et l'anguille en petits tronçons. Les laisser raidir quelques minutes ; mouiller de vin blanc, assaisonner sel et poivre ; cuire 10 minutes. Lier avec jaunes d'œufs ; compléter avec jus de citron et réserver en terrine.

Vert à la Flamande (au). — Tronçons d'anguille raidis au beurre et mouillés à la bière. Assaisonner sel et poivre, cuire 10 minutes ; ajouter les herbes mentionnées ci-dessus, hachées grossièrement et les cuire. Lier à la fécule s'il y a lieu. Réserver en terrine et servir froid.

BAR OU LOUP DE MER

Les gros se pochent à l'eau salée et s'accompagnent de toute sauce convenant aux gros poissons. Les petits sont sautés *à la Meunière*, frits, ou grillés avec accompagnement d'un Beurre quelconque.

BARBEAU ET BARBILLON

Bourguignonne. — En poissonnière beurrée avec bouquet garni, pelures de champignons, vin rouge, assaisonnement et beurre ; braiser doucement. Acc. : La cuisson passée, réduite, liée au beurre manié et montée au beurre.

Grillé. — Barbillon ciselé, assaisonné, arrosé d'huile et grillé. Acc. : Beurre d'échalote ou Beurre Maître d'hôtel.

Meunière. — Barbillon ciselé, assaisonné, fariné, cuit au beurre. Dresser sur plat long ; arroser de beurre noisette ; filet de jus de citron et persil haché.

Rôti. — Barbillon moyen piqué de filets d'anchois, assaisonné, arrosé d'huile et rôti au four. Acc. : Beurre d'anchois.

Sauces diverses. — Les gros barbeaux se cuisent aussi au court-bouillon au vinaigre. S'accompagnent de sauce aux capres, ou de sauce Hollandaise et pommes à l'anglaise.

BARBUE

Voir préparations du *Turbotin* pour Barbue entière, et *Filets de soles* pour les filets de Barbue.

BOUILLABAISSE

Marseillaise. — Poissons ordinairement employés : Rascasses, Chapons, Saint-Pierre, Merlans, Fiélas, Boudreuils, Rouquiers, Rougets, Langouste grosse ou petite. Les gros poissons sont tronçonnés ; les petits sont conservés entiers. En casserole : Oignon et blanc de poireau hachés ; tomates pelées et concassées, ail broyé ; persil concassé ; safran ; laurier ; sarriette, sommités de fenouil, huile vierge ; poissons à chair ferme. Ceux à chair tendre, comme Merlan et Rougets, ne sont mis qu'au bout de 8 minutes de cuisson des autres poissons.

Couvrir d'eau, assaisonner, faire partir en ébullition et cuire à grand feu 15 minutes. Verser le bouillon sur tranches de pain rangées en plats creux ; les poissons sur un autre plat avec tronçons de langouste autour.

Parisienne. — Poissons employés : Rougets, Grondins, Soles, Vives, Merlan, Congre, Langouste. Comme élément auxiliaire, des Moules moyennes. Ces poissons tronçonnés et moules réunis en sautoir, avec persil concassé.

Court-bouillon : Oignon et blanc de poireau revenus à l'huile, à blanc ; mouiller deux tiers eau et un tiers vin blanc ; ajouter sel, poivre, safran, bouquet garni, tomates fraîches concassées (ou purée à défaut), ail **broyé** ; faire bouillir 20 minutes.

Verser sur les poissons ; ajouter de l'huile ; cuire 15 minutes à grand feu. En dernier lieu, lier au beurre manié. Dresser en timbale. *A part* : Tranches de pain grillées, frottées d'ail et arrosées de court-bouillon.

Morue (de). — Oignon, blanc de poireau et ail hachés revenus à l'huile sans coloration. Ajouter : eau, sel, poivre, safran, bouquet garni et, quand l'ébullition est en marche, de grosses rondelles de pommes de terre Hollande. Au bout de 15 minutes, mettre la morue, divisée en gros carrés ; continuer la cuisson à feu vif. Persil concassé en dernier lieu. Dresser en timbale. *A part* : Tranches de pain comme ci-dessus.

BRÊME

Poisson commun. S'utilise comme élément de Matelote, au Gratin (comme Merlan) ; ou grillé avec Beurre d'échalote, ou sauce échalote.

BROCHET

Bleu (au). — Doit être vivant. Mis en poissonnière, sans être écaillé, arrosé de vinaigre bouillant, couvert de court-bouillon tiède préparé à l'avance et cuit comme à l'ordinaire. Se sert chaud ou froid. Acc. : Beurre fondu, s'il est chaud ; Sauce Ravigote à l'huile s'il est froid.

Côtelettes (de) Soubise. — Moules forme côtelettes garnis d'une couche de farce de brochet (fond et parois.) Le vide rempli de Salpicon champignons et truffe lié sauce Parisienne ; recouvrir de farce, pocher, démouler, tremper en beurre fondu et paner à l'anglaise. Faire colorer au beurre clarifié et dresser en turban. Acc. : Sauce Soubise.

Filets (de) Régence. — Escalopes ovales de filets de brochet ; dépouiller, contiser aux truffes, pocher en plaque beurrée avec vin blanc et cuisson de poisson. Glacer ; dresser en couronne, garniture Régence au milieu et écrevisses troussées autour.

Grenadins (de). — Escalopes ovales de filets de brochet, dépouillées, piquées de truffe, pochées avec vin blanc, cuisson de poisson et beurre. Glacer et dresser en turban. Acc. : Toutes sauces ou garnitures en rapport.

Montebello. — Brochet moyen, rempli de farce de poisson et dépouillé d'un côté. Masquer la partie mise à nu de farce à la crème ; garnir avec filets de soles contisés aux truffes. Braiser au vin blanc sur fonds d'aromates. Dresser sur tampon bas, en riz. Entourer de croquettes de queues de crevettes, barquettes de laitances, écrevisses troussées. Acc. : Velouté de poisson au Beurre d'anchois avec huîtres pochées ébarbées.

Pain (de) à l'ancienne. — Farce de brochet au beurre, en moule à douille uni, pochée au bain-marie. Démouler ; entourer de champignons et lames de truffe. Acc. : Sauce au beurre.

Persil (au). — Tranches de brochet cuites à l'eau de sel et dressées sur serviette. *A part :* Beurre noisette additionné de feuilles de persil ; quartiers de citron.

Persil (sauce). — Entier ou en tranches ; cuire au court-bouillon. *A part :* Sauce Persil et pommes à l'anglaise.

Quenelles (de) à la Lyonnaise. — En godiveau à la Lyonnaise (V. *Farces*) moulées à la cuiller, pochées en plat beurré, pochées, égouttées et mijotées dans une sauce de poisson pour gonflement.

Quenelles (de) Morland. — Grosses quenelles ovales en Farce de brochet au beurre, fourrées de laitance pochée ; trempées au beurre fondu et roulées dans de la truffe hachée. Passées ensuite dans de l'œuf battu, roulées de nouveau dans la truffe et cuites au beurre clarifié. Dressées en turban avec purée de champignons au milieu.

Sauces diverses. — Avec le brochet court-bouillonné, conviennent les Sauces : Câpres, Hollandaise, Génevoise, Huîtres, Ravigote, Vénitienne, etc.

BROCHETON

Martinière. — Ciselé, mariné une heure avec aromates, assaisonnement, vin blanc, huile. Grillé doucement en l'arrosant d'huile. Acc. : Sauce Mayonnaise additionnée de noix hachées.

Matelote Rémoise. — Brocheton tronçonné cuit au

court-bouillon au Champagne. Cuisson réduite liée au Velouté et beurrée. Garn. : Laitances, Champignons, lames de truffe; croûtons en cœurs frits.

Normande. — Brocheton farci, braisé au vin blanc et aromates. Égoutter, dépouiller, dresser sur plat long. Entourer garniture Normande. Couvrir même sauce.

Tartare. — Préparé comme pour Martinière. *A part :* Sauce Tartare.

Valvins. — Dépouillé sur un côté, piqué filets d'anchois, huilé et rôti au four. Acc. : Beurre Maître d'Hôtel à la moutarde ou sauce Ravigote.

CABILLAUD OU MORUE FRAICHE

Se cuit à l'eau salée entier ou en Darnes. Toutes les sauces du Turbot lui conviennent.

Flamande. — Tranches épaisses assaisonnées sel, poivre, muscade, cuites en plaque avec vin blanc, échalotes hachées, fines herbes et rondelles de citron. Dresser sur plat. Couvrir avec la cuisson, liée avec fine chapelure de biscotte.

Grillé. — En tranches, assaisonnées, farinées, arrosées de beurre fondu et grillées. Dresser avec lame de citron sur chaque tranche. Acc. : Beurre Maître d'Hôtel ou d'anchois.

Hollandaise. — Poché à l'eau salée. Dresser; entourer de pommes de terre à l'anglaise. Acc. : Beurre fondu.

Portugaise. — En grosses tranches, assaisonnées, cuites en plaque avec : vin blanc, beurre, huile, oignon haché, ail, persil, tomates concassées, riz cuit aux 3 quarts. Dresser sur plat long; couvrir avec cuisson et garniture.

CARPE

Alsacienne. — Farcie; pochée avec vin blanc et cuisson de poisson. Dresser; entourer de choucroûte braisée et pommes à l'anglaise. Acc. : Fonds de braisage réduit, lié au beurre manié et beurré.

A la Bière. — Braisée avec oignon et blanc de céleri émincés et passés au beurre; pain d'épice en gros dés; bouquet garni et bière légère. — Garn. : Laitances pochées et escalopées. Acc. : Fonds de braisage passé au tamis, réduit et beurré.

Canotière. — Petites carpes farcies, cuites sur plat beurré saupoudré d'échalotes hachées, avec champignons émincés et vin blanc. Presque à fin de cuisson, saupoudrer de chapelure, arroser de beurre fondu et gratiner. Entourer d'écrevisses troussées, goujons frits et fleurons en feuilletage.

Chambord. — Grosse carpe remplie de farce de poisson additionnée de purée de laitances et champignons crus, hachés. Dépouiller le milieu du dos; piquer les filets à la truffe. Braiser sur aromates avec vin rouge et fonds de poisson; glacer en dernier lieu. Dresser sur fond de riz; entourer avec garniture Chambord (V. *Garnitures*); décorer de hatelets composés avec éléments de la garniture. Sauce Génevoise faite avec fonds de braisage réduit.

Juive A). — Tronçons de carpe moyenne cuits en turbotière avec : oignon et échalote hachés passés à l'huile, à blanc, et saupoudrés de farine; vin blanc, fonds de poisson, ail broyé, huile, sel et pointe de Cayenne. Cuire doucement. Dresser les tronçons sur plat long en reformant le poisson. Réduire la cuisson des 2 tiers ; la monter avec huile, verser sur le poisson et laisser prendre. Persil concassé au moment de servir.

Juive à l'Orientale B). — Même préparation que A. Ajouter dans la sauce Safran et amandes hachées.

Juive aux Raisins C). — Même préparation que A. Ajouter dans la sauce : sucre en poudre; vinaigre; raisins de Malaga épépinés; raisins de Corinthe et de Smyrne gonflés à l'eau tiède.

Polonaise. — Farcie et braisée avec oignon et échalotes hachés; pain d'épice en dés, bouquet garni, vin rouge et fonds de poisson. Acc. : Le fonds de braisage passé au tamis, réduit d'un tiers, additionné de sucre caramélisé dissous au vinaigre, beurre, pointe de Cayenne et amandes effilées, grillées.

Quenelles (de) Morland. — Farce mousseline de carpe. Procéder comme pour *Quenelles de Brochet Morland*.

Royale. — Escalopes de filets de carpe, dépouillés, pochées avec aromates, vin de Chablis et fonds de poisson. Dresser en turban, avec lame de truffe sur chaque escalope. Au milieu, garniture de laitances pochées, petits champignons, truffes en olives. Sauce Normande.

CARRELET

Quelques préparations du Turbotin lui sont applicables.

Se sert principalement *frit; grillé* avec sauce Saint-Malo; à la *Meunière; Rôti*, avec sauce relevée.

CONGRE OU ANGUILLE DE MER

Très peu usité dans la grande cuisine. Les filets peuvent être utilisés en *Aiguillettes à la Orly*.

COQUILLES SAINT-JACQUES

Faire ouvrir les coquilles sur le fourneau. Détacher les chairs de la coquille concave; laver à grande eau et blanchir. Diviser la noix en fines rondelles et le corail en escalopes. Pour l'usage, nettoyer les coquilles concaves.

***

Gratin. — Le fond des coquilles masqué de sauce Gratin. Garnir rondelles de noix, corail, barbes et lames de champignons crus; couvrir de même sauce, chapelurer, arroser de beurre fondu et gratiner doucement.

Nantaise. — Braiser rondelles de noix et corail avec vin blanc et cuisson de champignons; en garnir les coquilles. en y ajoutant champignons, lames de truffe et petites moules pochées. Couvrir de sauce vin blanc et glacer.

Parisienne. — Coquilles bordées d'un cordon de pomme Duchesse coloré au four; garnies de noix et corail braisés comme ci-dessus et lames de champignons cuits. Couvrir de sauce vin blanc additionnée de truffe hachée et glacer.

CRABE A L'ANGLAISE

Cuit à l'eau salée et refroidi. Extraire la chair de l'intérieur et des pinces, les effiler à la fourchette. Avec les parties crémeuses, huile, vinaigre, cayenne, moutarde, faire une sauce et y mélanger les chairs. Dresser en coquilles concaves; décorer avec jaune et blanc d'œuf dur, persil et corail de homard, hachés.

CREVETTES

Aspic. — Procédé ordinaire.

Coquilles glacées. — Petites coquilles bordées d'un cordon de pomme Duchesse, garnies de queues de crevettes liées à la Béchamel. Napper sauce Vin blanc additionnée de truffe hachée et glacer.

Coquilles Gustave. — Bordées comme ci-dessus ; le fond garni de pointes d'asperges et julienne de truffe, queues de crevettes dessus. Napper sauce Mornay et glacer.

Au Currie. — Oignon haché cuit au beurre avec Currie. Ajouter queues de crevettes et lier au Velouté maigre. Servir en timbale. Riz à l'Indienne à part.

Mousse froide. — Préparation selon les indications données à l'article *Mousses froides*. (Chap. Garnitures.)

DORADE

Se prépare *grillée* ; *frite* ; à la *Meunière* ; à la *Bercy* ; à la *Dieppoise*, etc.

ÉCREVISSES

Aspic de queues (d') à la Moderne. — Purée de débris d'écrevisses et Mirepoix liée à la gelée et crème fouettée, montée en dôme au centre d'une petite coupe en cristal. Entourer avec coffres d'écrevisses farcis de même composition et queues d'écrevisses cuites à la Bordelaise. Couvrir de gelée limpide, fondue et froide, et laisser prendre.

Bordelaise — Assaisonnées sel et cayenne ; sautées au beurre avec Mirepoix préparée d'avance, jusqu'à coloration du test. Mouiller de Cognac flambé et vin blanc ; ajouter Velouté de poisson et fumet. Cuire 10 minutes. Dresser en timbale ; réduire la sauce et la finir avec glace de viande, beurre, persil concassé. Verser cette sauce sur les écrevisses.

Buisson — Cuites au court-bouillon comme « Ecrevisses à la Nage ». Refroidies et accrochées sur buisson avec persil frisé.

Coquilles Cardinal. — Toutes petites coquilles bordées d'un cordon de pomme Duchesse coloré au four, garnies de queues d'écrevisses. Couvrir de Sauce Normande au Beurre d'écrevisse ; lame de truffe au milieu ; truffe hachée sur les bords.

Liégeoise. — Cuites au court-bouillon comme « Ecrevisses à la Nage ». Dresser en timbale ; réduire la cuisson de 3 quarts ; la monter au beurre et verser sur les écrevisses. Persil concassé.

Magenta. — Sautées comme « Ecrevisses à la Bordelaise » avec huile au lieu de beurre. Ajouter tomates hachées, vin blanc, persil concassé et cuire 10 minutes. Dresser en timbâle ; finir la sauce avec beurre et pincée de basilic. Verser sur les écrevisses.

Marinière. — Assaisonnées sel et cayenne ; mouillées au vin blanc, ajouter soupçon de thym et de laurier. Cuire 12 minutes. Dresser en timbale. Réduire la cuisson de moitié ; lier avec Velouté maigre et finir avec beurre. Persil concassé sur les écrevisses.

Mousse froide. — Appareil fait avec Ecrevisses cuites comme pour Bisque en procédant comme il est indiqué (V. *Mousse froide*). Faire prendre en moule à Charlotte foncé de papier blanc. Démouler sur tampon bas ; décorer le dessus de la Mousse de lames de truffe glacées à la gelée ; entourer la base de gelée hachée et coffres d'écrevisses farcis de Mousse.

Mousse froide Cardinal. — Mousse préparée comme ci-dessus, avec teinte rouge plus vive et addition de lames de truffe. Faire prendre en moule à Charlotte chemisé de gelée et foncé avec demi-queues d'écrevisses. Même dressage que ci-dessus.

Mousselines Alexandra. — Farce mousseline d'Ecrevisses, pochée en moules à darioles beurrés, décorés à la truffe et queues d'écrevisses. Finir comme *Mousselines de Saumon Alexandra*.

Nage. — Plongées en court-bouillon bouillant, composé de 2 tiers vin blanc, un tiers cuisson de poisson, sel, condiments et aromates ordinaires, préparé d'avance. Cuire 10 minutes. Dresser en timbale avec le court-bouillon et sa garniture.

Soufflé (d') Florentine. — Appareil de Soufflé au Parmesan, additionnée de purée d'écrevisses, dressé en timbale beurrée, par couches alternées de lames de truffe et queues d'écrevisses. Cuire comme Soufflé ordinaire.

Soufflé Léopold de Rothschild. — Le même que « Florentine », en ajoutant des pointes d'asperges aux truffes et queues d'écrevisses.

Soufflés froids (Petits). — Appareil de « Mousse Cardinal » moulé en petits cassolettes entourées de papier pour que l'appareil dépasse les bords des cassolettes. Faire prendre sur glace.

Suprême (d') au Champagne. — Mousse faite avec débris d'écrevisses (dont les queues sont réservées) cuites avec Mirepoix et Champagne, pilés avec beurre et ajoutés à quantité relative de Velouté bouillant, avec cuisson des écrevisses et gélatine dissoute. Passer, refroidir, compléter avec crème mi-fouettée et faire prendre en timbale. Décorer le dessus avec queues d'écrevisses réservées, lames de truffe et pluches de cerfeuil. Recouvrir d'une couche de gelée.

Timbale de queues (d') Nantua. — Queues d'écrevisses cuites au beurre avec Mirepoix et décortiquées; quenelles en farce de merlan au beurre d'écrevisse; petits champignons cuits; lames de truffe. Ces éléments rassemblés dans une sauce Crème, additionnée d'une purée résultant des débris et carcasses d'écrevisses et beurrée. Verser dans une croûte de timbale; couronne de lames de truffe sur la garniture. Couvrir la timbale et dresser sur serviette.

Timbale de queues (d') Parisienne. — Croûte de timbale cuite en moule à pâté rond, garnie. par couches alternées de : Macaroni lié à la crème et Beurre d'écrevisse; queues d'écrevisses cuites à la Bordelaise, liées à la sauce Béchamel au Beurre d'écrevisse; lames de truffe et de champignons.

ÉPERLANS

Anglaise. — Fendre sur le dos; retirer l'arête; paner à l'anglaise avec mie de pain et cuire au beurre clarifié. Dresser sur Beurre Maître-d'hôtel mi-dissous.

Gratin. — Comme *Merlan au gratin*, en tenant compte de la différence de grosseur.

Grillés. — Retirer le milieu de l'arête; assaisonner, fariner, arroser de beurre fondu et griller vivement. Dresser sur plat long avec Beurre Maître-d'hôtel, lames de citron et persil frit.

Meunière. — Procédé de tout Poisson à la Meunière.

Mousse chaude (d') à la Royale. — Moule à Charlotte garni de papier beurré, foncé de filets d'éperlans et filets de truffe. Masquer le fonçage d'une couche de farce mousseline. Remplir le moule de filets d'éperlans, filets d'anchois et lames de truffe, par lits alternés de couches de farce. Pocher au bain-marie. Renverser la Mousse sur plat rond ; éponger au pinceau et couvrir de sauce Mousseline au Beurre d'écrevisse. Même sauce à part.

Mousselines (d') Alexandra. — En farce Mousseline d'éperlans. Procéder comme pour *Mousselines de Saumon* de ce nom.

Mousselines Tosca. — Même observation.

Paupiettes. — Comme *Paupiettes de Merlan.*

Sur le plat. — Comme *Sole* de ce nom.

Richelieu. — Préparés à l'anglaise avec lames de truffe sur le Beurre Maître-d'hôtel.

Vin blanc. — Traités comme *Filets de Sole vin blanc.*

ESCARGOTS

Bourguignonne. — Dégorgés 2 heures avec sel gris, vinaigre, farine; lavés et cuits 3 heures en court-bouillon au vin blanc fortement aromatisé. Les sortir des coquilles et supprimer la partie noire; nettoyer et sécher les coquilles. Le fond des coquilles garni de gros comme une noisette de Beurre d'Escargots (V. Beurres); introduire l'escargot en coquille, fermer celle-ci avec même beurre; chapelurer légèrement, ranger sur escargotière et chauffer au four.

Chablisienne. — Le fond des coquilles garni de vin blanc réduit avec échalote hachée et additionné de glace de viande. Compléter comme Escargots à la Bourguignonne.

Dijonnaise. — Le fond des coquilles garni comme ci-dessus. Les coquilles fermées sur escargots avec mélange en parties égales de beurre et moelle de bœuf passée au tamis, avec addition de sel, poivre, pointe d'épices, échalote hachée, pointe d'ail écrasé et truffe hachée.

Vigneronne. — Après cuisson et décoquillage, sauter les escargots au beurre, avec sel et poivre, échalote hachée et ail broyé. Tremper en pâte à frire légère additionnée de ciboulette hachée. Frire à l'huile de noix, fumante. Dresser en buisson, avec persil frit.

ESTURGEON

Fricandeau. — Traitement et garniture du Fricandeau ordinaire. (V. *Veau.*)

Normande. — Braisé au court-bouillon au vin blanc et dépouiller. Garniture et sauce Normande.

Tortue. — En Fricandeau, piqué de filets d'anchois et braisé sur fonds d'aromates. Garniture Tortue.

FÉRA

Poisson des lacs Alpins. Se traite à l'Anglaise, au gratin, à l'Hôtelière (V. Merlan), à la Meunière.

GOUJONS

Se traitent principalement en *Friture* et à la *Meunière*.

GRENOUILLES

Frites. — Cuisses parées, marinées avec assaisonnement, huile, jus de citron, persil haché; trempées en pâte à frire légère et mises à friture fumante. Sur serviette avec persil frit.

Gratin. — Cuisses parées mises en bordure de pomme Duchesse avec champignons cuits émincés. Couvrir de sauce Gratin, serrée, chapelurer et asperger de beurre fondu. Gratiner et colorer la bordure en même temps.

Meunière. — Procédé ordinaire.

Mousselines. — Comme pour Mousselines de Saumon, mais plus petites, avec Farce mousseline de Grenouilles.

Nymphes à l'aurore. — Cuisses parées, pochées au vin blanc, refroidies et enrobées de sauce Chaud-froid maigre au Paprika. Rangées en plat creux, ou coupe en cristal, sur couche de gelée au Champagne prise, et entremêlées de feuilles d'estragon et tiges de cerfeuil. Recouvrir de même gelée.

Poulette. — Cuisses parées cuites en Blanc léger, égouttées et liées à la sauce Poulette. En timbale avec persil haché.

HADDOCK

Eglefin décapité et fumé. Se sert grillé avec accompagnement de beurre fondu; ou poché à l'eau ou au lait, avec accompagnement de Beurre frais ou fondu. La Sauce aux Œufs lui convient aussi, qu'il soit grillé ou poché.

HARENGS

Calaisienne. — Fendus sur le dos pour enlèvement de l'arête; farcis avec œufs ou laitances mélangés à du Beurre maître d'Hôtel additionné d'échalotes et champignons hachés. Enfermés en papier huilé et cuits au four.

Farcis. — L'arête supprimée; remplis de farce aux fines herbes, mis en papillotes et cuits au four. Sauce Vin blanc à part.

Marinés. — V. *Harengs Dieppoise*, Ch. des *Hors-d'œuvre chauds.*

Meunière. — Procédé ordinaire. Sur plat bordé de lames de citron.

Nantaise. — Harengs laités, ciselés, farinés, panés à l'anglaise et cuits au beurre. Acc. : Purée de laitance, additionnée de moutarde, sel, poivre, montée au beurre fondu.

Paramé. — Ciselés, assaisonnés, raidis au beurre et mis en papillote avec Duxelles serrée. Finir de cuire au four.

Portière. — Cuits pour Meunière ; dressés sur plat long, enduits de moutarde et persillés. Couvrir avec beurre noisette et filet de vinaigre passé dans la poêle.

HOMARD

Américaine (A). — Homard vivant ; queue tronçonnée, coffre fendu et les pinces brisées. (Les intestins et le corail réservés). Faire revenir en sautoir avec beurre et huile ; égoutter la graisse ; ajouter : échalotes hachées, pointe d'ail, cognac flambé, vin blanc, fumet de poisson, glace de viande, tomates hachées ou purée), persil concassé, pointe de cayenne. Cuire au four 15 à 20 minutes.

Extraire la chair des tronçons et des pinces ; mettre en timbale avec les demi-coffres. Réduire la cuisson ; ajouter intestins et corail, hachés avec noix de beurre, cuire un instant et passer à l'étamine. Chauffer le coulis ; beurrer hors du feu ; verser sur le homard et saupoudrer de persil concassé.

Américaine (B). — Même préparation que ci-dessus ; servir seulement les chairs des tronçons et des pinces.

Broche. — Homard vivant ; le tuer et fixer sur broche, 40 minutes de cuisson par kilo. Arroser fréquemment avec beurre fondu, additionné de sel, Champagne sec et poivre en grains. Dresser et accompagner d'une sauce Ravigote augmentée de la cuisson passée ; *ou* : Cette cuisson passée, dégraissée, additionnée d'*Escoffier-sauce*, glace de viande, beurre, jus de citron et persil haché.

Cardinal. — Plongé vivant, en court-bouillon au vinaigre. Après cuisson le fendre dans la longueur ; escaloper les chairs de la queue ; préparer un salpicon avec chair des pinces et de l'intérieur, champignons, truffes et sauce Homard. Etaler ce salpicon dans les demi-carapaces ; disposer dessus les escalopes alternées de lames de truffe. Dresser sur plat long, avec les pinces de chaque côté ; napper escalopes et pinces de sauce Cardinal, saupoudrer de fromage râpé ; arroser de beurre fondu et glacer.

Carnot. (**Froid**). — Escalopes décorées d'une lame de truffe, glacées à la gelée, dressées sur bordure de Pain de Homard. Sauce Russe à part.

Clarence. — Cuit au court-bouillon et fendu dans la longueur, les chairs de la queue escalopées. Les demi-carapaces garnies aux deux tiers de Riz à l'Indienne : les escalopes rangées sur riz avec lame de truffe entre chacune ; nappées de sauce Béchamel au currie additionnée d'un coulis tiré des chairs de coffre et parties crémeuses. Même Sauce à part.

Coquilles diverses. — Petites coquilles en argent bordées d'un cordon de pomme Duchesse, garnies de salpicon de Homard lié de sauce Mornay truffée, Vin blanc ou Cardinal ; escalope de homard et lame de truffe. Napper avec la même sauce employée pour le salpicon et glacer.

Côtelettes Arkangel (Froid). — Chair de homard en dés et caviar en quantité égale, liés avec Mousse froide de homard. Mettre en moules à Côtelettes huilés et laisser prendre. Démouler ; napper de sauce Chaud-froid maigre au Beurre de Homard ; décorer à la truffe et lustrer à la gelée. Dresser sur plat rond ; gelée hachée au milieu ; Salade russe à part.

Crème. — Tronçonné et sauté comme pour *Américaine* ; ajouter cognac flambé, lames de truffe épaisses, sel, cayenne, crème légere et cuire. Après cuisson, retirer les chairs ; dresser en timbale avec les truffes. Réduire la crème ; l'additionner de glace de viande et jus de citron. Passer et verser dans la timbale.

Croquettes. — Salpicon de chair de homard, champignons, truffe, lié sauce Homard réduite. Mouler, frire et dresser comme autres Croquettes. Acc : Sauce Homard.

Française. — Tronçonné comme pour *Américaine* ; assaisonné sel et Cayenne et sauté au beurre. Ajouter vin blanc : fine champagne ; julienne d'oignon et carotte étuvée au beurre ; persil concassé ; fonds de poisson. Cuire un quart d'heure. Dresser en timbale ; lier la cuisson avec du Velouté de poisson ; beurrer et verser sur le homard.

Grammont (Froid). — Homard cuit, fendu. Les chairs de queue escalopées, décorées à la truffe et enveloppées de gelée. Remplir les demi-carapaces avec Mousse de homard au Paprika faite avec chair des pinces et débris ; disposer dessus les escalopes, en les intercalant d'huîtres pochées et glacées à la gelée. Entourer de cœurs de laitue et persil frisé.

Grillé. — Fendu vivant ; assaisonné, arrosé de beurre fondu et grillé doucement. Dresser sur serviette avec persil autour. Acc. : Sauce Diable.

Hollandaise. — Cuit au court-bouillon ; fendu, chaud, sans séparer les deux moitiés. Sur serviette avec persil frisé autour. Acc. : Beurre fondu et pommes à l'anglaise.

Mayonnaise. — V. Mayonnaise de Saumon. Procéder de même avec escalopes et débris de chair de homard.

Mousse froide. — Homard cuit avec vin blanc, cognac flambé et Mirepoix bordelaise. Extraire les chairs ; les piler avec quantité relative de Velouté maigre. Passer ; laisser reposer la purée sur glace ; finir avec gelée fondue et crème mi-fouettée. Mouler.

Mousselines. — Quenelles moulées, en Farce mousseline de homard. Traiter comme Mousselines de Saumon.

New-burg (A). — Tronçonné et sauté comme pour *Américaine*. Déglacer avec cognac flambé et Marsala ; ajouter crème et fumet de poisson. Extraire les chairs et dresser en timbale. Lier la sauce avec intestins et corail, hachés avec beurre ; passer et verser dans la timbale.

New-burg (B). — Escalopes de queues de homard cuit, rangées en sautoir beurré et chauffées des deux côtés. Mouiller de Madère et réduire des 3 quarts. Ajouter une liaison de jaunes d'œufs et crème ; cuire un instant et dresser en timbale.

Pain. — Préparé comme il est indiqué, avec Homard cuit comme pour Mousse. (V. *Préparations froides*, Chap. *Garnitures*.)

Palestine. — Tronçonné vivant et sauté comme pour Bisque. Extraire les chairs. Piler débris et carapaces ; faire revenir à l'huile fumante avec Mirepoix fine ; mouiller avec cuisson du homard, cuire un quart d'heure, passer à la mousseline et laisser reposer pour dégraissage. Réduire, ajouter les parties crémeuses, passées au tamis et Velouté maigre ; cuire quelques instants et compléter avec Beurre de currie. Dresser les morceaux de homard en bordure de Riz pilaw : napper de sauce et servir le reste à part.

Soufflé. — Farce mousseline de homard, dressée en demi-carapaces bordées de bandes de papier. 20 minutes de cuisson. Dresser sur serviette avec persil frisé. Sauce à part. (Diplomate, Homard, Normande, etc., au choix.)

Soufflés froids (Petits). — Avec Mousse de Homard froide, procéder comme pour Petits Soufflés d'écrevisses.

Thermidor. — Fendu, assaisonné et grillé. Escaloper les chairs de queue ; napper le fond des carapaces de Sauce Crème (ou de sauce Mornay) additionnée de moutarde anglaise ; ranger les escalopes dessus ; couvrir de sauce et glacer.

Tourville (Rizotto de). — Escalopes de queue de homard cuit au court-bouillon au vin blanc, champignons émincés sautés au beurre, huîtres et moules pochées, ébarbées, lames de truffe ; le tout lié au Velouté additionné d'eau d'huîtres et de moules réduite. Dresser en bordure de Rizotto ; napper de sauce Mornay et glacer.

HUITRES

Américaine. — Pochées dans leur eau. Remises en coquilles concaves ; nappées sauce Américaine avec l'eau des huîtres, réduite.

Anglaise. — Embrochées sur hatelets en les alternant de tranches de Bacon ; assaisonnées et grillées. Dresser sur toasts grillés ; saupoudrer de mie de pain frite, cayennée.

Favorite. — Pochées ; remises en coquilles avec sauce Béchamel et lame de truffe. Napper de Sauce Mornay, saupoudrer de fromage râpé et glacer.

Florentine. — Coquilles garnies d'épinards en feuilles étuvés au beurre ; une huître pochée dans chaque coquille. Napper Sauce Mornay et glacer.

Gratin. — Ebarbées et remises *crues* en coquilles. Goutte de jus de citron, pincée de mie de pain frite et beurre fondu sur chacune. Gratiner four vif.

Maréchale. — Pochées, épongées, trempées en pâte à frire et plongées à friture fumante. Dresser par trois, sur rondelles de citron, avec pincée de persil frit. Sur serviette.

Mornay. — Procéder comme pour *Favorite* en supprimant la lame de truffe.

Soufflées. — Huîtres crues, pilées avec blanc d'œuf et passées au tamis. Ajouter farce mousseline de merlan et crème. Farcir le fond des coquilles, poser dans chacune une huître à la Villeroy ; recouvrir d'un dôme de farce et pocher à la vapeur.

Villeroy. — Pochées, épongées, enrobées de sauce Villeroy, refroidies et panées à l'anglaise avec mie de pain. Dresser sur serviette ; persil frit autour.

Wladimir. — Pochées, remises en coquilles et nappées sauce Suprême. Saupoudrer de mie de pain frite mélangée de Parmesan râpé et glacer.

LAITANCES

Se préparent selon les formules suivantes déjà données : En *Aspic, Barquettes, Bordure à la Mornay,* Caisses à *la Nantua,* Coquilles à *la Parisienne, Maréchale, Meunière, Villeroy, Soufflé,* etc..

LAMPROIE

Les préparations de l'Anguille lui sont applicables.

LANGOUSTE

Aspic. — Escalopes de langouste montées en moule avec gelée, selon le procédé ordinaire.

Côtelettes Arkhangel. — (V. *Homard*).

Parisienne — Escalopes de chair de queue extraite entière, décorées de lames de truffe et enrobées de gelée ; dressées sur la carapace allongée sur un croûton taillé en coin pour surélévation de la tête. Entourer : de fonds d'artichauts, garnis de Salade de légumes additionnée des chairs de l'intérieur coupées en dés et liée à la Mayonnaise ; de demi-œufs durs entre chaque fond. Border le plat de croûtons de gelée.

NOTA : La même préparation peut être appliquée au Homard.

Russe. — Procéder comme ci-dessus, sauf ces différences : 1° Enrober les escalopes de sauce Mayonnaise collée ou de sauce Chaud-froid blanche, maigre : décorer avec corail et pluches de cerfeuil ; 2° remplacer les fonds d'artichauts par de petites timbales de Salade russe ; 3° remplacer les demi-œufs durs par des œufs entiers, vidés du jaune et remplis de caviar.

LAVARET

Poisson des lacs Suisses. Mêmes préparations que *Féra*.

MAQUEREAU

Anglaise. — Tronçonné; cuit en court-bouillon condimenté de fenouil. Servir avec purée de groseilles vertes.

Boulonnaise. — Tronçonné; cuit au court-bouillon, dépouillé et entourer de moules pochées. Napper avec sauce au Beurre.

Calaisienne. — Procéder comme pour *Harengs* de ce nom.

Grillé. — Ouvert sur le dos en sectionnant l'arête, sans séparer complètement; assaisonné, huilé, grillé et dressé sur Beurre Maître d'Hôtel.

Filets Bonnefoy. — Assaisonnés, farinés et cuits à la Meunière. Dresser sur plat long, napper de sauce Bonnefoy; pommes à l'anglaise à part.

Filets Dieppoise. — Pochés au vin blanc et cuisson de champignons; dépouillés et entourés de Garniture Dieppoise. Sauce Vin blanc.

Filets en papillote. — Assaisonnés, grillés, et enfermés en papillote ovale, huilée, entre deux couches de sauce Duxelles serrée additionnée de champignons cuits émincés. Souffler la papillote et colorer au four.

Filets au persil. — Pochés en court-bouillon aromatisés au persil. Dépouiller; dresser avec pommes à l'anglaise autour. Napper sauce Persil, ou Sauce à part.

Filets Printanière. — Pochés à l'eau de sel; dépouillés, dressés et nappés de sauce au Beurre finie avec Beurre printanier. Entourer, d'un côté, de rondelles de pommes cuites à l'eau; petits pois au beurre de l'autre côté.

Sauces diverses (avec). — Pochés à l'eau de sel; nappés d'une sauce *Ravigote*, *Vénitienne*, *Vin blanc*, *Fines herbes*, etc.

MATELOTES

NOTA : Toute cuisson de Matelote doit être assaisonnée et appuyée d'aromates.

Canotière (formule type). — Anguille et carpe tronçonnées; mouiller au vin blanc, flamber au cognac; ajouter bouquet garni et aromates. Dresser les morceaux en timbale; passer et réduire la cuisson des 2 tiers; lier au beurre manié et beurrer hors du feu. Ajouter petits champignons cuits; petits oignons cuits au beurre et verser dans la timbale. Compléter avec goujons panés, frits, et écrevisses cuites au court-bouillon.

Marinière. — Poissons variés. Mouiller vin blanc; flamber au Cognac, réduire la cuisson comme ci-dessus, lier au Velouté maigre et beurrer. Garn. : Champignons, petits oignons cuits au beurre; écrevisses et croûtons frits.

Meunière. — Anguille et Chevesnes. Mouiller vin rouge; flamber au cognac et lier au beurre manié. Garn. : Ecrevisses et croûtons frits.

Meurette. — Poissons variés. Mouiller vin rouge; flamber à l'eau-de-vie de marc; condimentation forcée en ail. Lier au beurre manié et beurrer. Entourer de croûtons carrés, frits et frottés d'ail.

Normande. — Comporte Soles, Grondins, petits Congres tronçonnés. Mouiller avec cidre sec et flamber au Calvados. Réduire la cuisson; la lier avec Velouté maigre, finir avec crème. Garn. : Champignons, moules et huîtres pochées, ébarbées; écrevisses, croûtons frits.

Pochouse. — Même préparation que la Meurette. Garn. : Dés de lard maigre, sautés au beurre; champignons; petits oignons cuits au beurre; croûtons carrés, frits.

Waterzoï. — Anguille, Brocheton, Carpe, Tanche, tronçonnés. Couvrir d'eau à hauteur; ajouter sel et poivre; beurre; bouquet de queues de persil, céleri et sauge. Cuire à grande ébullition. Se sert tel quel (bouquet retiré). Tartines de pain beurrées en même temps.

MERLANS

Anglaise. — Même préparation que *Eperlans à l'Anglaise*.

Bercy. — Incisés sur le dos; rangés sur plat beurré parsemé d'échalote hachée; ajouter vin blanc, fumet de poisson et beurre; cuir au four et glacer en dernier lieu. Jus de citron et persil haché en envoyant.

Colbert. — Ouverts sur le dos pour extraction de l'arête; assaisonnés, trempés dans du lait; panés à l'anglaise et frits. Sur plat bordé de lames de citron; la fente du dos garnie de beurre Maître-d'Hôtel.

Dieppoise. — Incisés sur le dos; pochés vin blanc et cuisson de champignons. Dresser; entourer de garniture Dieppoise et napper sauce vin blanc.

Fines herbes. — Pochés comme ci-dessus et masqués sauce Fines herbes.

Gratin. — Ciselés; couchés sur plat beurré parsemé

d'échalote hachée et couvert de sauce Gratin. Entourés d'une bordure de lames de champignons crus, chevalées; 3 petits champignons cuits sur chaque merlan. Couvrir de sauce Gratin; chapelurer, asperger de beurre fondu et gratiner. En servant, filet de jus de citron et persil hachés.

Hôtelière. — V. *Truites de rivière.*

Lorgnette. — Jusqu'à la tête, détacher les filets de l'arête, supprimer celle-ci. Paner à l'Anglaise, rouler en paupiettes sur côté intérieur, maintenir avec une brochette et frire. Sur serviette avec persil frit. Sauce Tomate à part.

Lorgnette au Gratin. — Filets détachés comme ci-dessus, masqués sur le côté intérieur de farce de poisson aux fines herbes, roulés en paupiettes et rangés sur plat rond, les têtes en dehors. Finir comme Merlan au gratin.

Meunière. — Procédé ordinaire.

Montreuil. — Ciseler les filets et procéder comme pour *Sole Montreuil.*

Mousse. — En farce mousseline de Merlan. Procédé ordinaire.

Mousselines. — Même farce que ci-dessus. (V. *Mousselines de Saumon.*)

Niçoise. — V. *Rougets.*

Orly (Filets de). — Filets assaisonnés, trempés en pâte à frire légère et frits. Sur serviette avec persil frit. Sauce Tomate à part.

Paupiettes. — Filets farcis, roulés en bouchon, ficelés et pochés. Garniture et sauce à volonté.

Plat (Sur le). — V. *Sole sur le plat.*

Quenelles Soubise. — Grosses quenelles à la cuiller ou moulées en farce de merlan; pochées et dressées en couronne avec sauce Soubise au milieu.

Quenelles Morland. — V. Quenelles de brochet du même nom.

Richelieu. — Même préparation que « à l'Anglaise ». Lames de truffe sur le beurre Maître d'Hôtel mis dans la fente.

MORUE

Anglaise. — Pochée; dressée sur serviette avec panais cuits à l'eau salée et persil. Sauce aux œufs à l'Anglaise.

Bamboche. — En aiguillettes assaisonnées, trempées dans le lait, farinées et frites. Dresser en timbale sur macédoine de légumes liée beurre et Crème.

Bénédictine. — Pochée, effeuillée, séchée et pilée avec moitié de son poids de pommes de terre cuites. Incorporer huile et lait; dresser sur plat beurré, arroser de beurre fondu et faire colorer au four.

Benoiton. — Oignons blondis avec beurre et huile, saupoudrés de farine, mouillés vin rouge et cuisson de poisson. Assaisonner sel et poivre; cuire un quart d'heure; ajouter rondelles de pommes de terre cuites à l'eau; morue pochée, effeuillée et ail broyé. Mettre en plat à gratin; chapelurer, arroser de beurre et gratiner.

Bouillabaisse. — V. ce mot dans la *Série Alphabétique*.

Brandade. — Pochée aux 2 tiers et égouttée. Retirer peaux et arêtes. La mettre en sautoir contenant de l'huile fumante; travailler vigoureusement à la cuiller jusqu'à ce qu'elle soit en pâte fine. A cette pâte, incorporer, hors du feu, huile et lait bouillant, par petites parties, et jusqu'à ce qu'elle ait la consistance d'une purée de pommes de terre. Rectifier l'assaisonnement; dresser en timbale avec petits croûtons en triangles, frits.

Brandade Crème. — Comme ci-dessus en remplaçant huile et lait par de la crème fraîche.

Brandade truffée. — Additionnée de truffe hachée; dressée en pyramide avec lames de truffe autour.

Créole. — En plat creux en terre, disposer de l'oignon émincé cuit au beurre et demi tomates à la Provençale; ajouter morue pochée et effeuillée; demi-poivrons doux grillés. Arroser de beurre noisette et jus de citron. Servir brûlant.

Épinards. — Epinards blanchis, concassés, desséchés avec huile fumante. Ajouter : ail écrasé; persil haché; dés de filets d'anchois; sel, poivre et muscade; morue pochée et effeuillée. Verser en plat à gratin; chapelurer, arroser d'huile et gratiner.

Fish Balls (ou Croquettes à l'américaine). — Mélange à poids égal de morue finement effeuillée et pommes Duchesse avec un peu de Béchamel serrée. Rouler en boules (grosseur d'un petit œuf); paner à l'anglaise et faire colorer au beurre clarifié. Sauce Tomate à part.

Hollandaise. — Même préparation que le Cabillaud. (V. ce mot.)

Indienne. — Morue pochée et effeuillée mélangée à une sauce Currie à l'Indienne. Riz à l'Indienne à part.

Lyonnaise. — Rassembler en poêle : Oignons émincés sautés au beurre ; Rondelles de pommes de terre sautées de même ; morue pochée et effeuillée ; sel et poivre. Sauter le tout en plein feu ; ajouter filet de vinaigre et dresser en timbale

Provençale. — Oignon haché et tomates concassées sautés à l'huile fumante. Ajouter : ail broyé, persil concassé, câpres, olives noires, sel et poivre, morue pochée et effeuillée. Mijoter 10 minutes. Servir en timbale.

Soufflé. — Morue pochée et effeuillée, pilée, additionnée de sauce Béchamel épaisse ; sel, poivre et muscade. Ajouter jaunes d'œufs et blancs en neige. Dresser et cuire comme soufflé ordinaire.

Valencia. — En timbale, par couches alternées. Riz cuit ; morue pochée et effeuillée ; purée de tomate ; rondelles d'oignons, frites. Finir par couche de riz. Arroser de beurre noisette, additionner de mie de pain et entourer de quartiers d'œufs durs.

MOSTELE

Est surtout employée sur les lieux de pêche. Les apprêts qui lui conviennent le mieux sont ceux : A *l'Anglaise*, à la *Meunière* et à la *Richelieu*.

MOULES

Quel que soit leur emploi, les faire ouvrir en casserole couverte, avec oignon émincé, queues de persil et mignonnette, en les sautant de temps en temps.

Frites. — Grosses moules pochées, ébarbées, marinées un quart d'heure avec huile, jus de citron, et persil haché ; trempées en pâte à frire et mises à friture fumante. Sur serviette avec persil frit.

Marinière. — Réduction des 2 tiers de vin blanc avec échalote hachée ; ajouter cuisson de moules décantée, Velouté maigre, beurre et jus de citron. Sauter dans cette sauce les moules pochées et débarrassées d'une coquille. En timbale avec persil haché.

Poulette. — Pochées, débarrassées d'une coquille et sautées dans une sauce Poulette additionnée de cuisson de moules, réduite, et jus de citron. En timbale avec persil haché.

Toulonnaise (Rizot de). — Moules pochées, décoquillées,

sautées dans une sauce préparée avec leur cuisson décantée, liée aux jaunes d'œufs et beurrée. Dresser en bordure de Rizot au fumet de poisson.

Villeroy. — Procéder comme pour huîtres de ce nom.

MULET OU LOUBINE

Se prépare comme le Bar.

NONATS

Se traitent principalement par la friture. S'emploient aussi en Omelettes, en Aspic, en Salade pour Hors-d'œuvre.

OMBRE-CHEVALIER

Se prépare comme la Truite de rivière, et se spécialise par la recette suivante :

Potted-Char. — Poché en Mirepoix au vin blanc et refroidi. Détacher la peau ; lever les filets et en supprimer toute arête. Ranger en pot de terre, couvrir de beurre clarifié et mettre à four doux un quart d'heure. Refroidir, ajouter une nouvelle couche de beurre clarifié et réserver au frais.

OURSINS

Sont compris dans la catégorie des fruits de mer. Les ovaires, ou corail, sont utilisés pour certaines sauces de poissons.

PERCHE

Les petites sont frites ; les moyennes se traitent à la *Meunière* ou sont employées en Matelote ; les grosses se préparent comme l'Alose.

POUTINE

Se traite comme les Nonats.

RAIE

Se cuit à l'eau salée et acidulée. La peau est enlevée après cuisson.

Beurre noir ou au Beurre noisette. — Séchée sur plat de service ; saupoudrée de persil concassé et arrosée de Beurre noir ou de Beurre noisette. Filet de vinaigre chauffé avec Beurre noir et jus de citron avec Beurre noisette.

Coquilles de Foie. — Le foie poché au moment, escalopé, dressé en coquilles bordées de pommes Duchesse. Couvrir de beurre Polonaise, jus de citron, persil haché.

Croûtes au Foie. — V. *Hors-d'œuvre chauds.*

Friot. — Morceaux d'aile marinés 3 heures à l'avance. Trempés en pâte à frire et frits. Sur serviette avec persil frit et rondelles d'oignon de la marinade, farinée et frites.

Gratin. — Procéder comme pour *Merlan.*

ROUGETS

Bordelaise. — Ciselés et cuits au beurre clarifié. Sauce Bordelaise Bonnefoy.

Caisses (en). — Grillés, mis en caisses longues en papier huilé avec sauce Italienne, champignons émincés et sautés, tomates concassées cuites au beurre. Napper sauce Italienne, chapelurer, arroser de beurre fondu. Gratiner.

Fenouil (au). — Ciselés, assaisonnés, marinés 3 heures avec huile, jus de citron et fenouil haché. Envelopper les rougets en feuilles de papier huilé, avec une cuillerée de lard gras haché additionné de la marinade et persil haché. Griller et servir tel quel.

Francillon. — Ciselés, marinés, grillés et posés sur toasts longs, frits et tartinés de Beurre d'anchois. Dresser et garnir de persil frit sur les bouts du plat et pommes Pailles sur les côtés. Sauce Tomate au Beurre d'anchois.

Gratin. — Procéder comme pour *Merlans au gratin.*

Livournaise. — Rangés sur plat beurré; couverts de tomates et oignon hachés cuits au beurre avec pointe d'ail. Chapelurer, arroser d'huile et gratiner. En servant, jus de citron et persil haché.

Maréchale (Filets de). — Filets assaisonnés, trempés dans beurre fondu, panés à la truffe hachée et cuits au beurre clarifié.

Marseillaise. — Cuits en plaque avec oignon haché cuit à l'huile, quartiers de tomates, pointe d'ail, safran, sel et poivre, fumet de poisson. Dressés sur croûtes à Bouillabaise et nappés avec le fonds réduit.

Mousse. — Procédé ordinaire, avec purée de chair de Rouget cuit.

Mousselines. — En farce Mousseline de Rouget. Traiter comme celles du Saumon.

Nantaise. — Réduction de vin blanc et échalote hachée, additionnée de sauce Demi-glace, glace de viande et foies des rougets écrasés. Verser sur plat bordé de lames de citron cannelées. Ranger sur la sauce les Rougets, ciselés et grillés.

Niçoise. — Ciselés, assaisonnés, huilés et grillés. Dresser; entourer garniture *Niçoise*.

Papillote (en). — Procéder comme pour *Filets de maquereau*.

Polonaise. — Assaisonnés, farinés, cuits au beurre. Dresser et napper avec réduction d'essence liée aux jaunes et crème. Saupoudrer de mie de pain frite au beurre.

Trouvillaise. — Ouvrir par le dos pour suppression de l'arête; garnir de farce fine et remettre en forme. Cuire en plaque avec beurre fondu et vin blanc. Dresser sur plat bordé de lames de citron. Beurre Colbert à part.

Villeroy (Filets de). — Filets marinés avec aromates, huile et jus de citron. Epongés et trempés en sauce Villeroy; refroidis, panés à l'anglaise et frits au moment. Sur serviette avec persil frit et citron.

SAINT-PIERRE OU DORÉE

Les formules du Turbotin et des Filets de Sole lui sont applicables.

SARDINES FRAICHES ET ROYANS

Antiboise. — Supprimer têtes et arêtes, fariner, paner à l'anglaise et frire à l'huile. Dresser sur fondue de tomates à la Provençale.

Basque. — Préparer comme Antiboise. Servir avec sauce Béarnaise aux câpres.

Bonne femme. — En plat à gratin : Oignon finement émincé, revenu à l'huile et cuit avec vin blanc réduit, tomates pelées et émincées; assaisonnement. Ranger les sardines dessus; saupoudrer de mie de pain et graine de fenouil pulvérisée. Arroser d'huile et gratiner.

Coulibiac. — Comme Coulibiac de Saumon, en remplaçant le Vesiga par de la Poutargue et le Kache de Semoule par du riz cuit.

Courtisane. — Arêtes supprimées. Les filets masqués de farce à la Duxelles. Reformer les sardines, pocher au vin blanc; dresser sur croûtons longs frits; napper de Velouté additionné de purée d'épinards et beurré. Glacer. Entourer de croquettes de pomme de terre rondes, grosseur d'une bille.

Hàvraise. — Filets farcis, reformés et pochés au vin blanc. Dresser; napper sauce vin blanc, entourer d'un cordon de glace de viande et de moules frites.

Hyéroise. — Filets farcis comme ci-dessus, pochés en cuisson faite avec blanc de poireau passé au beurre et cuit avec vin blanc et cuisson de champignons. Dresser sur croûtons frits; napper avec la cuisson liée aux jaunes d'œufs, montée au beurre et finie avec cayenne et persil haché.

Ménagère. — Filets farcis comme pour « Hàvraise », rangés sur plat à gratin beurré semé d'échalote hachée. Entourer de lames de champignons crus; arroser de vin blanc, beurre fondu et cuire au four. En servant: jus de citron; persil et cerfeuil hachés.

Niçoise. — Filets farcis de Duxelles, roulés en Paupiettes, enfermés dans des fleurs de courge et cuits en sautoir avec un peu de bouillon. Dresser; lier le fonds avec beurre manié, Beurre d'anchois et verser sur Paupiettes.

Pisane. — Filets farcis, roulés en Paupiettes, pochés vin blanc et cuisson de champignons. Dresser en bordure d'épinards revenus au beurre avec pointe d'ail et purée d'anchois. Entourer de quartiers d'œufs durs. Napper avec fonds de pochage additionné de fondue de tomates et sauce Béchamel. Saupoudrer chapelure et Parmesan râpé. Gratiner.

Saint-Honorat. — Préparées comme « Merlan Colbert » et frites. Dresser en couronne avec fondue de tomates au milieu et sauce Paloise autour.

Toulonnaise. — Retirer l'arête, farcir, reformer et pocher. Dresser en couronne avec moules pochées au milieu. Napper de Velouté de poisson.

Vivandière. — Paupiettes farcies comme celles à la « Niçoise », placées en rondelles de concombres creusées et blanchies, cuites en sautoir, au four, avec cuisson de champignons. Dresser; napper sauce Tomate et saupoudrer cerfeuil et estragon hachés.

SAUMON

Nota : — Les préparations de Darnes chaudes ou froides décrites ci-dessous, sont applicables aux Saumons entiers chauds ou froids. Pour observations detaillées sur le sujet, V. *Guide culinaire*.

Cadgery. — Dresser en timbale, par couches alternées. Saumon cuit, chaud, et effeuillé; œufs durs en dés; Riz Pilaw lié avec Sauce Béchamel au Currie. Couvrir de même sauce.

Coquilles. — Chair sans peau ni arêtes, en coquilles bordées de pomme Duchesse; couvrir de sauce Mornay ou vin blanc et glacer. Peuvent aussi se faire avec sauces Homard ou Cardinal et addition de champignons et truffe.

Côtelettes (A). — Salpicon de chair de Saumon; champignons cuits; queues de crevettes; truffes, lié à la sauce Béchamel réduite. Refroidir; mouler en côtelettes, paner à l'anglaise et frire au moment. Sauce à volonté.

Côtelettes (B). — Avec farce mousseline de saumon, procéder comme pour *Côtelettes de Brochet Soubise.*

Côtelettes d'Artois. — Escalopes de filet de Saumon parées forme côtelette, masquées d'un côté de farce de saumon. Décorer à la truffe; cuire au beurre clarifié et au four. Acc. : Sauce aux huîtres.

Côtelettes Clarence. — Moules à côtelettes foncés avec escalopes de saumon aplaties; remplis avec farce mousseline faite avec les parures de saumon et chair de homard. Avec même farce, mouler un tampon dans un cercle à flan et pocher. Pocher les côtelettes; dresser en couronne sur le tampon, avec petit champignon sur le milieu et crevette rose (queue décortiquée) piquée entre chaque côtelette. Sauce New-burg à part.

Côtelettes froides. — Toutes petites escalopes parées en côtelettes, pochées, refroidies sous presse, chaudfroitées, décorées à volonté et lustrées à la gelée. Dresser autour d'une Salade de légumes liée a la Mayonnaise, Sauce Mayonnaise à part.

Côtelettes à l'Italienne. — Préparer les escalopes comme pour d'*Artois*, mais sans décor. Enrober de purée de champignons liée et très réduite; paner à l'anglaise avec mie de pain mélangée de fromage râpé. Frire au moment. Acc. : Sauce Anchois.

Côtelettes Pojarski. — Chair de saumon crue hachée *grosso modo* avec un quart de son poids de beurre et un quart de mie de pain trempée au lait et pressée. Façonner en forme de côtelettes; cuire et colorer au beurre clarifié. Dresser en couronne. A volonté : Garnitures Huîtres, Concombres au beurre, champignons, petits pois, etc. Sauces vin blanc, New-burg etc.

Coulibiac (A). — Grande abaisse rectangulaire en pâte à brioche commune, sans sucre, garnie sur le centre et par couches successives, de : Kache de semoule (riz cuit, à défaut); petites escalopes de saumon raidies au beurre et refroidies: Vésiga cuit et haché; champignons et oignons cuits au beurre, froids, et mélangés d'œufs durs et persil hachés; terminer par une couche de Kache. Ramener la pâte des deux côtés et des extrémités sur le centre (comme pour un pantin); mouiller et souder les bords de la pâte; retourner le Coulibiac sur une plaque et laisser fermenter la pâte pendant 25 minutes. Ensuite, enduire le Coulibiac de beurre fondu, saupoudrer de chapelure fine et cuire au four.

Après cuisson, introduire du beurre fondu dans l'intérieur.

Observation : 1° Le temps de cuisson est de 45 minutes pour Coulibiac d'environ 5 livres. 2° le Vésiga, ou moelle épinière de l'esturgeon, doit être trempé à l'eau froide pendant 5 heures et cuit au consommé pendant 2 heures.

Coulibiac (B). — Procéder comme pour Coulibiac **A**, en remplaçant la pâte à brioche par des rognures de feuilletage; le fermer en forme de chausson; dorer et rayer. Ménager une ouverture sur le centre pour l'échappement de la vapeur.

Darne en Belle vue. — (Froide). Cuite au court-bouillon, refroidie, dépouillée et décorée avec truffe, blanc d'œuf dur, pluches vertes, etc. Lustrer fortement à la gelée blanche de poisson. Placer la darne dans un ustensile ovale, en cristal; remplir de gelée limpide.

Darne au Beurre de Montpellier (Froide.) Dépouillée; masquée de Beurre de Montpellier, décorée avec croissants de truffe en imitant des écailles et lustrée à la gelée blanche. Entourée de demi-œufs durs et gelée hachée.

Plat croûtonné avec gelée et Beurre de Montpellier.

Darne au Chambertin. (Froide.) — Pochée en court-bouillon composé de moitié fumet de poisson, moitié vin de Chambertin. Gelée préparée avec ce court-bouillon. La Darne préparée comme celle en *Belle-vue.*

Darne à la Chambord. — Braisée sur fonds d'aromates avec deux tiers vin rouge et un tiers fonds de poisson. Glacer. Garniture Chambord. Sauce Génevoise faite avec fonds de Braisage.

Darne à la Danoise. — Pochée à l'eau de sel. Pommes à l'anglaise et sauce Bâtarde au Beurre d'anchois.

Darne à la Daumont. — Pochée en court-bouillon vin blanc. Entourer de la garniture Daumont. Sauce Nantua.

Darne à la Dieppoise. — Court-bouillon au vin blanc. Garniture Dieppoise et sauce indiquée. Pommes à l'anglaise.

Darne à l'Ecossaise. — Pochée comme *Daumont*. Sauce Ecossaise.

Darne Lucullus. — Dépouillée à cru; piquée de truffe et braisée au Champagne avec aromates. Dresser et entourer de : Petites bouchées avec queues d'ecrevisses; cassolettes de laitances; petites mousselines d'huitres, moulées. Sauce à part : Fonds de braisage passé, réduit, monté avec moitié beurre ordinaire et moitié beurre d'écrevisse.

Darne Nesselrode. — Supprimer l'arète centrale; farcir avec mélange de Mousse crue de homard et farce de brochet. Mettre en moule à pâté rond, foncé en pâte à l'eau et garni de bandes de lard. Fermer la pâte avec abaisse de pâte et cuire à four chaud. Servir tel quel. *A part* : Sauce Américaine garnie d'huitres pochées et ébarbées.

Darne Norvégienne (Froide.) — Préparée comme celle en *Belle-vue;* dressée sur tampon avec ligne de crevettes roses (queues décortiquées) piquées sur le milieu. Entourer de : petites timbales de concombres blanchies, marinées, garnies de purée de saumon fumé; demi-œufs durs glacés à la gelée; petites tomates pelées; barquettes de betterave cuite, marinées et garnies de queues de crevettes liées à la Mayonnaise. Sauce russe à part.

Darne à la Parisienne (Froide). — Dépouiller le milieu de la Darne (ou d'un Saumon entier) de façon à former un rectangle. Masquer la partie dépouillée de Mayonnaise liée et dresser la pièce sur tampon. Décorer avec Beurre de Montpellier et détails de corail, œufs durs, pluches, etc. Entourer de fonds d'artichauts garnis de macédoine de légumes liée à la Mayonnaise. Sauce Mayonnaise à part.

Darne à la Régence. — Braisée au vin blanc. Garniture et sauce Régence.

Darne Riga (Froide). — Préparer Darne ou Saumon comme pour *Parisienne.* Entourer de tronçons de concombres creusés, blanchis et marinés, garnis de salade de légumes liée à la Mayonnaise; tartelettes garnies de même, avec coffre d'écrevisse farci de Mousse d'écrevisse sur chacune; demi œufs durs remplis de caviar. Border de gelée.

Darne à la Royale. — Pochée en court-bouillon au vin blanc. Dressée et entourée de : Bouquets de queues d'écrevisses ; quenelles en farce de poisson ; champignons ; boules de pomme de terre cuites à l'anglaise. Sauce Normande à part.

Darne à la Royale (Froide). — Dépouillée ; masquée de Mousse froide de saumon et nappée de Mayonnaise liée à la gelée. Dresser sur couche de gelée prise sur plat de service ; décorer au Beurre de Montpellier et fleurs de lys en truffe.

Darne Valois. — Pochée en court-bouillon au vin blanc. Entourée de : pommes de terre tournées en œuf et cuites à l'anglaise ; escalopes de laitances pochées ; écrevisses troussées. Sauce Valois à part.

Escalopes. — Pour les grands services. Se taillent en ovales et se servent avec garnitures et sauces de *Filets de sole.*

Mayonnaise. — En saladier. Saumon froid effeuillé sur laitue ciselée et assaisonnée. Masquer de Mayonnaise et décorer avec : Filets d'anchois, câpres, œufs durs, olives, cœurs de laitue, rondelles de radis roses, etc.

Médaillons (Froid). — Préparation des Côtelettes froides de Saumon, sauf la forme. Salade d'accompagnement, sauce Chauf-froid et décor peuvent être variés à volonté.

Meunière. — En tranches minces, traitées comme tout poisson *à la Meunière.*

Mousse chaude. — En farce Mousseline de Saumon, procédé ordinaire.

Mousse froide. — (V. Préparations diverses. Chap. des *Garnitures.*)

Mousselines Alexandra. — Moulées à la cuiller ; décorées d'une mince escalope de saumon cru et pochées. Dressées en couronne avec lame de truffe sur chacune ; nappées sauce Mornay et glacées. Pointes d'asperges au milieu.

Mousselines Tosca. — En farce mousseline de saumon additionnée de crème d'écrevisse ; moulées et pochées. Dressees ; garnies chacune d'une escalope de laitance cuite au beurre noisette, queues d'écrevisses et lame de truffe. Nappées de sauce Mornay au Beurre d'écrevisse et glacées.

Mousselines froides. — (V. Prép. diverses, Ch. des *Garnitures.*)

Salade. — Mêmes éléments que pour la Mayonnaise avec assaisonnement ordinaire au lieu de mayonnaise.

Sauces diverses. — Conviennent au Saumon, les Sauces : Anchois, Câpres, Crevettes, Génevoise, Hollandaise, Homard, aux Huîtres, Mousseline, Nantua, Noisette, Vénitienne.

SOLES ENTIÈRES

Nota : Le pochage des Soles et Filets de sole se fait avec des éléments qui varient selon leur préparation et qu'il m'est impossible d'exposer dans chaque recette dont je donne seulement la forme générale. Pour détails complets, V. *Guide culinaire*.

Alice. — Pochée en plat de terre, beurré, avec fumet de poisson. Envoyer tel quel, avec une assiette où sont disposés séparément : Oignon haché, thym pulvérisé, chapelure de biscotte et huîtres crues. Se finit sur table.

Américaine. — Griller ; dresser et entourer d'huîtres pochées dans quelques cuillerées d'*Escoffier-Sauce Derby*. Saupoudrer la sole de mie de pain frite, brûlante, mélangée de persil haché.

Amiral. — Pocher ; dresser ; entourer la sole de queues d'écrevisses et champignons. Napper de sauce Vin blanc au Beurre d'écrevisse. Lames de truffe sur la sauce ; bouquet de moules et huîtres à la Villeroy à chaque bout du plat.

Arlésienne. — Pocher. Cuire au beurre oignon haché et tomates pelées, concassées, avec pointe d'ail et persil concassé. Ajouter des morceaux de courgettes tournés en olives et cuits au beurre, plus la cuisson de sole. Dresser ; couvrir avec cette garniture ; disposer à chaque extrémité un bouquet de rouelles d'oignon, frites à l'huile.

Bedfort. — Griller ; dresser sur Beurre Maître-d'Hôtel additionné de glace de poisson. Entourer de croûtons ronds, frits et évidés garnis, les uns d'un émincé de champignons et truffes ; les autres d'épinards, nappés sauce Mornay et glacés.

Bonne-Femme. — Sur le fond d'un plat beurré, semer champignons crus émincés, échalote et persil hachés. La sole dessus. Ajouter vin blanc et Velouté maigre clair. Pocher. Monter ensuite la sauce au beurre ; napper la sole et glacer.

Chambertin. — Pocher au vin de Chambertin. Dresser ; réduire de moitié ; ajouter poivre du moulin et jus de citron ; lier au beurre manié et monter au beurre. Napper la sole et glacer. A chaque bout, bouquet de julienne de filets de sole sautée au beurre clarifié.

Champagne. — Pocher au vin de Champagne. Dresser ; réduire de moitié, lier au Velouté de poisson et glacer. Bouquets de julienne de filets de sole, comme pour « Sole au Chambertin. »

Cléopâtre. — Désosser la sole ; la fourrer de farce de Merlan à la crème, truffée. Reformer et pocher. Napper de sauce Vin blanc additionnée de la cuisson de pochage, réduite, et fine julienne de truffe. Glacer.

Colbert. — Détacher les filets d'après l'arête (côté du dos) et la rompre à 2 ou 3 endroits. Tremper la sole dans le lait, fariner, paner à l'anglaise et frire. Dresser ; retirer l'arête et emplir la cavité de Beurre Maître d'Hôtel.

Coquelin. — Pocher avec vin blanc et fumet de poisson. Dresser ; entourer de rondelles de pommes de terre cuites ; napper avec la cuisson montée au beurre. Glacer.

Cubat. — Pocher. Dresser la sole sur purée de champignons étalée sur le plat ; lames de truffe sur la sole. Saucer Mornay et glacer.

Daumont. — Désosser ; garnir l'intérieur de la sole de farce de Merlan au Beurre d'écrevisse. Reformer, pocher et dresser. Entourer avec garniture Daumont ; napper sauce Nantua.

Deauvillaise. — Pocher avec oignon émincé cuit au beurre, à blanc, et crème. Dresser. Passer la cuisson à l'étamine ; la monter au beurre ; napper la sole et l'entourer de losanges en feuilletage, cuits à blanc.

Dieppoise. — Pocher. Dresser ; entourer avec garniture Dieppoise et napper de sauce Vin blanc.

Diplomate. — Pocher. Dresser et napper de sauce Diplomate. Lames de truffe lustrées à la glace de viande sur la Sauce.

Dorée. — Fariner la sole ; la cuire au beurre clarifié ; dresser avec tranches de citron pelées.

Dugléré. — Procéder comme pour Turbotin, sans détailler la sole. (V. *Turbotin*.)

Espagnole. — Cuite à la Meunière ; dressée sur tomates concassées sautées à l'huile. Entourer avec anneaux d'oignon frits ; julienne de poivrons, frite ; à chaque bout.

Florentine. — Pocher ; dresser sur couche d'épinards étuvés au beurre étalée sur le plat ; couvrir de sauce Mornay et saupoudrer de fromage râpé. Glacer.

Gratin. — Procéder comme pour *Merlan*.

Grillée. — Ciseler les filets, fariner, huiler et griller. Sur plat avec quartiers de citron, et persil. *A part :* Beurre ou Sauce à volonté.

Hollandaise. — Pocher à l'eau salée. Dresser sur serviette et entourer de persil. Beurre fondu et pommes à l'anglaise à part.

Hôtelière. — Cuire à la Meunière. Finir comme *Truite de rivière* de ce nom.

Jouffroy. — Pocher ; dresser et entourer de champignons cuits, émincés. Napper sauce Vin blanc et glacer. Entourer de bouchées mignonnes garnies de pointes d'asperges avec lame de truffe sur chacune.

Lutèce. — Cuire à la Meunière. Dresser sur épinards en feuilles sautés au beurre noisette. Sur la sole, fines rondelles d'oignon et fonds d'artichauts émincés sautés au beurre. Entourer de rondelles de pommes de terre et couvrir de beurre noisette.

Marchand de vins. — Procéder comme pour *Filets de sole* de ce nom, avec vin rouge.

Marinière. — Pocher et dresser. Huîtres pochées sur la sole ; autour, moules et queues de crevettes. Napper de sauce Marinière.

Ménagère. — Pocher au vin rouge ; dresser et napper avec la cuisson réduite, légèrement liée au beurre manié et montée au beurre.

Meunière. — Procédé habituel.

Meunière aux Aubergines. — Sole Meunière entourée de rondelles d'aubergines frites au beurre clarifié, et au moment.

Meunière de diverses façons. — Cette sole peut s'accompagner aussi : de *Cèpes* ou de *Champignons* escalopés et sautés au beurre ; de *Concombres* en olives, cuits au beurre ; de *Morilles* ; de *Tomates* à la Provençale ; de rondelles d'*orange* ; de *grains de Muscat* pelés, etc.

Montgolfier. — Pocher ; dresser et napper de sauce Vin blanc additionnée d'une fine julienne de truffe, queue de langouste et champignons. Entourer de palmettes feuilletées, cuites à blanc.

Mornay. — Pocher ; dresser et napper Sauce Mornay ; saupoudrer de fromage râpé et glacer.

Mornay des Provençaux. — Pocher et dresser. Napper sauce Vin blanc ; saupoudrer abondamment de fromage râpé et glacer.

Murat. — Cuire à la Meunière. Dresser ; placer sur la sole, rondelles de tomates sautées à l'huile, filet de glace de viande, jus de citron et persil haché. Autour, pommes de terre et fonds d'artichauts en dés sautés au beurre. Arroser de beurre noisette.

Niçoise. — Assaisonner, huiler, griller et dresser. Garniture Niçoise autour de la sole.

Nantua. — Pocher ; dresser ; entourer de queues d'écrevisses et napper sauce Nantua. Lames de truffe sur la sauce.

Normande. — Pocher ; dresser ; entourer de la garniture Normande et napper sauce Normande. Sur la sauce, cordon de glace de viande, lames de truffe et croutons en losanges, frits. Autour de la sole, goujons panés frits, et écrevisses troussées.

Parisienne. — Pocher ; dresser et napper de sauce Vin blanc. Sur la sauce lames de truffe et rondelles de champignons cuits, alternées. Autour, écrevisses troussées.

Plat. — Sous chaque filet, détaché de l'arête, glisser une noisette de beurre. Mettre la sole sur plat beurré ; mouiller de cuisson de poisson avec filet de jus de citron et beurre. Cuire au four en arrosant, et jusqu'à réduction de la cuisson à l'état de sirop.

Nota : Comme variété, la cuisson de poisson peut être remplacée par du Chablis, Sauternes, Chambertin, etc.

Portugaise. — Pocher ; dresser et entourer de tomates fondues au beurre avec oignon haché, additionnées de champignons cuits, émincés, et persil concassé. Napper la sole de sauce Vin blanc, sans en mettre sur la garniture. Glacer.

Provençale. — Pocher ; dresser et entourer la sole de demi petites tomates cuites à la Provençale. Napper avec sauce Provençale ; saupoudrer de persil concassé.

Régence. — Pocher et dresser. Garniture Régence A et sauce Régence.

Richelieu. — Préparer comme *Colbert*. Beurre Maître-d'Hôtel dans la cavité et lames de truffe sur le beurre.

Rochelaise. — Pocher avec vin rouge et oignon haché cuit au beurre. Dresser ; entourer de laitances pochées ; huîtres et moules pochées et ébarbées. Napper avec la cuisson réduite, liée avec sauce Demi-glace et beurrée.

Rouennaise. — Pocher avec vin rouge, échalote et beurre. Dresser ; entourer la sole avec huîtres et moules pochées ;

queues de crevettes et champignons. Napper avec cuisson
réduite, liée à la sauce Demi-glace et montée au beurre. Border avec éperlans sautés à la Meunière.

Royale. — Pocher. Dresser la sole, disposer dessus,
champignons, petites quenelles, queues d'écrevisses et lames
de truffe. Entourer de boules de pommes de terre cuites à
l'anglaise. Napper de sauce Normande.

Russe. — Minces rondelles de carotte cannelées et fines
rouelles d'oignon, cuites avec eau, sel et poivre, beurre et
feuilles de persil. Verser sur la sole, mise en plat creux et
cuire en réduisant la cuisson de moitié. Finir avec jus de
citron et beurre. Servir dans le plat.

Saint-Germain. — Assaisonner ; paner beurre fondu et
mie de pain et griller. Dresser ; entourer de pommes de terre,
forme et grosseur d'une olive, cuites au beurre. Cordon de
sauce Béarnaise sur la sole et même sauce à part.

Vin blanc. — Pocher. Dresser ; napper de sauce Vin
blanc et glacer ou non.

Vin rouge. — Comme *Sole sur le Plat,* avec filet de glace
de viande ajouté au vin.

Grands Vins. — Procéder comme pour Sole au Chambertin avec Volnay, Pommard, Musigny, etc., en vins rouges ;
Meursault, Chablis-Moutonne, Haut-Barsac, etc., en vins
blancs.

FILETS DE SOLE

NOTA : Pour les Pâtés chauds, Timbales chaudes et froides, Vol-au-
vent de Filets de Sole, consulter l'ordre alphabétique des Dénomina-
tions.

Américaine. — Plier les filets, pocher et dresser en couronne. Au centre, escalopes de queue de homard ; napper de
sauce de Homard à l'américaine.

Anglaise. — Paner à l'anglaise avec mie de pain fraîche.
Griller et dresser sur Beurre Maître-d'Hôtel.

Andalouse. — Filets masqués avec farce de poisson additionnée de piment braisé, haché ; rouler en Paupiettes ;
pocher au beurre. Dresser en couronne, des petites demi-
tomates étuvées, garnies de Rizotto aux poivrons, chacune sur
une rondelle d'aubergine sautée à l'huile. Placer les paupiettes sur les tomates et arroser de beurre noisette.

Armoricaine. — Pochés en longueur. Dresser avec laitance de hareng et huîtres pochées; escalopes de queue de homard. Napper de sauce Américaine montée à la crème.

Aspic (Froid). — Filets pochés, refroidis, parés, montés avec gelée limpide en moule décoré.

Batelière. — Plier; pocher et dresser sur barquettes garnies de petites moules et queues de crevettes liées sauce Vin blanc. Napper sauce Fines herbes. Goujon pané à l'anglaise et frit posé debout à une extrémité de chaque barquette.

Belle-Meunière. — Cuits à la Meunière; dressés sur champignons émincés, sautés au beurre et entourés de petites demi-tomates à la Provençale. Arroser de beurre noisette; persil haché sur les tomates.

Bénédictine. — Plier; pocher et dresser en turban dans une croûte de timbale basse; brandade de morue, truffée, au centre. Napper les filets de sauce Crème. Même sauce à part.

Bercy. — Filets en longueur sur plat beurré saupoudré d'échalote hachée. Pocher. Réduire la cuisson, d'un tiers; ajouter filet de glace de viande et beurre. Napper les filets et glacer. (La *Sole Bercy* se prépare de même.)

Boitelle. — Plier et pocher en sauteuse avec champignons crus, émincés; fumet de poisson. jus de citron et beurre. Dresser en timbale, avec les champignons au milieu; napper avec la cuisson montée au beurre.

Bordure à l'Italienne (Froid). — Julienne de filets pochés et refroidis, truffe et poivron rouge, mise en moule à bordure. Remplir de gelée petit à petit. Démouler sur tampon bas en semoule. Salade Italienne au milieu. Sauce Mayonnaise à part.

Bourguignonne. — Filets en longueur, sur plat garni de fines rouelles d'oignon cuites au beurre. Entourer de champignons crus émincés sautés au beurre. Pocher avec vin rouge. Napper avec la cuisson réduite, liée au beurre manié et beurrée. Glacer.

Calypso (Froid). — Rouler les filets en Paupiettes autour de petits cylindres en bois. Pocher et retirer les cylindres. Chaque paupiette posée debout sur une petite tomate coupée au tiers de sa hauteur, pelée et vidée; remplie de Mousse d'ecrevisse additionnée de queues d'écrevisses en dés. Rond de laitance et une queue d'écrevisse sur la Mousse. Dresser en couronne; gelée hachée au milieu; plat croûtonné à la gelée.

Cancalaise. — Pocher avec beurre et eau d'huîtres. Dresser en turban avec queues de crevettes et huîtres pochées ébarbées au milieu. Napper de sauce Normande additionnée de la cuisson réduite.

Caprice. — Paner au beurre fondu et mie de pain. Griller. Dresser sur demi-bananes écorcées et cuites au beurre. *A part* : Sauce Roberts Escoffier montée au beurre.

Cardinal A). — Filets masqués de farce de merlan au Beurre de homard. Plier et pocher. Dresser en turban avec mince escalope de queue de homard entre chaque filet. Napper sauce Cardinal. Corail haché semé sur la sauce.

Cardinal B (Timbale de). — En croûte de timbale basse décorée. Paupiettes farcies (farce indiquée ci-dessus), pochées et disposées en couronne dans la croûte; escalopes de queue de homard et champignons au centre. Couvrir de sauce Cardinal. Couronne de lames de truffe sur la sauce. Sur serviette.

Carême (Timbale de). — Moule à manqué, beurré, foncé avec filets de sole aplatis. Masquer d'une couche de farce: pocher celle-ci à l'entrée du four; remplir aux 3 quarts avec garniture de : queues de crevettes, moules et huîtres pochées, champignons, lames de truffe, liée à la Béchamel réduite. Recouvrir de farce; pocher au bain-marie. Démouler; entourer de paupiettes de saumon fourrées de queues d'écrevisses et de coques d'écrevisses farcies. Sauce Nantua à part.

Carmelite (Timbale de). — En croûte de timbale basse : Escalopes de queue d'un homard préparé à la New-burg A; paupiettes de filets de sole comme pour *Timbale Cardinal;* lames de truffe; rassemblées dans la sauce du homard. Sur la sauce : décor fait d'un gros champignon cannelé posé au milieu et couronne de lames de truffe. Sur serviette.

Charlotte (Froid). — Plier; pocher; refroidir sous presse et napper de sauce Chaud froid rose. Décorer corail et pluches de cerfeuil, lustrer à la gelée. Dresser, la pointe en haut, autour d'une Mousse de laitance au raifort, moulée en moule à dôme chemisé de gelée et saupoudré de corail de homard haché. Entourer de gelée hachée.

Chauchat. — Plier et pocher. Dresser en turban; entourer de rondelles de pommes de terre fraîchement cuites; napper de sauce Mornay et glacer.

Chevalière. — Plier; introduire par le bout pointu, chaque filet dans une coque de grosse écrevisse farcie. Pocher. Dresser autour d'une julienne de queue de langouste, champignons, truffe, liée avec sauce Homard et disposée en pyramide sur le milieu du plat. Cordon de sauce Vin blanc. Border avec palmettes en feuilletage, cuites à blanc.

Chivry. — Plier ; pocher ; dresser en turban en alternant les filets de croûtons en cœurs, frits. Napper sauce Chivry.

Clarence. — Rosace en forme de 8, en pomme Duchesse, formée à la grosse douille cannelée sur plat beurré. Dorer et faire colorer au four. Plier et pocher les filets. En mettre un, avec lame de truffe, dans chaque compartiment de la rosace. Napper (les filets seulement) de sauce Mornay et glacer.

NOTA : Parfois, la sauce Mornay est remplacée par une sauce Américaine au Currie, additionnée de dés de chair de homard.

Condé. — Pocher en longueur ; dresser et napper de sauce Vin blanc. Sur la sauce, cordon de purée de tomate en croix, et un autre autour. Glacer.

Courgettes. — En plat ovale creux, beurré, placer les filets en longueur. Couvrir avec tranches épaisses de petites courgettes, cuites à moitié avec beurre, sel, poivre, jus de citron, quartiers de tomates et basilic vert. Saupoudrer de chapelure ; cuire et gratiner à four vif. Servir tel quel.

Crevettes. — Plier ; pocher ; dresser en turban et garnir le centre de queues de crevettes. Napper de sauce Crevette.

Cubat. — Pocher en longueur ; dresser sur plat garni de purée de champignons. Lames de truffe sur les filets ; napper sauce Mornay et glacer.

Daumont. — Filets masqués de farce poisson à la crème d'écrevisse. Rouler en paupiettes ; pocher. Placer sur champignons cuits au beurre et garnis de salpicon de queues d'écrevisses à la Nantua. Les paupiettes nappées sauce Normande. Dresser en couronne, avec coques d'écrevisses farcies ; escalopes de laitance panées et sautées au beurre.

Deauvillaise. (V. *Sole* de ce nom.)

Déjazet. — Préparer comme *Filets à l'anglaise*. Dresser sur beurre d'estragon ; feuilles d'estragon blanchies sur les filets.

Dieppoise A). — Pocher en longueur. Ensuite, comme *Sole Dieppoise*.

Dieppoise B (Pâté chaud de). — Moule à pâté ovale foncé pâte fine. Garnir par couches alternées de : farce de merlan crème ; paupiettes farcies ; huîtres crues et queues de crevettes ; finir par couche de farce. Arroser de beurre fondu ; couvrir et cuire comme Pâté ordinaire. Sur serviette. Sauce Dieppoise à part.

Diplomate. — Plier ; pocher ; dresser en turban et napper sauce Diplomate. Lames de truffe sur filets.

Doria. — Préparer à la Meunière. A chaque bout, concombres en olives, cuits au beurre.

Dubois. — Tailler comme Filets en goujons ; paner à l'anglaise ; cuire au beurre clarifié et à la poêle. Egoutter beurre de cuisson et rouler dans sauce Château. En timbale, avec fines herbes et jus de citron.

Duse. — Farcir ; plier et pocher. Ranger au fond d'un moule à savarin, beurré ; finir de remplir avec Riz pilaff au fumet de poisson. Démouler ; napper sauce Mornay et glacer. Au milieu, queues de crevettes liées sauce Vin blanc. Saupoudrer de truffe hachée.

Epigramme. — Farcir ; plier et pocher ; refroidir sous presse. Paner à l'anglaise et griller (ou colorer au beurre clarifié.) Dresser en turban. Garniture à volonté.

Escoffier (Timbale de) (Froid). — Paupiettes farcies, moitié à la farce au Beurre rouge, moitié avec farce truffée. Pocher, refroidir et partager chaque paupiette en 4 rondelles d'épaisseur égale. Avec ces rondelles, foncer un moule à dôme chemisé de gelée et en alternant les couleurs. Finir de remplir avec Mousse froide d'écrevisse. Démouler sur coupe en glace ou sur serviette.

Floréal. — Farcir ; rouler en paupiettes et pocher. Dresser en petites cocottes garnies de pointes d'asperges. Napper sauce Vin blanc au beurre printanier. Décorer d'une fine rondelle de carotte cannelée et pluche de cerfeuil sur chaque Paupiette.

Florentine. — Pocher en longueur. Traiter comme *Sole* de ce nom.

Froids sur Mousse. — Pocher ; refroidir sous presse ; décorer et lustrer à la gelée. Dresser sur Mousse quelconque, prise en plat, comme pour *Truite saumonée ;* recouvrir de gelée.

Goujons (en). — Tailler les filets en biais, en détails de un centimètre de largeur. Assaisonner ; passer au lait et à la farine ; plonger à grande friture. Dresser sur serviette avec persil frit et quartiers de citrons.

Grand-Duc. — Plier; pocher; dresser; la pointe vers le centre du plat. Queues d'écrevisses entre les filets et lame de truffe sur chacun. Napper sauce Mornay et glacer. Bouque de pointes d'asperges au milieu, après glaçage.

Gratin. — En longueur et traités comme la *Sole* au gratin.

Grimaldi (Timbale). — En timbale à bords hauts, décorée, et par couches successives : Macaroni lié crème et beurre additionné de lames de truffe; demi-queues de langoustines, cuites comme pour Bisque, saucées d'un coulis à la crème tiré des carapaces et de la cuisson ; paupiettes de soles garnies de farce truffée et pochées. Couche de coulis pour terminer.

Héléna. — Pocher en longueur ou en Paupiettes ; dresser sur nouilles fraîches à la crème étalées sur le plat. Napper sauce Mornay et glacer.

Héloïse. — En longueur sur champignons crus, hachés, étalés sur le plat. Traiter comme filets *Bercy.*

Huitres — Plier; pocher avec beurre et eau d'huitrest Dresser en turban; huitres pochées au centre. Napper sauce Normande.

Indienne. — Plier; pocher et dresser en turban. Napper sauce Currie. Riz à l'Indienne à part.

Ivanhoé. — Paupiettes garnies de farce mousseline de Haddock. Placer en petites caisses en porcelaine, sur fonds d'artichauts émincés sautés au beurre ; champignon de prairie, grillé, sur chaque paupiette. Ajouter beurre, goutte de whisky et de jus de citron; pocher au bain-marie et au four. Caisses dressées sur serviette.

Ismaïla. — Plier; pocher au beurre; dresser sur bordure de Riz pilaw additionné de petits pois à l'anglaise, poivrons en dés, et préparée à l'avance. Napper les filets avec fumet de poisson réduit et monté au beurre.

Jean-Bart. — Filets pliés en arc et mi-pochés, dressés sur un dôme de salpicon de queues de crevettes, moules et champignons, lié à la Béchamel réduite et disposé au milieu du plat. Compléter le pochage. Napper sauce Normande; saupoudrer de truffe hachée et entourer de moules en coquilles saucées Mornay et glacées.

Joinville A). — Plier; pocher; dresser en turban, la pointe en haut, avec patte d'écrevisse piquée sur chaque filet. Garniture Joinville au centre ; napper sauce Joinville. Lame de truffe sur chaque filet.

Joinville B). — Plier; pocher. Dresser, pointe en haut avec patte d'écrevisse comme ci-dessus, le long d'un dôme de Salpicon Joinville lié et nappé sauce Joinville. Plat bordé de lames de citron cannelées.

Julienne. — Tailler les filets en grosse julienne; les passer dans le lait, fariner; traiter à grande friture. Sur serviette avec persil frit et demi-citrons.

Lady Egmont. — Plier; pocher; dresser en plat creux en terre. Napper avec réduction de fumet de poisson et cuisson de champignons montée au beurre, additionnée de crème, champignons émincés cuits au beurre et pointes d'asperges. Glacer.

La Vallière. — Farcir, plier, contiser aux truffes et pocher. Dresser sur bordure en farce mousseline pochée. Napper sauce Normande; lame de truffe sur chaque filet. Au centre de la bordure : Garniture de laitances et huitres pochées, champignons, queues d'écrevisses, liée avec sauce Normande au Beurre d'écrevisse.

Manon. — En Paupiettes farcies. Pocher; dresser sur couronne de pomme Duchesse colorée au four. Napper les Paupiettes de sauce Fines Herbes. Au milieu : garniture de pointes d'asperges, julienne de champignons et truffe, liée au beurre.

Marcelle. — Plier; tartiner de farce à la crème; décorer d'une lame de truffe cannelée et pocher. Dresser sur croûtes de barquettes garnies de coulis de laitance truffé. Sur serviette.

Marguery. — Pocher en longueur; dresser; entourer de moules et queues de crevettes. Napper sauce Vin blanc et glacer.

Marinette. — Filets d'une sole pochée, levés lorsqu'elle n'est plus que tiède. En placer 2 côte à côte; les masquer d'une épaisse couche d'appareil, fait avec œuf battu, fromage râpé, sel et cayenne, Béchamel froide. Recouvrir avec les 2 autres filets; enrober de sauce Villeroy; refroidir, paner à l'anglaise et frire au moment. Sur serviette avec persil frit.

Marinière. -- Pocher en longueur. Traiter comme *Sole* Marinière.

Marquise A). — Plier; pocher; dresser en turban sur couronne de pomme Marquise séchée au four. Au milieu : quenelles en farce mousseline de saumon : queues de crevettes et truffes en olives. Napper sauce Crevette pâle.

Marquise B). (Timbale de). — En croûte de timbale faite en moule à côtes : Garniture de paupiettes de filets de sole; petites quenelles de saumon; queues de crevettes; lames de truffe; liée sauce Vin blanc au Paprika. Sur serviette.

Mexicaine. — Farcir; rouler en paupiettes et pocher. Placer sur champignons grillés garnis de fondue de tomate. Napper de sauce Béchamel additionnée de purée de tomate et poivrons en dés. Dresser en couronne.

Mignonnette. — Filets partagés en deux et en biais, cuits au beurre. Dresser en timbale avec perles de pommes de terre cuites au beurre; lames de truffe chauffée dans de la glace de viande légère. Napper avec glace de viande (qui a servi pour les truffes) montée au beurre.

Miramar. — En timbale foncée d'une épaisse couche de riz Pilaw : Filets de soles divisés chacun en 3 escalopes, assaisonnées et cuites au beurre; épaisses rondelles d'aubergines sautées au beurre. Arroser de beurre noisette.

Mogador. — Parer en rectangles; masquer de farce mousseline, lame de truffe cannelée sur l'un des bouts. Pocher à couvert. Dresser sur bordure basse en farce de merlan truffée, pochée. Au centre, garniture Nantua. Pas de sauce sur les filets. Entourer la bordure de coffres d'écrevisses emplis de Salpicon de Crevettes liés avec de la farce et passés au four quelques instants.

Montreuil. — Pocher en longueur et traiter comme *Sole* Montreuil.

Montrouge. — Plier; pocher; dresser en turban. Le milieu garni d'un émincé de champignons lié à la Béchamel. Napper les filets de sauce Béchamel additionnée de purée de champignons et montée au beurre.

Moules (aux). — Plier; pocher et dresser en turban. Garniture de moules pochées. Sauce Normande.

Mousseline. — En farce mousseline de sole. Traiter comme *Mousselines de Saumon.*

Moscovite *(Froid).* — Paupiettes en bague comme pour Filets Calypso. Dresser sur concombres creusés en petites caisses, blanchis et mari. és. Remplir les paupiettes de caviar;

dresser en couronne avec gelée hachée au milieu. Sauce Russe à part.

Murat. — Filets en julienne sautée au beurre. Pommes de terre et fonds d'artichauts sautés au beurre et mélangés avec la Julienne. Dresser en timbale. Ajouter tranches de tomates sautées à l'huile fumante, persil haché, jus de citron et Beurre noisette.

Nelson. — Plier; pocher; dresser en turban; napper sauce Vin blanc et glacer. Au milieu; pommes noisette cuites au beurre; autour, laitances pochées.

Nemours. — Farcir, plier et pocher. Dresser en turban avec Garniture de petites quenelles en farce mousseline, champignons et escalopes de laitance liée sauce Normande. Napper les filets de Sauce Crevette; lame de truffe sur chaque. Entourer de petites croquettes de crevettes panées à la truffe hachée.

New-Burg. — Plier; pocher et dresser en turban avec, sur chaque filet, une escalope de queue de homard à la New-Burg. Napper avec la sauce du homard, additionnée des débris de chair, coupés en dés.

Normande. — Pocher les filets en longueur et traiter comme *Sole Normande*.

Olga. — Pommes de terre Hollande cuites au four, ouvertes sur le dessus et vidées. Garnir le fond de queues de crevettes liées sauce Vin blanc. Un filet plié et poché dans chaque caisse. Napper de sauce Mornay; saupoudrer de fromage râpé et glacer. Sur serviette.

Orientale. — Préparés comme Filets New-Burg, en condimentant la sauce au currie. Riz à l'Indienne à part.

Orléans (d'). — Farcir; rouler en paupiettes et pocher. Dresser en caisses en porcelaine plissée, garnies au 2 tiers de salpicon de queues de crevettes, champignons et truffe lié à blanc. Napper sauce Crevette. Lame de truffe, et crevette rose (queue décortiquée) piquée sur chaque paupiette.

Orly. — Assaisonner; tremper en pâte à frire légère et frire au moment. Sur serviette avec persil frit. Sauce Tomate à part.

Ostendaise. — Farcir, plier et pocher. Dresser en turban avec huîtres pochées au centre. Napper de sauce Normande. Lame de truffe sur chaque filet. Autour petites croquettes de filets de sole, forme losange.

Otéro. — Mêmes que *Filets Olga*.

Paysanne. — Carotte et oignon nouveaux, céleri et blanc de poireau assaisonnés sel et sucre et étuvés au beurre. Mouiller d'un peu d'eau tiède, ajouter petits pois et haricots verts en losange. Cuire en réduisant le liquide. Verser sur les filets, rangés sur plat en terre, beurré. Pocher. Après pochage réduire la cuisson et lier au beurre manié.

Persane. — Comme Filets New-burg, avec sauce condimentée au Paprika et pimentos en dés. Riz pilaw safrané à part.

Polignac. — Plier; pocher; dresser en couronne. Napper avec la cuisson réduite, liée au Velouté de poisson, beurrée, additionnée de champignons finement émincés et julienne de truffe. Glacer.

Pompadour. — Paner les filets avec beurre fondu et mie de pain. Griller. Dresser en biais sur plat long; entre chaque filet, cordon de sauce Choron serrée; lames de truffe sur le milieu de chaque filet. Entourer de pommes de terre noisette.

Portugaise. — Pocher en longueur et traiter comme *Sole Portugaise*.

Présidente (Vol-au-vent de). — Garniture : Filets taillés en 2 losanges, sautés à la Meunière; quenelles moyennes en farce mousseline de merlan; queues d'écrevisses. Sauce Béchamel à la crème additionnée de un tiers de purée de truffes fraîchement cuites. En croûte de Vol-au-vent. Sur serviette.

Princesse. — Préparer une rosace comme pour *Filets Clarence*. Une cuillerée de pointes d'asperges liées au beurre, dans chaque division de la rosace; dessus, un filet plié et poché. Napper de sauce Béchamel au Beurre d'asperges; lame de truffe sur chaque filet.

Rachel. — Masquer de farce avec 4 lames de truffe sur chaque filet. Plier et pocher. Dresser en couronne; napper de sauce Vin blanc additionnée de pointes d'asperges et truffes en dés.

Régence. — Farcis, pliés, pochés et dressés en turban. Garniture et sauce Régence.

Rhodésia. — Farcir; rouler en paupiettes et pocher. Dresser en couronne sur escalopes de queue de homard à l'Américaine. Napper de sauce Américaine montée à la crème.

Riche. — Est le *Filet Victoria* sans être glacé.

Richepin — (Timbale de). — En croûte de timbale basse : Au fond : Raviolis aux épinards, pochés, égouttés, additionnés de fromage râpé, liés avec glace de viande et beurre. Sur ceux-ci, paupiettes garnies de farce de sole truffée, pochées avec fumet de poisson et vin blanc et rangées en couronne. Au centre ; queues d'écrevisses. Napper sauce Crème au Beurre d'écrevisse.

Rochelaise. — Pocher en longueur et traiter comme *Sole Rochelaise.*

Rosine. — Pocher en longueur; dresser et napper de sauce Vin blanc additionnée de un quart de purée de tomate réduite. Entourer de petites tomates (grosseur d'une noix), vidées, pochées au four, garnies chacune d'une quenelle en farce mousseline nappée sauce Vin blanc.

Rouennaise. — Pocher en longueur, et traiter comme *Sole Rouennaise.*

Saint-Germain. — Paner au beurre fondu et mie de pain. Griller. Dresser en biais sur plat long : cordon de sauce Béarnaise entre chaque filet et pommes de terre noisette autour.

Talleyrand. — Spaghetti à la crème et julienne de truffe, disposés en forme d'omelette sur le plat. Couvrir avec les filets, crus et aplatis. Lames de truffe sur ceux-ci. Napper de sauce Vin blanc, non liée. A four moyen, pour cuisson et glaçage simultané.

Tivoli. — Pocher en longueur; dresser, garnir de laitances hareng, pochées; huitres pochées; petits champignons. Napper de sauce Génevoise au vin de Chianti. Autour : Nouilles fraiches, sautées à cru au beurre clarifié.

Trouvillaise. — Pocher en longueur. Garniture Dieppoise. Napper de sauce Crevette.

Urville (d'). — Farcir, plier, contiser aux truffes et pocher. Dresser sur barquettes en pomme Duchesse colorées au four, vidées et garnies de salpicon de crevettes lié sauce Crevette. Sur serviette.

Valentino. — Plier, pocher; napper sauce Mornay et glacer. Dresser sur barquettes en pomme Duchesse panées à l'anglaise, frites, vidées et garnies de Rizotto aux truffes du Piémont.

Vénitienne. — Plier; pocher, dresser en alternant les

filets de minces croûtons en cœurs, frits au beurre. Napper de sauce Vénitienne.

Verdi. — Pocher en longueur. Dresser sur lit de macaroni tronçonné, lié au fromage et crème, additionné de chair de homard et truffe en dés. Napper de sauce Mornay et glacer.

Véron. — Paner au beurre fondu et mie de pain. Griller. Dresser sur sauce Véron.

Véronique. — Plier; pocher avec fumet préparé au moment. Dresser les filets en turban, et en plat spécial; napper avec le fumet très réduit et monté au beurre. Garnir le centre de grains de raisin Muscat, pelés et rafraîchis.

Victoria. — Plier; pocher et dresser en turban. Garnir le milieu de chair de langouste et truffe en dés. Napper de sauce Victoria et glacer.

Villaret A (Turban de). — Moule à Savarin, beurré, foncé avec filets aplatis et crus; en les disposant en biais et en les chevalant légèrement. Remplir avec farce mousseline de homard; ramener les extrémités des filets sur celle-ci. Pocher au bain et au four. Démouler. Garnir le centre avec queues de Crevettes, laitances pochées, champignons, truffes en lames réunis dans une sauce Béchamel au Beurre d'écrevisse.

Villaret B). — Comme ci-dessus, en fonçant le moule avec Filets de soles et filets de saumon de même forme alternés.

STOCKFISH

Mode des pêcheurs Niçois. — Oignons hachés, tomates concassés, ail broyé passés à l'huile. Ajouter les morceaux de Stockfish; basilic, bouquet garni, sel et poivre, eau bouillante (quantité pour couvrir), 2 heures de cuisson. Au bout d'une heure et demie, additionner d'une garniture de grosses de pommes de terre et olives noires.

TANCHE

Est un élément de Matelote. Se traite aussi à la *Bercy*, au *Bleu*, au *Gratin*, à la *Meunière*.

TERRAPÈNE

Baltimore. — Chair de Terrapène cuite et en morceaux. Sauter au beurre noisette; assaisonner sel et poivre; ajouter la cuisson, faire bouillir et lier à la fécule. Dresser en cassolettes d'argent ou de porcelaine.

Maryland. — A un litre de Terrapène cuite ajouter un demi-litre de crème ; cuire quelques minutes ; lier avec purée de 8 jaunes d'œufs durs et 125 grammes beurre. Finir avec Madère, sel, poivre et Cayenne.

Nota : Pour préparation complète de la Terrapène, V. *Guide culinaire.*

THON

Chartreuse. — Découper en rouelles et braiser comme Fricandeau. Dresser ; entourer de carottes et navets glacés, petits pois et haricots verts. Arroser avec le fonds de braisage, réduit et beurré.

Indienne. — Piquer avec filets d'anchois et mariner vin blanc, aromates et assaisonnement. Braiser avec Mirepoix, marinade et fumet de poisson. Condimenter de currie et safran. Dresser ; arroser avec le fonds passé, dégraissé, lié au Velouté maigre et citronné. Riz à l'Indienne à part.

Italienne. — Mariner avec jus de citron, huile et aromates. Faire revenir à l'huile ; ajouter oignon, échalotes et champignons crus hachés. Étuver 20 minutes. Mouiller vin blanc et fonds de poisson ; cuire une heure. Pour servir, lier le fonds au beurre manié.

Provençale. — Piquer de filets d'anchois et mariner comme pour Italienne. Colorer à l'huile ; ajouter oignon haché, tomates concassées, ail broyé, basilic et bouquet garni ; étuver 20 minutes. Mouiller vin blanc et bouillon ; cuire doucement. Dresser. Couvrir avec le fonds réduit, lié à l'Espagnole, additionné de câpres et persil concassé.

TORTUE

La chair est utilisée en potage. Les nageoires peuvent être braisées et servies avec *sauce Américaine,* ou une garniture comme *Financière* ou *Tortue.*

TRUITE SAUMONÉE

Belle-vue (Froide). — Pochée, froide ; décorée comme Darne de Saumon de ce nom. Mettre en moule (sur le dos) forme berceau, de dimensions proportionnées et chemisé à la gelée. Finir de remplir de gelée et laisser prendre.

Démouler sur tampon de semoule et entourer de gelée hachée. Sauce Verte ou sauce Mayonnaise à part.

Cambacérès. — Dépouiller d'un côté, piquer avec truffe et rouge de carotte. Dans toute la longueur, détacher les filets d'après l'arête ; supprimer celle-ci ; vider ; remplir de farce mousseline d'écrevisse *crue*. Reformer la truite, envelopper de bardes de lard et braiser au Sauternes. Glacer au dernier moment. Dresser. Entourer de morilles sautées au beurre et de laitances à la Meunière. *A part :* Sauce Béchamel fine au Beurre d'écrevisse additionnée du fonds de braisage réduit.

Chambertin (Froide). — Pocher avec moitié cuisson de poisson, moitié vin de Chambertin. Gelée faite avec ce court-bouillon. Procéder ensuite comme pour *Truite en Belle-vue*.

Coulibiacs. — Procéder comme pour Coulibiacs de Saumon A et B.

Froide sur Mousses. — Pocher au court-bouillon ; refroidir et égoutter. Retirer tête et queue. Enlever la peau ; détacher les filets d'après l'arête ; décorer avec pluches de cerfeuil, blanc d'œuf dur, corail de homard, etc. Dresser sur Mousse quelconque mise à prendre à l'avance en plat long spécial et en adossant l'un à l'autre les deux filets. Rapporter à leur place tête et queue ; recouvrir de fine gelée de poisson.

Mousses convenant aux *Filets de Truite :* Mousse de tomate (V. Tomate, Chap. des *Légumes*) ; d'écrevisse ; de Homard au Paprika ; de Crevettes ; de Piments doux ; aux Physalis ; aux Poivrons verts ; aux Herbes printanières ; au Volnay ; au Chambertin, etc.

Nota : Pour complément de détails, V. *Guide culinaire*.

Médaillons à la Moderne (Froid). — Escalopes de filet de truite ovales, pochées, refroidies. Masquer de Mousse froide d'écrevisse et border de points en Beurre Montpellier. Procéder ensuite comme pour Côtelettes froides de *Saumon*.

Mousselines. — En substituant Truite à Saumon pour farce et décor. V. *Saumon*.

Norvégienne (Froid). — Procéder comme pour Saumon de ce nom.

TRUITES DE RIVIÈRE

Bleu (au). — Vivantes. Les vider et plonger dans un court-bouillon au vinaigre bouillant. Sur serviette avec persil.

Acc. : Sauce Hollandaise ou Beurre fondu. **Pour froides :** Sauce Ravigote à l'huile.

Farcies. — Grosseur moyenne ; garnir de farce de poisson truffée. Emballer en feuilles de papier huilé ; griller ou cuire au four. Servir avec demi-citrons et sauce Marinière.

Gavarnie. — Petites. Envelopper de Beurre Maître d'Hôtel ; emballer en papier huilé et cuire au four. Servir tel quel. *A part :* Beurre noisette et pommes à l'anglaise

Hôtelière. — Paner à l'anglaise et frire. Dresser sur Beurre Maître d'Hôtel additionné de Duxelles sèche. Plat bordé de lames de citron.

Hussarde. — Garnir de farce additionnée d'oignon haché cuit au beurre. Braiser sur lit d'oignon émincés, passés au beurre, avec vin de Chablis et beurre. Dresser ; napper avec fonds passé au tamis, lié au Velouté et beurré. Glacer

Mantoue. — Retirer l'arête ; garnir de farce truffée ; pocher sur aromates, vin blanc et cuisson de champignons. Dresser ; napper de sauce Italienne maigre.

Meunière. — Procédé ordinaire.

Vauclusienne. — « Meunière » avec huile en place de beurre.

Vin rouge. — Pocher avec court-bouillon au vin rouge préparé à l'avance. Dresser. Passer et réduire le court-bouillon des 2 tiers ; lier au beurre manié, monter au beurre ; napper les truites et glacer.

TURBOT

Amiral. — Pocher à court-mouillement. Dresser ; napper fortement de Beurre rouge ; entourer de moules et huîtres à la Villeroy ; petites bouchées de queues d'écrevisses, champignons et lames de truffe. *A part :* Sauce Normande au Beurre d'écrevisse ; pommes de terre à l'anglaise

Cadgery. — Procéder comme pour *Saumon.*

Crème gratin. — Bordure en pomme Duchesse formée sur plat rond ou ovale, beurré. Masquer le fond de sauce Mornay ; garnir aux 2 tiers avec escalopes de turbot cuit, chauffées ; recouvrir de sauce Mornay, saupoudrer de fromage râpé. Glacer, et colorer la bordure en même temps.

Coquilles. — En coquilles bordées d'un cordon de pomme Duchesse ; garnir d'escalopes de turbot cuit, chauffées. Napper de sauce Mornay et glacer. Les préparations indiquées à *Coquilles de Saumon* leur sont applicables.

Daumont. — Pocher. Dresser, lustrer au beurre fondu et entourer d'une garniture Daumont. *A part :* Sauce Nantua et pommes de terre à l'anglaise.

Parisienne. — Pocher. Dresser avec, dessus, un homard cuit dont la queue est escalopée et dressée sur la carapace. Entourer de mousselines de merlan et laitances pochées. *A part :* Sauce Normande au Beurre d'écrevisse additionnée de champignons émincés et lames de truffe ; pommes de terre à l'anglaise.

Régence. — Braiser au court-bouillon, au Sauternes. Dresser ; lustrer au beurre fondu ; entourer d'une garniture Régence. *A part :* Sauce Normande à l'essence de truffe.

TURBOTIN

Andalouse. — Coucher en plat creux beurré ; mouiller vin blanc et fumet de poisson. Étaler dessus : oignon émincé revenu au beurre ; tomates concassées et champignons crus émincés, mélangés. Sur ceux-ci, lanières de piments doux, disposées en grille. Saupoudrer de chapelure ; ajouter beurre divisé en parcelles et cuire au four. Se sert tel quel.

Commodore. — Pocher à l'eau salée. Dresser. Entourer de : boules de pommes de terre cuites à l'anglaise ; quenelles en farce de poisson ; croquettes de homard ; huitres à la Villeroy ; écrevisses troussées. *A part :* Sauce Normande au Beurre d'anchois.

Dugléré. — Fendre dans la longueur et tronçonner. Pocher en plat beurré, avec oignon et échalote hachés ; tomates et persil concassés ; sel et poivre ; vin blanc et fumet. Dresser en reformant le poisson ; napper avec la cuisson, réduite, légèrement liée au Velouté et montée au beurre. Filet de jus de citron.

Fermière. — Pocher sur condiments et aromates, avec vin rouge et beurre. Dresser. Entourer de champignons crus émincés et sautés au beurre. Napper avec la cuisson réduite, légèrement liée et montée au beurre. Glacer.

Feuillantine. — Enlever l'arête. Remplir de farce mousseline de homard ; placer sur plat beurré en retournant la pièce. Pocher à court-mouillement. Dresser. Napper la surface avec Beurre rouge fondu. Ligne de lames de truffe sur le milieu ; huîtres pochées de chaque côté. *A part :* Sauce Béchamel fine, relevée au cayenne.

Formules diverses applicables au Turbotin. — A *l'Amiral* (V. Turbot) ; *Bonne-Femme* ; *Chambertin* ; *Chauchat* ; *Daumont* ; au *Gratin* ; aux *Huîtres* ; *Régence.* (V. Soles entières.)

Hollandaise. — Pocher à l'eau de sel. Dresser ; disposer dessus un homard fraîchement cuit, dont la queue sera escalopée et remise en place. *A part :* Sauce aux œufs au beurre fondu ; pommes de terre à l'anglaise.

Mirabeau. — Pocher. Dresser ; napper de sauce Vin blanc et sauce Génevoise, par bandes alternées et par le travers de la pièce. Lanières de filets d'anchois entre chaque bande de sauce. Lames de truffe sur les parties saucées à blanc ; feuilles d'estragon blanchies sur les parties saucées à brun.

Parisienne. — Pocher. Dresser ; entourer de rondelles de champignons et larges lames de truffe alternées. Napper sauce Vin blanc. Entourer d'écrevisses troussées.

Soufflé Reynière. — Farcir comme pour *Feuillantine.* Dresser, avec ligne de champignons cannelés, sur le milieu ; de chaque côté, laitances pochées, alternées de filets d'anchois entiers. *A part :* Sauce Vin blanc Soubisée.

VIVE

Préparations du *Merlan.*

WHITEBAIT ET BLANCHAILLE

Le Whitebait de la Tamise ressemble au Nonat et se traite de même par la friture fumante.

La Blanchaille est un composé d'alevins et se traite de même. En sortant ces poissons de la friture, les assaisonner de sel fin mélangé de cayenne. Dresser sur serviette avec persil frit.

VIANDES DE BOUCHERIE

ALOYAU

Partie du Bœuf qui comprend le contrefilet et le Filet réunis. Il est braisé ou rôti et accompagné d'une grosse garniture. On peut néanmoins le servir aussi avec toutes garnitures du Filet de bœuf.

AMOURETTES ET CERVELLES

Nota : Les amourettes accompagnent généralement la cervelle, mais elles peuvent être préparées séparément. Pour traitement initial, V. *Guide culinaire.*

Beurre noir. — Escaloper les cervelles ; tronçonner les amourettes. Assaisonner ; couvrir de Beurre noir additionné de feuilles de persil. Filet de vinaigre passé dans la poêle.

Beurre noisette — Comme ci-dessus. Arroser de Beurre noisette ; filet de jus de citron et persil haché.

Bourguignonne. — En Sauce vin rouge « Bourguignonne ». Escalopes de cervelle ; champignons ; petits oignons cuits au beurre. Dresser en timbale avec croûtons en cœurs, frits.

Coquilles au Gratin. — En coquilles bordées d'un cordon de pomme Duchesse : escalopes de cervelle ; champignons émincés et champignon entier au milieu. Couvrir de sauce Duxelles serrée ; chapelurer et gratiner à four vif. En servant, jus de citron et persil haché.

Coquilles Parisienne. — Border et garnir comme ci-dessus. Couvrir de sauce Parisienne beurrée. Glacer à four vif.

Cromesquis à la Française. — Salpicon composé de 2 tiers amourettes ou cervelles, un tiers champignons et truffe, lié à la sauce Parisienne réduite. Refroidir ; façonner en rectangles du poids de 75 grammes. Tremper en pâte à frire et frire au moment. Sur serviette avec persil frit. *A part :* Sauce Périgueux ou Fines herbes.

Cromesquis à la Polonaise. — Même préraration que ci-dessus, en remplaçant les champignons par des cèpes et la sauce Parisienne par de l'Espagnole réduite. Envelopper les rectangles avec de minces crêpes. *A part :* Sauce Fines herbes ou Duxelles.

Cromesquis à la Russe. — Envelopper de crépine et de crêpe. Même traitement et sauces que pour « Polonaise. »

Croquettes. — Même appareil que pour « Cromesqu.. la Française. » Paner à l'anglaise et frire. Sur serviette avec persil frit. *A part :* Sauce Périgueux ou Demi-glace beurrée.

Fritot. — Escaloper les cervelles; mariner avec jus de citron, huile, sel et poivre, persil haché. Tremper en pâte à frire légère et frire. Sur serviette avec persil frit. *A part :* Sauce Tomate.

Italienne. — Escaloper les cervelles, *crues;* assaisonner sel et poivre; sauter avec beurre et huile. Dresser sur sauce Italienne.

Marinade. — Même opération que pour « Fritot ». Paner à l'anglaise pour remplacer la pâte à frire.

Matelote. — Cuire les cervelles dans un court-bouillon au vin rouge. Escaloper, dresser en timbale avec champignons et petits oignons glacés. Finir comme « Bourguignonne ».

Mazagran. — Bordure ronde ou ovale en pomme Duchesse. Au milieu, garniture d'escalopes de cervelle, champignons et truffes, lié sauce Parisienne. Recouvrir d'une abaisse en pomme Duchesse; dorer et colorer à four vif : En sortant du four, entourer la base de sauce tomate et chipolatas grillées.

Mousseline. — Appareil de Royale à potage, additionné de purée de cervelle cuite au beurre. Pocher, reposer et démouler. *A part :* Sauce crème avec champignons émincés.

Pain villageoise. — Appareil composé de 4 parties de purée de cervelle cuite au beurre; 2 parties de panade frangipane; 1 partie de beurre; œufs et assaisonnement. Pocher, reposer et démouler. *A part :* Velouté aux champignons.

Poulette. — Escaloper. Traiter comme pieds de mouton.

Ravigote. — Escaloper; dresser en bordure en pomme Duchesse colorée au four. Couvrir de sauce Chivry.

Soufflés en caisses. — Appareil composé de 2 parties de purée de cervelle cuite au beurre; 1 partie de Béchamel réduite, assaisonnement, jaunes d'œufs et blancs en neige. En caisse en porcelaine plissée. Cuisson ordinaire.

Subrics. — Gros salpicon de cervelle cuite et froide, lié avec sauce Parisienne réduite et œufs entier. Cuire au beurre clarifié, grosseur d'un macaron. Sauce tomate à part.

Timbales Ecossaise. — Petits moules, forme hexagonale, foncés avec minces lames de langue écarlate. Masquer fond et parois d'une couche de farce; garnir d'un salpicon d'amourettes et langue écarlate lié à la sauce Parisienne. Pocher. Sauce écossaise à part.

Timbales Napolitaine. — Moules à darioles foncés avec tiges de macaroni poché, montées en spirale. Souder avec couche de farce; garnir de salpicon de cervelle et champignons lié à la Demi-glace tomatée. Pocher. *A part :* Sauce Demi-glace tomatée et beurrée.

Timbales Villeneuve. — Moules ovales beurrés, persillés et foncés d'une couche de farce de volaille. Garnir de salpicon de cervelle et truffe lié à la sauce Parisienne. Pocher. *A part :* Soubise claire, crémée.

Villeroy. — Escalopes de cervelle cuites au beurre, trempées en sauce Villeroy, refroidies et panées à l'anglaise. Frire au moment. *A part :* Sauce Périgueux.

BEEFSTEACKS. — BEEFSTEACKS-PIES.
PUDDINGS DE BŒUF. — BITOKES

Indépendamment des préparations spéciales ci-dessous, le Beefsteack peut recevoir *toutes les préparations ordinaires de l'Entrecôte.*

Américaine. — Viande de filet de bœuf hachée finement avec sel et poivre. Reformer le Beefsteack sur plat; poser un jaune d'œuf cru sur le milieu. *A part ;* Câpres, oignon et persil hachés.

Cheval (à) — Beefsteack ordinaire sauté au beurre. Placer dessus 2 œufs, cuits au miroir et coupés à l'emporte-pièce rond.

Russe. — Viande de filet de bœuf assaisonnée, et additionnée d'œuf et oignon haché, cuit au beurre. Reformer en état naturel; fariner et sauter au beurre clarifié. Poser dessus 2 œufs cuits à la poêle et coupés à l'emporte-pièce.

Beefsteack-Pie. — Garnir le tour d'un plat à tarte anglais avec escalopes de viande maigre de bœuf, assaisonnées et saupoudrées d'oignon et persil hachés. Remplir le milieu de pommes de terre tournées en olives; rabattre les escalopes dessus et mouiller d'eau, à couvert. Couvrir avec une abaisse de demi feuilletage; dorer, rayer; cuire à four moyen environ 2 heures.

Beefsteack and Kidney-pie. — Procéder comme pour « Beefsteack-pie » en remplaçant les pommes de terre par du rognon de bœuf — ou du rognon de veau — émincé, et en ajoutant champignons sautés, oignon et persil hachés.

Beefsteak-Pudding. — Remplir un moule à dôme ou un bol spécial avec escalopes de bœuf préparées comme pour Beefsteack-pie; couvrir d'eau à couvert; fermer l'ustensile avec une abaisse de pâte à la graisse de rognon de bœuf. Envelopper en serviette et cuire à l'eau bouillante.

Beefsteack and Kidney Pudding. — Comme ci-dessus; avec moitié viande de bœuf et moitié rognon détaillé en grosses escalopes.

Bitokes à la Russe. – Hachis composé de 2 tiers viande maigre de bœuf, un tiers de beurre et assaisonnement. Diviser en parties de 100 grammes; mouler en ovales, paner à l'anglaise et cuire au beurre clarifié. Dresser; garnir le centre d'oignon ciselé, ou émincé, cuit au beurre. *A part :* Sauce Demi-glace avec le déglaçage fait à la crème; pommes de terre sautées.

CARBONADES A LA FLAMANDE

En casserole; ranger par couches alternées, escalopes de bœuf colorées au beurre, oignons émincés sautés au beurre; bouquet garni. Couvrir avec sauce brune faite moitié Lambic et moitié fonds; compléter l'assaisonnement avec cassonade ou sucre en poudre. Cuire doucement 2 heures et demie à 3 heures.

CHATEAUBRIAND

Morceau de filet du poids moyen de 400 grammes, pris en plein cœur de la pièce. Sauces et garnitures des Entrecôtes et Tournedos.

CHOESELS

Tronçons de queue de bœuf et ris de génisse revenus doucement à la graisse de rôti purifiée (3 quarts d'heure.) Adjoindre poitrine de veau en morceaux et oignons hachés ; laisser revenir encore une demi-heure et ajouter du rognon de bœuf coupé en gros morceaux. Faire raidir ; mouiller de Lambic ; mettre sel, cayenne, et bouquet garni. Cuire une demi-heure : ajouter Choesels et ris de veau ; compléter le mouillement avec Lambic et cuisson de champignons ; continuer la cuisson pendant une heure et demie. Ajouter en dernier lieu ; pieds de mouton cuits ; fricadelles et champignons cuits. Lier à la fécule et mettre au point avec Madère.

CONTREFILET

Est généralement rôti, mais se traite aussi par le Braisage. Toutes les garnitures du *Filet* lui sont applicables.

COTE DE BŒUF OU TRAIN DE COTES

Pièce de résistance des restaurants. Est traitée par la broche ou au four. Se détaille généralement devant le client.

DAUBE (Procédé type.)

Escalopes épaisses et courtes de culotte de bœuf ou de paleron. Les piquer sur le travers d'un gros lardon persillé. Assaisonner, mariner 2 heures au vin rouge, avec échalotes hachées et bouquet garni. Ensuite, éponger les morceaux, les faire colorer à la graisse fumante et mettre en daubière foncée de bardes de lard. Ajouter marinade et bouquet garni ; couvrir hermétiquement et cuire doucement au four, pendant 4 heures.

Daube Provençale. — Gros carrés de Tranche, Paleron, Gîte à la noix, piqués comme ci-dessus. Mariner avec vin blanc, cognac et huile. Disposer ensuite les morceaux dans un ustensile en terre, par couches alternées de : carrés de couennes de lard, blanchies ; dés de lard de poitrine ; rondelles de carottes ; champignons et oignons hachés ; ail broyé ; tomates concassées, thym et laurier, olives noires dénoyautées ; au centre un bouquet de persil avec fragment d'écorce d'orange sèche. Ajouter la marinade et jus de veau ; fermer hermétiquement ; cuire au four de 6 à 7 heures.

Pour servir, dégraisser et retirer le bouquet. Se sert dans l'ustensile de cuisson.

ÉMINCÉS

Se font avec des viandes de desserte rôties ou braisées (Aloyau, Contrefilet, Filet) et se taillent en tranches minces. Eviter de laisser bouillir; surtout si la viande a été rôtie; l'ébullition ayant pour résultat de durcir la viande. En principe, *chauffer* simplement les tranches dans la sauce d'accompagnement.

Ecarlate. — Alterner les tranches de viande de minces tranches de langue écarlate. Couvrir de sauce Demi-glace additionnée de langue hachée.

Clermont. — Oignons émincés sautés au beurre, liés à la Demi-glace, dressés en dôme sur plat et gratinés. Entourer avec les tranches; les couvrir de sauce Duxelles.

Marianne. — Pulpe de pommes de terre cuites au four, sautée au beurre avec ciboulettes hachées. Dresser en dôme; entourer avec les tranches; couvrir de sauce Fines herbes.

Sauces diverses convenant aux Émincés. — Bordelaise, Champignons, Italienne, Piquante, Tomate, etc.

ENTRECOTE

Béarnaise. — Griller. Cordon de sauce Béarnaise sur l'Entrecôte; bouquet de pommes Château à chaque bout.

Bercy. — Griller. Napper de glace de viande. Dresser sur Beurre Bercy.

Bordelaise. — Sauter. Dresser avec ligne de lames de moelle pochée rangées dessus. Sauce Bordelaise à part.

Champignons. — Sauter. Dresser avec petites têtes de champignons sur l'Entrecôte. Couvrir de sauce Champignons brune.

Forestière. — Sauter. Dresser; entourer de morilles et pommes de terre en gros dés sautées au beurre; rectangles de lard maigre, rissolé. *A part* : Déglaçage augmenté de jus de veau.

Hôtelière. — Sauter. Dresser sur Beurre Maître d'Hôtel additionné de Duxelles sèche.

Lyonnaise. — Griller. Dresser et entourer d'oignons émincés, sautés au beurre et liés à la glace de viande. Persil haché. Napper avec déglaçage lié avec sauce Demi-glace beurrée.

Marchand de vins. — Griller. Dresser sur Beurre Marchand de vins.

Marseillaise. — Griller. Dresser sur Beurre Maître d'Hôtel additionné de un quart Beurre de tomate et pointe d'ail. Entourer de pommes Copeaux et demi-tomates étuvées avec filet d'huile.

Mexicaine. — Griller. Dresser et entourer de champignons grillés garnis de fondue de tomates et de poivrons grillés. *A part* : Jus tomaté relevé.

Mirabeau. — Griller. Disposer sur l'Entrecôte des lanières de filets d'anchois entrecroisés en grille ; olives dénoyautées et feuilles d'estragon blanchies. *A part* : Beurre d'anchois.

Tyrolienne. — Griller. Disposer sur l'Entrecôte de l'oignon émincé, sauté au beurre et lié avec sauce Poivrade. Entourer de fondue de tomates.

Vert-pré. — Griller. Dresser et couvrir de Beurre Maître d'Hôtel. Entourer de cresson et bouquets de pommes pailles.

ESTOUFFADE

Paleron et chair de côtes couvertes détaillés en morceaux carrés de 100 grammes revenus au beurre avec gros dés de lard maigre et oignons en quartiers. Singer ; cuire la farine ; ajouter assaisonnement, ail broyé, vin rouge et fonds brun (quantités égales), bouquet garni. Cuire 2 heures et demie à 3 heures. Mettre ensuite morceaux et lardons dans un sautoir, avec champignons sautés au beurre ; ajouter la sauce dégraissée et passée. Laisser mijoter encore un quart d'heure.

NOTA : *L'Estouffade à la Provençale* se prépare de même : Avec addition de tomates dans la sauce et d'olives dénoyautées dans la garniture, en remplaçant le vin rouge par du vin blanc.

FILET DE BŒUF

NOTA : Sans autre indication que « piquer », le piquage du Filet est au lard. Pour les garnitures, on se reportera au chapitre ou elles sont traitées.

Andalouse. — Piquer et poêler. Garn. : Andalouse. *A part* : Jus lié au Xérès.

Arlésienne. — Piquer et poêler. Garn. : Arlésienne et sauce indiquée.

Berrichonne. — Piquer et rôtir. Garn. : Berrichonne et Acc. indiqué.

Bizontine. — Piquer et poêler. Garn. : Bizontine et Acc. indiqué.

Bouquetière. — Piquer et rôtir. Garn. : Bouquetière et Acc. indiqué.

Bréhan. — Piquer et poêler. Garn. : Bréhan et Acc. ndiqué.

Bristol. — Piquer et poêler. Garn. : Bristol et Acc. indiqué.

Châtelaine. — Piquer et poêler. Garn. : Châtelaine et Acc. indiqué.

Chevet (Froid). — Décorer en Chartreuse un moule long à fond concave, dit « Berceau », chemisé de gelée. Placer dedans, et sens dessus dessous le filet, paré ; remplir de gelée et laisser prendre. Démouler sur plat long couvert d'une couche de gelée prise.

Clamart. — Piquer et rôtir. Garn. : Clamart et Acc. indiqué.

Coquelin (Froid). — Le filet piqué, poêlé et refroidi. Joindre au fonds de poêlage, une julienne de légumes et truffe, comme pour « Cailles Richelieu ». Découper et dresser le filet, en le reformant, dans des terrines ovales. Couvrir avec fonds et Julienne et tenir sur glace.

Dauphine. — Piquer et poêler. Garn. : Dauphine et Acc. indiqué.

Dubarry. — Piquer et rôtir. Garn. : Dubarry et Acc. indiqué.

Duchesse. — Piquer et rôtir. Garn. : Duchesse et Acc. indiqué.

Financière. — Piquer et poêler. Garn. : Financière et Acc. indiqué.

Frascati. — Piquer et poêler. Garn. : Frascati et Acc. indiqué.

Gastronomes. — Piquer à la truffe ; mariner au Madère ; l'envelopper de bardes et braiser au Madère. Garn. : Gastronome et Acc. indiqué.

Godard — Piquer au lard et langue alternés et le poêler. Garn. : Godard et Acc. indiqué.

Hussarde. — Piquer et rôtir. Dresser ; entourer de rosaces en pommes Duchesse colorées au four ; champignons grillés garnis de Soubise réduite. Acc. Sauce à la Hussarde.

Italienne. — Piquer et poêler. Garn. : Italienne et Acc. indiqué.

Japonaise. — Piquer et poêler. Garn. : Japonaise et Acc. indiqué.

Jardinière. — Piquer et rôtir. Garn. — Jardinière et Acc. indiqué.

London-House. — Ouvrir le filet (côté de la chaîne) dans la longueur et sur le milieu de l'épaisseur. Le fourrer d'escalopes de foie gras assaisonnées de lames de truffe *crues*. Refermer, clouter aux truffes, ficeler et braiser sur Mirepoix au jambon, avec Madère et jus de veau. Glacer. Dresser ; entourer de truffes cuites au Madère et champignons. *A part :* Sauce Demi-glace additionnée du fonds de braisage.

Lorette. — Piquer ; poêler et glacer. Dresser, entourer de pommes de terre Lorette et bouquets de pointes d'asperges. *A part :* Sauce Demi-glace tomatée.

Macédoine. — Piquer et rôtir. Garn. : Macédoine et Acc. indiqué.

Madeleine. — Piquer et rôtir. Garn. : Madeleine et Acc. indiqué.

Madère et Champignons. — Piquer ; poêler et glacer. Dresser ; entourer de gros champignons cannelés. *A part :* Sauce Champignons à brun.

Mexicaine. — Piquer et rôtir. Garn. : Mexicaine et Acc. indiqué.

Mistral (Froid). — Poêler, refroidir et glacer à la gelée. Entourer de Tomates à la Provençale, froides. Croûtonner à la gelée.

Moderne. — Piquer lard et langue ; poêler et glacer. Garn. : à la Moderne et Acc. indiqué.

Montlhéry (Froid. — Poêler, refroidir et glacer à la gelée. Dresser ; entourer en les alternant de : Petites timbales foncées en haricots verts et garnies de macédoine de légumes, liée à la Mayonnaise à la gelée ; fonds d'artichauts garnis de pointes d'asperges. Croûtonner à la gelée. *A part :* Sauce Mayonnaise légère.

Montmorency. — Piquer, poêler et glacer. Garn. : Montmorency et Acc. indiqué.

Nivernaise. — Piquer, poêler et glacer. Garn. : Nivernaise et Acc. indiqué.

Orientale. — Rôtir sans piquer. Garn. : Orientale et Acc. indiqué.

Parisienne. — Piquer et rôtir. Garn. : Parisienne et Acc. indiqué

Périgourdine. — Piquer, poêler et glacer. Dresser; entourer de truffes moyennes cuites en Mirepoix au Madère. Acc : Sauce Périgueux.

Petit Duc. — Piquer, poêler et glacer. Dresser, entourer de : Petites bouchées feuilletées garnies de pointes d'asperges à la crème; fonds d'artichauts garnis de lames de truffe. *A part* : Glace de viande au Madère montée au beurre

Portugaise. — Piquer et rôtir. Garn. : Portugaise et Acc. indiqué.

Provençale. — Piquer, poêler et glacer. Garn. : Provençale et Acc. indiqué.

Régence. — Mariner au Madère 2 heures à l'avance. Couvrir d'une Matignon ; barder et braiser. En fin de cuisson, retirer Matignon et bardes et glacer. Dresser ; entourer d'une garniture Régence B. *A part* : Sauce Demi-glace avec fonds de braisage.

Renaissance. — Piquer, poêler et glacer. Garn. : Renaissance et Acc. indiqué.

Richelieu. — Piquer et rôtir. Garn. : Richelieu et Acc. indiqué.

Russe (Froid). — Poêler et refroidir. Découper en tranches régulières. Napper avec le fonds de poêlage réduit et additionné de truffe hachée. Reformer la pièce en rapportant les tranches dans leur ordre, sur gelée prise au fond du plat de service. Croûtonner de gelée.

Saint-Florentin. — Piquer et rôtir. Garn. : Saint-Florentin et Acc indiqué.

Saint-Germain. — Piquer et rôtir. Garn. : Saint-Germain et Acc. indiqué.

Saint-Mandé. — Piquer et rôtir. Garn. : Saint-Mandé et Acc. indiqué.

Sarde — Piquer et rôtir. Garn : à la Sarde et Acc. indiqué.

Talleyrand. — Clouter aux truffes. Mariner au Madère pendant 3 heures. Barder, ficeler poêler au Madère et glacer en dernier lieu. Garn. : Talleyrand et Acc. indiqué.

Viroflay. — Piquer et rôtir. Garn. : Viroflay et Acc. indiqué.

FILETS MIGNONS ET FILETS EN CHEVREUIL

Se prennent sur la queue du filet et se façonnent en forme de triangle. *Traitement :* Assaisonner, tremper en beurre fondu, paner et griller. Acc. : Toutes garnitures de légumes. Sauces : *Béarnaise, Choron, Valois.*

Les Filets en chevreuil sont les mêmes que ci-dessus, piqués de lard fin et mariné de 2 à 4 jours, selon la saison. *Traitement :* Sauter à l'huile fumante ; dresser avec croûtons en cœurs, frits. Acc. : Purée Soubise ; purée de marrons, de lentilles, etc. Sauces : *Chevreuil, Poivrade, Romaine, Chasseur,* etc.

FRICADELLES

A). — Hachis composé de 2 parties viande de bœuf maigre ; une partie de beurre ; une demi-partie mie de pain trempée et pressée ; œufs entiers (2 par kilo de viande) ; assaisonnement ; oignon haché cuit au beurre. Diviser en parties du poids de 100 grammes ; façonner en forme de palets ; faire colorer au beurre et cuire au four. Acc. : Purée de légumes ou Sauce *Robert, Piquante,* etc.

B). — Se compose de 2 parties de chair de bœuf cuite, hachée ; une partie de purée de pommes de terre ; oignons, œufs et assaisonnement comme ci-dessus. Traitement, accompagnement et Sauces comme pour **A**.

GRAS-DOUBLE

Frit. — Détailler la panse en rectangles ; assaisonner ; paner à l'anglaise et frire. Sauce à volonté : *Diable, Piquante, Rémoulade, Tartare,* etc.

Frit à la Bourguignonne. — Paner à l'anglaise ; frire à l'huile de noix. Dresser et arroser de Beurre d'escargots.

Frit à la Troyenne. — Les rectangles tartinés de moutarde. Paner a l'anglaise et frire à l'huile. Sauce Gribiche.

Lyonnaise. — Émincer finement ; ajouter des oignons émincés sautés au beurre à l'avance. Mélanger dans la poêle et sauter jusqu'à rissolage. En timbale avec filet de vinaigre et persil haché.

Le Gras-double se prépare aussi : à la *Bourgeoise*, à la *Provençale*, à la *Poulette*.

HAMPE OU ONGLÉE

Sont les muscles de la plèvre. Se préparent principalement grillés, pour jus de viande.

HACHIS (Viande cuite taillée en petits dés.)

Américaine. — En proportions égales : Viande de bœuf rôtie ou braisée, coupée en petits dés ; pommes de terre coupées de même sautées au beurre. Lier avec purée de tomate et jus de veau. Chauffer sans bouillir. En timbale, avec petits dés de pommes de terre et persil haché semés dessus.

Bordure au Gratin. — Lier à la sauce Demi-glace. Dresser en bordure de pomme Duchesse ; chapelurer, arroser de beurre fondu et gratiner à four vif.

Coquilles au Gratin. — En coquilles bordées d'un cordon de pomme Duchesse. Procéder comme ci-dessus.

Fermère. — Dresser au milieu d'un turban de rondelles de pomme de terre cuites. Gratiner comme ci-dessus. Entourer de petits œufs frits.

Grand'Mère. — Lier le hachis avec un tiers de purée de pommes de terre légère. Etaler en plat creux ; recouvrir d'une couche de purée ; saupoudrer de fromage râpé et chapelure ; arroser de beurre fondu et gratiner. En servant, entourer de quartiers d'œufs durs, chauds.

Parmentier. — Pulpe de pommes de terre cuites au four, sautée au beurre et mélangée à quantité égale de hachis. Ajouter oignon haché cuit au beurre, persil haché et filet de vinaigre. Remplir les coques de pommes de terre aux 3 quarts ; couvrir de sauce Lyonnaise et passer au four. Sur serviette.

Portugaise. — Lier le hachis avec quantité relative de fondue de tomates. Chauffer sans bouillir. En timbale, avec petits tomates farcies.

Sweet-Meat. — Hachis de une ou plusieurs viandes additionné, au kilo, de : 125 grammes raisins de Corinthe ou de Smyrne ; 2 œufs 2 cuillerées de gelée de groseilles ; sel, poivre et gingembre Enfermer entre 2 abaisses de rognures de feuilletage ; relever les bords en bourrelet ; dorer, rayer et cuire à four moyen. *A part :* Jus de veau additionné de gelée de groseille.

LANGUE

S'emploie fraîche ou salée et se traite par le Braisage. *Gar-*

nitures et *Sauces* convenant à la langue : *Alsacienne; Bourgeoise; Flamande; Italienne; Jardinière; Milanaise; Nivernaise; Noui les* etc. Purées diverses. Sauces : *Champignons; Madère; Italienne; Piquante; Soubise brune; Tomate,* etc.

MUSEAU ET PALAIS DE BŒUF

Le Museau se cuit à l'eau salée, acidulée, et ne s'emploie guère qu'en salade. Le Palais se cuit dans un Blanc léger et peut recevoir après cuisson, les préparations suivantes :

Attereaux. — Procédé ordinaire.

Dunoise. — Diviser en rectangles, paner au beurre et griller. Sauce Rémoulade.

Cromesquis et Croquettes. — Procéder comme pour ceux de *Cervelle.*

Gratin. — Emincer en grosse julienne; lier avec sauce Duxelles et dresser en bordure en pomme Duchesse. Traiter comme *Hachis au gratin.*

Italienne. — Détailler en rectangles; sauter au beurre; dresser en turban et couvrir de sauce Italienne.

Paupiettes. — Procéder comme pour *Paupiettes de bœuf.*

Poulette à la Paysanne. — Emincer en julienne; chauffer dans une sauce Poulette et dresser en timbale. Border de quartiers d'œufs durs, chauds.

PAUPIETTES

Minces tranches de Contrefilet, aplaties, masquées sur un côté d'une couche de fin hachis aux fines herbes, roulées en bouchon, ficelées et enveloppées d'une mince barde de lard. Se braisent sur fonds d'aromates et se dressent en couronne, après avoir enlevé ficelle et barde.

Fontanges. — Braiser; dresser avec croquette de pomme de terre ronde sur chacune. Purée de haricots blancs au milieu. Entourer avec fonds de braisage réduit.

Milanaise. — Braiser; dresser avec rond de langue et champignon sur chacune. Garniture Milanaise au milieu. Cordon de sauce Tomate.

Savary. — Hachis de céleri braisé, gratiné dans une bordure en pomme Duchesse. Les paupiettes autour de la bordure.

Looss-Vinken (Oiseaux sans tête). — Paupiettes fourrées d'un gros lardon. Se traitent comme les *Carbonades.*

PIECES DE BŒUF

Se prennent sur la Pointe de culotte et sont braisées ou bouillies. Les pièces sont presque toujours piquées transversalement de gros lardons marinés au Cognac et marinées au Vin rouge ou blanc et aromates.

Bourguignonne. — Larder ; mariner 3 heures avec vin rouge. Eponger ; faire revenir au beurre ; mouiller avec marinade, jus de veau et sauce Espagnole pour liaison. Ajouter bouquet garni, pelures de champignons et cuire au four. Aux 2 tiers de cuisson, changer la pièce d'ustensile ; entourer d'une garniture Bourguignonne ; couvrir avec la sauce, passée au Chinois ; compléter la cuisson

Ecarlate. — Tenir en saumure pendant 8 à 10 jours, selon le poids. Cuire à l'eau avec carotte, oignon piqué, bouquet garni. Garn. quelconque de légumes.

Flamande. — Larder ; braiser et glacer en dernier. Garn. à la « Flamande ». *A part :* Fonds de braisage dégraissé et réduit.

Mode (ou Bourgeoise). — Larder ; mariner vin rouge et Cognac ; braiser comme à l'ordinaire avec adjonction de pieds de veau désossés et blanchis. Aux 3 quarts de cuisson, changer la pièce d'ustensile ; entourer avec petits oignons colorés au beurre, carottes en olives aux 2 tiers cuites ; chair des pieds coupée en carrés. Compléter la cuisson.

Mode (Froide). — Parer la pièce ; la mettre en terrine avec les éléments de la garniture ; couvrir avec la sauce passée et additionnée de gelée. Démouler au moment et entourer de gelée hachée.

Noailles. — Larder ; mariner avec vin rouge et Cognac ; braiser avec marinade et jus de veau. A mi-cuisson, ajouter oignons émincés sautés au beurre et riz pour liaison. Après cuisson, détailler la pièce en tranches ; passer à l'étamine oignons et riz. Reformer la pièce en intercalant les tranches de purée d'oignon ; couvrir avec le reste de la purée ; saupoudrer de mie de pain frite au beurre ; arroser de beurre fondu et gratiner.

QUEUE DE BŒUF

Auvergnate. — Tronçonner et braiser. Dresser en cocotte avec : petits oignons cuits au beurre ; marrons cuits au consommé et glacés ; rectangles de lard maigre, bouilli. Couvrir avec le fonds dégraissé et réduit.

Cavour. — Les tronçons disposés sur fonds d'aromates et couennes de lard. Faire suer un quart d'heure Arroser de fonds brun et laisser tomber à glace. Mouiller ensuite de 2 tiers fonds brun et un tiers vin blanc ; cuire doucement 3 à 4 heures. Dresser en bordure de purée de marrons pochee au four, avec champignons cuits. Couvrir avec le fonds dégraissé et lié à l'arrow-root.

Charolaise. — Braiser comme ci-dessus. Réunir les tronçons en sautoir avec carottes et navets en olives, cuits ; quenelles de fin hachis de porc ; couvrir avec le fonds dégraissé et lié avec sauce Espagnole. Dresser en bordure pomme Duchesse. Entourer de rectangles de lard maigre cuit.

Chipolata. — Procéder comme pour « Charolaise » avec garniture Chipolata. Dresser en timbale.

Farcie. — Désosser sans trouer l'épiderme. Remplir de farce composée de : viande maigre de bœuf ; lard gras ; mie de pain trempée et pressée ; pelures de truffe ; œufs entiers ; sel, poivre, épices. Emballer comme une galantine ; cuire 3 heures comme Bœuf-bouilli Compléter la cuisson (la queue déballée) sur fonds d'aromates et glacer. Garn. de légumes, purée, ou sauce à volonté.

Grillée. — Détailler en doubles tronçons et cuire en marmite. Eponger ; enduire de moutarde ; paner au beurre fondu et griller. Acc. : Sauce *Diable*, *Piquante*, *Robert*, *Soubise*, au choix.

Hochepot. — En marmite : Tronçons de queue ; pieds de porc decoupés ; oreille de porc ; eau à couvert ; sel. Traiter comme marmite. Au bout de 2 heures, ajouter : Chou pommé en quartiers, blanchi ; carottes et navets en olives. Cuire encore 2 heures. Dresser sur plat creux ; entourer avec l'oreille divisée en lanières et Saucisses Chipolata. Pommes à l'anglaise à part.

Nohant. — Braiser comme pour « Cavour ». Dresser en couronne ; grosse macédoine de légumes au centre. Autour : ris d'agneau glacés ; tranches de langue écarlate taillées en ovales.

ROGNON

Bercy. — Dénerver, détailler en lames et sauter au beurre à feu vif. Déglacer au vin blanc, avec échalote hachée ; réduire ; finir avec glace de viande ; filet de jus de citron ; persil haché et beurre. Sauter le rognon dans cette sauce et dresser en timbale.

Champignons. — Sauter et mélanger dans une sauce Champignons à brun avec déglaçage. En timbale avec persil haché.

Chipolata. — Sauter et mélanger à une garn. Chipolata liée à la Demi-glace tomatée. En timbale.

Marchand de vins. — Comme « Bercy » avec vin rouge.

RUMPSTEACK

Toutes les préparations de l'Entrecôte lui sont applicables.

RAGOUT ET SAUTÉ DE BŒUF

Ragoût au Paprika. — Chair de côtes découvertes ou de Paleron, en morceaux carrés du poids de 100 grammes. Faire revenir au saindoux, avec oignon en gros dés jusqu'à légère coloration de ceux-ci. Assaisonner de sel et Paprika. Ajouter tomates pelées, coupées en quartiers et un peu d'eau. Cuire une heure et demie. Compléter avec addition nouvelle d'eau et de pommes de terre coupées en quartiers. Continuer la cuisson jusqu'à réduction du liquide. Dresser en timbale.

Sauté Tolstoï. — Tête et queue de filet en morceaux carrés du poids de 50 grammes. Faire revenir vivement ; assaisonner de sel et Paprika ; ajouter tomates concassées ; purée de tomate, oignon haché ; fonds blanc et agoursis coupés en losanges. Cuire au four 3 quarts d'heure. Dresser en timbale. Pommes de terre à l'anglaise à part.

TOURNEDOS

Nota : Je n'indique ici que la disposition des éléments de garnitures. Pour leur préparation et accompagnements on se reportera au Chap. des Garnitures. Sans autre indication que *croûtons*, on doit comprendre des croûtons ronds en pain de mie, frits au beurre et nappés de glace de viande. L'emploi de ces croûtons est facultatif.

Andalouse. — Sauter. Dresser sur croûtons frits. Entourer de poivrons farcis et Chipolatas grillées ; rondelles d'aubergines frites, garnies de fondue de tomate sur chaque tournedos.

Arlésienne. — Sauter avec beurre et huile. Dresser sur croûtons ; entourer avec rondelles d'aubergines frites et tomates sautées. Anneaux d'oignon frit sur tournedos.

Baltimore. — Sauter. Dresser sur croûtes de tartelettes garnies de maïs à la crème. Sur chaque tournedos, rondelle de tomate sautée au beurre et tranche de piment vert. Sauce Châteaubriand.

Béarnaise. — Griller ; dresser sur croûtons minces et napper de glace de viande. Cordon de sauce Béarnaise sur chaque tournedos et pommes Château autour. Ou sauce Béarnaise à part avec filet de glace de viande dessus.

Belle-Hélène. — Sauter. Dresser avec croquette de pointes d'asperges (forme palet) sur chaque tournedos ; lame de truffe sur chaque croquette. Acc. : Déglaçage.

Benjamin. — Sauter et dresser sur croûtons minces. Petit champignon farci sur chaque tournedos. Entourer de petites croquettes rondes à la Dauphine, truffées. *A part :* Sauce Demi-glace au Madère.

Berny. — Mariner. Sauter à l'huile fumante. Dresser sur croquettes (forme ronde) de pomme de terre à la Berny. Lame de truffe sur chaque tournedos. Sauce Poivrade légère.

Bordelaise. — Griller. Dresser sur plat. Rondelle de moelle pochée sur chaque tournedos et persil haché sur la moelle. Sauce Bordelaise à part.

Bouquetière. — Griller. Dresser en turban. Garn. : Bouquetière dans le centre.

Bréhan. — Sauter. Dresser. Fond d'artichaut garni de purée de fèves sur chaque tournedos. Bouquets de chou-fleur et pommes persillées autour.

Catalane. — Sauter. Couvrir de tomate concassée cuite à l'huile, avec oignon haché ; julienne de poivron rouge grillé et pelé ; persil haché ; additionnée d'un peu de sauce poivrade.

Castillane. — Sauter. Dresser sur croûtons. Croûte de tartelette garnie de fondue de tomates sur chaque tournedos. Autour, bordure d'anneaux d'oignon, frits.

Cendrillon. — Sauter. Dresser sur fonds d'artichauts garnis de purée Soubise truffée, beurrée et glacée. Cordon de jus de veau.

Champignons. — Sauter. Dresser en couronne avec gros champignon cannelé sur chaque tournedos. Petits champignons au centre. Napper avec le déglaçage réduit additionné de sauce Demi-glace.

Chasseur. — Sauter. Dreser en couronne. Napper avec le déglaçage additionné de sauce Chasseur.

Chevreuil. — Marinés à l'avance. Eponger ; sauter à l'huile fumante. Dresser sur croûtons ; napper de sauce Chevreuil à la Française. Purée de marrons à part.

Chevreuse. — Sauter. Dresser sur croûtons en appareil de semoule additionné de champignons hachés, frits au moment. Lame de truffe sur chaque tourredos. Sauce Bonnefoy.

Choisy. — Sauter. Dresser sur croûtons nappés de glace de viande. Entourer de petites demi-laitues braisées et de pommes Château. A part : Glace de viande beurrée.

Choron. — Sauter. Dresser sur croûtons. Un fond d'artichaut garni de petits pois sur chaque tournedos. Entourer de pommes de terre noisette. Sauce Choron.

Clamart. — Sauter. Dresser sur croûtons en pomme Macaire. *A part :* Petits pois à la française additionnés de la laitue de cuisson finement émincée.

Colbert. — Sauter. Dresser sur croquettes de volaille (forme ronde). Napper de beurre Colbert. Un petit œuf frit sur chaque tournedos et lame de truffe sur l'œuf.

Coligny. — Sauter. Dresser sur galettes en purée de patates, liée aux jaunes d'œufs et colorées au four. Couvrir de sauce Provençale, additionnée de Brionnes émincées et cuites au beurre.

Dubarry. — Sauter. Dresser sur croûtons et napper de glace de viande. Entourer de bouquets de chou-fleur saucés Mornay et gratinés. Jus de veau beurré.

Estragon (à l') ou à la Chartres. — Sauter. Dresser sur plat. Décorer avec feuilles d'estragon blanchies. Jus lié aromatisé à l'estragon.

Favorite. — Sauter. Dresser sur croûtons. Sur chaque tournedos, une escalope de foie gras ronde sautée au beurre et lame de truffe dessus. Bouquets de pointes d'asperges autour. *A part :* Pommes de terre à la Parisienne.

Fermière. — Sauter. Dresser en cocotte, sur garniture Fermière additionnée du déglaçage réduit.

Florentine. — Griller. Dresser sur croquettes de semoule. Un subric d'épinards sur chaque tournedos. Sauce Chateaubriand.

Forestière. — Sauter. Dresser sur croûtons. Entourer de morilles et gros dés de pommes de terre sautés au beurre ; rectangles de lard de poitrine, rissolés. Napper avec déglaçage beurré.

Gabrielle. — Sauter. Dresser sur croquettes de salpicon de blanc de volaille et truffe lié avec appareil à pomme Duchesse. Sur chaque tournedos, couronne de rondelles de moelle pochée et lames de truffe alternées. Napper sauce Madère, beurrée. Entourer de petites demi-laitues farcies et braisées.

Henri IV. — Griller. Dresser sur croûtons. Border d'un cordon de sauce Béarnaise. Sur chaque tournedos, un petit fond d'artichaut garni de pommes noisette au beurre.

Italienne. — Sauter. Dresser sur croquettes de macaroni. Napper sauce Italienne. Entourer de quartiers d'artichauts à l'italienne.

Japonaise. — Sauter. Dresser sur croquettes de pommes de terre plates. Sur chaque tournedos, une petite croustade garnie de crosnes liés au Velouté. Jus de veau et déglaçage.

Judic. — Sauter. Dresser sur croûtons. Sur chaque tournedos, couronne de lames de truffe avec rognon de coq au milieu. Entourer de demi petites laitues braisées.

Lackmé. — Sauter. Dresser sur plat. Napper jus de veau beurré : Champignon grillé sur chaque tournedos. *A part :* Purée de fèves à la crème.

La Vallière. — Sauter. Dresser sur croûtons. Couvrir de sauce Chasseur additionnée d'une julienne de truffe.

Lesdiguières. — Sauter. Dresser sur gros oignons braisés, blanchis, creusés, garnis d'épinards à la crème saucés Mornay et glacés au moment.

Lili. — Sauter. Dresser sur croûtons « en pomme Anna » et fonds d'artichauts émincés. Sur chaque tournedos, une rondelle de foie gras sautée au beurre et lame de truffe. Sauce Demi-glace beurrée.

Lorette. — Sauter. Dresser sur croûtons. Entourer de petites croquettes de volaille et de croûtes de tartelettes garnies de pointes d'asperges. Lame de truffe sur chaque tartelette.

Madeleine. — Sauter. Dresser sur plat. Fond d'artichaut garni de Soubise serrée sur chaque tournedos. Autour : Petites timbales de purée de haricots blancs. Glace de viande beurrée.

Maréchale. — Sauter. Dresser sur croûtons. Large lame de truffe glacée sur chaque tournedos. Autour : Bouquets de pointes d'asperges et de pommes de terre noisette.

Marguery. — Sauter. Dresser sur croûtons. Napper de glace de viande. *A part :* Ragoût de morilles et truffes à la crème.

Marie-Louise ou Marion Delorme. — Sauter. Dresser sur croûtons nappés de glace de viande. Petit fond d'artichaut garni de purée de champignons Soubisée, réduite, sur chaque tournedos.

Marigny. — Sauter. Dresser en turban. Petites pommes fondantes au milieu. Autour : Croûtes de tartelettes garnies de petits pois et de haricots verts en losanges.

Marquise. — Sauter. Dresser sur croûtons. Croûtes de tartelettes sur les tournedos. Pommes Marquise autour. (V. *Garn. Marquise.*)

Mascotte. — Sauter. Dresser en cocotte avec quartiers de fonds d'artichauts sautés au beurre ; pommes de terre en olives cuites au beurre ; truffes en olives. Napper avec déglaçage au vin blanc et jus de veau.

Masséna. — Sauter. Dresser sur croûtons. Large lame de moelle pochée sur chaque tournedos. Autour : petits fonds d'artichauts garnis de sauce Béarnaise. Sauce Périgueux.

Massilia. — Sauter à l'huile. Comme Catalane, en remplaçant la julienne de poivrons par aubergines émincées, sautées à l'huile.

Matignon. — Sauter et dresser. Déglacer vin blanc ; ajouter glace de viande ; monter au beurre ; mélanger une fine paysanne de carotte, céleri, champignons, truffe, étuvée au beurre. Couvrir les tournedos et entourer de pommes paille.

Ménagère. — Sauter et mettre en cocotte, juste au moment, sur garniture de haricots beurre, carottes nouvelles émincées, oignons nouveaux, petits pois, cuits en cocotte, et à l'étouffée.

Mexicaine. — Sauter. Dresser sur champignons grillés garnis de fondue de tomates. Napper jus tomaté. Entourer de demi poivrons grillés.

Mignon. — Sauter. Dresser sur croûtons. Petite quenelle ronde décorée d'une lame de truffe sur chaque tournedos. Entourer de fonds d'artichauts garnis de petits pois.

Mikado. — Sauter. Dresser sur demi-tomates grillées. Crosnes sautés au beurre dans le centre. Cordon de sauce Provençale.

Mirabeau. — Procéder comme pour *Entrecôte* du nom.

Mireille. — Sauter. Dresser en couronne ; napper sauce Châteaubriand. Garnir pommes de terre nouvelles et fonds d'artichauts émincés sautés au beurre, additionnés de truffe râpée et filet de glace de viande.

Mirette. — Sauter. Dresser en couronne avec timbale de pommes Mirette sur chacun. Sauce Chateaubriand.

Moelle. — Sauter. Dresser en couronne avec large rondelle de **moelle** pochée sur chacun. Sauce Bordelaise beurrée.

Montmorency. — Sauter. Dresser sur croûtons. Fond d'artichaut garni de macédoine de légumes sur chacun. Entourer de bottillons de pointes d'asperges.

Montmort. — Sauter. Dresser sur croûtons en brioche frits, vidés, garnis de purée de foie gras truffée. Lame de truffe sur chacun. Sauce Châteaubriand.

Montpensier. — Sauter. Dresser sur croûtons. Croûte de tartelette ou fond d'artichaut garni de pointes d'asperges et truffe en dés sur chacun.

Monselet. — Sauter. Dresser sur croûtons frits, creusés, garnis de purée de foie gras nappée de sauce de la garniture. *A part :* Garniture de morilles, crêtes de coq, lames de truffe, liée à la sauce Demi-glace Madère.

Narbonnaise. — Sauter. Dresser en cocottes, sur purée de haricots de Cassoulet. Rondelle d'aubergine frite sur chaque tournedos et cuillerée à café de fondue de tomates sur l'aubergine.

Niçoise. — Sauter. Dresser en couronne. Cuillerée à café de tomate sur chaque tournedos (V. Garn. *Niçoise*) ; haricots verts au centre ; pommes Château autour.

Ninon — Sauter. Dresser sur tartelettes en pomme Mirette. Petite bouchée garnie pointes d'asperges et julienne de truffe sur chacun. Entourer avec déglaçage au Madère et jus de veau, beurré.

Orientale. — Sauter. Dresser sur croûtons. Croquette de patate sur chacun. Entourer de demi-tomates étuvées et timbales de riz à la grecque. Sauce Tomate.

Opéra. — Sauter. Dresser sur croûtes de tartelettes garnies de foies de volaille sautés Madère. Entourer de croustades garnies de pointes d'asperges.

Parisienne. — Sauter. Dresser en couronne sur croûtons. Fond d'artichaut garni « Parisienne ». Pommes de terre au centre. (V. Garniture Parisienne.)

Périgourdine — Sauter. Dresser sur croûtons. Couronne de lames de truffe sur chacun. Sauce Périgueux.

Persane. — Sauter. Dresser en couronne sur demi-tomates grillées. Entourer de poivrons verts farcis au riz et braisés. Tranches de bananes frites au centre. Sauce Chateaubriand avec fonds de braisage des poivrons.

Péruvienne. — Griller. Dresser en turban. Entourer d'oxalis farcis. Sauce Tomate.

Petit-Duc. — Sauter. Dresser sur croûtes de tartelettes garnies de purée de volaille. Lame de truffe sur chacun. Entourer de petites bouchées garnies de pointes d'asperges.

Piémontaise. — Sauter. Dresser en turban. Entourer de tartelettes de rizot aux truffes blanches. Sauce Tomate.

Polignac. — Sauter. Dresser ; napper sauce Chateaubriand. Sur chaque tournedos, une escalope de ris de veau panée à l'anglaise et cuite au beurre. *A part :* Sauce Demi-glace au Marsala additionnée de julienne de champignons et truffe.

Portugaise — Sauter. Dresser avec une petite demi-tomate sur chacun. Pommes Château autour. Sauce Portugaise.

Provençale — Sauter. Dresser sur croûtons. Une demi-tomate à la Provençale sur chacun. Champignons farcis autour. Sauce Provençale.

Rachel. — Sauter. Dresser sur croûtons. Petit fond d'artichaut garni d'une lame de moelle pochée sur chacun. Sauce Bordelaise.

Régence. — Sauter. Dresser sur croûtons. Entourer de la garniture Régence B.

Rossini. — Sauter. Dresser sur croûtons. Escalope de foie gras sautée au beurre sur chacun. Lames de truffe sur l'escalope. Sauce Demi-glace à l'essence de truffe et déglaçage au Madère.

Roumanille. — Sauter à l'huile. Dresser sur demi-tomates grillées. Napper sauce Mornay tomatée et glacer. Anneau de filet d'anchois et olive sur chacun, après glaçage. Entourer de rondelles d'aubergines frites.

Saint-Florentin. — Sauter et dresser en couronne sur

plat. Cèpes à la Bordelaise au centre. Entourer avec croquettes Saint-Florentin. Sauce Bonnefoy.

Saint-Germain. — Sauter. Dresser en couronne sur croûtes de tartelettes garnies de purée de pois. Carottes glacées au centre. Pommes fondantes autour. Sauce Béarnaise.

Saint-Mandé. — Sauter. Dresser sur tampons en pomme Macaire. Entourer de bouquets de petits pois et pointes d'asperges liés séparément.

Sarde. — Sauter. Dresser en couronne. Croquettes de riz au centre. Tomates et concombres farcis autour. Sauce Tomate.

Sénateur. — Queues de filet, assaisonnées, hachées, moulées forme et grosseur d'un Tournedos. Sauter. Dresser. Napper avec julienne de champignons et truffe liée sauce Demi-glace Madère. *A part :* Purée de marrons.

Tivoli. — Sauter. Dresser sur croûtons. Napper du déglaçage réduit et jus de veau. Entourer de champignons grillés garnis de salpicon de crêtes de coq; pointes d'asperges et pommes noisette.

Tyrolienne. — Traiter comme *Entrecôte* du nom.

Valençay. — Sauter. Dresser en couronne, sur croquettes de nouilles au jambon. Petite garniture Financière au centre.

Ventadour. — Sauter. Dresser sur croûtes de tartelettes garnies de purée de fonds d'artichauts. Rondelles de moelle pochée et lames de truffe sur chacun. Sauce Chateaubriand.

Vert-pré. — Traiter comme *Entrecôte* du nom.

Victoria. — Sauter. Dresser sur croquettes de volaille (forme palet). Demi-tomate sautée au beurre sur chacun. Jus lié avec déglaçage au vin blanc, réduit.

Villaret. — Griller. Dresser sur croûtes de tartelettes garnies de purée de flageolets. Petit champignon grillé sur chacun. Sauce Chateaubriand.

TRIPES A LA MODE DE CAEN

Comprennent : les pieds de bœuf et le Mésentère, qui se subdivise en : *Panse; Bonnette* ou *Feuillet; Caillette* ou *Millet; Franchemule.* S'achètent généralement toutes prêtes.

Pour préparation complète de ces Tripes, Voir *Guide culinaire.*

VEAU

CERVELLE

Toutes les préparations indiquées à la *Cervelle de Bœuf* lui sont applicables. Les formules qui suivent lui sont spéciales.

Beaumont. — Cervelle cuite escalopée. Masquer les escalopes de farce gratin légère, lame de truffe sur chacune. Reformer la cervelle ; la placer sur abaisse de feuilletage ; recouvrir de même farce ; saupoudrer de truffe hachée ; fermer l'abaisse en chausson. Cuire à four chaud. Après cuisson ; sauce Périgueux dans l'intérieur.

Montrouge. — Escaloper. Masquer de purée de champignons. Reformer la cervelle sur émincé de champignons lié à la Béchamel et disposé en croûte à flan ovale. Napper sauce Mornay et glacer.

BLANQUETTE ET FRICASSÉE

Ancienne. — Cuire avec fonds blanc, morceaux de tendron, épaule et poitrine de veau. Garnir de carotte, oignon piqué de clou de girofle et bouquet garni. Après cuisson, retirer les morceaux dans un sautoir ; y joindre petits oignons cuits à blanc et champignons. Lier la cuisson avec quantité relative de roux blanc ; ajouter pelures de champignons frais et cuire un quart d'heure. Compléter la sauce avec liaison de jaunes d'œufs et crème, jus de citron et muscade. Passer sur les morceaux et garniture ; chauffer sans bouillir. En servant, saupoudrer légèrement de persil haché.

Aux céleris, Cardons etc. — Lorsqu'un de ces légumes est adopté pour garniture de blanquette, il est ajouté avec les morceaux à mi-cuisson de ceux-ci, après avoir été fortement blanchis. Ou ils sont cuits à part, selon la forme ordinaire, ajoutés aux morceaux de veau comme la garniture ci-dessus. Le traitement de la sauce est le même.

Aux nouilles, aux Lasagnes. — Ces farinages sont blanchis comme à l'ordinaire, joints aux morceaux, cuits, et couverts avec la sauce. Parsemer de nouilles fraîches, crues, sautées au beurre.

Fricassée. — Se différencie de la Blanquette ordinaire en ce sens, que les morceaux sont cuits directement dans la sauce, tenue un peu claire. Mêmes garnitures et mise au point de la sauce. Peut également s'accompagner de riz.

CARRÉ

Se prépare **rôti** ou **Braisé**, après avoir été débarrassé des os d'échine pour facilité du découpage. S'accompagne des garnitures de la *Noix de veau.*

COTES

Belle-vue (Froide). — Braisée, froide et parée. La placer dans un ravier, forme coquille allongée ou ovale ordinaire, chemisé de gelée et décoré avec légumes de Jardinière. Remplir de gelée. Démouler selon le procédé ordinaire.

Bouchère. — Côte non parée. Griller. Garniture à volonté.

Bonne-Femme. — Colorer au beurre en ustensile en terre. Entourer de petits oignons glacés et rondelles de pommes de terre. Cuire doucement. Quelques gouttes de jus à fin de cuisson. Se sert dans l'ustensile.

Casserole — Simplement cuite au beurre en ustensile en terre. Jus de veau et service comme « Bonne Femme ».

Cocotte. — Colorer au beurre en cocotte. Ajouter petits oignons sautés; pommes de terre en olives; champignons crus en quartiers et filet de jus de veau. Se sert tel quel.

Cocotte aux Nouilles. — Sauter en cocotte. Entourer de nouilles blanchies et ajouter fonds de veau.

Cocotte Paysanne. — Sauter en cocotte. Entourer garniture Paysanne et cuire à l'étuvée.

Dreux. — Clouter la noix avec truffe, jambon et langue. Cuire au beurre. Parer à vif sur les deux faces. Dresser et entourer garniture Financière.

Fermière. — Colorer au beurre. Entourer garniture Fermière et compléter la cuisson.

Financière — Sauter. Déglacer au Madère et entourer garniture Financière.

Fines-Herbes. — Sauter. Dresser. Déglaçage au vin blanc et sauce Fines-herbes brune.

Maintenon. — Cuire d'un côté. [Garnir le côté revenu d'appareil Maintenon ; lisser en dôme. Finir de cuire en braisant et en gratinant légèrement l'appareil. Dresser. Entourer sauce Périgueux.

Maraîchère. — Sauter. Dresser et entourer de salsifis cuits tronçonnés et choux de Bruxelles sautés au beurre ; pommes Château.

Maréchale. — Paner à l'anglaise ; cuire au beurre clarifié. Dresser ; entourer de bouquets de pointes d'asperges ; lame de truffe sur la Côte.

Marigny. — Sauter. Dresser ; entourer croûtes de tartelettes garnies, les unes de petits pois, les autres de haricots verts en losanges. Cordon de jus lié.

Milanaise. — Paner à l'anglaise avec mie de pain mélangée de fromage râpé. Cuire au beurre. Dresser avec garniture Milanaise ; cordon de sauce Tomate.

Montholon. — Sauter. Dresser. Sur chaque côté : un ovale de langue écarlate, petits champignons et lame de truffe. Cordon de sauce Suprême.

Napolitaine. — Sauter. Éponger ; masquer des deux côtés de sauce Béchamel réduite, liée, additionnée de fromage râpé. Paner à l'anglaise et colorer au beurre. Garn. Napolitaine.

Orléanaise. — Sauter. Dresser avec petite timbale de chicorée liée et pochée. Jus de déglaçage. Pommes à la Maître-d'Hôtel à part.

Orloff. — Sauter. Fourrer la noix de purée Soubise et lames de truffe. Garnir l'un des côtés de même purée réduite ; napper de sauce Mornay et glacer.

Papillote. — Sauter. Placer sur lame de jambon maigre taillée en triangle, couverte de sauce Duxelles serrée et disposée au centre d'une feuille de papier taillée en cœur et huilée. Recouvrir la côte de même sauce Duxelles et lame de jambon. Fermer en plissant les bords du papier ; souffler ; passer au four pour coloration.

Périgourdine. — Sauter. Garnir des deux côtés d'une couche de fin hachis de porc additionné de purée de foie gras et truffe hachée. Envelopper de crépine et griller. Cordon de sauce Périgueux.

Pojarski. — Chair de la côte, hachée avec le quart de son poids de beurre, autant de mie de pain trempée et pressée, assaisonnement. Reformer la côte avec son os et cuire au beurre clarifié. Garniture à volonté

Printanière. — Colorer au beurre et braiser. Garn. Printanière et fond de braisage.

Provençale. — Sauter d'un côté. Garnir, *de ce côté*, d'appareil à la Provençale ; lisser en dôme, saupoudrer de fromage râpé et compléter la cuisson. Sauce Provençale.

Talleyrand. — Sauter ; refroidir ; masquer, des deux côtés, de farce de volaille ; saupoudrer de truffe hachée. Chauffer au beurre clarifié, pour pochage de la farce. Garn. Talleyrand.

Truffes. — Sauter. Dresser avec lames de truffe sur la côte. Napper avec déglaçage à l'essence de truffe et glace de viande montée au beurre.

Verdunoise (Ex-Viennoise). — Aplatir mince ; paner à l'anglaise et cuire au beurre. Dresser sur beurre d'anchois ; disposer dessus une rondelle de citron parée et olive sans noyau posée sur anneau de filet d'anchois. Entourer de câpres ; blanc et jaune d'œuf hachés.

Vert-pré. — Griller. Garnir comme *Entrecôte* de ce nom.

Vichy. — Sauter. Garniture à la Vichy. Jus de déglaçage.

Zingara. — Sauter. Dresser avec tranche de jambon cru, sautée au beurre. Sauce Zingara.

ÉPAULE

Doit être désossée, farcie et braisée. S'accompagne de toutes purées de légumes, farinages et garnitures de la Noix de veau.

ESCALOPES

Se prennent dans le Filet ou la Noix de veau. Doivent être aplaties très minces et parées en forme d'ovales ou de cœurs.

Anglaise. — Assaisonner ; fariner ; paner à l'anglaise et sauter au beurre clarifié. Dresser en intercalant de tranches de jambon sautées. Arroser de beurre noisette.

Champignons. — Comme ci-dessus, sans jambon. Sauce Champignons brune à part.

Milanaise. — Paner à l'anglaise avec mie de pain mélangée de fromage râpé. Cuire au beurre clarifié. Dresser en turban avec garniture Milanaise au centre.

Verdunoise (ex-Viennoise). — Procéder comme pour *Côte de veau* du nom.

Garnitures pour Escalopes. — Chicorée, Crosnes, Epinards, Jardinière, Petits pois, Pointes d'asperges, etc. Purées de Carottes, Céleri, Petits pois, Pommes de terre.

Sauces pour Escalopes. — Bonnefoy, Chasseur, Fines-Herbes, Provençale, Soubise, Tomate.

FILET

Doit être paré; dénervé; piqué ou bardé. Est traité ensuite par le braisage ou le poêlage. Peut aussi être rôti.

Agnès Sorel. — Piquer langue et truffe. Braiser et glacer en dernier lieu. Dresser. Entourer de croûtes de tartelettes garnies de purée de champignons, avec anneau de langue et lame de truffe sur chacune. Fonds de braisage à part.

Chasseur. — Piquer au lard et rôtir. Sauce Chasseur à part.

Dreux. — Piquer transversalement avec gros lardons de jambon, langue et truffe. Barder et braiser. Garn. Financière.

Orloff. — Barder et braiser. Après cuisson, escaloper et reformer avec purée Soubise et lame de truffe entre chaque escalope. Napper la surface de purée Soubise; couvrir de sauce Mornay et glacer.

Paprika. — Piquer au lard; assaisonner de Paprika; faire revenir au saindoux et poêler sur couche d'oignons blanchis. Dresser; entourer de bouquets de chou-fleur masqués de sauce Mornay au Paprika et jambon haché et glacés. *A part:* Déglaçage à la crème, passé à la mousseline.

Sicilienne. — Piquer et poêler. Après cuisson, envelopper en crépine avec Lasagnes à la Sicilienne (V. *Garnitures*); saupoudrer de mie de pain, arroser de beurre fondu et colorer au four. Fonds de poêlage à part.

Talleyrand. — Clouter à la truffe; braiser et glacer. Garn. Talleyrand

Turque. — Poêler. Après cuisson, escaloper; dresser sur demi-écorces d'aubergines frites, garnies de riz à la Grecque et de la chair des aubergines, hachée. Rondelle d'aubergine sautée à l'huile entre chaque escalope. Napper de sauce Mornay et glacer.

FOIE

Anglaise. — En tranches du poids de 100 à 110 grammes. Assaisonner, fariner, griller; dresser en alternant de tranches de Bacon grillées. Arroser de beurre noisette.

Bercy. — En tranches. Fariner ; griller ; dresser sur Beurre Bercy.

Bordelaise. — Larder, mariner au vin blanc. Faire revenir au beurre ; envelopper en crépine avec oignon, échalotes et cèpes passés au beurre. Cuire avec déglaçage au vin blanc et sauce Demi-Glace tomatée. Compléter au moment avec Cèpes rissolés.

Bourgeoise. — Larder. Traiter comme *Pièce de Bœuf bourgeoise*.

Brochettes. — Morceaux carrés de 2 centimètres et demi de côté et un centimètre d'épaisseur, raidis au beurre et enfilés sur brochettes avec carrés de lard et lames de champignons sautées au beurre. Enrober de sauce Duxelles serrée ; paner à l'anglaise et griller. Sauce brune à volonté.

Espagnole. — En tranches. Fariner, huiler et griller. Dresser avec demi-tomate grillée sur chaque tranche, rondelles d'oignon et persil frits autour.

Fines herbes. — En tranches. Fariner et sauter. Sauce Fines herbes brune.

Italienne — Comme ci-dessus. Sauce Italienne.

Lyonnaise. — En tranches. Fariner et sauter avec beurre et huile. Garniture d'oignons émincés, sautés, liés à la glace de viande. Filet de vinaigre et persil haché.

Pain léger. — 500 grammes de foie pilé avec 125 grammes mie de pain trempée et pressée. Lier la purée avec œufs entiers et jaunes ; ajouter lait bouilli avec oignon haché, sauté au beurre et passé ; assaisonnement ; pocher au bain en moule à charlotte beurré. Démouler ; napper de glace de viande beurrée et saucière de même, à part.

Provençale. — Traiter comme *Italienne*. Sauce Provençale.

Quenelles au Beurre noisette. — 500 grammes purée de foie ; 50 grammes de farine, 50 grammes oignon haché cuit au beurre ; 3 œufs et 5 jaunes ; assaisonnement. Mélanger ; mouler à la cuiller à soupe et pocher. Egoutter, dresser ; arroser de Beurre noisette. Filet de jus de citron.

Raisins (aux). — En tranches. Sauter et dresser. Déglacer avec vinaigre et pincée de cassonade ; ajouter Sauce Demi-Glace, raisins de Corinthe et de Smyrne gonflés à l'eau tiède. Mijoter 2 minutes et verser sur les tranches.

Rizot (au). — En gros dés. Assaisonner ; sauter ; dresser en bordure de Rizot ; napper de Sauce Mornay et glacer.

Soufflé. — Appareil : 500 grammes purée de foie braisé ; 75 grammes beurre ; 2 décilitres Sauce Béchamel réduite ; 3 jaunes crus ; 3 cuill. crème ; sel et poivre ; 3 blancs en neige. Traiter comme Soufflé ordinaire.

Sous la cendre. — Larder comme « Bœuf à la Mode » ; faire raidir au beurre ; couvrir de sauce Duxelles serrée ; envelopper de bardes et enfermer dans une abaisse de Pâte à l'eau chaude. Cuire au four ; pendant la cuisson, introduire à différentes reprises de la Sauce Demi-Glace dans l'intérieur. *A part :* Sauce Madère beurrée. La croûte se brise sur table.

FRAISE

Traitement. — La dégorger à grande eau, blanchir, rafraîchir et cuire dans un Blanc. Doit toujours être servie brûlante.

Frite. — En morceaux ; paner à l'anglaise et frire au moment. Sur serviette avec persil frit. Sauce Diable à part.

Lyonnaise. — Emincer ; sauter à l'huile fumante ; ajouter oignons émincés cuits au beurre. Mélanger en sautant à feu vif. En timbale, avec filet de vinaigre et persil haché.

Poulette. — Emincer. Traiter comme *Pieds de Mouton.*

Ravigote. — En timbale et brûlante, avec quelques cuillerées de cuisson. Sauce Ravigote, froide, à part.

FRICADELLES

Procéder comme pour *Fricadelles de Bœuf,* avec viande de Veau.

FRICANDEAU

Tranche de Noix de veau, piquée de fins lardons et braisée à fond pour, au besoin, pouvoir être coupée à la cuiller. Toutes les garnitures de la Noix de veau lui sont applicables.

GRENADINS

Diminutif du Fricandeau. — Escalopes parées en ovales plus épaisses et moins larges que les escalopes ordinaires. Piquer de lardons très fins et braiser comme Fricandeau. Mêmes garnitures.

JARRETS

Ossi-Buchi. — Détailler en grosses rondelles ; assaisonner, fariner, et faire revenir au saindoux. Ajouter oignons hachés et faire colorer. Compléter avec tomates concassées, bouquet garni et vin blanc. Réduire presque complètement ; mouiller à hauteur avec fonds blanc. Cuire lentement. Dresser ; couvrir avec garniture et fonds ; finir avec filet de jus de citron et persil haché.

Printanière. — En rondelles comme ci-dessus. Faire revenir au beurre ; mouiller à couvert de fonds blanc ; ajouter bouquet garni. Au bout de une heure et demie entourer d'une garniture Printanière *crue*. Compléter la cuisson.

LANGUE

Traitement. — Blanchir ; braiser et retirer la peau après cuisson.

Grillées. — Braiser aux 3 quarts. Ouvrir du côté convexe sans séparer les deux moitiés, et maintenir l'écartement de celles-ci avec une brochette. Enduire de moutarde ; paner au beurre et griller. *A part :* Sauce brune relevée comme : (Diable, Piquante, etc).

Orloff. — Braiser et traiter comme *Filet de veau* de ce nom.

Papillote. — Braiser, partager en trois dans la longueur. Procéder ensuite comme pour *Côte de veau* en papillote.

Garnitures qui conviennent. — Bouquetière, Jardinière, Milanaise, etc. Toutes purées de légumes.

Sauces à choisir. — Chasseur, Duxelles, Hachée, Italienne, Périgueux, Romaine, etc.

LONGE

Se prépare généralement braisée en y laissant le rognon adhérent. S'accompagne de toutes garnitures de légumes.

MÉDAILLONS ET NOISETTES

Sont pris de préférence sur le Filet de veau ; on se sert aussi de noix de petites côtelettes, et ils sont toujours sautés au beurre. Toutes les garnitures des Côtes de veau leur sont applicables.

NOIX DE VEAU

Est quelquefois rôtie, mais le plus généralement braisée selon le mode ordinaire, en augmentant un peu la dose d'élément gélatineux (couennes de lard).

Briarde. — Piquer; braiser et glacer au dernier moment. Dresser. Entourer de demi-laitues farcies. *A part :* Carottes à la crème et fonds de braisage.

Caucasienne (Froide). — Noix de veau braisée tenue un peu ferme et froide. Détailler en minces rectangles. Tartiner la moitié de ces rectangles de Beurre, additionner de filets d'anchois en petits dés et ciboulette hachée. Recouvrir avec l'autre moitié de rectangles. Mettre sous presse légère. Dresser autour d'un pain de purée de tomate réduite et liée à la gelée.

Chatam. — Piquer, braiser et glacer. *A part :* Timbale de nouilles liées au beurre, avec turban de tranches de langue écarlate en ovales disposé dessus; Soubise claire additionnée de champignons émincés.

Lison. — Braiser. Dresser. Entourer de brioches en pomme Duchesse additionnée de langue écarlate hachée; tartelettes de hachis de laitues lié à la Béchamel et œufs. Fonds de braisage à part.

Renaissance. — Braiser sans piquer. Détacher une tranche de la noix. Dresser dessus, en turban, le reste de la noix détaillé en rectangles. Garn. Renaissance au centre. Fonds de braisage à part.

Suédoise (Froide). — Procéder comme pour Caucasienne en taillant les rectangles moins longs et plus épais. Tartiner de Beurre de raifort; recouvrir avec minces tranches de langue à l'écarlate. Dresser autour d'une salade de légumes liée à la Mayonnaise collée. Sauce Russe à part.

Garnitures pouvant être adoptées pour la Noix de veau. — Alsacienne, Bouquetière, Bourgeoise, Choisy, Chicorée, Épinards. — Jardinière, Macédoine, Marigny, Nivernaise, Oseille, Petits pois, etc.

OREILLES

Avant toute préparation définitive, elles doivent être blanchies et rafraichies.

Farcies. — Emplir la cavité de farce ordinaire. Emballer en mousseline. Braiser en fonds bruns pendant 2 heures. Servir avec fonds de braisage réduit.

Frites. — Braiser au madère. Détailler en lanières; tremper en pâte à frire, et frire au moment. Sauce tomate.

Grillées. — Braiser. Partager en deux; enduire de moutarde; paner au beurre et griller. Sauce Diable.

Tortue. — Braiser au Madère. Dresser. Entourer garniture Tortue.

Toulousaine. — Cuire au blanc. Dresser. Entourer avec garniture **Toulousaine**.

PAUPIETTES

Se prennent sur la Noix ou la Sous-noix en escalopes de 10 à 12 centimètres de long, sur 5 de large. Aplatir; parer, farcir selon le genre de préparation; rouler en bouchon et ficeler.

Algérienne. — Masquer de Godiveau additionné de poivrons hachés. Braiser. Dresser avec garniture Algérienne. Entourer avec sauce indiquée à la garniture.

Anversoise. — Masquer de farce à la crème. Braiser. Dresser sur croûtes de tartelettes garnies de jets de houblon liés à la crème. Pommes à l'anglaise au milieu. Cordon de sauce Tomate.

Belle-Hélène. — Masquer de Godiveau. Braiser. Dresser en couronne avec lame de truffe sur chaque paupiette. Croquettes de pointes d'asperges au centre. Cordon de jus lié.

Champignons. — Masquer de farce additionnée de champignons crus, hachés. Braiser. Dresser en couronne avec garniture et sauce Champignons à brun.

Fontanges. — Procéder comme pour *Paupiettes de bœuf.*

Hussarde. — Masquer de Godiveau. Braiser. Dresser avec rosace en pomme Duchesse sur chaque paupiette. Entourer de petites tomates farcies à la Hussarde. (V. *Tomates.*)

Madeleine. — Masquer de farce à la crème. Braiser. Dresser sur fonds d'artichauts garnis de Soubise. Entourer de petites timbales de purée de haricots blancs. Sauce Demiglace avec fonds de braisage.

Marie-Louise. — Masquer de farce à la crème. Braiser. Garn. Marie-Louise.

Portugaise. — Masquer de farce à la crème. Braiser. Garn. Portugaise.

PIEDS DE VEAU

Doivent être blanchis, rafraîchis et désossés. Cuire ensuite dans un Blanc, ou braiser, selon destination.

Custine. — Braiser. Détailler la chair en petits carrés, mélanger en sauce Duxelles réduite additionnée de champignons émincés. Diviser en parties de 80 grammes; envelopper de crépine; ranger sur plaque; arroser de beurre fondu et faire colorer au four. Sauce Demi-glace à part.

Frits. — Braiser. Enduire les morceaux de moutarde; paner à l'anglaise et frire au moment. Sur serviette avec persil frit. Sauce Tomate à part.

Grilles. — Préparer comme pour frire; paner au beurre; arroser de beurre fondu et griller. Sauce Diable à part.

Poulette. — Procéder comme pour *Pieds de mouton Poulette*.

Rouennaise. — Procéder comme pour *Pieds de mouton à la Rouennaise*.

Tartare. — Frits ou grillés. Sauce Tartare à part.

Tortue. — Procéder comme pour *Tête de veau en tortue*.

POITRINE

Est généralement désossée, farcie d'un fin hachis additionné de Duxelles sèche, beurre, persil et estragon hachés; œufs et assaisonnement. Braiser à court-mouillement, doucement et longuement. S'accompagne de toutes garnitures de légumes pour grosses pièces; de purées de légumes; de Nouilles, Macaroni, Lasagnes, etc.

RIS DE VEAU

Comporte deux parties : la noix (partie ronde) et la gorge (partie longue). Blanchir rapidement; rafraichir; supprimer les cartilages et mettre en presse. Piquer de lard fin, truffe ou langue, selon le genre d'apprêt. Sans indication, on doit comprendre le piquage avec lardons fins.

Bérengère (Escalope de). — Braiser, escaloper. Border chaque escalope d'un cordon de farce mousseline additionnée de langue hachée. Pocher la farce. Garnir le centre de purée Soubise avec rond de truffe dessus. Dresser sur croûtons ronds, frits : *A part :* Purée de pois frais et fonds de braisage.

Bonne-Maman. — Braiser sur grosse julienne de carotte, oignons et blanc de céleri. Court mouillement avec de bon fonds de veau. Glacer; dresser en terrine avec la julienne de légumes et fonds de braisage réduit.

Broche. — Piquer de lard. Envelopper en papier beurré

et embrocher. Au bout de 45 minutes, enlever le papier; glacer en arrosant de bon jus de veau. Sauce ou garniture en rapport.

Caisses (en). — Braiser; escaloper; dresser en petites caisses en papier, beurrées et séchées au four, avec champignons émincés et lames de truffes. Napper de sauce Parisienne.

Cevenole. — Braiser et glacer. Entourer de petits oignons glacés; marrons cuits au jus et glacés; croûtons en pain noir (forme crête de coq) frits au beurre. Fonds de braisage lié.

Chambellane. — Piquer à la truffe; braiser et glacer. Dresser. Entourer de petites tartelettes en farce mousseline, fourrées d'un Salpicon de truffe lié à brun. *A part :* Purée de champignons légère additionnée de Julienne de truffe.

Chartreuse. — Moule à charlotte beurré, foncé avec carottes et navets levés à la colonne et cuits; petits pois et haricots verts, en alternant les couleurs. Masquer fond et parois d'une couche de farce à la crème, pour maintenir les légumes. Pocher à l'entrée du four ou au bain. Emplir le moule aux trois-quarts avec escalopes de ris braisé, champignons émincés, lames de truffe liés avec sauce Parisienne à la crème. Recouvrir de même farce. Pocher au bain. Démouler, entourer de petites demi-laitues braisées. *A part :* Sauce Parisienne à l'essence de champignons.

Comtesse. — Clouter à la truffe; braiser et glacer. Dresser. Entourer de demi-laitues braisées alternées de petites quenelles ovales, décorées. *A part :* Jus lié.

Crépinettes. — Hacher parures de ris blanchies avec même poids de tétine de veau crue et assaisonnement. Ajouter 150 grammes truffe hachée et 2 œufs par kilo de hachis. Diviser en parties de 100 grammes; envelopper de crépine, saupoudrer de mie de pain, arroser de beurre et griller. *A part :* Sauce Périgueux.

Coquilles au gratin. — Procéder comme pour *Coquilles de cervelles* du nom.

Coquilles à la Parisienne. — Procéder comme il est indiqué au Chap. des *Hors-d'œuvre chauds.*

Cromesquis et Croquettes. — Procéder comme pour *Coquilles de cervelles* du nom.

Demidoff. — Piquer lard et truffe; braiser à moitié. Mettre en terrine avec carottes et navets taillés en croissants,

rondelles de petits oignons et céleri émincé étuvés au beurre.
Ajouter lames de truffe, fonds de braisage et compléter la
cuisson. Servir dans la terrine.

Excelsior. — Piquer à la truffe et pocher au fonds blanc.
Dresser; entourer de petites quenelles en farce mousseline:
un tiers au naturel; un tiers en farce truffée; un tiers en
farce avec langue hachée. *A part :* Soubise à la crème additionnée d'une fine julienne de truffe, champignons et langue
écarlate.

Favorite (Escalopes de). — Blanchir; escaloper et sauter
au beurre clarifié. Dresser en turban, en alternant d'escalopes de foie gras sautées au beurre. Décorer avec lames de
truffe. Pointes d'asperges au centre. *A part :* Sauce Madère à
l'essence de truffe.

Financière. — Piquer; braiser et glacer. Dresser avec
garniture Financière. Sauce Financière à part.

Grand-Duc (Escalopes de). — Blanchir; escaloper et cuire
au beurre. Dresser en couronne, avec lames de truffe inter-
calées. Napper de sauce Mornay et glacer. Pointes d'asperges
au centre après glaçage.

Gourmets (des). — Braiser. Dresser en cocotte avec lames
épaisses de truffes crues et fonds de braisage. Souder le couvercle au repère. Passer 10 minutes à four chaud. Servir
tel quel.

Grillé. — Blanchir; refroidir sous presse; partager en
deux sur l'épaisseur; arroser de beurre fondu et griller. *A
part :* Beurre Maître d'Hôtel ou sauce Italienne, Périgueux etc.
Garniture a volonté.

Grillé Camargo. -- Griller comme ci-dessus. Dresser en
croustade de brioche cuite en moule à côtes, garnie de
moitié petits pois à la française et moitié carottes à la Vichy.
Tranches de Bacon grillé sur le ris.

Grillé Gismonda. — Griller comme ci-dessus. Dresser en
croustade ovale basse, cuite à blanc, garnie d'un émincé de
fonds d'artichauts et champignons lié à la sauce crème. *A
part :* Glace de viande beurrée.

Grillé Jocelyne. -- Griller comme ci-dessus. Dresser sur
grosses rondelles de pommes de terre cuites au beurre,
vidées et remplies de Soubise au currie, demi piment vert et
demi tomate, grillés, sur le ris.

Grillé Saint-Germain. — Griller comme ci-dessus.

Dresser; entourer de petites pommes Château et de carottes en olives, glacées. *A part :* Sauce Béarnaise; timbale de purée de pois frais.

Judic (Escalopes de). — Blanchir; escaloper et sauter au beurre. Dresser sur rondelles de boudin en farce de volaille. Sur chaque escalope : Petite demi-laitue braisée, rognon de coq et lame de truffe. *A part :* Jus lié.

Montauban. — Piquer lard et truffe; braiser et glacer. Dresser; entourer avec petites croquettes de riz additionné de langue hachée : rondelles de boudin en farce de volaille à la crème; champignons. *A part :* Velouté à l'essence de champignons.

Papillote (en). — Braiser; escaloper dans la longeur et procéder comme pour *Côte de veau* en papillote.

Parisienne. — Piquer avec truffe et langue; braiser et glacer. Entourer avec garniture Parisienne. Fonds de braisage à part.

Pâté chaud. — Moule à charlotte beurré foncé en pâte à foncer. Masquer fond et parois d'une épaisse couche de farce de volaille. Garnir d'escalopes de ris à moitié cuit, champignons escalopés, lames de truffe, liés de sauce Parisienne réduite. Recouvrir de farce; fermer avec une abaisse et finir comme pâté ordinaire. Dorer; cuire à four chaud. Servir sur serviette.

Princesse. — Clouter à la truffe; braiser et glacer. Dresser en timbale basse sur garniture de pointes d'asperges et lames de truffe. *A part :* Sauce Parisienne à l'essence de champignons.

Queues d'écrevisses (aux). — Clouter à la truffe et braiser. Dresser; entourer de : queues d'écrevisses liées à la sauce crème; de coffres d'écrevisses, garnis de farce de volaille au Beurre d'écrevisse, pochés au moment.

Rachel. — Piquer; braiser et glacer. Dresser avec garniture Rachel. *A part :* Sauce Bordelaise et fonds de braisage.

Régence. — Clouter à la truffe et poêler. Dresser avec garniture Régence B. *A part :* Sauce Parisienne à l'essence de truffe.

Richelieu (Froid). — Procéder comme pour « Ris de veau Bonne Maman » en tenant le mouillement plus abondant. Dresser en cocotte ris et julienne de légumes; ajouter julienne de truffe et fonds de braisage, passé. Refroidir; dégraisser la surface et dresser sur serviette.

Rossini (Escalopes de). — Procéder comme pour *Escalopes Favorite*, moins les pointes d'asperges.

Suédoise. — Procéder comme pour *Noix de veau* du nom.

Timbale Condé. — En croûte de timbale cuite à blanc : Au fond : champignons émincés sautés au beurre Le long des parois : escalopes garnies d'un dôme de farce additionnée de champignons et truffe hachée et pochée. Au centre : émincé de truffes lié sauce Madère. Même sauce à part.

Toulousaine. — Clouter à la truffe et braiser. Dresser avec garniture Toulousaine. *A part :* Sauce Parisienne à l'essence de champignons.

Timbale Vosgienne. — En croûte de timbale basse, cuite à blanc : Garnir aux 2 tiers de nouilles au jambon; sur celles-ci, turban d'escalopes de ris braisé. Garniture Financière au milieu du turban.

Villeroy Escalopes de). — Braiser aux 3 quarts; escaloper; tremper en sauce Villeroy et refroidir. Paner à l'Anglaise; frire au moment et dresser sur serviette avec persil frit. *A part :* Sauce Périgueux.

Vol-au-vent à la Nesle. — En croûte de vol-au-vent : Escalopes de ris cuit à blanc; quenelles de godiveau gonflées au jus de truffes; crêtes et rognons, champignons, liés à la sauce Parisienne. Décorer avec petites escalopes glacées et lames de truffe. Sur serviette.

ROGNON DE VEAU

Le rognon pour sauter doit être dégraissé, dénervé et émincé. S'il doit être traité entier, on laisse subsister une mince couche de graisse autour. Les recettes indiquées pour le Rognon de bœuf peuvent être usitées, celles qui suivent sont spéciales au Rognon de veau.

Berrichonne. — Sauter au beurre et séparément, rognon émincé, lard de poitrine en dés et champignons émincés Déglacer au vin rouge; ajouter quantité nécessaire de sauce Bordelaise (sans moelle) beurrée. Mélanger dedans rognon et garniture; sauter un instant et dresser en timbale. Persil haché semé dessus.

Bordelaise. — Sauter le rognon au beurre. Mélanger dans sauce Bordelaise additionnée de moelle en dés, pochée, et cèpes émincés sautés au beurre. En timbale avec persil haché.

Casserole. — Dégraissé entier, comme il est dit ci-dessus. Cuire au beurre, en casserole en terre et au four. Au dernier moment, ajouter un peu de jus de veau. Servir tel quel.

Cocotte. — Dégraissé entier; faire revenir au beurre en cocotte. Entourer de lard de poitrine en dés, blanchi; champignons crus, en quartiers; pommes de terre tournées en gousses d'ail. Jus de veau au dernier moment. Servir tel quel.

Currie à l'Indienne. — Sauter au beurre; mélanger dans un Velouté au Currie. En timbale. Riz à l'Indienne à part.

Grillé. — Dégraisser; fendre en longueur sans séparer les deux moitiés et maintenir ouvert avec brochettes. Assaisonner; griller en arrosant de beurre fondu. *A part :* Beurre Maitre d'Hôtel, Bercy ou autre.

Liégeoise. — Préparer comme en casserole. Compléter au moment avec 2 cuillerées d'eau-de-vie de genièvre, flambée; 2 grains de genévrier écrasés; une cuillerée de jus de veau. Servir tel quel.

Montpensier. — Dégraisser; détailler en grosses rondelles et sauter vivement. Dresser en couronne, en timbale. Déglacer au Madère; ajouter glace de viande, beurre, jus de citron et persil haché. Napper le rognon; disposer au centre pointes d'asperges et lames de truffe.

Portugaise. — Préparer comme pour « Montpensier », sauce y comprise. Dresser en couronne sur plat; petite demi-tomate sur chaque rondelle de rognon et sauce autour.

Rizot (au). — Sauter au beurre; dresser en bordure de rizot préparée sur le plat. Napper de sauce Mornay et glacer.

Robert. — Dégraissé entier; cuire au beurre, en cocotte pendant un quart d'heure. Se finit sur table de cette façon : Retirer le rognon; placer la cocotte sur réchaud à l'alcool; déglacer à la fine champagne et réduire de moitié. Ajouter une cuillerée à café de moutarde; 30 grammes de beurre en petits morceaux, jus d'un quart de citron, persil haché. Ajouter le rognon finement découpé et son jus; mélanger et chauffer sans bouillir.

SAUTÉS DE VEAU

Employer mêmes morceaux que pour Blanquette et même détail en morceaux du poids de 70 à 80 grammes.

Aubergines. — Sauter au beurre ; ajouter oignon haché et pointe d'ail écrasé ; déglacer au vin blanc. Ajouter fonds brun purée de tomate, bouquet garni. Cuire une heure et demie et changer les morceaux d'ustensile Passer, réduire la sauce et verser sur les morceaux. En timbale, avec rondelles d'aubergines, frites au moment.

Catalane. — Sauter et cuire comme ci-dessus. Aux morceaux changés de casserole, ajouter : tomates en quartiers sautés au beurre ; marrons cuits ; petits oignons glacés, saucisses Chipolata, olives dénoyautées et blanchies. Couvrir avec la sauce passée ; mijoter un quart d'heure et dresser en timbale.

Champignons. — Sauter avec beurre et huile. Dégraisser. Ajouter fonds brun, purée de tomate. Cuire une heure et demie. Mettre les morceaux dans un autre ustensile avec champignons sautés au beurre. Couvrir avec sauce réduite et passée. Mijoter un quart d'heure et dresser en timbale.

Chasseur. — Sauter avec beurre et huile. Dégraisser. Ajouter fonds brun, sauce Demi-glace, bouquet garni. Cuire une heure et demie. Changer les morceaux de casserole ; couvrir de sauce Chasseur additionnée de la cuisson réduite. Mijoter un quart d'heure. En timbale. Saupoudrer de persil concassé, blanchi.

Fines herbes. — Procéder comme ci-dessus en supprimant la purée de tomate et en remplaçant la sauce Chasseur par une sauce Fines herbes brune.

Indiennne — Faire revenir à l'huile avec oignon haché et pincée de Currie. Dégraisser. Saupoudrer de farine ; la faire roussir et mouiller de fonds brun. Ajouter bouquet garni et cuire une heure et demie. Dresser en timbale ; passer la sauce sur les morceaux. Riz à l'Indienne à part.

Marengo. — Faire revenir à l'huile fumante, avec oignon haché et ail écrasé. Dégraisser. Déglacer au vin blanc ; ajouter fonds brun ; tomates concassées (ou équivalent de purée de tomate), bouquet garni. Cuire une heure et demie. Retirer les morceaux en sautoir : y joindre garniture de petits oignons cuits au beurre, champignons cuits et persil concassé. Couvrir avec la sauce réduite et passée. Mijoter un quart d'heure. En timbale avec entourage de croûtons en cœurs frits.

Nouilles, Spaghetti, etc. (aux). — Procéder comme pour « Sauté aux champignons ». Ajouter aux morceaux l'élément adopté, blanchi à moitié, dont la cuisson se complète dans la sauce.

Oranaise. — Procéder comme pour « Sauté Marengo ». Ajouter aux morceaux, changés de casserole : tomates pelées et concassées; brionnes tournées en grosses olives, blanchies. Couvrir avec la sauce passée; mijoter 20 minutes. Dresser en timbale; compléter avec rondelles d'oignons frites à l'huile au dernier moment.

Printanier. — Procéder comme pour « Sauté aux champignons ». Cuire une heure. Ajouter aux morceaux une garniture de légumes printaniers. Couvrir avec la sauce passée; continuer la cuisson pendant une heure. Dresser en timbale; compléter avec petits pois et haricots verts en losanges, cuits à l'anglaise.

Portugaise. — Procéder comme pour « Sauté Marengo ». Ajouter aux morceaux, changés de casserole : tomates pelées et concassées, persil concassé. Couvrir avec la sauce; mijoter 20 minutes et dresser en timbale.

SELLE

Est rôtie, mais plus souvent braisée à court mouillement avec arrosages fréquents. Dans un cas comme dans l'autre elle doit être bardée. Les bardes sont enlevées au moment de glacer la Selle.

Chartreuse. — Braiser; glacer et dresser sur plat long. Une chartreuse de légumes à chaque bout. *A part :* Fonds de braisage dégraissé et réduit

Marignan. — Braiser. Détacher les filets; les détailler en escalopes coupées en biais. Masquer de sauce Béchamel au Paprika les parties de la Selle mises à nu. Reformer les filets à leur place primitive en intercalant les escalopes d'une cuillerée de sauce et 2 lames de truffe. Napper la pièce de même sauce et glacer à la Salamandre. *A part :* Fonds de braisage et timbale de riz Pilaw.

Matignon. — Braiser à moitié. Etaler dessus une couche de Matignon; couvrir de minces tranches de jambon; envelopper la selle en double crépine et continuer la cuisson. Servir tel quel. *A part :* Fonds de braisage.

Nelson. — Procéder comme pour « Marignan » dans la

première partie de l'opération. Masquer les parties mises à nu avec sauce Soubise. Reformer les filets en intercalant les escalopes de sauce Soubise et lames de jambon. Couvrir la Selle d'une couche de Soufflé au Parmesan et à la purée de truffe. Pocher à four doux. *A part :* Fonds de braisage.

Orientale. — Procéder comme pour « Marignan » en remplaçant le Paprika par du Currie dans la sauce Béchamel. Couvrir la Selle de sauce Béchamel tomatée. Glacer. Entourer de céleris braisés. Riz Pilaw à part.

Piémontaise. — Procéder comme pour « Marignan » avec sauce Béchamel additionnée de Parmesan et truffe blanche râpés. Couvrir de même sauce et glacer. *A part :* Fonds de braisage ; rizot à la Piémontaise.

Orloff. — Procéder comme ci-dessus. Intercaler les escalopes de Soubise et lames de truffe en reformant les filets. Napper la Selle de sauce Mornay soubisée et glacer. *A part :* Fonds de braisage.

Renaissance. — Braiser et glacer. Dresser ; entourer d'une garniture Renaissance. *A part :* Sauce Hollandaise et fonds de braisage.

Romanoff. — Procéder comme pour « Marignan ». Intercaler les escalopes de gribouis (ou de cèpes) finement émincés et liés à la sauce Crème. Napper la Selle de sauce Béchamel au beurre d'Ecrevisse ; entourer de demi-pieds de fenouil braisés au vin blanc. *A part :* Fonds de braisage.

Talleyrand. — Clouter à la truffe ; braiser et glacer. Dresser. *A part :* Fonds de braisage réduit et timbale de macaroni à la Talleyrand.

Tosca. — Procéder comme pour « Marignan ». Garnir les parties de la Selle mises à nu avec macaroni tronçonné, lié à la Crème, additionné de julienne de truffe. Intercaler les escalopes de sauce Béchamel Soubisée et lames de truffe en reformant les filets sur le macaroni. Napper la Selle de même sauce et glacer. *A part :* Fonds de braisage.

TÊTE DE VEAU

Traitement : Doit être désossée, dégorgée, blanchie et rafraîchie. Après détail, les morceaux sont frottés au citron et mis en cuisson dans un Blanc bouillant Lorsque la tête est accompagnée d'une garniture comme *Tortue* ou *Financière*, on emploie seulement la peau, détaillée en petits carrés ronds ou ovales. Quelle que soit la façon dont elle est servie, on doit l'accompagner d'escalopes de langue et de cervelle.

Anglaise. — Partager en deux. Cuire dans un Blanc, sans la désosser. Dresser sur serviette. Servir en même temps : lard bouilli et sauce Persil.

Flamande (Froide). — Désosser ; diviser en deux et cuire dans un Blanc. Aussitôt cuite, placer sur chaque moitié (côté intérieur) une oreille, détachée et coupée en deux ; la moitié de la langue. Rouler, serrer fortement dans une serviette et refroidir. Se sert en tranches minces, avec escalopes de cervelle et sauce Rémoulade ou Tartare.

Tertillière. — En sautoir : morceaux de peau de tête ; langue écarlate en gros dés ; lames de truffe ; grosse julienne de champignons ; quantité relative de sauce Madère. Mijoter 20 minutes. Au dernier moment, une cuillerée de fine julienne de zeste de citron, blanchie. En timbale, avec entourage de demi-œufs durs.

Garnitures usuelles. — Financière, Godard, Tortue, Toulousaine.

Sauces usuelles. — Poulette, Ravigote chaude, Tomate, Vinaigrette.

Mouton et Agneau de pré-salé.

BARON ET DOUBLE

Le *Baron* comporte les deux gigots et la Selle réunis. Le Double comprend les 2 gigots non séparés. Ces pièces sont toujours rôties. Presque toutes les garnitures du Filet de bœuf leur sont applicables.

CARRÉS

Les débarrasser de l'épiderme et des os d'échine. Raccourcir ; dégager le bout des os ; larder et rôtir. S'accompagnent de toutes garnitures et purées de légumes.

CASSOULET. PILAW. RAGOUTS ET PRÉPARATIONS DIVERSES

Cassoulet. — 1° Cuire des haricots blancs avec garniture aromatique ordinaire, gousse d'ail et couennes fraîches, blanchies. Au bout d'une heure, ajouter un saucisson à l'ail et lard de poitrine. 2° Faire revenir au saindoux morceaux d'épaule désossée et de poitrine de mouton; ajouter oignons hachés et gousses d'ail broyées; faire colorer. Mouiller avec cuisson des haricots; compléter avec purée de tomate et bouquet garni. Cuire une heure et demie. 3° Garnir le fonds de plats creux ou de terrines spéciales avec les couennes; remplir, en alternant les couches, avec : morceaux de mouton, haricots, lard en gros dés, rondelles de saucisson. Saupoudrer de chapelure et gratiner.

Currie à l'Indienne. — Faire revenir au saindoux petits carrés de viande maigre de mouton, saupoudrés d'oignon haché et de currie. Singer; cuire la farine; mouiller avec lait de coco et cuire doucement une heure et demie. Dix minutes avant fin de cuisson, ajouter quantité relative de pommes douces pelées et coupées en dés. Riz à l'Indienne à part.

Daube Avignonnaise. — Gigot désossé détaillé en morceaux carrés. Traverser chaque morceau d'un gros lardon assaisonné. Mariner 2 heures avec vin rouge, huile, carottes et oignons émincés, persil, thym et laurier.

Barder fond et parois d'une terrine en terre. Garnir avec morceaux marinés en alternant chaque couche de : oignon haché et pointe d'ail broyé; dés de lard de poitrine, blanchi; petits carrés de couennes, blanchies. Bouquet garni au centre; pincée de thym et laurier entre chaque couche. Mouiller à couvert avec marinade et fonds brun. Couvrir de bardes; fermer et luter la terrine. Cuire 5 heures à four doux. Servir en petites terrines.

Haricot de mouton. — Dés de lard de poitrine et petits oignons colorés au saindoux. Égoutter. Dans la même graisse, faire revenir morceaux de poitrine, collet et épaule. Dégraisser, singer et cuire la farine. Ajouter : ail broyé, eau, sel et poivre, bouquet garni; cuire une demi-heure. Changer les morceaux de casserole. Y joindre : lardons, oignons et haricots blancs à moitié cuits. Couvrir avec la sauce, passée; compléter la cuisson. Se sert en petites terrines.

Irish-Stew. — En casserole par couches alternées : Morceaux de poitrine et épaule désossée; pommes de terre et oignons émincés; bouquet garni au centre; sel et poivre sur chaque couche. Mouiller d'eau à couvert. Cuire doucement au four.

Moussaka. — Frire demi-aubergines fendues en longueur. Retirer et hacher la chair; mélanger avec hachis de viande de mouton, cuite; ajouter : oignon haché cuit au beurre; pointe d'ail; champignons émincés, sautés; œufs entiers; Sauce Espagnole tomatée, réduite; persil haché; sel et poivre. Malaxer le tout. Foncer un moule à charlotte beurré avec les peaux d'aubergines frites. Remplir avec le hachis, par couches alternées de rondelles d'aubergines frites au moment. Pocher au bain. Démouler et saupoudrer de persil haché.

Mutton-Pie. — Procéder comme pour *Beefsteack-Pie*. (V. Bœuf.)

Navarin. — Morceaux comme pour « Haricot », revenus à la graisse clarifiée. Assaisonner de sel, poivre et pincée de sucre Dégraisser; singer; cuire la farine; mouiller avec eau ou fonds. Ajouter tomates hachées (ou purée), ail écrasé et bouquet garni. Changer les morceaux de casserole au bout d'une heure. Y joindre petits oignons colorés et quartiers de pommes de terre tournés. Couvrir avec Sauce passée et dégraissée. Cuire encore une heure et servir en timbale.

Navarin Printanier. — Procéder comme ci-dessus pour première partie de cuisson. Ajouter aux morceaux : petits oignons; carottes et navets en olives (ces derniers sautés à la poêle); pommes de terre; petits pois et haricots verts en losanges. Couvrir avec Sauce et continuer la cuisson.

Pilaw. — Se prépare comme « Navarin » en augmentant la tomate et condimentation au safran. La garniture de légumes remplacée par du riz glacé (Caroline ou Patna). Peut être traité comme « Currie de mouton à l'Indienne » et dressé en bordure de riz Pilaw.

CERVELLES

Toutes formules indiquées pour *Cervelle de Bœuf*.

COTELETTES

Bretonne. — Sauter avec beurre et huile. Dresser avec garniture de « Flageolets à la Bretonne. » Cordon de jus.

Buloz. — Griller d'un côté. Masquer ce côté de Béchamel réduite additionnée de Parmesan râpé. Paner à l'anglaise avec mie de pain mélangée de fromage râpé. Colorer au beurre clarifié. Dresser sur fond de Rizot aux truffes.

Carignan. — Paner à la Milanaise. Sauter avec beurre et huile. Dresser en turban. Au centre : Crêtes et rognons de coq trempés en pâte à frire et frits au moment. Sauce Tomate à part.

Champvallon. — Basses côtes colorées au beurre. Ranger en plat en terre avec oignons émincés, pointe d'ail et bouquet garni. Mouiller à hauteur avec fonds blanc. Après 20 minutes de cuisson, ajouter pommes de terre en rondelles. Finir de cuire en arrosant. Servir tel quel.

Financière. — Fourrer la noix de farce truffée. Colorer des deux côtés ; finir de cuire avec de bon fonds et glacer. Dresser en turban. Garniture Financière au centre (ou à part).

Laura. — Griller. Enfermer en crépine, entre 2 couches de macaroni à la crème additionné de fondue de tomates. Passer 7 à 8 minutes à four vif. Dresser. Cordon de sauce Demi-glace tomatée.

Maintenon. — Procéder comme pour *Côte de Veau* du nom.

Montglas. — Procéder comme pour *Maintenon*, avec appareil Montglas. Sauce Demi-glace.

Mousquetaire. — Mariner une heure avec huile, jus de citron et aromates. Éponger. Sauter à l'huile, d'un côté ; masquer ce côté de godiveau additionné de Duxelles sèche et fines herbes ; lisser en dôme. Passer au four pour fin de cuisson et pochage de la farce. Dresser en turban. Au centre Émincé de fonds d'artichauts et champignons sautés, liés à la sauce Duxelles.

Murillo. — Sauter d'un côté. Garnir ce côté d'un émincé de champignons liés à la Béchamel réduite ; lisser en dôme. Saupoudrer de Parmesan râpé. Mettre au four, sur plaque, pour fin de cuisson et gratin. Dresser. Cordon de sauce Tomate.

Parisienne. — Griller. Garniture Parisienne et jus clair.

Pompadour. — Sauter. Dresser en turban. Au centre : petites croquettes rondes de pommes de terre ; autour : petits fonds d'artichauts garnis de purée de lentilles. Cordon de sauce Périgueux.

Provençale. — Colorer à l'huile, d'un côté. Masquer ce côté d' « appareil Provençale ». Passer au four pour fin de cuisson et glaçage. Dresser en couronne. Sur chaque côtelette, petit champignon grillé et olive farcie. Cordon de sauce Provençale.

Réforme. — Aplatir. Paner au beurre avec mie de pain additionnée de jambon haché. Cuire au beurre clarifié. *A part* : Sauce Réforme.

Sévigné. — Colorer d'un côté. Masquer ce côté d'un Salpicon de fonds d'artichauts et champignons lié à la sauce Parisienne. Paner à l'anglaise. Passer au four pour fin de cuisson et coloration. Dresser en couronne. Cordon de glace de viande beurrée.

Suédoise. — Mariner comme « Mousquetaire. » Éponger; passer au beurre fondu; griller à feu vif. *A part* : sauce Suédoise, tiede.

Valois. — Griller d'un côté. Garnir de Julienne Montglas courte liée avec de la farce. Lisser en dôme ; humecter de beurre ; passer au four pour fin de cuisson et pochage de la farce. Dresser en turban avec olives farcies au centre. *A part* : Sauce Valois.

ÉMINCÉS ET HACHIS

Se traitent comme Émincés et Hachis de bœuf.

ÉPAULE

Bonne-Femme. — Désosser ; farcir de hachis fin ; rouler, ficeler et faire colorer au saindoux. Cuire à moitié au four. Mettre en plat en terre avec haricots cuits aux 2 tiers; carotte émincée (de la garniture des haricots); oignons émincés, sautés ; pointe d'ail. Finir de cuire au four. Servir dans le plat.

Boulangère. — Désosser; rouler, ficeler et faire colorer au four. Entourer garniture Boulangère et cuire au four en arrosant assez souvent. Persil concassé en servant

Navets. — Désosser, farcir, ficeler et braiser. Aux 3 quarts de cuisson, changer d'ustensile ; entourer de navets en olives sautés à la poêle et petits oignons glacés. Ajouter le fonds de braisage dégraissé et passé. Compléter la cuisson.

Nota : L'épaule, farcie et braisée s'accompagne aussi de Riz ; garnitures de legumes, farinages, etc.

ÉPIGRAMME

Comporte une côtelette et un morceau de poitrine braisée, désossée, taillé en forme de cœur allongé, panés à l'anglaise. Griller ou sauter au beurre clarifié. Garnitures ordinaires : Macédoine, Petits pois, Pointes d'asperges, Vert-pré, Chicorée, Purées diverses.

GIGOT

Anglaise. — Raccourcir le manche ; parer ; cuire à l'eau bouillante salée avec carottes, oignons piqués de girofle, gousses d'ail et bouquet garni. Dresser avec carottes et oignons de la cuisson. *A part :* Sauce Câpres à l'anglaise. (Peut être accompagné d'une purée de navets ou de céleris cuits avec la pièce.)

Bordelaise. — Retirer l'os principal ; piquer de gros lardons de jambon ; remplir le vide central de farce à Fricadelles de veau. Faire colorer au four ; mouiller à hauteur avec bon fonds ; cuire doucement. Aux 2 tiers de cuisson, ajouter morceau de lard de poitrine ; carottes et navets en quartiers ; ail et bouquet garni. Dresser ; entourer avec légumes et lard détaillé en rectangles. *A part :* Sauce Tomate avec fonds de braisage réduit.

Boulangère. — Rôtir aux 2 tiers ; entourer garniture Boulangère et terminer la cuisson.

Bonne-Femme. — Procéder comme pour *Épaule* du nom.

Bretonne. — Rôtir et accompagner de Flageolets à la Bretonne. Jus du gigot à part.

Chevreuil (en). — Dénerver ; piquer de lard fin ; tenir en marinade cuite de 2 à 4 jours, selon la saison. Éponger et rôtir à four vif. *A part :* Sauce Chevreuil à la Française.

LANGUES

Procéder comme pour *Langue de Veau*.

NOISETTES

Se prennent sur le Filet ou les Côtes de noix et se traitent comme les Tournedos.

PIEDS DE MOUTON

Traitement préalable : Désosser ; flamber ; nettoyer et cuire dans un *Blanc* léger.

Blanquette. — Pieds ; petits oignons cuits au consommé et champignons. Sauce Parisienne. Mijoter 5 minutes. En timbale avec persil haché.

Fritot. — Procéder comme pour *Cervelle de Bœuf*.

Poulette. — Cuits dans un Blanc. Egoutter et mélanger en sauce Poulette additionnée de petits champignons. En timbale avec persil haché.

Rouennaise. — Blanchir ; braiser au Madère et désosser à fond. Réunir par deux demi-pieds ; envelopper de chair à saucisses additionnée d'oignon haché, cuit au beurre, persil haché et fonds de braisage réduit avec filet de cognac. Envelopper de crépine, saupoudrer de mie de pain et griller.

Tyrolienne. — Dans une sauce composée de : oignon haché cuit au beurre ; tomates pelées et concassées ; persil haché ; un cinquième de sauce Poivrade claire, mélanger les pieds fraîchement cuits. Mijoter 10 minutes. Dresser en timbale.

Nota : Se préparent aussi : A la Custine, Grillés, Vinaigrette, en Salade. (V. *Pieds de veau*.)

POITRINE

Bergère. — Braiser ; désosser et refroidir sous presse. Tailler en losanges ou en cœurs ; paner à l'anglaise avec mie de pain mélangée de champignons crus, hachés et pressés. Griller. Dresser en couronne avec bouquet de Pommes pailles au milieu. *A part :* Sauce Duxelles aux morilles.

Diable. — Préparer comme ci-dessus. Tailler en rectangles ; enduire de moutarde ; paner à l'anglaise et griller. *A part :* Sauce Diable.

Divers. — Tailler la poitrine sous une forme quelconque ; paner à l'anglaise et griller. Purée de légumes à part.

Vert-pré. — En rectangles ; paner à l'anglaise ; griller. Procéder ensuite comme pour *Entrecôte*.

ROGNONS

Les rognons pour sauter sont émincés ou partagés simplement en deux. La pellicule doit toujours être enlevée.

Berrichonne. — (V. *Rognon de veau*.)

Brochette. — Ouvrir du côté convexe sans séparer complètement. Traverser avec une brochette. Paner au beurre et griller. Dresser avec Beurre Maître-d'Hôtel dans la cavité.

Carvalho. — En deux. Sauter ; dresser en couronne sur croûtons en forme de crête ; petit champignon et lame de truffe sur chacun. Déglacer au Madère ; ajouter sauce Demi-glace ; beurrer et napper les rognons.

Champagne (au). — En deux ; assaisonner, sauter au beurre et mettre en timbale. Déglacer au champagne ; ajouter glace de viande, jus de citron, beurre et en couvrir les rognons.

Gratin. — En deux. Raidir au beurre ; ranger autour d'un dôme de farce mélangée de Duxelles sèche ; entourer de lames de champignons crus. Couvrir de sauce Duxelles ; chapelurer et gratiner. Jus de citron et persil haché en servant.

Turbigo. — En deux. Sauter ; dresser en timbale avec saucisses Chipolata grillées et champignons. Déglacer au vin blanc ; ajouter sauce Demi-glace tomatée, pointe de Cayenne et verser sur les rognons.

Vert-pré. — Rognons brochette garnis cresson et Pommes pailles. Beurre Maître-d'hôtel.

Viéville. — En deux. Sauter ; dresser en couronne sur croûtons en forme de crêtes. Au centre : petits oignons glacés ; saucisses Chipolata pochées et champignons. Déglacer au Madère ; ajouter sauce Demi-glace ; beurrer et verser sur les rognons.

SELLE

Est généralement rôtie et servie comme Relevé de broche avec garniture, comme : DAUPHINE, DUCHESSE, BOUQUETIÈRE, FRASCATI, JARDINIÈRE, PORTUGAISE, PROVENÇALE, RICHELIEU, SAINT-GERMAIN, etc.

Agneau de lait.

BARON, DOUBLE ET QUARTIER

Le *Baron* et le *Double* comportent les parties indiquées à « Agneau de pré-salé ». Le *quartier* se compose d'un gigot et d'une demi-selle adhérente. Ces grosses pièces sont poêlées ou rôties et s'accompagnent de garnitures de primeurs.

CARRÉS

Bonne Femme. — Colorer au beurre. Mettre en cocotte avec petits oignons sautés ; dés de lard de poitrine ; pommes de terre en olives. Cuire au four. Servir tel quel.

Limousine. — Poêler en cocotte avec marrons cuits et petits oignons glacés.

Louisiane. — Poêler avec tranches de patates. Dresser. Entourer de timbales de riz et rondelles de bananes frites. Maïs à la crème à part.

Marly. — Colorer au beurre. Mettre en terrine avec pois mange-tout tronçonnés ; beurre ; sel et sucre ; un peu d'eau. Fermer hermétiquement et cuire au four. Servir tel quel.

Mireille. — Colorer au beurre. Placer en plat ovale en terre sur fond de pommes Anna et fonds d'artichauts cuits aux 3 quarts. Compléter la cuisson au four. Servir tel quel.

Printanière. — En terrine ovale : Carré écourté revenu au beurre ; petits oignons à moitié cuits au beurre ; carottes et navets tournés en gousses d'ail et cuits ; petits pois et haricots verts en losanges, crus ; 2 cuillerées de fonds. Fermer et cuire au four.

Saint-Laud. — Faire revenir au beurre ; entourer de petits artichauts de Provence ; cuire par étuvage. Dresser sur fondue de tomates à l'estragon ; entourer avec artichauts.

Toscane. — Raccourcir et faire revenir au beurre. Placer en plat ovale sur couche de pomme Anna. Recouvrir de même pomme ; saupoudrer de Parmesan râpé et cuire au four.

COTELETTES

Bergère. — Sauter au beurre. Dresser en turban en alternant de rectangles de lard maigre rissolé. Bouquet de pommes pailles au centre. Autour : petits oignons glacés et morilles sautées.

Charleroi. — Faire revenir au beurre d'un côté. Masquer ce côté de purée Soubise serrée ; lisser en dôme ; saupoudrer de Parmesan ; paner à l'anglaise et colorer au beurre clarifié. Dresser en turban. Jus lié à part.

Châtillon. — Procéder comme pour « Côte de veau Maintenon ». Dresser en turban. Purée de haricots verts au centre. Cordon de glace de viande beurrée.

Choiseul. -- Faire revenir d'un côté. Masquer ce côté de farce additionnée de langue et truffe hachées. Lisser en dôme. Décorer d'un anneau de langue et lame de truffe. Passer au four pour pochage de la farce et complément de cuisson. Dresser en turban. Au centre, garniture de ris d'agneau, champignons et fonds d'artichauts liée avec sauce Parisienne.

Cyrano. — Sauter au beurre. Dresser en turban en alternant de croûtons en cœurs, frits. Entourer de petits fonds d'artichauts garnis en dôme de purée de foie gras légère. *A part :* Sauce Châteaubriand.

Farcies Périgueux. — Faire revenir d'un côté. Masquer ce côté de farce truffée. Passer au four pour pochage et complément de cuisson. Dresser en turban. Sauce Périgueux.

Henriot. — Griller. Refroidir sous presse. Enrober de sauce Villeroy ; paner à l'anglaise et colorer au beurre clarifié. Dresser. Garnir de mousserons étuvés, liés sauce Crème.

Malmaison. — Paner à l'anglaise ; cuire au beurre clarifié et dresser en turban. Entourer de petites croûtes de tartelettes garnies, les unes de purée de pois frais, les autres de purée de lentilles et de petites tomates farcies. Jus lié.

Maréchale. — Paner à l'anglaise. Cuire au beurre clarifié. Dresser avec lame de truffe sur chacune. Pointes d'asperges au milieu.

Marie-Louise. — Paner à l'anglaise ; cuire au beurre clarifié. Garniture Marie-Louise.

Mirecourt — Sauter d'un côté. Masquer de ce côté avec farce à la crème. Pocher au four et à couvert. Dresser en turban avec purée d'artichauts à la crème au centre. *A part :* Velouté à l'essence de champignons.

Morland — Aplatir ; passer à l'œuf et rouler dans la truffe hachée. Cuire au beurre clarifié. Dresser en turban avec purée de champignons au centre. Cordon de glace de viande beurrée.

Navarraise. — Griller d'un côté. Garnir en dôme avec appareil composé de jambon, champignons et poivron rouge, hachés, lié avec sauce Béchamel réduite. Saupoudrer de Parmesan râpé ; passer au four pour finir la cuisson et gratiner. Dresser sur demi-tomates sautées à l'huile. Cordon de sauce Tomate.

Nelson. — Griller d'un côté. Masquer en dôme, de ce côté avec farce Soubisée. Ranger sur plaque; saupoudrer de mie de pain; passer au four 7 à 8 minutes. Dresser. Cordon de sauce Madère.

Orsay. — Sauter au beurre. Dresser en turban. Au centre : Julienne de langue, champignons et truffe lié au Velouté à l'essence de truffe.

Villeroy. — Griller. Refroidir sous presse. Tremper en sauce Villeroy; paner à l'anglaise et frire au moment. Dresser. Sauce Périgueux.

ÉPIGRAMME

(V. Épigramme d'*Agneau de Pré-salé*.)

ÉPAULE

Peuvent se traiter comme celles de mouton et selon la formule suivante :

Florian. — Rôtir sur grille. A fin de cuisson, paner au beurre et colorer. Dresser. Entourer de quartiers de laitue braisées; petits oignons et petites carottes, glacés; pommes fondantes. Jus clair à part.

GIGOT

Chivry. — Saler, fariner, emballer en serviette; cuire à l'eau bouillante salée. Servir avec sauce Chivry.

Liégeoise. — Poêler en cocotte. Ajouter en dernier lieu quelques grains de genévrier hachés et petit verre d'eau-de-vie de genièvre flambée.

Menthe (à la). — Braiser avec bouquet de Menthe; glacer. Servir avec fonds de braisage additionné de Menthe fraîche hachée et blanchie.

Sous la Cendre. — Colorer au four. Entourer de fine chair à saucisses truffée; envelopper de crépine et enfermer dans une abaisse de pâte au saindoux. Cuire à four moyen. Sauce Périgueux dans l'intérieur, après cuisson.

LANGUES, PIEDS, POITRINE

Voir ces articles à *Mouton* et Agneau de pré-salé.

RIS

Sont utilisés en garnitures et se préparent en : ATTEREAUX, COQUILLES diverses, CROMESQUIS et CROQUETTES, MAZAGRAN.

Pâté chaud Chevrière. — Moule à Charlotte foncé en pâte fine. Masquer fond et parois de godiveau à la ciboulette; garnir aux 3 quarts de ris braisés et champignons liés avec sauce Parisienne; recouvrir de farce, fermer comme Pâté ordinaire et cuire à four moyen. Après démoulage, entourer de ris braisés et glacés.

Timbale. — En croûte de timbale cuite à blanc : ris d'agneau braisés; champignons, ronds de langue écarlate et lames de truffe liés avec Velouté à l'essence de champignons. Couronne de quenelles pour finir.

SAUTÉS

Chasseur. — Epaule et poitrine en petits morceaux. Sauter avec beurre et huile jusqu'à cuisson complète. Retirer sur plat; dégraisser; déglacer au vin blanc; ajouter sauce Chasseur et mélanger les morceaux dedans. En timbale avec persil haché.

Forestière. — Procéder comme pour *Poulet* du nom.

Printanier. — Morceaux comme ci-dessus. Sauter au beurre jusqu'à cuisson. Retirer sur plat. Déglacer à l'eau; ajouter glace de viande et beurrer. Dans cette sauce, mélanger morceaux et garniture de : Carottes et navets en olives, cuits et glacés; petits oignons et petites pommes de terre cuits au beurre; petits pois et haricots verts en losanges, cuits à l'anglaise. En timbale.

SELLE

Edouard VII (Froide). — Désosser; assaisonner; placer au centre un foie gras clouté à la truffe et mariné au Marsala. Reformer; emballer en mousseline; pocher avec fonds de noix de veau et marinade du foie. Après cuisson, déballer et mettre en terrine ovale; couvrir avec le fonds et refroidir. Dégraisser. Servir dans la terrine.

Grecque. — Garnir l'intérieur de riz à la Grecque. Enfermer avec les bavettes, cousues, et peaux rapportées. Braiser. Glacer. Servir avec fonds de braisage.

Washington. — Comme ci-dessus, en remplaçant le riz par du maïs.

PORC

ANDOUILLETTES, BOUDINS BLANCS ET NOIRS

La préparation première de ces articles de Charcuterie n'a pas sa place ici. En outre, les différentes recettes locales qui les concernent ne sont que d'un intérêt relatif. Le meilleur traitement qui leur convient est de les griller, après les avoir ciselés (sauf le Boudin blanc qui est piqué avec une épingle au lieu d'être ciselé) et de les servir avec une purée de pommes de terre à la crème.

CARRÉ

Se fait rôtir et s'accompagne de Choucroute; Choux-rouges; Marmelade de pommes non sucrée; purées de légumes; sauces relevées comme *Charcutière*, *Piquante*, *Robert,* etc.

CERVELLES

Mêmes préparations que celles du bœuf.

COCHON DE LAIT

Anglaise. — Remplir avec mélange de farce Gratin faite avec foie du cochon et chair à saucisses, additionnée de mie de pain œufs, fine Champagne, thym. Recoudre; rôtir sur broche en arrosant d'huile *A part :* Purée de pommes de terre ou Marmelade de pommes aux raisins

Saint-Fortunat — Mélanger : Orge préparé en Pilaw; le foie du cochon coupé en dés et sauté au beurre; saucisses Chipolata, cuites; marrons cuits; fines herbes; assaisonnement. Saler; arroser d'eau-de-vie l'intérieur du cochon, le remplir avec le mélange; recoudre et cuire au beurre en braisière Dresser. Déglacer avec fonds de veau. *A part :* Déglaçage; sauce Groseille au Raifort; marmelade de pommes aigres.

COTES

Traitement : Aplatir; assaisonner; paner au beurre et

griller. Accompagner de : sauce Charcutière. Piquante ou
Robert. Purée de pommes de terre; Marmelade de pommes
douces ou Choux rouges braisés. Se préparent aussi à la
Milanaise en procédant comme pour *Côte de veau* du nom.

CRÉPINETTES ET SAUCISSES

Crépinettes Cendrillon. — Crépinettes truffées comme
ci-dessous, enfermées chacune dans une abaisse ronde en
rognures de feuilletage, pliée en chausson. Cuire à four
moyen. Dresser sur serviette.

Crépinettes truffées. — Chair à saucisses fine additionnée, au kilo, de 125 grammes de truffe hachée et 2 cuillerées d'essence de truffe. Diviser en parties de 100 grammes;
envelopper de crépine et griller. Dresser en couronne; sauce
Périgueux au centre et Purée de pommes à la Crème à part.

Saucisses Anglaises. — Griller ou cuire au four. Accompagner de tranches de Bacon.

Saucisses aux Choux. — Griller ou pocher. Dresser sur
chou vert, chou braisé ou chou rouge à la Flamande.

Saucisses au Rizotto. — Cuire au beurre avec lames de
truffes blanches. Tronçonner et dresser en bordure de
Rizotto.

Saucisses au Vin blanc. — Cuire au beurre; dresser sur
croûtons longs. Déglacer au vin blanc; réduire; lier avec
sauce Demi-glace; beurrer et napper les saucisses.

FOIE

Peut être préparé comme *Foie de veau.*

JAMBON

Traitement : Le tremper à l'eau froide ; enlever l'os du quasi ;
cuire à l'eau simple par *pochage*, à raison de 15 à 20 minutes
à la livre. *Pour servir chaud :* Retirer de l'eau une demi-heure
avant fin de cuisson; enlever peau et partie de la graisse.
Mettre en braisière avec Madère, Porto, Xérès ou Chypre;
fermer hermétiquement et compléter cuisson à four doux.
Glacer en dernier lieu.

Bayonnaise — Braiser au Madère. *A part :* Riz Pilaw
tomaté, additionné de champignons cuits et arrosé de beurre
noisette; Chipolatas pochées ; sauce Madère.

Bourguignonne. — Braiser avec Mirepoix fine et vin

blanc de Pouilly. *A part* : Fonds de braisage ; sauce Madère aux champignons.

Chanoinesse. — Braiser vin blanc et pelures de champignons. Dresser. Entourer de nouilles liées avec beurre et purée Soubise additionnées de julienne de truffe. *A part :* Glace de viande beurrée additionnée du fonds de braisage.

Epinards. — Braiser au Madère. Garniture d'épinards. Sauce Demi-glace Madère.

Fitz-James. — Braiser au Madère. Dresser. Entourer de timbales de rizot tomaté et champignons farcis. *A part :* Sauce Madère additionnée de crétes, rognons et vin de Braisage réduit.

Maillot. — Braiser au Madère. Dresser. Entourer garniture Maillot. *A part :* jus lié.

Milanaise. — Braiser au Marsala. *A part :* Garniture Milanaise ; sauce Demi-glace tomatée.

Mousse chaude. — Farce mousseline de jambon (V. Farces, Chap. des *Garnitures*) pochée au bain-marie, en moule à Charlotte beurré Compter 40 à 45 minutes pour moule d'un litre. Laisser reposer 5 minutes avant de démouler. Acc. : Sauces au Madère, au Porto ou au Marsala ; Velouté au currie ou au Paprika ; garnitures de légumes simples.

Mousse froide. — Procéder comme il est indiqué. (V. *Préparations froides*, Chap. des Garnitures.)

Mousse froide à l'Alsacienne. — Préparer l'appareil avec 2 tiers de jambon et un tiers de foie gras cuit. Ajouter un salpicon de foie gras et truffes. Mouler comme il est indiqué.

Mousse froide au foie gras. — Garnir à moitié, avec Mousse de jambon, un plat carré creux. Egaliser la surface ; ranger dessus des coquilles de Parfait de foie gras. Recouvrir de gelée de volaille.

Mousse froide au blanc de volaille. — Garnir un plat creux comme ci-dessus. Laisser prendre. Ranger sur la Mousse des escalopes de blanc de volaille chaud-froitées à blanc. Recouvrir de gelée comme ci-dessus.

Mousselines Alexandra. — Même appareil que pour Mousse chaude. Mouler à la cuiller, ou coucher à la poche, forme et grosseur d'une meringue. Décorer avec détails de jambon et truffe. Pocher, égoutter ; dresser en couronne.

Napper de sauce Suprême additionnée de Parmesan râpé. Glacer. Pointes d'asperges au centre en sortant du four.

Mousselines Florentine. — Préparées comme ci-dessus. Dresser sur lit d'épinards en feuilles. Napper même sauce que pour « Alexandra ». Glacer.

Mousselines au Paprika. — Farce condimentée au Paprika. Procéder comme ci-dessus. Napper sauce Paprika et glacer. Bouquet de chou-fleur gratiné au centre, après glaçage.

Mousselines froides. — (V. *Préparations froides*, Chap. des Garnitures.)

Soufflé A (Appareil à). — 500 grammes jambon cuit pilé avec 2 cuill. sauce Béchamel. Passer ; finir avec 2 décilit. sauce Béchamel ; 5 jaunes et 7 blancs en neige.

Soufflé B. — Farce mousseline où la quantité ordinaire de crème est diminuée de un quart et remplacée par de la sauce Béchamel. Blancs en neige pour compléter.

Soufflé Alexandra. — L'un des appareils ci-dessus, dressé en timbale en alternant de couches de pointes d'asperges. Lisser en dôme ; décorer aux truffes ; cuire à four moyen.

Soufflé Carmen. — Dresser par couches alternées de fondue de tomates au piment doux. Pincée de fine julienne de poivron rouge sur la surface ; cuire comme à l'ordinaire.

Soufflé des Gastronomes. — Dresser par couches, en alternant de morilles émincées, sautées. Lisser en dôme ; saupoudrer de truffe hachée.

Soufflé Milanaise. — Dresser par couches en alternant de fine garniture Milanaise. Lisser en dôme ; saupoudrer de Parmesan râpé. Cuire à four moyen.

OREILLES

Garnitures diverses. — Flamber ; nettoyer ; cuire à l'eau salée avec carottes, oignon piqué, bouquet garni. Servir avec garniture Choucroute, Choux braisés, ou autre à volonté.

Rouennaise. — Cuire comme ci-dessus. Partager en deux ; hacher la partie épaisse, couper l'autre en morceaux ; mijoter une demi-heure avec un peu de sauce Madère. Refroidir ; ajouter chair à saucisses et persil haché. Diviser en parties de 100 grammes ; rouler en boules, envelopper de crépine ; saupoudrer de chapelure et griller. Sauce Madère.

Sainte-Menehould. — Cuire ; partager en deux ; enduire de moutarde, paner au beurre et griller. Purée de pommes de terre à part.

PIEDS

Panés. — Cuire comme oreilles. Partager en deux ; paner fortement et griller. Servir avec purée de pommes de terre.

Truffés. — Cuire comme Oreilles ; désosser et refroidir. Mélanger la chair, coupée en gros dés, à du hachis de porc très fin et truffé. Diviser en partie de 100 grammes ; façonner en crépinettes pointues d'un bout ; envelopper en crépine avec lames de truffe. Griller. *A part :* Sauce Périgueux ou Purée de pommes de terre.

ROGNONS — TÊTE

Pour Rognons, procéder comme pour *Rognon de veau.* La Tête est principalement employée pour le « Fromage de tête ». Peut aussi être servie chaude en la traitant comme les Oreilles.

ZAMPINO

Jambe de porc farcie (produit italien). Se cuit comme le jambon, après avoir été piquée pour éviter l'éclatement de la peau et emballée en serviette. S'accompagne de sauce Madère ou Tomate ; ou d'une garniture de Choucroute, Choux divers ; Purées, etc. Se sert aussi froide.

VOLAILLE

DINDONNEAU

Anglaise. — Traiter comme *Poularde à l'anglaise.*

Bourgeoise. — Braiser aux 3 quarts; entourer garniture Bourgeoise mi-cuite. Glacer.

Catalane. — Découper comme pour fricassée; faire revenir au beurre; déglacer vin blanc et réduire à fond. Couvrir à hauteur de fonds brun, sauce Espagnole et purée de tomate; pointe d'ail écrasé. Cuire 40 minutes. Procéder ensuite comme pour *Sauté de veau Catalane.*

Céleris. — Poêler et traiter comme *Poularde aux Céleris.*

Cèpes. — Remplir avec farce composée : Veau, lard gras et cèpes hachés; un tiers mie de pain trempée et pressée; assaisonnement. Braiser aux 3 quarts. Changer d'ustensile; entourer de lard de poitrine en dés, petits cèpes sautés et fonds passé. Compléter la cuisson.

Champignons (A). — Découper et traiter comme *Sauté de veau* (B). Braiser; accompagner d'une sauce Champignons faite avec fonds de braisage.

Chipolata. — Traiter selon l'une des méthodes ci-dessus (A ou B). Cuire 40 minutes et ajouter garniture Chipolata.

Dampierre (Froid). — Procéder comme pour *Poularde* du nom.

Daube (Froid). — Désosser la poitrine. Farcir de chair à saucisses additionnée de Fine Champagne; lardons de jambon; quartiers de truffe; petite langue écarlate, bardée, disposée au milieu de la farce. Mettre en terrine; couvrir avec du fonds corsé et gélatineux. Fermer; luter au repère. Cuire à four chaud, 2 heures et demie environ. Refroidir et démouler.

Estragon. — Poêler avec branches d'estragon. Procéder comme pour *Poularde* du nom.

Financière. — Braiser. Dresser. Entourer garniture Financière.

Godard. — Braiser. Dresser. Entourer garniture Godard.

Jardinière. — Recouvrir de Matignon ; barder et poêler. Dresser. Entourer avec garniture jardinière en bouquets. *A part :* Jus ajouté au fonds de poêlage avec la Matignon.

Marrons. — Enlever bréchet et os de poitrine. Farcir avec chair à saucisses fine additionnée, au kilo, de 750 gr. de marrons cuits aux 2 tiers avec consommé. Rôtir doucement. *A part :* jus de la pièce.

Toulousaine (A). — Détacher les suprêmes ; escaloper, aplatir et piquer à la truffe. Pocher avec cuisson de champignons et jus de citron. Dresser en couronne ; garniture Toulousaine au centre.

Toulousaine (B). — Poêler. Lever les suprêmes ; enlever la peau ; détailler en escalopes. Dresser en turban en intercalant d'escalopes de foie gras sautées. Garniture Toulousaine au centre et cordon de glace autour.

CANETON NANTAIS

Bordelaise. — Traiter comme *Oie à la Bordelaise.*

Chipolata. — Braiser. — Ajouter quantité nécessaire de sauce Demi-glace et garniture Chipolata. Mijoter 7 à 8 minutes.

Choucroute. — Mettre dans l'intérieur 50 grammes de beurre mélangé de persil et échalotes hachés. Braiser avec 2 tiers fonds de veau et un tiers vin blanc. Dresser. Entourer de choucroute et tranches de lard de poitrine. *A part :* Fonds de braisage lié avec sauce Demi-glace.

Lyonnaise. — Braiser. Lier le fonds avec sauce Demiglace. Dresser. Entourer de petits oignons et marrons, cuits et glacés.

Menthe. — Poêler. Déglacer avec jus de veau et jus de citron. Passer et ajouter pincée de menthe hachée.

Molière. — Préparer en galantine truffée, avec moitié farce gratin foie gras et moitié chair à saucisses. Pocher en fonds de canard. Déballer et glacer. Sauce Madère aux truffes.

Navets. — Colorer au beurre. Dégraisser ; déglacer au vin blanc ; ajouter fonds brun et sauce Espagnole ; bouquet garni. Cuire aux 2 tiers. Entourer de navets tournés en olives, sautés à la poêle avec pincée de sucre ; petits oignons mi-cuits au beurre. Compléter la cuisson.

Nivernaise. — Braiser comme ci-dessus. Entourer garniture Nivernaise à moitié cuite.

Olives. — Traiter comme pour *Navets*. Au dernier moment, ajouter garniture d'olives dénoyautées et blanchies.

Orange. — Colorer au beurre ; ajouter fonds brun et sauce Espagnole : cuire doucement. Dégraisser, réduire et passer la sauce ; ajouter : jus de 2 oranges et d'un demi-citron ; une cuillerée et demie de julienne de zeste d'orange et de citron blanchie à fond. Dresser ; entourer de quartiers d'orange parés à vif.

Petits pois. — Colorer au beurre ; ajouter sauce Demi-glace claire ; dés de lard de poitrine et petits oignons revenus au beurre ; 3 quarts de litre petits pois frais et bouquet garni. Cuire doucement.

Quenelles Carignan. — Quenelles en farce mousseline de caneton moulées à la cuillère. Pocher ; égoutter ; dresser en couronne. Au centre : garniture de truffes en olives chauffées en sauce Madère à l'essence de truffe.

CANETON ROUENNAIS

Bigarrade (Aiguillettes de). — Poêler en tenant vert-cuit. Détailler les filets en aiguillettes ; dresser sur plat tiède. Déglacer avec jus de veau ; ajouter sauce Bigarrade et napper les aiguillettes.

Cerises (Aiguillettes de). — Traiter comme pour Bigarrade. Déglacer avec jus de veau et Madère ; lier à l'arrow-root et passer. Ajouter cerises griottes dénoyautées (ou de la compote). Napper les aiguillettes avec le fonds et cerises autour.

Champagne (au). — Poêler. Déglacer avec Champagne sec ; réduire et compléter avec jus de veau lié.

Chemise (en). — Désosser la poitrine ; farcir comme « Rouennaise » ; brider en Entrée ; envelopper dans une serviette, ficeler et pocher dans fonds brun corsé. Pour servir, envelopper dans une petite serviette à franges ; entourer de quartiers d'oranges parés à vif. *A part :* Sauce Rouennaise.

Dodine. — Rôtir en tenant vert-cuit. Lever la poitrine ; détailler les filets en escalopes. Dresser en timbale avec champignons frais rissolés au beurre et lames de truffe liés à la glace de viande. Napper de sauce Salmis au vin de Chamber-lin, faite avec le jus de la carcasse (croupion supprimé) pilée, pressée et sauce Demi-glace au fonds de veau. *A part :* Nouilles au beurre noisette.

Ecarlate (Froid). — Poêler; refroidir et détailler les filets en aiguillettes. Chaudfroiter à brun et décorer aux truffes. Dresser sur Mousse froide de caneton prise en plat creux, en alternant de tranches de langue de même forme que les aiguillettes. Recouvrir de gelée.

Japonaise (Froid). — Poêler; refroidir; lustrer à la gelée et dresser sur tampon. Entourer d'écorces de mandarines garnies de Mousse de foies de caneton et foie gras, alternées de petites timbales de gelée au jus de mandarines.

Lambertye (Froid). — Procéder comme pour *Poularde* du nom, avec Mousse de Caneton et sauce Chaud-froid brune.

Montmorency (Froid). — Rôtir en tenant saignant; refroidir. Enlever l'estomac, os compris. Chaudfroiter les aiguillettes à brun et décorer aux truffes. Remplir la carcasse de Mousse de chair de caneton et foie gras en lissant en dôme. Lorsque la Mousse est prise, ranger les aiguillettes dessus. Dresser en plat carré; entourer de cerises pochées au vin de Bordeaux; couvrir de gelée.

Mousse et Mousselines. — Se préparent avec Farce mousseline de caneton et comme il est indiqué (V. *Jambon*). S'accompagnent d'une sauce Rouennaise ou Bigarrade.

Mousse froide. — (V. *Préparations froides*, Chap. des Garnitures).

Porto. — Rôtir à la casserole en tenant vert-cuit. Déglacer au Porto; réduire et ajouter à un jus de caneton, lié.

Presse (à la). — Rôtir 20 minutes. *Sur table :* Retirer les cuisses (ne sont pas servies); découper les filets en fines aiguillettes, ranger sur plat tiède, assaisonner. Presser la carcasse en arrosant de vin rouge. Additionner le jus d'un filet de cognac; verser sur les aiguillettes et chauffer sans bouillir.

Rouennaise (Farci à la). — *Farce :* 125 grammes lard gras revenu avec oignon haché; ajouter 250 grammes foies de canard escalopés, persil haché, sel, poivre, épices. Raidir simplement les escalopes. Piler et passer au tamis. Farcir le caneton et rôtir 25 minutes en moyenne. Détacher les cuisses; ciseler l'intérieur et griller. Lever les aiguillettes; dresser sur plat long; farce au milieu et cuisses à chaque bout. Nap-

per les aiguillettes avec sauce Rouennaise additionnée du jus
de la carcasse pressée. Même sauce à part.

Salmis Rouennaise. — Sans farcir ; rôtir à jour vif et
tenir saignant. Griller les cuisses comme ci-dessus et moignons d'ailes. Ranger les aiguillettes sur plat long saupoudré
d'échalote hachée, sel et poivre, muscade. Arroser avec jus
de carcasse pressée avec addition de vin rouge. Ajouter parcelles de beurre sur aiguillettes et glacer. Cuisses et moignons
à chaque bout du plat.

Saint-Albin (Aiguillettes de) (Froid). — Poêler, refroidir, lever les aiguillettes. Masquer de farce gratin au foie gras ;
chaudfroiter à brun ; décorer avec blanc d'œuf, zeste d'orange
et langue. Dresser, debout, le long des parois d'un moule à
dôme chemisé de gelée. Remplir de Mousse de Canard. Démouler sur tampon et croûtonner à la gelée. Hatelet de truffe sur
la Mousse.

Sévillane. — Désosser l'estomac. Farcir d'un mélange de
farce gratin, farce mousseline, purée de tomate et dés de foie
gras cru. Brider ; emballer en mousseline ; pocher et refroidir
dans la cuisson. Lever les aiguillettes ; remettre en place sur
la farce ; napper la pièce de sauce Chaud-froid au Xérès.
Dresser en coupe ; entourer de grosses olives farcies au foie
gras et couvrir de gelée.

Soufflé froid à l'orange. — Procéder comme pour « Caneton Montmorency », en utilisant les aiguillettes pour la Mousse.
Dresser en plat creux ; entourer de quartiers d'oranges parés
à vif. Couvrir de gelée au jus de bigarrade et curaçao.

<h2 style="text-align:center">OIE</h2>

Alsacienne. — Farcir de chair à saucisses. Poêler. Dresser ; entourer de choucroute et tranches de lard maigre.

Anglaise. — Farcir d'oignons cuits au four, hachés, mélangés de mie de pain trempée et pressée ; sauge hachée et
assaisonnement. Rôtir. Servir avec marmelade de pommes.

Bordelaise. — Farcir avec mélange de : Cèpes émincés
et sautés ; mie de pain, olives dénoyautées ; foie haché ; persil
haché ; pointe d'ail ; œufs ; sel et poivre. Rôtir.

Chipolata. — (V. *Dindonneau*).

Civet (en). — Procéder comme pour Civet de Lièvre. Liaison finale avec le sang de l'oie.

Marrons. — Procéder comme pour *Dindonneau*.

Navets. — Procéder comme pour *Dindonneau*.

Raifort (au). — Braiser. Dresser et entourer de nouilles au beurre. *A part* : Sauce Raifort à l'anglaise.

Visé (mode de). — Jeune oie, pochée en fonds blanc avec abatis et ail. Découper ; mettre en sautoir avec graisse d'oie. Couvrir, au moment, avec Velouté fait avec cuisson de l'oie, lié jaunes d'œufs et crème et additionné de purée d'ail.

PIGEONNEAUX

Bonne Femme. — Procéder comme pour *Poulet*.

Chartreuse. — Moule à charlotte foncé en Chartreuse (V. *Ris de veau*). Garnir fond et parois d'une couche de choux braisés et pressés. Disposer au centre les morceaux de pigeonneaux, poélés, tranches de lard de poitrine et ronds de saucisson. Recouvrir de choux. Etuver une demi-heure au bain-marie. Démouler au moment.

Chipolata. — Colorer au beurre ; déglacer vin blanc ; ajouter fonds brun et sauce Demi-glace. Cuire et entourer d'une garniture Chipolata.

Compote. — (V. *Poulet* du nom.)

Côtelettes en Chaudfroid. — Désosser en conservant l'os de patte. Garnir de farce gratin additionnée de dés de foie gras et truffe. Envelopper en mousseline ; pocher et refroidir. Partager en deux ; napper de sauce Chaudfroid brune ; décorer truffe et blanc d'œuf. Lustrer à la gelée. Dresser sur fond de gelée prise sur plat.

Côtelettes à la Nesles. — Fendre en deux ; aplatir ; assaisonner et faire revenir au beurre. Refroidir sous presse. Masquer chaque moitié de godiveau truffé additionné de farce gratin. Pocher. Dresser en turban en intercalant d'escalopes de ris de veau panées à l'anglaise et sautées. Au centre : champignons et foies de volaille escalopés, sautés et liés sauce Madère.

Côtelettes en papillotes. — Partager en deux et cuire au beurre. Enfermer en papillotes en procédant comme pour *Côte de veau*.

Côtelettes Sévigné. — Partager en deux, raidir au beurre ; refroidir sous presse. Garnir (côté intérieur) d'un salpicon de volaille, champignons et truffe lié sauce Parisienne réduite. Paner à l'anglaise ; colorer au beurre et dresser en turban. Pointes d'asperges au centre et sauce Madère à part.

Crapaudine. — (V. *Poulet* du nom.)

Estouffade (en). — Colorer au beurre. Mettre en terrine avec tranches de lard de poitrine rissolées ; champignons et petits oignons sautés au beurre ; déglaçage au cognac et jus de veau. Fermer hermétiquement ; cuire 3 quarts d'heure à four doux. Servir tel quel.

Gauthier au Beurre d'écrevisse. — Pigeonneaux du nid, partagés en deux, pochés au beurre acidulé de jus de citron. Dresser en couronne. Masquer de sauce Parisienne au Beurre d'écrevisse.

Médaillons Laurette. — Désosser ; garnir de farce gratin additionnée de dés de langue, truffe et pistaches. Rouler en galantine. Pocher et refroidir. Détailler en rondelles de un centimètre et demi d'épaisseur ; chaudfroiter à brun ; décorer pistaches et truffe. Lustrer à la gelée. Dresser avec gelée hachée.

Minute (à la). — Découper en 4 et sauter au beurre avec oignon haché. Dresser en couronne ; napper avec déglaçage au cognac et jus de citron additionné de glace de viande, beurre et persil haché. Au centre : champignons émincés et sautés.

Mousse froide. — Préparée selon la méthode ordinaire et dressée en timbale. Disposer dessus des filets de Pigeonneaux chaudfroités à brun et décorés à la truffe. Recouvrir de gelée.

Paysanne. — Cuire en casserole en terre. Aux 2 tiers de cuisson, ajouter dés de lard de poitrine et rondelles de pommes de terre. Cuillerée de jus de veau en servant.

Petits pois. — Procéder comme pour *Caneton Nantais.*

Polonaise. — Garnir de farce gratin ; cuire au beurre. Dresser en terrine ; arroser de jus de veau et quelques gouttes de jus de citron. Au dernier moment, finir avec beurre noisette additionné de mie de pain.

Printanière. — Colorer au beurre ; déglacer avec jus de veau ; ajouter sauce Demi-glace, bouquet garni et garniture de légumes nouveaux. Cuire doucement.

Saint-Charles. — Piquer l'estomac avec lardons de langue. Braiser. Dresser et entourer de petits cèpes farcis. Napper avec fonds de braisage, réduit, additionné de jus de citron.

Salmis. — Pigeons ramiers de préférence. Traiter comme *Salmis de perdreau.*

Suprêmes Diplomate. — Filets, aplatis, raidis au beurre; refroidis sous presse et trempés en sauce Villeroy additionnée de champignons et fines herbes hachés. Paner à l'anglaise; frire; dresser avec garniture de quenelles en farce de pigeon, champignons et truffes, liée sauce Demi-glace.

Suprêmes Marigny. — Lever, barder et poêler les poitrines en les tenant vert-cuites. Enlever la peau; lever les Suprêmes; les coller avec farce gratin, chacun sur un ovale en farce de pigeon pochée. Passer au four 2 minutes. Dresser autour d'une pyramide de purée de pois frais. Napper de Velouté à l'essence de pigeon.

Suprêmes Saint-Clair. — Lever les poitrines; poêler sur couche d'oignons émincés blanchis. Lier au Velouté et passer à l'étamine. Lever les Suprêmes; dresser sur croustade basse garnie de cèpes sautés. Napper avec purée d'oignon. Entourer de quenelles en farce mousseline de pigeon et cordon de glace de viande.

Suprêmes aux Truffes. — Sauter au beurre clarifié; dresser sur bordure en farce fine pochée sur plat; lames de truffe dessus. Déglacer au Madère; ajouter glace de viande; monter au beurre et napper les Suprêmes.

Sylvains (Sauté des). — Découper en 4, sauter au beurre en casserole en terre. Ajouter champignons de bois (de saison) sautés; brindilles de sauge et de serpolet. Servir tel quel.

Valenciennes. — Garnir de farce gratin additionnée de foies de volaille et champignons escalopés et sautés. Colorer au beurre; déglacer au vin blanc et réduire. Ajouter fonds brun à hauteur, bouquet garni et cuire doucement. Partager en deux; dresser autour d'un monticule de riz à la Valenciennes en alternant de lames de jambon taillées en cœurs. Fonds de braisage tomaté.

PINTADES

Préparation selon toutes formules indiquées pour le *Faisan*.

POULARDES

Dans certaines préparations, la Poularde est garnie du riz indiqué aux *Préparations diverses* pour Garnitures. Elle ne doit être emplie qu'aux 2 tiers en prévision du gonflement du riz. La FARCE FINE indiquée pour farcir les Poulardes se compose de un tiers filet de porc; un tiers lard gras; un tiers chair de veau très blanche. Passer au tamis fin. Cette farce est ensuite additionnée des éléments indiqués, là où son emploi est indiqué; soit : foie gras, truffe, langue écarlate, etc.

Albuféra. — Farcir de riz mélangé de dés de foie gras et truffe. Pocher. Napper sauce Albuféra. Entourer de truffes levées à la cuiller ronde, quenelles, champignons, rognons de coq liés même sauce. Border de croûtons en langue écarlate, forme crête de coq.

Alexandra. — Piquer langue et truffe; pocher. Après cuisson, lever les suprêmes; les remplacer par farce mousseline de volaille et lisser en dôme. Napper sauce Mornay et glacer. Entourer de croûtes de tartelettes garnies pointes d'asperges avec escalope de suprême sur chacune. Cordon de glace de viande.

Ambassadrice. — Clouter à la truffe; couvrir de Matignon; emballer en Mousseline et braiser. Dresser. Napper sauce Suprême. Entourer de ris d'agneau cloutés aux truffes, braisés, glacés et de bottillons de pointes d'asperges.

Andalouse. — Pocher. Dresser; napper sauce Suprême au Beurre de piment. Entourer de la garniture Andalouse.

Anglaise (Pochée à l'). — Pocher en fonds blanc. Dresser. Napper sauce Béchamel à l'essence de volaille Entourer de tranches de langue écarlate; carottes et navets tournés en boules; petits pois et céleri, cuits à l'eau ou à la vapeur.

Anglaise (Bouillie à l'). — Cuire en marmite avec garniture ordinaire et morceau de lard de poitrine. Dresser; entourer avec lard détaillé en rectangles. *A part :* Sauce persil à l'anglaise et saucière de cuisson.

Aumale (d'). — Clouter aux truffes. Garnir de farce fine truffée. Braiser. Dresser. Entourer de cœurs de céleris braisés. Napper sauce Demi glace additionnée du fonds de braisage et de lames de moelle pochée. Même sauce à part.

Aurore. — Farcir de godiveau à la crème, tomaté. Pocher. Dresser. Napper sauce Aurore.

Banquière. — Farcir avec farce fine mélangée de dés de foie gras. Poêler et déglacer à l'essence de truffe. Dresser; entourer garniture Banquière. *A part :* Fonds de poêlage additionné d'autant de glace de viande et beurré.

Boïeldieu. — Farcir avec farce fine mélangée de purée de foie gras. Clouter à la truffe; poêler. Dresser. Bouquet de boules de truffe, grosseur d'une noisette, devant la poularde. *A part :* Déglaçage au Sauternes additionné de fonds de volaille, lié à l'arrow-root.

Bouquetière. — Même que Poularde Renaissance.

Cardinalisée. — Préparer la Poularde soufflée. (V. plus loin). Napper sauce Suprême au Beurre d'écrevisse. Entourer : de petites bouchées garnies de queues d'écrevisses ; de croûtons ovales, frits, avec sur chacun, escalope de Suprême et lame de truffe.

Carmélite (Froid). — Pocher ; refroidir. Escaloper les suprêmes ; chaudfroiter à blanc et décorer à la truffe. Parer la carcasse ; la remplir de Mousse d'écrevisses, froide ; lisser en dôme. Ranger les escalopes sur la Mousse en 2 lignes ; encadrer de queues d'écrevisses. Dresser en plat creux ; ajouter gelée fondue et tenir sur glace.

Céleris (aux). — Poêler En fin de cuisson, arroser de jus de veau corsé. Dresser. Entourer de céleris braisés. Napper avec fonds de poêlage.

Champagne (au). — Farcir 2 jours à l'avance avec un foie gras entier, clouté à la truffe et raidi au beurre. Poêler au Champagne. Mettre en terrine avec fonds de poêlage additionné de gelée de volaille. Refroidir et dégraisser. Servir tel quel.

Champignons (aux). — (A) Pocher. Dresser, entourer de têtes de champignons cannelés. Napper sauce Parisienne à l'essence de champignons, (B) Poêler. Déglacer à l'essence de champignons ; ajouter sauce Demi-glace. Dresser ; entourer de champignons ; napper légèrement. Servir à part le reste de la sauce, beurrée.

Châtelaine. — Poêler. Dresser et entourer de la garniture Châtelaine. *A part :* Fonds de poêlage, lié légèrement.

Chevalière. — Piquer les suprêmes de langue et truffe ; ranger en sautoir beurré. Contiser les filets mignons et ranger sur plat beurré. Supprimer l'os de cuisse à la hauteur de la jointure du pilon. Piquer celles-ci d'une rosace de fins lardons. En temps voulu pour l'heure du service, braiser et glacer les cuisses. Pocher suprêmes et filets mignons avec cuisson de champignons et jus de citron. Le long d'un croûton quadrangulaire, assez haut, collé sur le centre du plat, dresser cuisses et suprêmes, face à face, et les filets mignons au-dessus des cuisses. Garnir les intervalles avec crêtes, rognons, champignons et truffes. Piquer sur le croûton un hatelet composé d'une truffe glacée, un champignon et une crête. Sauce suprême à part.

Chimay. — Farcir de nouilles à la crème mélangées de dés de foie gras. Poêler. Dresser, napper avec fonds de poêlage. Couvrir de nouilles crues, sautées au beurre.

Chipolata. — Poêler. Mettre en cocotte avec garniture Chipolata et fonds de poêlage. Mijoter 20 minutes. Servir tel quel.

Chivry. — Pocher. Dresser et napper sauce Chivry. *A part :* Garniture Macédoine à la crème.

Cussy. — Braiser. Dresser, entourer de la garniture Cussy. *A part :* Sauce Madère avec fonds de braisage.

Demi-deuil. — Introduire quelques lames de truffes entre peau et chair. Farcir de farce mousseline mélangée de purée de truffe. Pocher. Dresser ; napper légèrement de sauce Suprême additionnée de lames de truffe. Même sauce à part.

Dampierre (Froide). — Désosser l'estomac. Farcir de farce de volaille. Pocher en fonds de volaille. Refroidir. Napper de sauce Chaudfroid blanche additionnée de lait d'amandes. Lustrer et décorer. Dresser sur tampon. Entourer de petites Mousses de langue et Mousses de foie gras alternées. Croûtonner à la gelée.

Demidoff. — Poêler. Aux 3 quarts de la cuisson, mettre en cocotte avec garniture de carottes et navets taillés en petits croissants ; petits oignons coupés en rondelles minces ; blanc de céleri en dés. Ces légumes étuvés au beurre à l'avance. Compléter la cuisson. Ajouter, au dernier moment, truffes taillées en croissants, comme carottes et navets ; fonds de volaille réduit. Servir tel quel.

Derby. — Farcir avec riz mélangé de foie gras et truffes en gros dés. Poêler. Dresser, entourer de grosses truffes cuites au Champagne et d'escalopes de foie gras sautées au beurre. *A part :* Fonds de poêlage additionné de la cuisson des truffes et de jus de veau, lié à l'arrow-root.

Devonshire. — Désosser l'estomac. Remplir de farce de volaille et chair à saucisses avec, au centre, une langue de veau salée et cuite. Barder et pocher. Cerner la poitrine en détachant la farce, pour enlever d'un bloc, estomac, farce et langue. Dresser la carcasse sur tampon bas ; diviser en deux poitrine, farce et langue. Escaloper chaque moitié, remettre en place sur la carcasse ; napper sauce Parisienne additionnée de langue en Brunoise. Entourer de timbales de purée de pois dressées sur fonds d'artichauts. Même sauce à part.

Diva. — Farcir comme « Derby ». Pocher. Dresser; napper sauce Suprême au Paprika. *A part :* Cèpes à la crème.

Dreux. — Clouter truffe et langue. Pocher. Dresser; napper sauce Parisienne. Décorer avec lames de truffes. Entourer de grosses quenelles décorées, bouquets de crêtes et rognons de coq.

Duroc. — Farcir de farce Gratin de foie gras, mélangée de langue et truffe en grosse julienne. Poêler. Dresser. Décorer avec larges lames de truffe. *A part :* Sauce Madère corsée.

Ecarlate (à l') *Froide.* — Préparer comme « Poularde Dampierre » en additionnant la farce d'un fin salpicon de langue. Napper de sauce Chaudfroid blanche; décorer avec langue et truffe; lustrer à la gelée. Dresser. Entourer d'un turban de demi-langues de veau à l'écarlate. Croûtonner à la gelée.

Ecossaise. — Farcir de godiveau à la crème, mélangé de Brunoise étuvée au beurre et d'orge perlé cuit en Pilaw et finalement arrosé de beurre noisette. Pocher. Dresser; napper de sauce à l'Ecossaise. *A part :* Haricots verts à la crème.

Edouard VII. — Farcir comme « Derby » Pocher. Dresser; napper de sauce Suprême au currie additionnée de poivron rouge en dés. *A part :* Concombres à la crème.

Elysée. — Farcir de farce fine mélangée de foie gras et truffes en dés. Contiser à la truffe. Pocher. Dresser; entourer de truffes entières et garniture de quenelles, champignons, crêtes et rognons, liée sauce Suprême. Même sauce à part.

Estouffade. — Poêler à moitié. Mettre en terrine foncée avec lames de jambon. Ajouter : paysanne de carotte, oignon et céleri étuvée au beurre; déglaçage fait avec fonds de veau et réduit. Fermer, luter; compléter la cuisson. Servir tel quel.

Favorite. — Farcir comme « Elysée ». Pocher. Dresser; napper de sauce Suprême; entourer de crêtes, rognons et lames de truffe.

Fermière. — Procéder comme pour « Estouffade ». Entourer de garniture Fermière.

Financière. — Braiser à brun et glacer. Dresser; entourer de garniture Financière. *A part :* Sauce Financière.

Gastronomes. — Farcir avec nouilles sautées. Poêler. Déglacer au Champagne. Dresser; entourer de truffes moyennes; marrons cuits et rognons de coq. *A part :* Sauce Demi-glace à l'essence de truffe additionnée du déglaçage

Godard. — Braiser. Dresser; entourer garniture Godard. Napper de sauce Godard et même sauce à part.

Grammont. — Pocher. Lever et escaloper les Suprêmes. Supprimer les os d'estomac. Remplir la carcasse avec garniture de filets de mauviettes sautés; champignons; crêtes et rognons, liée avec sauce Béchamel à l'essence de truffes. Reformer les suprêmes, sur cette garniture; napper de sauce Suprême; saupoudrer de Parmesan râpé et glacer.

Grand-Hôtel. — Découper comme pour sauté; cuire au beurre, à couvert. Mettre en terrine avec : truffes crues coupées en rondelles épaisses; le déglaçage fait avec vin blanc et fonds de volaille. Couvrir. Passer 10 minutes à four chaud. Servir tel quel.

Gros Sel. — Pocher en fonds blanc avec carottes tournées en olives et petits oignons. Dresser; entourer avec carottes et oignons. *A part :* Saucière de fonds de cuisson; coquille de gros sel.

Grecque. — Farcir avec Riz à la Grecque. Poêler. Dresser; napper avec fonds de volaille réduit et lié.

Héloïse. — Pocher. Lever et escaloper les suprêmes; supprimer les os de poitrine. Remplir la carcasse avec farce mousseline mélangée de même quantité de purée de truffe, par couches alternées d'escalopes. Lisser en dôme; décorer avec blanc d'œuf dur; couvrir d'un papier beurré et pocher à four doux. Napper de sauce Parisienne et même sauce à part.

Hollandaise. — Pocher en fonds blanc. Dresser; entourer de pommes de terre à l'anglaise. *A part :* Sauce Hollandaise.

Huîtres (aux). — Pocher en fonds blanc. Dresser. Napper de sauce Suprême additionnée d'huîtres pochées, ébarbées, et eau des huîtres, réduite.

Impératrice. — Pocher. Dresser; entourer de bouquets de : ris d'agneau et petits oignons cuits à blanc; cervelle de veau pochée, coupée en gros dés. Napper de sauce Suprême additionnée de un tiers de purée de volaille.

Indienne. — Pocher, Dresser; napper de sauce Indienne. Riz à l'Indienne à part.

Isabelle de France. — Farcir de rizotto mélangé de queues d'écrevisses et lames de truffe. Pocher avec fonds blanc et vin de Chablis. Dresser sur tampon; napper de sauce Suprême faite avec fonds de cuisson. Entourer de grosses truffes, cuites au Champagne, posées sur croûtons ronds, frits et évidés.

Ivoire. — Pocher. Dresser. *A part :* Sauce Ivoire ; saucière de cuisson; cèpes ou concombres à la crème.

Lady Curzon. — Farcir comme « Derby ». Pocher; dresser; napper de sauce Currie. *A part :* Concombres à la crème.

Lambertye (Froide). — Pocher. Refroidir. Lever les Suprêmes, les détailler en escalopes longues et minces. Supprimer les os de poitrine; garnir la carcasse de Mousse de volaille froide mélangée de un quart purée de foie gras, Reformer les Suprêmes sur la mousse; décorer avec détails de truffe. Lustrer à la gelée. Mettre en plat carré, avec gelée fondue.

Languedocienne. — Poêler. Dresser. Entourer garniture Languedocienne. Napper de jus lié, fini au Madère.

Louise d'Orléans. — Fourrer d'un foie gras entier, clouté de truffes, poché un quart d'heure avec fonds de veau, Madère et refroidi. Faire colorer la poularde ; la recouvrir d'épaisses lames de truffe; barder; envelopper dans une abaisse de pâte au saindoux ; cuire une heure trois quarts à four moyen. Se sert telle quelle, chaude ou froide.

Louisiane. — Farcir avec maïs à la crème mélangé de dés de piment. Poêler. Dresser; entourer de : timbales de riz; bananes frites; croustades garnies de maïs à la crème. *A part :* Fonds de poêlage.

Lucullus. — Farcir avec farce fine mélangée de purée de truffe, crue. Braiser. Dresser; entourer de truffes cuites au Champagne et bouquets de crêtes frisées. *A part :* Sauce Demi-glace à l'essence de truffe.

Maintenon. — Piquer truffe et langue. Braiser à blanc. Dresser. Napper le fond du plat de sauce Ivoire. Entourer de : quenelles ; champignons ; petits fonds d'artichauts frais garnis d'un salpicon de blanc de volaille et de truffe, nappés de sauce Béchamel et glacés. *A part :* Sauce Ivoire et riz à la Créole

Mancini. — Pocher. Lever et escaloper les suprêmes.

Supprimer les os de poitrine. Dresser la carcasse sur tampon; la remplir de macaroni lié fromage et crème, additionné de foie gras en dés et julienne de truffe. Reformer les Suprêmes sur macaroni en alternant de lames de truffe. Napper de sauce tomate réduite additionnée de glace de viande blonde, beurre et crème.

Maréchale. — Farcir avec garniture de ris d'agneau, champignons et escalopes de cervelle de veau, liée au Velouté réduit. Barder. Pocher. Dresser; napper de sauce Suprême aux truffes.

Marguerite de Savoie. — Fourrer avec mauviettes sautées au beurre et lames de truffes blanches. Braiser avec fonds de veau et vin blanc de Savoie (quantités égales). Dresser sur tampon; entourer de petits ronds de Polenta assez épais, colorés au beurre. saupoudrés de fromage râpé et glacés. *A part :* Fonds de braisage, lié; timbale de truffes du Piémont, chauffées au beurre.

Marie-Louise. — Farcir avec riz Pilaw, mélangé de champignons émincés, sautés; lames de truffe et purée Soubise réduite. Pocher. Dresser; napper de sauce Parisienne. Entourer de demi laitues braisées et fonds d'artichauts garnis de purée de champignons Soubisée.

Ménagère. — Pocher en fonds blanc gélatineux. Mettre en terrine avec pommes de terre, carottes et oignons émincés, cuits avec du fonds de la volaille. Celui-ci réduit en dernier lieu. Servir tel quel.

Montbazon. — Clouter à la truffe. Pocher. Dresser; napper de sauce Suprême. Entourer de ris d'agneau pochés; quenelles et champignons alternés. *A part :* Sauce Suprême.

Montmorency. — Piquer à la truffe. Braiser au Madère. Dresser; entourer de quenelles décorées et fonds d'artichauts garnis de pointes d'asperges additionnées de julienne de truffe taillée courte. *A part :* Sauce Demi-glace Madère.

Nantua. — Pocher. Dresser; napper de sauce Suprême au Beurre d'écrevisse. Entourer de : quenelles en farce de volaille au Beurre d'écrevisse; queues d'écrevisses; lames de truffe.

Néva. (Froide). — Farcir de farce de volaille mélangée de foie gras cru et truffes en dés. Pocher et refroidir. Chaud-froiter à blanc; décorer à la truffe, lustrer à la gelée. Dresser sur tampon bas. Entourer de salade russe dressée en coquilles en argent. Croûtonner de gelée.

Niçoise. — Poêler. Dresser; entourer garniture Niçoise en remplaçant les pommes Château par des olives noires dénoyautées. *A part* : Fonds de poêlage, lié.

Orientale. — Farcir de riz Pilaw safrané. Pocher; lever et escaloper les suprêmes. Supprimer les os d'estomac. Napper le riz de sauce Béchamel tomatée et safranée, Reformer les Suprêmes sur la sauce. Entourer de quartiers de Brionne cuits au beurre.

Paramé. — Couvrir de Matignon; barder; envelopper en mousseline et braiser. Dresser; entourer, en les alternant, de carottes et navets tournés en olives et glacés; demi-laitues braisees. *A part* : Jus lié.

Parisienne. — Pocher. Dresser; napper de sauce Parisienne. Décorer avec truffe et langue écarlate taillées en forme de crêtes. Entourer de quenelles; moitié en farce truffée, moitié en farce mélangée de jambon haché. Border d'un filet de glace de viande blonde.

Parisienne (*Froide*). — Désosser l'estomac. Farcir de farce fine; pocher et refroidir. Lever l'estomac; détailler en escalopes. Retirer la farce; la couper en gros dés et la mélanger à de la Mousse froide de volaille. Avec cette composition, remplir la carcasse; lisser en dôme (forme poularde). Chaudfroiter à blanc; chaudfroiter aussi les escalopes; décorer avec truffe et langue. Les rapporter sur la pièce. Dresser sur tampon bas. Entourer de timbales de macédoine liée à la gelée. Croûtonner.

Patti (Adelina). — Procéder en tout comme pour *Diva*. Entourer de fonds d'artichauts, garnis chacun d'une petite truffe enrobée de glace de viande blonde.

Paysanne. — Poêler aux 2 tiers. Mettre en cocotte avec garniture Paysanne étuvée au beurre. Arroser de fonds de veau. Compléter la cuisson. Ajouter, en dernier lieu, petits pois et haricots verts en losages, cuits à l'anglaise. Servir tel quel.

Périgord. — Farcir avec 200 grammes de truffes en olives mélangées à 400 grammes de panne de porc pilée et passée au tamis. Poêler. Dresser; napper de sauce Demi-glace à l'essence de truffe.

Périgourdine. — Glisser de larges lames de truffe, crue, entre peau et chair. Truffer comme ci-dessus. Barder. Pocher, Dresser; napper de sauce Suprême à l'essence de truffe.

Petite Mariée. — Marquer en cuisson au fonds blanc, et à court mouillement, en ajoutant : petits oignons, petites carottes, pommes de terre et petits pois nouveaux. Cuire doucement. Dresser en terrine. Napper avec fonds réduit, lié sauce Suprême.

Piémontaise. — Farcir de rizotto mélangé de moitié truffes blanches en lames. Poêler. Servir avec jus de volaille lié, additionné du fonds de poêlage.

Polignac. — Pocher. Lever et escaloper les suprêmes. Supprimer les os de poitrine ; garnir la carcasse de farce mousseline de volaille mélangée de julienne de truffe et de champignons. Reformer les suprêmes sur la farce en les intercalant de lames de truffe. Pocher à four doux, *et à couvert*. Dresser. Napper de sauce Suprême additionnée de : un quart de purée de champignons ; fine julienne de truffe et de champignons.

Portugaise. — Farcir avec riz mélangé de un tiers fondue de tomates. Poêler. Garniture et sauce Portugaise.

Princesse. — Pocher. Dresser ; napper de sauce Suprême finie avec Beurre de pointes d'asperges. Entourer de : croustades en pomme Duchesse garnies de pointes d'asperges et lame de truffe ; bottillons de pointes d'asperges ; quenelles rondes.

Princesse Hélène. — Farcir comme « Derby ». Pocher. Dresser ; napper sauce Suprême. Entourer de Subrics d'épinards ; coquilles garnies de copeaux de truffe blanche chauffés au beurre.

Printanière. — Fourrer de beurre printanier aux herbes. Poêler à moitié et mettre en terrine avec garniture Printanière ; arroser de bon fonds. Compléter la cuisson. Servir tel quel.

Régence. — Farcir avec farce fine au coulis d'écrevisse. Pocher. Dresser ; entourer de la garniture Régence B. Sauce Régence.

Reine. — Pocher. Dresser ; entourer de petites timbales de purée de volaille, liée et pochée. Sauce Suprême.

Reine-Anne. — Poêler. Lever et escaloper les suprêmes ; supprimer les os de poitrine ; garnir la carcasse de macaroni à la creme mélangé de foie gras et truffe en dés. Napper de sauce Mornay et glacer. Dresser sur tampon. Entourer de croûtes de tartelettes garnies de crêtes et rognons liés sauce

Parisienne ; escalope de suprême sur chacune. Coquille en argent garnie d'une pyramide de truffes disposée sur un bout du plat. *A part :* sauce Parisienne à l'essence de truffe.

Reine-Blanche. — Farcir de farce fine mélangée de langue et truffe en gros dés. Pocher. Dresser ; entourer de crêtes et rognons de coq, champignons et lames de truffe. Napper de sauce Parisienne.

Reine-Margot. — Farcir de farce fine additionnée de purée d'amandes (80 grammes de purée par livre de farce). Pocher. Dresser ; napper de sauce Suprême finie avec un peu de lait d'amandes. Entourer de : moitié quenelles en farce finie au Beurre de pistache ; moité en farce finie au Beurre d'écrevisse.

Reine-Marguerite. — Pocher. Lever les suprêmes ; les découper en fines escalopes. Supprimer les os de poitrine. Placer la carcasse sur croûton en pain frit. La remplir d'appareil de Soufflé au Parmesan additionné des escalopes. Lisser et donner la forme de la poularde. Entourer d'une bande de papier beurré. Disposer de minces lames de Gruyère sur le Soufflé. Cuire au four de chaleur moyenne. *A part :* sauce Suprême additionnée de lames de truffes blanches.

Renaissance. — Pocher en fonds blanc. Dresser. Entourer d'une garniture Renaissance.

Rose de Mai (Froide). — Pocher. Refroidir. Lever et escaloper les suprêmes. Supprimer les os de poitrine. Remplir la carcasse de Mousse de tomate et lisser en dôme (forme de la poularde). Décorer avec truffe et blanc d'œuf ; lustrer à la gelée. Dresser sur tampon bas. Entourer avec croûtes de barquettes garnies de même Mousse ; placer sur chacune une escalope chaudfroitée à blanc décorée à la truffe et lustrer à la gelée. Bordure de croûtons de gelée.

Rose-Marie (Froide). — Procéder exactement comme pour « Rose de Mai », sauf : 1° Garnir la carcasse avec Mousse de jambon bien rose ; 2° napper la pièce de sauce Chaudfroid au Paprika ; 3° garnir les croûtes de barquettes avec Mousse de jambon ; 4° lame de truffe sur chaque escalope. Celles-ci chaudfroitées à blanc comme ci-dessus.

Rossini. — Poêler. Lever et escaloper les suprêmes. Dresser en couronne, en alternant de tranches de foie gras sautées. Napper de fonds de volaille corsé à l'essence de truffe. *A part :* Nouilles au beurre, parsemées de nouilles crues, sautées au beurre.

Sainte-Alliance. — Introduire dans la poularde 10 belles truffes assaisonnées, chauffées au beurre, arrosées de Madère et refroidies. Poêler. Dresser. Envoyer en même temps, en nombre égal à celui des convives : ortolans cuits au moment ; tranches de foie gras sautées au beurre. *A part :* Fonds de poêlage en saucière.

Saint-Cyr (Froide). — Poêler au vin blanc. Refroidir. Préparer suprêmes et carcasse comme pour « Rose de Mai ». Sauter 15 mauviettes en Mirepoix ; réserver 12 filets ; les chaudfroiter à brun et décorer avec détails de blanc d'œufs durs. Remplir la carcasse avec une Mousse faite avec le reste des mauviettes et foie gras. Lisser en dôme ; chaudfroiter à brun. Disposer les escalopes en deux lignes sur la pièce ; placer au milieu les filets de mauviettes. Dresser en plat creux et entourer de gelée fondue.

Santa-Lucia. — Truffer comme pour « Sainte-Alliance ». Poêler au Marsala. Dresser sur tampon bas. Entourer en les alternant de : tartelettes de Gnokis à la Romaine ; escalopes de foie gras sautées au beurre. *A part :* sauce Demi-glace tomatée et beurrée.

Sicilienne. — Dans la première partie de l'opération, procéder comme pour « Mancini ». Remplir la carcasse de macaroni lié avec fonds de bœuf braisé à la Napolitaine, additionné de truffe et foie gras en dés, crêtes et rognons de coq. Envelopper de crépine ; chapelurer ; arroser de beurre fondu et faire colorer au four. Dresser sur tampon bas. Entourer de croûtes de tartelettes, garnies chacune de : une escalope de Suprême ; une escalope de foie gras sautée au beurre ; une lame de truffe. *A part :* sauce Demi-glace tomatée, beurrée.

Soufflée. — Pocher. Lever et détailler les suprêmes en petites escalopes. Supprimer les os de poitrine. Remplir la carcasse avec farce Mousseline additionnée de un tiers de purée de foie gras, par couches alternées d'escalopes et de lames de truffe. Lisser en dôme ; décorer avec truffe, langue écarlate et blanc d'œuf dur. Pocher à four doux. *A part :* sauce Parisienne à l'essence de truffe.

Souwaroff. — Farcir avec foie gras et truffes crues, coupés en gros dés. Poêler aux 3 quarts. Mettre en terrine avec truffes moyennes étuvées au Madère et un peu de fonds de volaille corsé. Couvrir: souder avec un bourrelet de pâte; compléter la cuisson à four doux pendant une demi-heure. Servir tel quel.

Stanley. — Farcir de riz mélangé d'une julienne de truffe et champignons. Pocher en fonds blanc, et à court mouillement, avec oignons émincés, blanchis, condimentés au currie. Après cuisson de la poularde; passer ces oignons à l'étamine; compléter la purée avec Velouté et crème. Dresser; napper avec la Soubise préparée.

Sylvana. — Farcir avec mousserons sautés. Poêler à moitié. Mettre en terrine. Entourer de petits pois à la Française, cuits à moitié; bouquet de persil, cerfeuil et brin de menthe; couvrir hermétiquement. Compléter la cuisson au four.

Talleyrand. — Poêler. Lever les suprêmes; les détailler en gros dés et mélanger dans une garniture Talleyrand. Supprimer les os de poitrine. Remplir la carcasse avec garniture préparée; recouvrir de farce mousseline; lisser en dôme (forme poularde). Décorer avec lames de truffes et pocher au four. *A part:* sauce Demi-glace à l'essence de truffe et julienne de truffe.

Tivoli. — Poêler. Dresser; entourer de: champignons grillés, garnis de crêtes et rognons liés avec sauce Parisienne; bottillons de pointes d'asperges. Napper avec fonds de poêlage, beurré et acidulé au citron.

Tosca. — Farcir de riz. Poêler à court mouillement. Dresser; entourer de pieds de fenouil tubéreux, braisés. *A part:* Fonds de poêlage, réduit et beurré.

Toulousaine — Pocher. Dresser avec garniture Toulousaine. *A part:* sauce Parisienne à l'essence de champignons.

Trianon. — Pocher. Dresser. Entourer de bouquets de quenelles fourrées à la purée de foie gras, dont un tiers en farce truffée; un tiers avec farce mélangée de langue hachée; un tiers avec farce aux fines herbes. *A part:* sauce Suprême au Beurre de foie gras.

Valenciennes. — Poêler. Dresser. Entourer de rizotto mélangé de dés de jambon. Turban de tranches de jambon grillé, disposé sur le rizotto. *A part:* sauce Suprême tomatée.

Vénitienne. — Pocher. Dresser; napper de sauce Suprême au Beurre ravigote. Entourer de : crêtes de coq ; champignons ; escalopes de cervelle de veau.

Vert-pré. — Pocher. Dresser ; napper de sauce Suprême au Beurre printanier. Entourer de bouquets de : petits pois ; haricots verts ; pointes d'asperges.

Vichy. — Pocher. Dresser ; napper de sauce Suprême au Beurre de carotte. Entourer de croûtes de tartelettes garnies de carottes à la Vichy.

Victoria. — Farcir comme « Souwaroff ». Poêler aux 3 quarts. Mettre en terrine avec pommes de terre en gros dés sautées au beurre. Compléter la cuisson au four. Servir tel quel.

Vierge (à la). — Pocher. Dresser ; napper de sauce Béchamel à la crème. Entourer d'escalopes de ris de veau et escalopes de cervelle alternées de crêtes de coq.

Villars. — Pocher. Dresser. Napper de sauce Parisienne. Entourer de bouquets de ris d'agneau ; rognons de coq ; champignons. Entre chaque bouquet, tranche de langue taillée en crête.

Washington. — Farcir de maïs vert préparé à la Grecque. Braiser et glacer. *A part :* Fonds de braisage, réduit ; timbale de maïs à la crème.

POULETS DE GRAINS ET POULETS REINE
(En cocotte, grillés, sautés).

Nota : En ce qui concerne le découpage, détails, préparation et proportions dans les garnitures, voir *Guide culinaire*. Sauf indication contraire, le Poulet est toujours sauté au beurre. La lettre D. indique que le poulet est découpé ; la lettre E. qu'il est traité entier.

Algérienne (D). — Sauter. Déglacer au vin blanc. Ajouter pointe d'ail et tomate concassée. Dresser. Entourer de patates et de brionne, tournées en olives et étuvées au beurre.

Anversoise (D). — Cuire au beurre, sans coloration. Déglacer à la crème. Ajouter : sauce Suprême, jets de houblon blanchis ; julienne de langue. Dresser en terrine ou en cocotte.

Archiduc (D). — Sauter sans laisser colorer ; ajouter oignons émincés cuits au beurre ; compléter la cuisson. Dresser les morceaux. Ajouter aux oignons : filet de fine Champagne, crème et Velouté ; passer à l'étamine. Finir avec beurre, jus de citron et Madère. Saucer et disposer des lames de truffe sur les morceaux.

Arlésienne (D). — Sauter à l'huile. Déglacer au vin blanc. Ajouter sauce Demi-glace tomatée. Dresser et saucer. Entourer de rondelles d'oignons et d'aubergines frites au moment, bouquets de tomate concassée, cuite au beurre.

Armagnac (D). — Cuire au beurre, sans laisser colorer, avec lames de truffes crues. Dresser en terrine. Déglacer à la fine Champagne : ajouter filet de jus de citron et crème. Compléter avec Beurre d'écrevisse et verser sur les morceaux.

Artois (d') (D). — Sauter et dresser. Déglacer au Madère ; ajouter : glace de viande ; fonds d'artichauts émincés sautés au beurre ; carottes en petites olives et petits oignons glacés. Compléter avec beurre et ciboulette hachée. Verser sur le poulet.

Beaulieu (D). — Sauter au beurre. Ajouter petites pommes de terre et quartiers d'artichauts cuits au beurre. Étuver 10 minutes. Dresser en terrine et ajouter des olives noires. Déglacer avec vin blanc, filet de jus de citron et fonds de veau. Verser sur poulet et garniture.

Belle-Meunière (E) — Farcir avec foies de volaille escalopés et champignons concassés sautés au beurre. Glisser 6 lames de truffe entre peau et chair. Colorer au beurre. Mettre en cocotte avec tranches de lard de poitrine ; champignons en quartiers, sautés. Cuire au four. Un peu de jus de veau au dernier moment.

Bercy (D.) — Sauter au beurre et dresser. Déglacer avec vin blanc et échalotte hachée. Ajouter : glace de viande ; jus de citron ; champignons émincés et sautés ; saucisses chipolata tronçonnées ; beurre. Verser sur le poulet. Persil concassé.

Bergère (E.) — Farcir avec mousserons et oignon hachés, passés au beurre, refroidis et mélangés avec beurre, persil haché, assaisonnement. Colorer au beurre ; déglacer au vin blanc : ajouter : jus de veau ; dés de lard de poitrine et mousserons sautés. Cuire au four. Dresser ; couvrir avec garniture et fonds (légèrement lié). Entourer de pommes pailles. (Tout champignon de prairie convient pour cet apprêt ; à défaut, employer champignons ordinaires).

Boivin (D). — Sauter. Entourer de : petits oignons sautés ; quartiers d'artichauts blanchis ; pommes de terre, grosseur olive. Cuire et dresser. Déglacer au consommé ; ajouter glace de viande, jus de citron et beurre. Saucer le poulet.

Bordelaise (D). — Sauter à fond et dresser. Entourer de : quartiers d'artichauts étuvés ; pommes de terre émincées, sautées ; rondelles d'oignon frites. Persil frit entre chaque élément de garniture. Napper avec déglaçage au jus de volaille.

Bourguignonne (D). — Faire revenir les morceaux. Ajouter dés de lard de poitrine ; petits oignons ; champignons, les uns et les autres sautés au beurre. Compléter la cuisson et dresser. Déglacer au vin rouge ; réduire ; ajouter un peu de fonds bruns et pointe d'ail ; lier légèrement et beurrer. Verser sur le poulet.

Bretonne (D). — Faire revenir à blanc. Ajouter : blanc de poireau et oignon émincés, étuvés au beurre ; champignons émincés, sautés. Compléter la cuisson. Dresser le poulet. Déglacer à la crème ; ajouter sauce Suprême ; réduire et verser sur le poulet.

Casserole (E). — Simplement cuit au beurre en casserole en terre. Un peu de jus de veau en servant.

Catalane (D). — Sauter à l'huile. Déglacer au vin blanc. Ajouter : sauce Demi-glace ; petits oignons glacés ; marrons cuits ; champignons sautés ; Chipolatas pochées ; une cuillerée de fondue de tomates. Mijoter 5 minutes. Dresser.

Cèpes (D). — Sauter à l'huile. Dresser. Déglacer vin blanc et échalote hachée. Beurrer et saucer. Entourer de cèpes à la Bordelaise.

Champeaux (D). — Sauter et dresser. Déglacer au vin blanc ; ajouter jus de veau et glace de viande. Beurrer et saucer. Entourer de petits oignons glacés et pommes de terre noisette.

Chasseur (D). — Sauter beurre et huile. Dresser. En même corps gras, faire revenir champignons émincés et échalote hachée. Déglacer au vin blanc et cognac ; ajouter sauce Demi-glace tomatée, cerfeuil et estragon hachés. Saucer ; saupoudrer de persil concassé.

Cocotte (E). — Cuire au beurre à moitié, en cocotte. Entourer de : lardons rissolés ; petits oignons sautés au beurre ; pommes de terre grosseur d'une olive. Compléter la cuisson à couvert. Filet de jus de veau en servant.

Cocotte Bonne-Femme (E). — Colorer au beurre. Mettre en cocotte avec beurre ; tranches de lard rissolées ; rondelles de pommes de terre. Cuire au four. Filet de jus de veau en servant.

Compote (E). — Colorer au beurre. Déglacer au vin blanc et cuisson de champignons. Réduire ; ajouter sauce Demiglace et garniture Compote. (V. *Garnitures.*)

Crapaudine (E). — Couper horizontalement de la pointe d'estomac à la jointure des ailes, sans séparer entièrement. Aplatir ; retirer les os ; assaisonner et cuire à moitié au four. Passer au beurre fondu et mie de pain. Compléter la cuisson sur le gril. *A part* : Sauce Diable.

Currie (D). — Sauter à l'huile avec oignon emincé et pincée de currie. Déglacer avec lait de coco ou lait d'amandes) ; ajouter velouté et finir de cuire. Dresser en timbale. Riz à l'Indienne à part.

Cynthia (D). — Sauter à fond et dresser. Déglacer au Champagne sec ; réduire ; compléter avec glace de viande, jus de citron, beurre et filet de curaçao. Entourer de grains de raisins épépinés et quartiers d'orange parés à vif.

Demidoff (D). — Sauter au beurre. Procéder ensuite comme pour « Poularde Demidoff ».

Doria (D). — Colorer au beurre. Ajouter concombres tournés en olives. Cuire au four. Dresser. Napper avec déglaçage fait avec jus de veau et filet de jus de citron. Arroser finalement de beurre noisette.

Durand (D). — Fariner les morceaux. Sauter à l'huile, à fond. Dresser en couronne. Au centre, placer un cornet, fait avec lame de jambon triangulaire, garni de fondue de tomates. Autour, rondelles d'oignons frites.

Égyptienne (D). — Colorer à l'huile. Dresser en terrine en alternant les morceaux d'oignons et champignons émincés, dés de jambon cru, également sautés à l'huile. Tranches de tomates sur le tout. Fermer et finir de cuire au four. Filet de jus de veau au dernier moment. Servir tel quel.

Escurial (D). — Sauter au beurre. Déglacer au vin blanc. Ajouter : Sauce Demi-glace ; champignons en quartiers et jambon en gros dés, sautés ; olives farcies, pochées ; truffe en dés. Mijoter 7 à 8 minutes. Dresser en bordure de riz cuit à l'eau salée. Entourer de tout petits œufs frits.

Espagnole (D). — Sauter à l'huile. Ajouter : riz Pilaw mélangé de dés de piment ; gros pois frais, cuits à l'anglaise ; saucisses pochées, escalopées. Mijoter 10 minutes. Dresser. Entourer de petites tomates grillées.

Estragon (D). — Sauter au beurre. Dresser. Déglacer au

vin blanc ; réduire et ajouter jus aromatisé à l'estragon et lié à l'arrow-root. Saucer. Décorer les ailes avec feuilles d'estragon blanchies.

Fédora (D). — Cuire au beurre, à blanc, avec lames de truffes crues. Dresser. Déglacer à la crème et ajouter sauce Béchamel. Compléter avec Beurre d'écrevisse, jus de citron, pointe de cayenne. Saucer. Entourer de bouquets de pointes d'asperges.

Fenouil (D). — Faire revenir au beurre sans colorer. Déglacer à la crème ; ajouter fenouil tubéreux tourné en olives et blanchi. Compléter la cuisson. Dresser en plat creux ; napper de sauce Mornay et glacer.

Fermiè e (D). — Faire colorer au beurre. Mettre en terrine avec garniture Fermière. Finir de cuire au four. Arroser de jus de veau au dernier moment. Servir tel quel.

Fines-Herbes (D). — Sauter au beurre. A fin de cuisson saupoudrer d'échalote hachée. Dresser. Déglacer au vin blanc ; réduire ; ajouter jus de veau et demi-glace. Finir avec beurre ; persil, cerfeuil et estragon hachés. Saucer.

Fonds d'artichauts (E). — Faire colorer. Mettre en cocotte avec fonds d'artichauds escalopés et sautés au beurre. Cuire au four. En servant, cuillerée de jus de veau et filet de jus de citron.

Forestière (D). — Faire revenir au beurre. Ajouter échalote hachée et morilles en quartiers. Étuver au four 10 minutes. Déglacer au vin blanc et jus de veau ; réduire et saucer. Persil concassé. Entourer de bouquets de pommes de terre en gros dés sautées au beurre ; tranche de lard rissolé entre chaque bouquet.

Gabrielle (D). — Cuire au beurre, à blanc. Dresser. Déglacer avec cuisson de champignons ; ajouter crème et sauce Béchamel ; réduire et beurrer. Saucer. Julienne de truffe sur le poulet. Fleurons en feuilletage autour.

Georgina (D). — Colorer au beurre. Finir de cuire au four avec petits oignons et bouquet garni contenant du fenouil. Dresser. Déglacer avec cuisson de champignons et vin du Rhin ; ajouter crème et tout petits champignons. Finir avec pincée de cerfeuil et estragon hachés. Saucer.

Grillé à l'Anglaise (E). — Est le « Poulet Crapaudine » au naturel.

Grillé à la Diable (E). — Fendre par le dos ; aplatir ;

cuire à moitié au four. Enduire de moutarde, saupoudrer de mie de pain, arroser de beurre et compléter la cuisson sur le gril. Sauce Diable à part.

Hôtelière (E). — Désosser l'estomac ; farcir de chair à saucisses mélangée de Duxelles sèche. Colorer au beurre, en cocotte ; cuire au four. A mi-cuisson, entourer de champignons émincés, sautés au beurre avec oignon et échalote hachés. Filet de jus de veau en servant.

Huîtres (aux) (D). — Cuire au beurre, à blanc. Dresser avec huîtres pochées, ébarbées. Déglacer avec l'eau des huîtres ; ajouter crème et velouté. Réduire et verser sur le poulet.

Italienne (D). — Sauter au beurre. Dresser. Déglacer au vin blanc ; ajouter sauce Italienne et saucer. Entourer de quartiers d'artichauts à l'Italienne.

Japonaise (D). — Colorer au beurre ; ajouter crosnes blanchis et finir de cuire. Dresser. Déglacer avec fonds de veau lié ; beurrer hors du feu. Saucer.

Joséphine (D) — Colorer à l'huile. A mi-cuisson, égoutter la graisse. Ajouter Mirepoix Bordelaise, jambon haché, champignons crus, concassés. Finir de cuire. Dresser. Déglacer avec fine Champagne et cuisson de champignons ; réduire ; ajouter jus de veau lié. Beurrer et saucer. Entourer de cèpes sautés, bien rissolés.

Jurassienne (D). — Sauter au beurre. Aux deux tiers de cuisson, ajouter garniture de lardons rissolés. Finir de cuire. Dresser. Déglacer avec sauce demi-glace et ajouter ciboulette hachée. Saucer.

Katoff (E). — Préparer comme « Poulet à la diable », sauf qu'il ne doit pas être enduit de moutarde. Dresser sur galette en pomme Duchesse colorée sur plat de service. Entourer de jus de veau lié, beurré. Du même à part.

Lathuile (D). — En sautoir pouvant contenir juste poulet et garniture, et en beurre très chaud, ranger : morceaux de poulet ; pommes de terre et fonds d'artichauts coupés en dés. Assurer la coloration et retourner d'un bloc ; compléter la cuisson. Dresser d'une pièce, comme Pomme Anna. Saupoudrer de persil haché ; napper de glace de viande claire et arroser de beurre noisette. Entourer de rondelles d'oignon, frites, et de touffes de persil frit.

Marengo (D). — Sauter à l'huile. Déglacer au vin blanc ; réduire. Ajouter tomates concassées (ou purée de tomates) ;

jus de veau lié ; pointe d'ail écrasé ; petits champignons et lames de truffe. Mijoter 2 minutes ; dresser ; entourer de croûtons en cœurs, écrevisses troussées et œufs frits. Saupoudrer de persil concassé.

Marigny (D). — Colorer au beurre. Garnir de petits pois et haricots verts en losanges. Cuire par étuvage. Ajouter un peu de jus de veau en dernier lieu. Dresser. Entourer de pommes de terre fondantes.

Marseillaise (D). — Sauter. A mi-cuisson, ajouter piments verts ciselés et quartiers de tomates sautés à l'huile, ail écrasé. Déglacer avec vin blanc et filet de jus de citron ; réduire. Dresser. Persil concassé.

Mascotte (E). — Colorer au beurre ; entourer de pommes de terre en olives et quartiers de fonds d'artichauts sautés au beurre. Aux 3 quarts de cuisson, mettre en cocotte avec lames de truffe et 2 cuillerées de jus de veau. Finir de cuire. Servir tel quel.

Mathilde (D). — Colorer au beurre. Ajouter oignon haché et concombres en olives. Étuver au four. Déglacer à la fine Champagne et finir avec sauce Suprème. Dresser.

Mexicaine (D). — Sauter à l'huile. Déglacer au vin blanc, réduire à fond et ajouter jus de veau tomaté. Dresser. Entourer de la garniture Mexicaine.

Morilles (D). — Sauter. Aux 2 tiers de cuisson ajouter des morilles étuvées au beurre. Finir de cuire. Dresser. Déglacer au cognac ; ajouter jus des morilles et glace de viande ; réduire ; beurrer et saucer. Saupoudrer de persil haché.

Normande (D). — Sauter. A mi-cuisson, mettre en terrine avec : pommes reinette pelées, émincées ; déglaçage fait à l'eau-de-vie de cidre. Compléter la cuisson. Servir tel quel.

Parmentier (D). — Colorer au beurre. Ajouter pommes de terre en gros dés sautées au beurre. Finir de cuire. Dresser avec pommes de terre en bouquets autour. Napper avec déglaçage au vin blanc et jus de veau. Saupoudrer persil haché.

Périgord (D). — Comme « Poulet aux Truffes », avec truffes crues en olives.

Piémontaise (D). — Sauter au beurre avec lames de truffes blanches. Dresser en bordure de rizotto aux mêmes truffes. Déglacer vin blanc et glace de viande ; verser sur le poulet. Arroser de beurre noisette et saupoudrer de persil-haché.

Portugaise (D). — Sauter beurre et huile. Aux 2 tiers de cuisson, saupoudrer d'oignon haché ; faire colorer. Ajouter : pointe d'ail ; tomates concassées ; filet de vin blanc ; champignons cuits, émincés ; persil concassé. Dresser. Entourer de petites tomates farcies.

Provençale (D). — Sauter à l'huile. Dresser. Déglacer au vin blanc ; ajouter : pointe d'ail ; tomates concassées ; dés de filets d'anchois ; olives noires dénoyautées ; pincée de basilic haché. Mijoter 5 minutes et verser sur le poulet.

Russe (D). — Brider ; tremper la poitrine à l'eau bouillante ; piquer lard et filets d'anchois. Farcir avec chair à saucisses, truffée. Rôtir à la broche. En dernier lieu, arroser de lard fondu, brûlant. *A part :* Sauce Rémoulade.

Saint-Lambert (D). — Étuver au beurre et finir de cuire au consommé 125 grammes de Brunoise de : carotte, navet, oignon, céleri, lard maigre ; champignons et queues de persil. Passer à l'étamine. Sauter le poulet. Dresser. Déglacer vin blanc et cuisson de champignons ; réduire ; ajouter la purée de légumes, beurrer et saucer. Semer sur le poulet : perles de carottes, glacées ; petits pois et persil concassé.

Saint-Mandé (D). — Sauter au beurre. Ajouter au dernier moment petits pois et pointes d'asperges cuits à l'anglaise. Déglacer avec filet de jus de veau. Dresser sur gâteau de pomme Macaire.

Samos (D). — Sauter à l'huile. Déglacer au vin de Samos ; ajouter tomates pelées et hachées. Mijoter 7 à 8 minutes. Dresser. Entourer de grains de muscat pelés et épépinés.

Stanley (D). — Cuire au beurre, sans coloration, avec oignons émincés. Dresser en terrine avec champignons cuits. Finir de cuire les oignons avec de la crème ; passer à l'étamine ; beurrer et finir avec pointe de cayenne et de currie. Saucer le poulet. Lames de truffe sur la sauce.

Truffes (D). — Sauter. A mi-cuisson, ajouter 200 grammes de truffes crues, coupées en lames épaisses. Finir de cuire à couvert. Dresser. Déglacer au Madère ; ajouter sauce demi-glace. Beurrer et verser sur le poulet.

Vendéenne (D). — Raidir au beurre ; ajouter petits oignons blanchis et cuire par étuvage. Dresser. Déglacer au vin blanc ; ajouter velouté, beurre, persil haché et saucer.

Verdi (D). — Sauter à fond. Dresser en bordure de rizotto Piémontaise. Sur la bordure, lames de foie gras sautées et lames de truffe alternées. Déglacer au vin d'Asti; réduire; ajouter fonds de veau, beurre et nappér le poulet.

Vichy (D). — Colorer au beurre; ajouter carottes à la Vichy à moitié cuites. Compléter la cuisson. Déglacer avec fonds de veau.

POUSSINS

Cendrillon. — Fendre par le dos; aplatir, raidir au beurre. Placer entre deux couches de hachis truffé; envelopper de crépine; passer au beurre et griller doucement. *A part :* Sauce Périgueux.

Piémontaise. — Farcir de truffes du Piémont pilées avec poids égal de panne fraîche. Faire revenir au beurre. Mettre en cocotte avec rizotto Piémontaise à moitié cuit. Finir de cuire au four. En dernier lieu, saupoudrer de fromage râpé, glacer et arroser de beurre noisette.

Polonaise. — Farcir de farce gratin mélangée de mie de pain trempée, pressée, beurre et persil haché. Faire colorer; mettre en terrine et finir de cuire au four. En dernier lieu, ajouter jus de citron et arroser de Beurre à la Polonaise.

Tartare. — Fendre par le dos; aplatir; assaisonner; passer au beurre et à la chapelure fine. Griller doucement. Sauce Tartare à part.

Tourte Paysanne. — Sur abaisse de pâte à foncer, étaler une couche de chair à saucisses mélangée de Duxelles sèche. Ranger dessus les poussins raidis au beurre, partagés en deux et champignons émincés, sautés. Recouvrir de même farce; barder; rapporter une seconde abaisse sur la première dont les bords seront mouillés. Souder; plier les bords en bourrelet; dorer et rayer. Cuire à four chaleur moyenne 40 minutes environ. Après cuisson, introduire de la sauce demiglace dans l'intérieur.

SUPRÊMES

Pour renseignements complets sur la préparation des *Suprêmes*, V. *Guide culinaire*.

Agnès Sorel. — Pocher. Dresser en couronne sur quenelles ovales en farce mousseline fourrées champignons et pochées. Napper sauce Parisienne. Décorer d'un anneau de langue et rond de truffe. Filet de glace de viande autour.

Albuféra. — Fourrer de farce mousseline. Pocher. Dresser sur croûtes de tartelettes indiquées à la Poularde du nom. Napper sauce Albuféra. Même Sauce à part.

Alexandra. — Pocher au beurre. Dresser avec lames de truffe. Napper Sauce Mornay et glacer. Entourer de bouquets de pointes d'asperges.

Ambassadrice. — Pocher. Dresser. Napper Sauce Suprême. Entourer de : ris d'agneau cloutés de truffe et pochés ; bottillons de pointes d'asperges.

Arlésienne. — Sauter au beurre clarifié. Dresser en couronne sur rondelles d'aubergines frites. Fondue de tomates au centre. Rondelles d'oignons frites autour. *A part :* Sauce demi-glace tomatée.

Belle-Hélène. — Sauter au beurre clarifié. Dresser sur croquettes de pointes d'asperges de même forme. Lame de truffe sur chacun. Jus lié à part.

Boitelle. — Fourrer de farce mousseline, mélangée de purée de champignons crus. Etuver au beurre avec champignons émincés. Dresser en timbale. Napper avec fonds beurré et légèrement acidulé au jus de citron. Persil haché dessus.

Champignons (A). — Pocher avec cuisson de champignons. Dresser en couronne ; garniture de champignons au centre. Napper de sauce Parisienne additionnée du fonds de pochage réduit.

(B). — Cuire au beurre clarifié. Dresser avec garniture et sauce champignons à brun.

Chimay. — Cuire au beurre clarifié. Dresser. Garnir de bouquets de morilles sautées et pointes d'asperges. Cordon de jus lié.

Cussy. — Escalopes de suprême parées forme ronde. Fariner et sauter. Dresser sur fonds d'artichauts. Lame de truffe et rognon de coq sur chaque escalope. *A part :* jus de volaille lié, beurré.

Doria. — Paner au beurre, sauter au beurre clarifié : Dresser. Entourer de concombres tournés en olives et étuvés au beurre. Arroser de beurre noisette et filet de jus de citron.

Dreux. — Contiser avec ronds de truffe et langue. Pocher au beurre. Dresser. Entourer de crêtes, rognons, lames de truffe. Cette garniture seulement nappée de sauce Parisienne.

Ecarlate. — Contiser avec ronds de langue. Pocher au

beurre. Dresser sur quenelles ovales en farce mousseline, pochées et saupoudrées de langue hachée. Napper de sauce Suprême claire.

Ecossaise. — Pocher. Dresser. Napper sauce Ecossaise. *A part :* timbale de haricots verts au beurre.

Favorite. — Sauter au beurre clarifié. Dresser en couronne sur escalopes de foie gras sautées. Pointes d'asperges au centre. *A part :* Glace de viande beurrée.

Financière. — Fourrer de farce de volaille truffée. Cuire au beurre. Dresser en couronne sur croûtons ovales, frits. Napper sauce Financière. — Garniture Financière au centre.

Florentine. — Pocher vert-cuits. Dresser sur épinards en feuilles étuvés au beurre. Napper sauce Mornay et glacer.

Fonds d'artichauts. — Cuire au beurre. Dresser. Entourer de fonds d'artichauts émincés crus, sautés au beurre et fines herbes. Arroser de beurre noisette, jus lié à part.

Henri IV. — Escaloper, parer forme ronde ; fariner et sauter. Dresser, avec lame de truffe, sur fonds d'artichauts nappés de glace de viande beurrée. Sauce Béarnaise à part.

Indienne. — Cuire au beurre. Tenir 5 minutes dans une sauce Currie, sans laisser bouillir. Dresser en timbale. Riz Indienne à part.

Italienne — Sauter. Dresser. Napper sauce Italienne. Entourer de quartiers d'artichauts à l'Italienne.

Jeannette (*Froid*). — Suprême de volaille pochée, refroidie, escalopé en ovales. Chaudfroiter à blanc ; décorer avec feuilles d'estragon blanchies. Dresser sur lames de parfait de foie gras disposées sur couche de gelée prise en timbale. Couvrir de gelée. Servir sur bloc de glace vive.

Judic. — Détailler en cœurs. Pocher au beurre. Dresser sur demi-laitues braisées. Lame de truffe et rognon de coq sur chaque cœur. Napper de jus lié.

Maréchale. — Paner à l'anglaise avec truffe hachée ; cuire au beurre. Dresser en couronne avec lames de truffe dessus. Pointes d'asperges au centre.

Marie-Louise. — Détailler en escalopes de forme ronde. Sauter. Dresser, sur fonds d'artichauts Marie-Louise (V. *Garnitures*) ; arroser de beurre noisette.

Marie-Thérèse. — Pocher au beurre. Dresser le long d'un dôme de riz Pilaw mélangé de blanc de volaille haché.

Napper Sauce Suprême. Tranche de langue taillée en crête, disposée entre chaque Suprême. Même sauce à part.

Maryland. — Paner à l'anglaise. Sauter au beurre clarifié. Dresser sur tranches de Bacon, grillées. Entourer de petites galettes de farine de maïs et de bananes, frites, les unes et les autres. *A part :* Sauce Raifort à la crème.

Montpensier. — Paner à l'anglaise. Sauter. Dresser et arroser de beurre de noisette. Garniture Montpensier.

Orientale. — Sauter. Dresser sur tranches de Brionne étuvées au beurre. Napper de Sauce Suprême tomatée et safranée. *A part :* Riz Pilaw mélangé de dés de piment doux.

Paprika. — Sauter. Dresser en timbale sur riz Pilaw tomaté. Napper de Sauce Paprika.

Périgueux. — Fourrer de farce mousseline truffée. Cuire au beurre. Dresser en couronne. Sauce Périgueux au centre.

Polignac. — Cuire au beurre. Dresser. Napper de Sauce Suprême additionnée d'une julienne de truffes et champignons.

Régence. — Détailler en cœurs. Pocher. Dresser en couronne sur Quenelles ovales au Beurre d'écrevisse. Garniture et sauce Régence.

Richelieu. — Paner à l'anglaise. Cuire au beure clarifié. Dresser avec lames de truffe. Couvrir de Beurre Maître d'Hôtel mi-dissous.

Rimini. — Piquer à la truffe. Pocher. Dresser sur croûtes de barquettes garnies de purée de champignons. Sauce Parisienne à part.

Rossini. — Sauter. Dresser, avec lame de truffe, sur escalopes de foie gras sautées. Napper de Sauce Madère corsée.

Talleyrand. — Détailler en cœurs. Fourrer de godiveau mélangé de foie gras. Dresser en croustade basse, sur garniture à la Talleyrand et sauce indiquée servie à part. (V. Poularde *Talleyrand*.)

Valençay. — Fourrer de fin Salpicon de truffe lié Sauce Parisienne. Paner à l'anglaise et cuire au beurre. Dresser. Entourer de croûtons en forme de crêtes, frits, masqués en dôme de farce truffée, passés au four pour pochage de la farce. *A part :* Purée de champignons.

Valois. — Paner à l'anglaise. Sauter. Dresser en couronne. Garniture d'olives farcies et pochées. Sauce Valois à part.

Verneuil. — Mariner une heure à l'avance avec huile, jus de citron et aromates. Paner à l'anglaise. Cuire au beurre. Napper de Sauce Colbert. *A part* : Purée d'artichauts.

Villeroy. — Pocher en tenant verts-cuits. Procéder ensuite comme pour *Escalopes de ris de veau Villeroy*.

PATÉS CHAUDS. TIMBALES. VOL-AU-VENT

Pâté d'abatis. — Ragoût d'abatis, cuit aux 3 quarts en sauce brune, refroidi et mis en plat long creux. Couvrir d'une abaisse de pâte fine ; souder, dorer, rayer et cuire 35 minutes à four chaleur moyenne.

Pâté à l'anglaise. — En plat à pâté anglais, garni, fond et parois, de minces escalopes de veau : morceaux de poulet ; oignon, échalote et champignons crus, hachés ; tranches de Bacon ; jaunes d'œufs durs ; consommé (à hauteur des morceaux), couvrir d'une abaisse de rognures de feuilletage. Dorer et rayer, ménager une ouverture. Cuire une heure et demie à four moyen.

Pâté de Caneton. — Moule à charlotte, foncé en pâte fine, garni, fond et parois, de farce gratin, mélangée d'un peu de sauce brune réduite. Remplir, par couches alternées d'aiguillettes de caneton, champignons émincés et lames de truffes. Couvrir avec abaisse de pâte ; cuire une heure à four moyen. — Sauce Madère à part.

Pâté Châlonnaise. — Moule à charlotte, foncé en pâte fine ; fond et parois masqués d'une épaisse couche de farce de volaille mélangée de champignons crus, hachés. Garnir avec Fricassée de poulet froide, additionnée de crêtes et rognons. Recouvrir de farce ; fermer avec abaisse de pâte. Cuire une heure à four moyen. Sauce Parisienne à part.

Pâté Financière. — Moule à pâté cannelé foncé en pâte fine, garni, fonds et parois, de godiveau truffé. Au centre, garniture financière, liée à la Sauce Madère serrée. Recouvrir avec godiveau ; fermer et cuire comme ci-dessus.

Pâté de Pigeons. — Procéder comme pour Pâté de caneton, avec pigeons rôtis, saignants et coupés en quatre.

Timbale ambassadrice. — Moule à charlotte beurré, foncé avec ronds de langue et lames de truffe. Fond et parois masqués d'une couche de farce de volaille. Garnir, par couches alternées, de nouilles au jus ; foies de volaille escalopés et sautés, ris d'agneau, lames de truffe, liés Sauce Madère tomatée. Finir par une couche de farce et pocher au bain-marie. — Sauce Madère à part.

Timbale Bontoux. — En croûte de timbale, décorée, et par couches alternées : Macaroni lié au beurre, Parmesan et tomate ; rondelles de boudin de volaille truffé, crêtes, rognons, lames de truffes, réunis en Sauce Demi-glace tomatée.

Timbale Bourbonnaise. — Moule à charlotte beurré, foncé d'une épaisse couche de farce de volaille mélangée de langue hachée. Remplir aux 3 quarts avec garniture d'escalopes de volaille, crêtes, rognons, champignons, truffe, liée à la Sauce Parisienne serrée. Recouvrir de farce et pocher au bain-marie.

Timbale Milanaise. — En croûte de timbale décorée. Garniture de macaroni lié et tomaté, dans le fond et sur les parois ; au centre, garniture Financière tomatée. Recouvrir de macaroni ; lames de truffe dessus. Fermer avec couvercle et dresser sur serviette.

Timbale Mirabeau. — Moule à charlotte foncé avec olives farcies et pochées. Masquer fond et parois d'une couche de farce de caneton. Au centre, garniture froide d'aiguillettes de caneton rôti, champignons, lames de truffe, liée sauce Salmis. Recouvrir de farce ; pocher au bain-marie. Sauce Salmis.

Timbale d'Orsay. — En croûte basse : Garnir de poulet sauté avec fonds d'artichauts et champignons émincés, crus ; lames de truffe, crues également. Napper avec Sauce Parisienne additionnée du déglaçage au vin blanc, beurrée et condimentée au Paprika.

Timbale Voisin. — Escalopes de filets de caneton Rouennais rôti, chaud-froitées avec Sauce Salmis liée à la gelée. En croûte de timbale dont le fond sera masqué d'une couche de gelée. Ranger dessus escalopes chaudfroitées et lames de truffe. Alterner ainsi couches de gelée et escalopes. Finir par une couche de gelée.

Vol-au-vent. — Garnitures usuelles : *Financière, Régence, Toulousaine.*

PRÉPARATIONS DIVERSES DE LA VOLAILLE

Abatis. — Se préparent à la *Bourguignonne, Chipolata, Navets, Printanier,* etc. Se traitent comme Ragoûts ordinaires.

Aspic à l'Italienne. — En moule à bordure uni, chemisé de gelée et décoré à la truffe, ranger par couches successives et distinctes, alternées de couches de gelée : Julienne de blanc de volaille, de langue et de truffe. Finir avec gelée. Démouler. Salade Italienne au centre. Sauce Rémoulade à part.

Aspic Gauloise. — En moule historié, chemisé et décoré ; monter par couches successives et distinctes, en les alternant de couches de gelée : escalopes de blanc de volaille ; ovales de langue écarlate ; crètes chaudfroitées à brun ; rognons de coq chaudfroités à blanc. Finir par couche de gelée.

Blanquette. — Se traite comme celle de *Veau*.

Boudins Carignan. — Enduire d'une couche de farce de volaille, le fond et parois de petites caisses rectangulaires en fer blanc, beurrées. Garnir le centre de salpicon de champignons, lié sauce Parisienne. Recouvrir de farce ; lisser, pocher et démouler. Paner à l'anglaise ; faire colorer au beurre clarifié. Dresser en turban avec fritot de crêtes de coq au centre. *A part :* Sauce tomate.

Boudins à l'Ecossaise. — Farce de volaille. Mouler en ovales ; fourrer de salpicon de langue lié demi-glace réduite. Pocher, paner et cuire comme ci-dessus. Dresser en alternant de tranches de langue taillées en ovales. *A part :* Sauce Ecossaise à la Mirepoix.

Boudins Richelieu. — Farce à la crème. Salpicon de blanc de volaille, champignons, truffe, lié sauce Parisienne. Procéder comme pour « Carignan ». *A part :* Sauce Périgueux.

Capilotade. — Chair de volaille cuite (rôtie, bouillie ou braisée) détaillée en fines escalopes et simplement *chauffée* en sauce Italienne. Dresser en timbale ; saupoudrer de persil haché.

Chaudfroid moderne. — Détailler en morceaux réguliers une poularde pochée, froide. Supprimer la peau. Tremper les morceaux en sauce Chaud-froid presque froide ; ranger sur plafond ou sur grille ; décorer à la truffe ; lustrer à la gelée. Parer le tour quand la sauce est solidifiée. Dresser en plat creux, sur couche de gelée prise ; recouvrir de gelée fondue, presque froide, et laisser prendre.

Coquilles. — Voir *Coquilles de cervelle de Bœuf*. Procéder de même en remplaçant les escalopes de cervelle par des escalopes de volaille.

Coquilles Joffrette. — Le fond des coquilles garni de pointes d'asperges liées au beurre; escalopes de volailles dessus. Napper sauce Parisienne. Couronne de lames de truffe sur chaque coquille.

Crêtes et rognons de coq à la Grecque. — Dans un riz Pilaw additionné de piment en dés; mélanger rognons de coq rissolés au beurre et crêtes blanchies et poélées. Dresser en timbale. Disposer en couronne, sur le riz, rondelles d'aubergines frites au moment.

Cromesquis et Croquettes. — Voir Cervelle de Bœuf. Procéder de même avec chair de volaille cuite comme élément principal.

Foies de volaille. — Se préparent selon la plupart des recettes données pour *Rognons* de mouton : En BROCHETTES; sautés CHASSEUR, sautés FINES-HERBES; au GRATIN; en PILAW, etc.

Fricassée. — Se prépare comme celle de Veau: c'est-à-dire que les morceaux de poulet sont simplement raidis au beurre et cuits dans un Velouté léger avec bouquet garni. Se finit avec liaison de jaunes d'œufs et crème. Peut se garnir à volonté de champignons; petits oignons cuits à blanc; queues d'écrevisses; garnitures Demidoff, Printanière, etc.

Fritot. — Fines escalopes de volaille cuite, marinées une demi-heure avec filet d'huile, jus de citron et fines herbes. Tremper en pâte à frire et mettre à friture très chaude. Dresser sur serviette avec persil frit. Sauce Tomate à part.

Mazagran. — Procéder comme pour *Mazagran de cervelle,* avec escalopes de volaille cuite.

Mayonnaise. — Procéder comme pour *Mayonnaise de saumon,* en remplaçant le saumon par des escalopes de volaille.

Mousse chaude. — Se fait en farce de volaille Mousseline. Procéder comme pour Mousse de Jambon.

Mousse froide. — Voir *Préparations froides,* Chap. des Garnitures.

Mousselines chaudes. — Procéder comme pour Mousselines de Jambon, avec Farce mousseline de volaille.

Pascalines. — Mélanger, en quantité égale, Pâte à chou, à Gnoki et farce mousseline de volaille à la crème. Coucher en forme de meringue; pocher. Ranger sur plat beurré; couvrir de lames de truffe; napper de sauce Béchamel; saupoudrer de Parmesan râpé et glacer à four vif.

Pilaw à la Grecque. — Poulet découpé en petits morceaux, revenus à la graisse de mouton avec oignon haché. Singer; mouiller Consommé blanc; ajouter dés de piment; raisins de Corinthe et de Smyrne. Cuire doucement. Dresser en timbale et accompagner de riz Pilaw.

Pilaw à l Orientale. — Poulet comme ci-dessus. Condimenter au gingembre; ajouter piments verts braisés émincés. Riz Pilaw à part.

Pilaw Parisienne. — Poulet découpé revenu au beurre; ajouter riz et oignon haché passés au beurre. Compléter avec une demi-feuille de laurier, tomates pelées concassées; consommé blanc. Cuire à four chaud 25 minutes (jusqu'à absorption du liquide par le riz). Arroser avec fonds de veau; mélanger et dresser en timbale Sauce Tomate à part.

Pilaw à la Turque. — Procéder comme pour « Parisienne », en condimentant de cayenne et de safran.

Salade de volaille. — Comporte les mêmes éléments que la Mayonnaise; sauf que la sauce Mayonnaise est remplacée par l'assaisonnement ordinaire des salades vertes.

Soufflé (A). — Farce mousseline de volaille, additionnée de 5 blancs d'œufs en neige ferme par kilo de farce. Dresser en timbale beurrée; cuire à four doux.

Soufflé (B). — Blanc de volaille pilé avec sauce Béchamel froide. Passer à l'étamine; chauffer; ajouter beurre, jaunes et blancs en neige dans les proportions ordinaires des Soufflés. Traiter comme ci-dessus.

FOIE GRAS

Aspic. — Rectangles ou coquilles montés en moules avec gelée, selon la méthode ordinaire.

Caisses. — Caisses en papier, beurrées et séchées, garnies aux 2 tiers de foie gras et truffe en gros dés, liés sauce Madère. Compléter avec escalope de foies gras sautée et lames de truffe dessus.

Cocotte. — Clouter aux truffes 12 heures à l'avance. Faire raidir au beurre; mettre en cocotte. Déglacer avec vin blanc et essence de truffe; ajouter un peu de jus de veau; passer sur le foie; fermer et luter le couvercle. Pocher four doux, une heure. Servir tel quel. *A part :* Sauce Madère à l'essence de truffe.

Cromesquis et Croquettes. — Procéder comme pour tous autres, avec foie gras comme élément principal.

Financière — Clouter aux truffes; barder; braiser au Madère (3 quarts d'heure environ). Retirer les bardes; dresser; entourer garniture Financière additionnée du fonds de braisage réduit.

Mousses et Mousselines chaudes et froides. — Procédé ordinaire. (Voir *Jambon.*)

Pain de foie gras (Froid). — Braisé au Madère et froid. Réserver quelques escalopes; passer le reste au tamis. A la cuisson dégraissée et passée, ajouter essence de truffe et fine Champagne; lier aux jaunes d'œufs, monter au beurre comme Hollandaise. Compléter avec gélatine et incorporer la purée. Mettre en moule à charlotte chemisé de gelée, par couches successives, alternées d'escalopes et lames de truffe. Finir par couche de gelée. Démouler au moment; entourer de croûtons de gelée.

Pain en Belle-vue. — Le Pain ci-dessus; solidifié en moule garni de papier. Mettre en moule un peu plus grand, décoré avec détails de truffe et de blanc d'œuf, puis fortement chemisé à la gelée. Finir de remplir avec gelée fondue, froide.

Paprika. — Assaisonner de Paprika; braiser au Madère. Mettre en terrine ovale; napper sauce Paprika additionnée du fonds de braisage. Même sauce à part.

Paprika (Froid). — Saler; saupoudrer de Paprika; cuire au four, en casserole, avec oignon d'Espagne émincé. Une demi-heure de cuisson. Mettre en terrine ovale (sans l'oignon); couvrir avec sa graisse; finir d'emplir la terrine avec gelée. Refroidir.

Périgord. — Clouter de truffes. Mariner en terrine pendant 6 heures, avec feuille de laurier, fine Champagne et truffes crues, pelées. Barder; braiser au Madère. Aux 3 quarts de cuisson, mettre en terrine ovale avec les truffes marinées, jus de veau et fonds de braisage. Couvrir; luter; continuer la cuisson au four pendant 20 minutes. Servir tel quel.

Périgueux. — Escalopes de foie gras cru, panées à l'anglaise avec truffe hachée. Sauter au beurre clarifié. Dresser en couronne. Sauce Madère à l'essence de truffe au milieu.

Sainte-Alliance. — Foie gras assaisonné mis en terrine. Entourer de grosses truffes pelées; mouiller au Champagne sec. Pocher doucement. Servir tel quel.

Soufflé. — En quantité égale : purée de foie gras cru et purée de chair de volaille crue pilée avec blanc d'œuf ; un tiers de purée de truffe crue. Mélanger. Assaisonner ; ajouter petit à petit crème épaisse et fraîche ; compléter avec blancs d'œufs en neige. Dresser en timbale beurrée. Cuire à four doux. *A part* : Sauce Madère à l'essence de truffe.

Talleyrand. — En croûte cuite à blanc dans un cercle à flan : Escalopes de foie gras sautées, dressées en turban en alternant de lames de truffe ; au centre : garniture de macaroni à la Talleyrand. Saupoudrer de fromage râpé ; glacer ; dresser sur serviette. *A part :* Glace de volaille à l'essence de truffe, beurrée.

Timbale Alsacienne. — En croûte de timbale, et par couches alternées : Nouilles à la crème ; escalopes de foie gras sautées, champignons émincés et lames de truffe. Finir par couche de nouilles ; parsemer de nouilles crues sautées au beurre. *A part :* Sauce Suprême à l'essence de truffe.

Timbale Cussy. — Croûte cuite à blanc en moule à pâté rond. Garnir fond et parois d'une couche de farce de volaille ; pocher. Ranger le long des parois des escalopes de foie gras sautées, alternées de tranches de langue. Au centre : garniture de champignons, crêtes et rognons, truffes en olives, liée sauce Madère. Même sauce à part.

Timbale Tzarine. — Moule à pâté haut, foncé en pâte fine et bardé. Placer au centre, debout, un foie gras assaisonné ; entourer de cailles fourrées chacune d'un quartier de truffe. Finir de remplir avec truffes crues, pelées. Fermer la timbale comme à l'ordinaire. Cuire une heure un quart à four de chaleur moyenne. Après cuisson, couler dedans du fonds de veau gélatineux aromatisé au Madère. Tenir deux jours au frais avant de servir.

Truffé au Madère. — Contiser avec quartiers de truffes. Barder ; mettre en casserole foncée pour braisage ; mouiller avec 2 tiers fonds de veau et un tiers Madère. Pocher au four 40 minutes. Egoutter ; retirer les bardes. Réduire la cuisson, passée et dégraissée ; ajouter sauce Demi-glace ; réduire encore et mettre au point avec Madère. Tenir le foie dans cette sauce pendant 7 à 8 minutes, sans bouillir. Dresser ; napper. Le reste de la sauce à part.

GIBIER A PLUME

ALOUETTES (OU MAUVIETTES)

Bonne-Femme. — Cuire au beurre avec petits lardons. Mettre en terrine avec beurre et petits croûtons en dés. Arroser avec déglaçage fait avec filet de cognac et un peu de jus.

Caisses (en). — Procéder comme pour « Cailles ».

Gratin. — Procéder comme pour « Grives ».

Mère Marianne. — Sauter au beurre noisette. Les incruster sur une couche de marmelade de pommes sans sucre, étalée sur plat beurré. Saupoudrer de mie de pain ; arroser de beurre fondu. Passer 5 minutes au four.

Normande. — Procéder comme pour « Cailles ».

Pâté chaud Beauceronne. — Moule à pâté cannelé foncé en pâte fine. Remplir, par couches alternées, de farce gratin et mauviettes désossées, garnies de même farce, truffée, et refermées. Pincée de thym et laurier pulvérisés sur la dernière couche de farce. Fermer avec abaisse de pâte et cuire 45 minutes à bon four. *A part :* Sauce Salmis, tirée des carcasses.

Paysanne. — Sauter au beurre avec dés de lard de poitrine. Singer légèrement ; mouiller avec eau tiède ; assaisonner. Compléter avec petits oignons cuits au beurre et pommes de terre, grosseur olive, rissolées. Finir de cuire ; réduire la sauce et dresser en terrine. Servir tel quel.

Père Philippe. — Sur pommes de terre Hollande de grosseur égale, lever une tranche. Creuser les pommes ; cuire au four, à moitié ; placer dans chacune une mauviette sautée avec dés de lard et un peu de la graisse employée pour sauter. Remettre sur chaque pomme la tranche enlevée ; envelopper de papier huilé et finir de cuire sous cendres chaudes, ou simplement au four.

Piémontaise. — Dresser en timbale de polenta et en les alternant : couches de rizotto tenu un peu ferme ; mauviettes sautées avec lames de truffes blanches. Fermer avec un rond de polenta ; souder avec farce crue. Tenir une demi-heure à l'entrée du four. Démouler. Entourer de sauce Demi-glace au fumet de gibier.

BÉCASSES ET BÉCASSINES

Alcantara. — Procéder comme pour « Faisan ».

Belle-vue (Froid). — Désosser en laissant cuisses et pattes. Farcir avec mélange en parties égales de farce gratin et... de gibier, additionné de dés de foie gras et petits quartiers de truffe. Reformer ; envelopper en mousseline ; pocher dans un fonds de gibier et refroidir. Napper avec sauce Chaudfroid brune au fumet de bécasse. Décorer avec truffe et blanc d'œuf dur, lustrer à la gelée. Dresser le long d'un tampon fixé sur plat, avec têtes rapportées et yeux imités.

Bengaline (Froid). — Moules à quenelles, forme œuf, chemisés d'une couche de Mousse froide de bécasse. Garnir de : fumet de bécasse réduit ; escalope de filet, lame de truffe. Recouvrir de Mousse ; lisser ; laisser prendre. Démouler ; chaudfroiter à brun ; décorer à la truffe. Ranger en plat creux et recouvrir de fine gelée.

Carême — Rôtir en tenant saignantes. Partager en 6 morceaux. Mettre en sauteuse. Enrober de moutarde additionnée d'un filet de jus de citron. Couvrir avec coulis tiré des carcasses et intestins hachés, arrosés de fine Champagne flambée et fumet de gibier. Remuer pour envelopper les morceaux de coulis. Dresser en timbale.

Chaudfroid. — Procéder comme pour « Chaudfroid de volaille » avec sauce brune au fumet de Bécasse.

Cecilia. — Procéder comme pour « Cailles » du nom.

Favart. — Rôtir vert-cuite. Lever et escaloper les suprêmes. Supprimer les os de poitrine ; parer la carcasse et la remplir de farce Mousseline à la purée de foie gras. Lisser en dôme (forme de l'oiseau). Sur le milieu ; disposer une ligne de lames de truffe ; les escalopes de suprême de chaque côté. Pocher à four doux et à couvert. *A part :* Sauce Demi-glace au fumet de Bécasse.

Fine Champagne. — Cuire à la casserole. Découper en

6 morceaux. Mettre en terrine avec la tête. Déglacer à la fine Champagne flambée; ajouter : intestins hachés; jus de la carcasse, pressée; filet de jus de citron; pointe de cayenne. Verser sur les morceaux. Chauffer sans bouillir.

Marivaux (Froid). — Lever et escaloper les filets : Supprimer les os de poitrine; remplir la carcasse de Mousse de bécasse au foie gras; lisser (forme de l'oiseau). Dresser sur couche de gelée prise en plat creux. Rapporter sur la mousse les escalopes en les intercalant d'escalopes de foie gras. Ligne de lames de truffe sur le milieu. Entourer de gelée mi-prise.

Mousse et Mousselines chaudes. — Procédé ordinaire avec farce Mousseline de Bécasse, en y ajoutant foie et intestins sautés au beurre, passés au tamis et même quantité de purée de foie gras.

Mousse et Mousselines froides. — Voir *Préparations froides*, Chap. des Garnitures.

Pâté chaud. — Procéder comme pour « Faisan » en ajoutant à la farce gratin foie et intestins sautés au beurre et purée de foie gras.

Provençale. — Bécassines rôties, tenues vert-cuites; mises en terrines chaudes dont le fond sera frotté d'ail. Recouvrir de lames de truffes crues assaisonnées de sel et poivre. Arroser de jus de veau réduit; fermer hermétiquement et tenir au four 5 à 6 minutes. Servir tel quel.

Riche. — Préparer comme « Bécasse fine Champagne », sauf: dresser les morceaux sur croûton frit, masqué de farce gratin; lier le coulis avec purée de foie gras et beurrer légèrement; passer sur les morceaux, avec pression.

Salmis. — Préparer comme « Salmis de Faisan » en ajoutant les intestins au coulis.

Sautée au Champagne. — Découper; sauter au beurre; pocher 5 minutes, à couvert et dresser en timbale. Dans le même beurre faire revenir carcasse et intestins hachés. Déglacer au Champagne; réduire des 3 quarts. Broyer au mortier; ajouter même poids de beurre; passer au tamis. Finir avec jus de citron et pointe de cayenne. Chauffer; verser sur les morceaux.

Sautée aux Truffes. — Procéder comme ci-dessus, sauf : Pour déglaçage, remplacer le Champagne par Madère et essence de truffe; ajouter garniture de lames de truffe.

Soufflé. — Procéder comme pour « Favart ».

Souwaroff. — Procéder comme pour « Faisan Souwaroff » en diminuant les proportions de foie gras et truffe.

Timbale Nesselrode. — Poéler en tenant vert-cuites. Lever et escaloper les filets. Désosser le reste des chairs; piler avec un quart de foie gras cru; passer; mélanger à même quantité de farce de gibier. Ajouter, au fond de poélage, les carcasses hachées et fine Champagne. Bouillir 2 minutes et passer. Dans ce fonds, cuire 150 grammes de truffes en olives. Foncer en pâte fine un moule à Charlotte; garnir de farce fond et parois; ranger les escalopes le long de la farce; truffes au milieu avec sauce Demi-glace réduite. Recouvrir de farce; fermer avec abaisse de pâte. Cuire 3 quarts d'heure, four chaleur moyenne. Servir avec sauce Demi-glace au fumet de Bécasse.

Timbale Saint-Martin. — En croûte de timbale basse : Suprêmes de bécasses rôties, alternés d'escalopes de foie gras frais sautées au beurre et grosse julienne de truffes et champignons. Couvrir avec coulis tiré des carcasses et complété avec essence de truffe, filet de jus de citron, fine Champagne et beurre.

BECS-FIGUES ET BEGUINETTES

Bonne Femme et Liégeoise. — Procéder comme pour *Grives*.

Polenta. — Sauter au beurre. Ranger sur couche de Polenta dressée sur plat ou en timbale. Arroser avec déglaçage, fait avec cognac et filet d'eau.

Romaine. — Colorer au beurre. Ranger sur bandes de Polenta de 5 centimètres de large, en laissant un espace suffisant entre chaque oiseau. Recouvrir de mêmes bandes; souder; cuire au four. Détailler après cuisson.

CAILLES

Belle-vue (Froides). — Farcir comme « Bécasse » du nom, en tenant compte de la grosseur de l'oiseau. Napper de sauce Chaudfroid brune au fumet de caille. Décorer; lustrer à la gelée; ranger en plat creux et recouvrir de gelée.

Caisses (en). — Désosser les reins; garnir de farce gratin (faite avec les foies de cailles et foies de volaille) truffée. Reformer; envelopper de papier beurré; pocher au beurre. Mettre en caisses en papier ovales, huilées, séchées, garnies chacune d'une cuillerée de sauce Duxelles serrée. Napper sauce Demi-glace au fumet de caille. Lame de truffe sur chacune.

Caisses (en) (Froides). — Chaudfroiter comme pour « Bellevue ». Mettre en caisses ovales (papier ou porcelaine); border de gelée hachée. Rapporter les têtes avec yeux imités.

Casserole. — Cuire au beurre en casserole en terre. Déglacer avec cognac et fumet de gibier. Servir tel quel.

Cécilia (Froides). — Filets de cailles rôties, placés sur ovales de foie gras tartinés de purée de chair de caille et foie gras. Chaudfroiter à brun ; laisser prendre. Ranger en moule à bordure chemisé et décoré aux truffes. Finir de remplir avec gelée. Laisser prendre et démouler au moment.

Cerises (aux). — Cuire à la casserole. Déglacer avec Cognac et Porto parfumé au zeste d'orange Ajouter : jus de veau, gelée de groseilles; cerises dénoyautées pochées en sirop léger. Dresser.

Château-Yquem (au) (Froides). — Préparer avec Julienne, comme « Richelieu ». Mouiller 2 tiers vin de Château-Yquem et un tiers fonds de veau. Pocher. Dresser en timbale avec lames de truffe. Couvrir avec le fonds passé à la mousseline. Laisser prendre.

Coings (aux). — Mettre en terrine avec cognac et pelures de coing bien mûr. Fermer. Tenir au frais 2 jours. Cuire avec beurre, dans la terrine hermétiquement fermée (pelures de coing retirées). Servir tel quel. Gelée de coing à part.

Dauphinoise. — Envelopper en feuilles de vigne beurrées, rôtir. Foncer un plat creux avec minces lames de jambon ; garnir de purée de pois frais à la laitue, serrée. Incruster les cailles dans la purée. Passer au four 7 à 8 minutes. Servir tel quel.

Figaro. — Fourrer d'un petit quartier de truffe. Emballer en boyau avec 15 grammes de glace de viande blonde par caille. Ficeler, en laissant un espace de 2 centimètres entre chaque oiseau. Pocher en fonds de veau. Servir telles quelles.

Glacées Carmen (Froides). — Pocher en fonds de veau gélatineux, avec Porto blanc. Refroidir. Dresser autour d'un rocher de Granité à la grenade, peu sucré.

Glacées Cerisette (Froides). — Préparer comme ci-dessus Rocher de Granité au jus de cerises. Cerises en compote autour.

Glacées Maryland (Froides). — Traiter comme « *Carmen* ». Granité à l'ananas.

Glacées Reine-Amélie (Froides). — Traiter comme « *Carmen* ». Granité à la tomate.

Grecque. — Cuire au beurre. Dresser en timbale sur riz à la Grecque. Napper avec déglaçage fait au fumet

Judic. — Poêler. Dresser en couronne sur demi-laitues braisées. Rognon de coq et lame de truffe sur chacune. Napper sauce Demi-glace au fumet.

Grillées Julie. — Fendre par le dos; aplatir; assaisonner; arroser de beurre; saupoudrer de truffe hachée. Envelopper en crépine, chapelurer et griller. Dresser; humecter de jus de verjus.

Lucullus. — Désosser; garnir de farce gratin additionnée de la pulpe des truffes employées. Former en boule,; envelopper en mousseline; pocher. Déballer; dresser chaque caille dans une grosse demi-truffe cuite au Champagne et creusée. Napper sauce Demi-glace au fumet de caille. Même sauce à part.

Mandarines (Froides). — Couper l'écorce, côté queue. Retirer les quartiers; parer à vif et glacer à la gelée. Remplir les écorces de Mousse de caille mélangée de dés de foie gras. Filet de caille chaudfroité sur chacune; entourer avec les quartiers de mandarines glacés.

Nid (au). — Préparer comme pour « Lucullus ». Dresser sur fonds d'artichauts avec têtes rapportées et petites quenelles autour des cailles. Napper sauce Demi-glace au fumet. Entourer les fonds de purée de marrons en vermicelle, poussée au cornet fin.

Nillson. — Préparer comme « Château-Yquem ». Dresser en cassolettes en argent, avec petits rognons de coq autour.

Normande (A). — Procéder comme pour « Perdreau » du nom.

Normande (B). — Pommes reinette coupées aux 2 tiers de la hauteur; creusées en caisses, garnies chacune d'une caille raidie au beurre. Ajouter filet d'eau-de-vie de cidre; enfermer en abaisses de pâte fine (genre Douillon normand). Dorer, rayer; cuire à four chaud.

Orientale. — Colorer au beurre. Finir de cuire dans un riz Pilaw additionné de chair d'aubergine, cuite et hachée. Dresser sur plat ou en timbale.

Pommes d'or. (Froides.) — Filets de cailles pochées, froides, mis en écorces de mandarines avec gelée au Porto. En servant, dresser à la poche, un petit rocher de Granité (même parfum) sur chaque mandarine.

Raisins (aux). — Cuire au beurre, Dresser en terrine avec grains de raisin. Napper avec déglaçage, fait avec vin blanc, verjus et fumet corsé.

Richelieu. — Assaisonner l'intérieur de sel et filet de cognac. Fourrer chacune d'un quartier de truffe. Ranger en sautoir; couvrir de grosse julienne de carotte, oignon et céleri; cuite au beurre. Mouiller, à couvert, avec fonds de veau gélatineux. Pocher 10 minutes. Ajouter julienne de truffe et dresser en timbale.

Richelieu (Froides.) — Préparer comme ci-dessus. Refroidir. Ranger en plat creux. Couvrir avec julienne et fonds. Laisser prendre.

Romaine. — Cuire au beurre. Servir en même temps garniture de pois fins très frais, cuits à l'étouffée avec oignon et jambon hachés.

Souwaroff. — Procéder comme pour « Faisan » du nom, en réduisant les proportions de garniture.

Timbale Alexandra. — Moule à pâté foncé en pâte fine et bardé. Disposer le long des parois, par rangs superposés, les cailles farcies au foie gras et raidies au beurre. Au centre : petites truffes crues, pelées; fonds au Madère très réduit; fragments de laurier. Fermer avec abaisse de pâte et cuire à four chaud. Démouler après cuisson. Se sert telle quelle.

Timbale Tzarine. — Voir *Foie gras.*

FAISAN

Alcantara (**Mode d'**). — Désosser l'estomac. Farcir avec foie gras de canard et quartier de truffes. Mariner trois jours avec vin de Porto. Cuire à la casserole aux 3 quarts. Déglacer avec vin de la marinade, réduire : ajouter 12 moyennes truffes crues, remettre le faisan et compléter la cuisson à couvert.

Angoumoise. — Farcir avec quartiers de truffes pelées et marrons cuits mélangés dans de la panne de porc passée au tamis. Brider; barder, rôtir aux 3 quarts et retirer les bardes. Finir de cuire en colorant. *A part :* Sauce Périgueux.

Bohémienne (A). — Fourrer d'un petit foie gras clouté de quartiers de truffes; assaisonné sel et Paprika, poché 20 minutes et refroidi. Cuire le faisan en cocotte. En dernier lieu, arroser avec cognac flambé et jus de gibier. Servir tel quel.

Bohémienne (B). (Froid). Préparer comme ci-dessus ; refroidir ; mettre en coupe ovale et couvrir de gelée au Madére.

Casserole. — Poéler au beurre, en casserole en terre. Déglacer avec filet de cognac et jus de gibier. Servir tel quel.

Chartreuse. — Procéder comme pour « Chartreuse de Pigeon ». Garnir de choux braisés (avec un vieux faisan coloré au four) et de morceaux d'un jeune faisan rôti. *A part :* Sauce Demi-glace au fumet de faisan.

Chaudfroid. — Procéder comme pour « « Chaufroid » de volaille, avec Sauce brune au fumet de faisan.

Cocotte (en). — Cuire comme pour « Casserole ». Entourer de petits oignons cuits au beurre, champignons ; truffes en olives. Cuillerée de jus de gibier en servant.

Créme. — Cuire au beurre avec oignon coupé en 4. Aux 3 quarts de cuisson, ajouter un verre de crème acidulée avec jus de citron. Finir de cuire en arrosant,

Croix de Berny (Froid. — Rôti et froid. Lever les filets en laissant ailerons et cuisses. Parer la carcasse ; la garnir d'un Parfait de foie gras. Combler les vides avec Mousse de foie gras. Escaloper et remettre les filets en place. Chaudfroiter à brun. Décorer et lustrer. Dresser sur tampon. Entourer de mauviettes en Chaudfroid et gelée hachée.

Demidoff. — Procéder comme pour « Poularde » du nom.

Galitzin. — Farcir avec chair de bécassine, hachée avec beurre et crème, comme pour *Pojarski ;* additionnée de truffe en dés et des foies et intestins revenus au beurre et écrasés. Poêler en terrine. Déglacer avec fumet de bécassine.

Kotschoubey. — Truffer le faisan ; le cuire en casserole. Le mettre en terrine, entourer de Choux de Bruxelles sautés au beurre noisette, additionnés de dés de lard maigre, sautés. Saucer choux et faisan de demi-glace à l'essence de truffe. Couvrir, tenir à l'étuve 5 à 6 minutes.

Mousses et Mousselines chaudes et froides. — Procéder comme à l'ordinaire avec chair de faisan pour base.

Normande. — Colorer au beurre. Mettre en terrine avec pommes douces pelées, émincées. Arroser de crème fraîche. Cuire au four. Servir tel quel.

Pâté chaud. — Procéder comme pour « Pâté chaud de caneton » (Voir Série, Chap. *Volaille*), sauf : Employer de la farce gratin faite avec chair et foies de faisan ; rôtir le faisan saignant et le découper en morceaux. *A part :* Sauce Salmis.

Pâté chaud Vosgienne. — Moule à charlotte foncé en pâte fine. Fonds et parois garnis de nouilles au beurre. Au centre : émincé de chair de faisan rôti, champignons, truffes, liés avec sauce Salmis serrée. Recouvrir de nouilles ; fermer avec abaisse de pâte. Cuire 50 minutes à four chaleur moyenne. Démouler, entourer de champignons grillés remplis de sauce Salmis.

Périgueux. — Truffer, selon le procédé ordinaire, avec 200 grammes de truffes en quartiers, parés, mélangés dans 400 grammes de panne de porc passée au tamis et additionnée des pelures de truffes. Poêler au Madère. Dresser ; entourer de quenelles en farce de gibier truffée. *A part :* sauce Périgueux additionnée du fonds de poêlage.

Régence. — Poêler ; dresser sur croûton rectangulaire, frit Entourer de la garniture Régence C.

Sainte-Alliance. — Farcir 24 heures à l'avance avec : Chair de bécasse, hachée avec moelle de bœuf et lard gras ; assaisonnement, fines herbes ; mélangée de quartiers de truffes étuvés au beurre. Barder et rôtir. Aux 2 tiers de cuisson, disposer dessous un croûton rectangulaire (15 cent. sur 7) frit au beurre ; tartiné avec les intestins et foies des bécasses, pilés avec lard gras râpé, beurre, truffe crue et filets d'un anchois. Dresser sur ce croûton ; entourer de tranches d'oranges amères. Le jus à part.

Salmis. — Rôtir en tenant vert-cuit. Découper en 6 morceaux. Tenir au chaud, en sauteuse, avec : filet de cognac flambé, glace de viande claire, champignons cuits, lames de truffe. A quelques cuillerées de vin blanc, réduit avec échalote hachée et mignonnette, ajouter : carcasse et parures pilées ; sauce Espagnole de gibier ; fumet de gibier. Cuire 10 minutes ; passer avec pression. Réduire de un tiers en dépouillant ; passer au chinois ; beurrer légèrement et verser sur les morceaux. Dresser en timbale.

Souwaroff. — Farcir de foie gras en gros dés. Poêler aux 2 tiers. Mettre en terrine avec : truffes moyennes à moitié cuites avec Madère et glace de viande ; fonds de poêlage ; Madère et fond de gibier. Couvrir ; luter le couvercle avec un ruban de pâte. Compléter la cuisson au four. Servir tel quel.

Titania. — Poêler sans trop colorer. Mettre en terrine avec : grains de raisins noirs pelés ; quartiers d'orange épépinés à vif. Napper avec le déglaçage fait avec fumet de gibier et suc de grenade.

Sauté aux Champignons. — Jeune faisan découpé comme Poulet pour sauter. (Supprimer les pilons). Sauter au beurre. Aux 3 quarts de cuisson, ajouter petits champignons sautés au beurre. Dresser en timbale. Napper avec le déglaçage fait avec essence de champignons, fumet de gibier, filet de jus de citron, réduit et monté au beurre.

Sauté au suc d'Ananas. — Sauter au beurre ; dresser en timbale. Napper avec déglaçage à la fine Champagne et fumet de gibier additionné de suc d'ananas.

Nota : En procédant de même, le Sauté peut être au suc de Bigarrade ou de Mandarine.

Sauté aux Truffes. — Procéder comme pour « Champignons » en leur substituant des truffes crues coupées en lames épaisses.

Suprêmes Berchoux. — Fourrer de farce gratin truffée. Pocher avec beurre, filet de Cognac, jus de citron. Dresser en couronne, sur quenelles ovales (forme barquette) en farce Mousseline additionnée de purée de champignons. *A part :* Sauce Demi-glace au fumet de faisan.

Suprêmes des Gastronomes (Froid). — Filets, détaillés en aiguillettes, chaudfroités à brun et décorés. Ranger sur Mousse de faisan, mise en plat creux et lissée en dôme. Entourer de truffes cuites au Champagne. Couvrir de gelée limpide.

Suprêmes Louisette. — Raidir au beurre. Refroidir et préparer « à la Villeroy ». Dresser autour d'un dôme de farce Mousseline, pochée en temps convenable. *A part :* Sauce aux truffes au fumet de faisan.

GIBIERS D'EAU

Canard sauvage, Sarcelle, Pilet, Souchet ou Rouge de Rivière. Ces oiseaux sont préparés : Rôtis, en Salmis, à l'Orange, en Chaudfroid.

Les Pluviers, Vanneau, Chevaliers divers, Macreuse, Poule d'eau, Marouette, etc., sont presque toujours rôtis.

GIBIERS OCCASIONNELS

Coq de Bruyère, Colin, Canepetière (Outarde de Tunisie), Ganga, Gélinotte, Grouse, Guignard. *Préparations culinaires:* Broche, Salmis, Chaudfroid, Pâté.

GRIVES ET MERLES

Bonne-Femme. — Procéder comme pour « Alouettes ».

Caisses (en). — Procéder comme pour « Cailles ».

Chaudfroid. — Désosser ; garnir de farce gratin condimentée de baies de genévrier, hachées. Reformer ; pocher ; refroidir. Chaudfroiter à brun. Procéder ensuite comme pour « Cailles en belle vue ».

Cherville (Froides). — Filets de grives chaudfroités à brun ; décorés chacun d'une lame de truffe cannelée. Dresser en plat carré, sur Mousse froide de grives, étalée en couche régulière. Couvrir de gelée et tenir au frais.

Gratin. — Farcir chaque grive de 20 grammes farce gratin et une baie de genévrier. Raidir au beurre. Les incruster sur couche de même farce étalée sur plat à gratin. Couvrir de sauce Duxelles ; saupoudrer de chapelure ; arroser de beurre. Gratiner à four vif.

Liégeoise. — Cuire au beurre en casserole en terre. Saupoudrer de baies de genévrier, hachées ; ajouter des petits croûtons ronds, frits au beurre. Servir tel quel.

Médaillons à la Moderne (Froid). — Filets chaudfroités comme pour « Cherville ». Mettre en moules à tartelettes, ovales, chemisés de gelée ; côté chaudfroité sur la gelée. Finir de remplir avec Mousse froide de grives. Dresser le long de même Mousse, moulée en moule à dôme chemisé à la gelée et décoré aux truffes. Croûtonner de gelée.

Nid (au). — Procéder comme pour « Cailles ».

Pâté chaud Liégeoise. — Procéder comme pour « Pâté Beauceronne » (Voir *Alouettes*) avec farce gratin additionnée de baies de genévrier hachées.

Salmis aux olives noires. — Faire revenir au saindoux avec dés de lard maigre et oignon haché. Ajouter croûtons en dés, frits à l'huile, et finir de cuire. Détacher les poitrines ; les mettre en timbale avec olives noires. Déglacer au vin rouge avec bouquet garni ; réduire de moitié ; ajouter les débris de grives pilés ; un peu de bon jus réduit et mijoter 5 minutes. Passer avec pression et verser sur les poitrines.

ORTOLANS

Aspic (d'). — Rôtir ; refroidir, ranger en moule à bordure ; couvrir de gelée.

Caisses (en). — Farcir d'un dé de foie gras ; pocher en fonds corsé. Dresser en petites caisses garnies au fond de fin salpicon de foie gras et truffe. Napper avec fumet réduit.

Mandarines (d'). — Cerner le dessus de l'écorce ; retirer les quartiers. Dans chaque écorce un ortolan rôti entouré de quartiers. Remplir de gelée acidulée. Rapporter sur chaque mandarine le morceau d'écorce enlevé.

Questches (aux). — Demi grosses prunes rangées sur plaque ; cuites aux 3 quarts au four. Placer sur chacune un ortolan mouillé enveloppé en feuille de vigne. Cuire 4 minutes à four vif. Après cuisson, saler et arroser de verjus.

Rothschild (Froids). — Grosses truffes cuites au Champagne, coupées aux 2 tiers de la hauteur et creusées. Un ortolan rôti, froid, dans chacune ; finir d'emplir avec gelée aux paillettes d'or. Recouvrir avec le morceau de truffe enlevé. Lustrer à la gelée.

Suc d'ananas (au). — Saler ; mettre en terrine plate, en terre, contenant du beurre très chaud. Passer 3 minutes à four vif. Arroser de suc d'ananas. Couvrir et servir tel quel.

Sylphides. — Cuire au beurre, 3 minutes. Mettre en cassolettes garnies à moitié de farce Mousseline d'ortolans à l'essence de truffe, pochée en temps voulu. Arroser de Beurre noisette additionné de glace de viande et suc d'ananas.

Timbale Rothschild. — En croûte de timbale : Au centre un foie gras cuit, placé debout. Autour, par rangées superposées : Ortolans rôtis 2 minutes à feu vif ; truffes cuites au Madère. Rapporter le couvercle ; souder avec bande de pâte crue ; tenir un quart d'heure à l'entrée du four. Remplir de fonds de veau gélatineux additionné de la cuisson des truffes. Servir au bout de 2 jours.

Timbale Tzarine (Froide). — Voir *Foie gras*. Remplacer les Cailles par des Ortolans.

PERDREAUX

Alcantara. — Voir *Faisan*.

Alexis. — Poêler comme « Faisan à la crème ». Au dernier moment entourer de grains de raisin Muscat, pelés et épépinés.

Bonne-Maman. — Farcir avec mélange de : foie du perdreau ; le double de foie gras ; persil et truffe hachés ; mie de pain frite. Cuire au beurre, en cocotte, avec addition de gousses d'ail blanchies. Aux 3 quarts de cuisson, arroser d'Armagnac et ajouter d'épaisses lames de truffes fraîches. Recouvrir et compléter la cuisson.

Bourguignonne. — Poêler. Mettre en terrine avec petits oignons cuits au beurre et champignons. Déglacer au vin rouge ; réduire ; ajouter sauce Demi-glace et passer dans la terrine. Compléter la cuisson. Servir tel quel.

Chartreuse. — Procéder comme pour « Chartreuse de Pigeons ».

Choux (aux). — Choux braisés avec carottes, lard de poitrine et saucisson. Perdreau rôti. Foncer une timbale à fond rond, beurrée, avec rondelles de carottes, de saucisson et carrés de lard. Tapisser d'une couche de choux ; perdreau au milieu ; recouvrir de choux et démouler. Cordon de sauce Demi-glace.

Crapaudine et Diable. — Procéder comme pour « Pigeons » avec de jeunes perdreaux, dits « pouillards ».

Crème (à la). — Procéder comme pour « Faisan ».

Demi-Deuil. — Désosser l'estomac ; remplir de farce de perdreau truffée ; lames de truffe entre peau et chair. Pocher avec fumet de gibier. Dresser. *A part :* Fonds de pochage réduit, additionné d'un filet de fine Champagne flambée.

Epigrammes. — Lever les filets. Avec le reste des chairs, préparer une farce Mousseline. Mouler en petits moules à côtelettes beurrés. Pocher. Paner à l'anglaise avec truffe hachée. Colorer au beurre clarifié et griller les filets. Dresser en alternant côtelettes et filets. *A part :* Sauce Demi-glace de gibier ; purée de marrons légère.

Estouffade (en). — Colorer au four. Mettre en terrine avec, dessous et dessus, une cuillerée de Matignon additionnée d'une pincée de baies de genévrier, hachées. Ajouter : beurre ; filet de cognac flambé ; fumet de gibier. Fermer ; luter ; cuire 25 minutes à four chaud. Servir tel que.

Fermière. — Colorer au four. Mettre en terrine avec garniture « Fermière » cuite à l'avance et filet de fumet de gibier. Couvrir. Compléter la cuisson au four. Servir tel quel.

Kostchoubey. — Procéder comme pour « Faisan ».

Lady Clifford. — Cuire au beurre. Aux 3 quarts de cuisson, ajouter : lames de truffe crue ; filet de cognac flambé et une cuillerée de glace de viande. Dresser. Sauce Soubise à part.

Lautrec. — Ouvrir par le dos ; aplatir, assaisonner et griller. Dresser ; entourer de champignons grillés garnis de Beurre Maître-d'Hôtel. Filet de jus de citron sur le perdreau.

Marly. — Colorer au beurre. Mettre en terrine avec Mousserons sautés (ou autres champignons de bois ou de prairie). Fermer. Cuire au four. Servir tel quel.

Mousse et Mousselines. — Voir indications données à ce sujet.

Normande. — Colorer au beurre. Mettre en terrine avec, dessus et dessous, pommes reinette pelées, émincées, sautées au beurre quelques instants. Arroser de crème fraiche ; cuire au four. Servir tel quel.

Pâté chaud. — Procéder comme pour « Pâté chaud de Pigeons » avec perdreaux rôtis, vert cuits.

Périgueux. — Procéder comme pour « Faisan ».

Polonaise. — Procéder comme pour « Pigeons ».

Salmis. — Procéder comme pour « Faisan ».

Soubise aux Truffes. — Poêler comme « Faisan à la crème » avec oignon haché, blanchi. Mettre en terrine ou dresser sur plat. Passer à l'étamine fonds et oignon ; ajouter lames de truffes et napper le Perdreau.

Soufflé. — Procédé ordinaire avec Farce Mousseline de Perdreau.

Souwaroff. — Procéder comme pour « Faisan ».

Suprêmes Magenta. — Suprêmes sautés du côté intérieur seulement. Refroidis sous presse ; masqués (côté revenu) d'appareil à Soufflé de Perdreau. Lisser en dôme ; décorer d'une lame de truffe. Ranger sur plaque ; arroser de beurre chaud ; passer au four pour pochage du Soufflé et complément de cuisson des suprêmes. Dresser sur plat nappé de sauce Madère à l'essence de truffe. Même sauce à part.

Suprêmes Véron. — Suprêmes sautés au beurre ; dressés en turban en les intercalant de croûtons (forme crêtes) frits. Au centre : purée de chair et de foies de perdreaux mélangée à une purée de marrons. *A part :* Sauce Demi-glace au fumet de perdreau.

GIBIER A POIL

Chevreuil.

CIVET

Se prépare comme « Civet de lièvre » avec Epaule, Collet et Poitrine. Les morceaux doivent être marinés à l'avance avec vin rouge et aromates ordinaires de la marinade.

COTELETTES ET NOISETTES

Cerises (aux). — Sauter. Dresser en turban en les alternant de croûtons en pain d'épice colorés au beurre. Au centre : Cerises en compote. Napper sauce Venaison.

Nota : Les croûtons employés sont en cœurs ou ronds, selon qu'il s'agit de côtelettes, ou de noisettes.

Conti. — Sauter à l'huile. Dresser en les alternant de croûtons de langue. Déglacer au vin blanc et sauce Poivrade. Napper. *A part :* Purée de lentilles légère.

Diane. — Sauter. Dresser en turban, en les alternant de croûtons en farce de gibier, pochée. Napper sauce Diane. Purée de marrons à part.

Genièvre (au). — Sauter. Dresser en les alternant de croûtons frits. Déglacer avec filet d'eau-de-vie de genièvre flambée ; pincée de baies de genévrier hachées, crème. Réduire ; compléter avec sauce Poivrade et filet de jus de citron. Napper. *A part :* Marmelade de pommes à peine sucrée.

Minute (à la). — Sauter à l'huile avec oignon haché fin. Dresser en turban. Déglacer avec filet de cognac ; ajouter sauce Poivrade, beurrer ; aciduler légèrement au citron. Napper. Au centre ; champignons émincés, sautés.

Poivrade. — Sauter. Dresser en les alternant de croûtons frits. Napper sauce Poivrade. — *A part :* Purée de marrons ou de céleri-rave.

Villeneuve. — Raidir au beurre. Refroidir sous presse. Garnir de salpicon froid de gibier; lisser en dôme; envelopper de crépine; arroser de beurre et passer au four 7 à 8 minutes. Dresser en couronne. Au centre, coulis de gibier additionné de julienne de truffe.

Romanoff. — Sauter. Dresser en couronne. Entourer de petites caisses en concombres braisés, garnis de purée de champignons. Au centre, cèpes à la crème. — *A part :* Sauce Poivrade.

Valencia. — Sauter. Dresser sur croûtons en brioches frits au beurre. Napper sauce Bigarrade. Entourer de quartiers d'oranges parés à vif.

CUISSOT

Doit être dénervé, piqué finement et mariné quelques heures. On l'accompagne d'une sauce comme : DIANE, GRAND-VENEUR, MOSCOVITE, POIVRADE, VENAISON. Ses garnitures ordinaires sont : les Purées de Marrons, de Céleri, Céleri-rave.

SELLE OU CIMIER

Doit être dénervée, piquée finement et marinée *ou non,* selon la préparation qui lui est destinée.

Briand. — Mariner 12 heures. Eponger ; rôtir à four vif ; sur grille, avec légumes de la marinade éparpillés au fond de la plaque. Dresser ; entourer de quartiers de poires cuites au vin rouge (sans sucre) avec cannelle et ruban de zeste de citron. A chaque bout : Croquettes (forme poire) en purée de marrons additionnée d'amandes effilées et grillées. *A part :* Déglaçage fait avec quelques cuillerées de marinade et fonds de gibier réduit, passé, lié à l'arrow-root et beurré ; gelée de groseilles.

Crème (à la). — Mariner 2 jours. Rôtir avec légumes de la marinade. Dresser. Déglacer avec marinade ; réduire à fond. Ajouter crème et pincée de baie de genévrier hachée ; réduire de un tiers ; compléter avec filet de glace de viande et passer. Servir en même temps que la Selle.

Cerises (aux). — Tenir 12 heures en marinade au verjus. Rôtir ; dresser. *A part :* Sauce composée de moitié Poivrade, moitié gelée de groseilles, additionnée de cerises en compote.

Cherville. — Sans mariner. Rôtir à la broche. Dresser. Entourer de pommes Reinette creusées en caisses, garnies de pommes émincées, étuvées au beurre et cuites au four. *A part :* Sauce Groseille au Raifort.

Créole — Mariner 4 à 5 heures. Rôtir; dresser; entourer de bananes au beurre. *A part :* Sauce Roberts Escoffier, additionnée de un tiers sauce Poivrade, légèrement beurrée.

Genièvre (au). — Rôtir en plaque. Dresser. Pour sauce, procéder comme il est indiqué à « Côtelettes au genièvre ». *A part :* Marmelade de pommes.

Sauces diverses. — Les mêmes que pour « Cuissot ».

Lapereau de Garenne.

Gibier peu employé dans la grande cuisine, sinon pour les Farces gratin de Gibier. Se prépare en GIBELOTTE, sauté CHASSEUR, aux CHAMPIGNONS divers, etc.

Levraut et Lièvre.

Beauval (Froid). — Lièvre frais, désossé par le dos pour laisser intactes les peaux du ventre. Vider, détacher épaules et cuisses; laisser la tête. Mariner une heure avec cognac et assaisonnement. Préparer une farce avec les chairs d'épaules et de cuisses; œuf; pincée de serpolet, assaisonnement; marinade du lièvre. Passer au tamis. Y mélanger : Farce gratin, faite avec le foie du lièvre, lard gras et pelures de truffes; lard gras et truffes en gros dés. Remplir le lièvre avec cette farce; recoudre; attacher la tête sur le dos; envelopper de bandes; mettre en terrine bardée. Passer une demi-heure à four vif. Mouiller avec fumet de lièvre au vin rouge; couvrir, cuire 3 heures. Refroidir aux 2 tiers; retirer les bardes; passer le fonds; le remettre en terrine et finir de remplir avec gelée. Servir au bout de 2 jours.

Civet. — Réserver sang et foie. Découper; mariner 2 heures, avec cognac, huile, oignon émincé, sel et poivre. Faire revenir au beurre lard de poitrine en dés; égoutter.

Dans le même beurre, colorer 2 oignons coupés en quartiers. Ajouter 2 cuillerées de farine; faire blondir; mettre les morceaux de lièvre, bien épongés; remuer sans arrêt jusqu'à raidissement des chairs. Mouiller à hauteur de vin rouge; ajouter bouquet garni avec gousse d'ail. Cuire doucement. Quelques minutes avant la fin de cuisson, faire la liaison avec le sang délayé avec quelques cuillerées de sauce; ajouter le foie escalopé. En dernier lieu, changer les morceaux de casserole; y joindre des lardons revenus; petits oignons glacés et champignons. Passer la sauce dessus. Dresser en timbale. Entourer de croûtons en cœurs, frits.

Civet Flamande. — Découper; faire revenir au beurre; singer, cuire la farine et ajouter : vin rouge, additionné du foie pilé, passé au tamis, délayé avec sang et vinaigre; sel et poivre; cassonade brune; bouquet garni; oignons émincés, sautés. Cuire doucement. Changer les morceaux de casserole; couvrir avec sauce et oignons passés à l'étamine. Chauffer; dresser en timbale; entourer de croûtons frits, tartinés de gelée de groseille.

Civet Lyonnaise. — Civet ordinaire Remplacer les champignons par de gros marrons étuvés et glacés.

Civet Mère-Jean. — Découper. Mariner 12 heures avec vin rouge et un demi-décilitre d'Armagnac. Egoutter; éponger; traiter comme civet ordinaire, avec addition d'oignons émincés étuvés au beurre. Après liaison au sang et fin de cuisson, changer les morceaux de casserole; couvrir avec sauce et oignons passés au tamis; chauffer; ajouter un demi-verre de crème fraîche. Dresser en casserole en terre. *A part* : Cèpes à la Provençale, mélangés de petits croûtons ronds, frits à l'huile.

Côtelettes. — Sont de plusieurs sortes : (A). En appareil à croquettes lié à brun, avec chair cuite de lièvre comme élément principal. — (B). Avec chair crue hachée (méthode Pojarski.) — (C). En farce de lièvre, faite avec panade et beurre. Ces côtelettes sont moulées en petits moules forme côtelettes; fourrées d'un salpicon de chair cuite de lièvre lié sauce Civet; pochées; panées à l'anglaise et colorées au beurre clarifié.

Côtelettes aux Champignons. — Côtelettes C. Dresser en turban. Garniture et sauce Champignons à brun.

Côtelettes Diane. — (C.) Dresser en turban. Purée de marrons au centre. Sauce Diane à part.

Côtelettes Mirza. — (C.) Dresser ; entourer de petites demi-pommes creusées en caisses, pochées ou cuites au four et remplies de gelée de groseille. Sauce Poivrade à part.

Côtelettes Morland. — En farce comme pour (C.) ; moulées à la main, sans garniture intérieure ; trempées en beurre fondu ; roulées dans la truffe hachée et cuites au beurre clarifié. Dresser en turban, purée de champignons au centre. Sauce Poivrade à part.

Côtelettes Pojarski. — Avec chair de lièvre, procéder comme pour « Côte de veau » du nom.

Cromesquis et Croquettes. — Comme il est dit à Côtelettes (A). Traiter comme ceux de « Cervelle ».

Filets Dampierre. — Contiser les filets aux truffes ; piquer les filets mignons avec lardons de langue ; plier en croissants ; ranger sur plaque beurrée. Pocher au four ; à couvert, avec filet de cognac. Dresser sur tampon de farce Mousseline de lièvre truffée pochée sur plat de service Entourer de champignons, oignons glacés, marrons cuits et glacés. Sauce Poivrade à part.

Filets Frères Provençaux. — Filets de levraut, détaillés en fines escalopes, sautés au beurre clarifié, mélangés en autre casserole, avec minces croûtons ovales frits au beurre et lames de truffe cuites au Madère. Déglacer avec cuisson des truffes ; ajouter glace de viande blonde ; beurrer, verser sur le sauté et dresser en timbale.

Filets Mortemart. — Escalopes de filets de levraut, parées rondes et sautées au beurre. Dresser autour d'un pain en farce Mousseline de lièvre, additionnée de mousserons et cèpes émincés et sautés, pochée en moule à manqué. Alterner les escalopes de croûtons en farce de lièvre et de lames de truffes. *A part :* Sauce Demi-glace au Marsala.

Filets Sully. — Piqués, formés en croissants, pochés avec beurre et cognac. Dresser en rosace ; garnir de purée de lentilles et de purée de céleri en alternant.

Mousses et Mousselines. — En farce mousseline de lièvre. Peuvent s'accompagner d'une fine purée de marrons ou de céleris.

Pâté Saint-Estèphe. — Moule à Charlotte foncé en pâte fine ; garni au fond et sur parois de farce de lièvre à la panade. Au milieu, filets de lièvre escalopés, raidis au beurre,

liés avec sauce Salmis au Saint-Estèphe. Recouvrir de farce ;
fermer avec abaisse de pâte ; cuire une heure un quart à
four moyen. Servir avec même sauce Salmis employée.

Périgourdine (Farci). — Dénerver filets et cuisses, piquer
de fins lardons. Remplir avec farce composée de : Foie de la
bête ; cœur et poumons ; foies de volaille ; lard gras ; mie de
pain trempée et pressée ; oignon haché cuit au beurre ;
persil haché ; pointe d'ail ; sang de la bête ; assaisonnement,
parure de truffes crues. Recoudre les peaux du ventre ; brider ; braiser au vin blanc, environ 2 heures et demie. Glacer
et dresser. *A part* : Fonds de braisage réduit, lié avec sauce
Demi-glace additionnée de truffe hachée.

Râble à la Crème. — Mariner. Procéder comme pour
« Selle de Chevreuil ».

NOTA : Le râble doit toujours être dénervé et piqué de fins lardons.

Râble au Genièvre. — Mariner. Rôtir sur légumes de la
marinade. Dresser. Déglacer avec filet eau-de-vie de Genièvre
et marinade ; réduire ; ajouter 2 baies de genévrier écrasées
et sauce poivrade. Bouillir 2 minutes et passer. *A part :* Sauce
et marmelade de pommes.

Râble Navarraise. — Mariner au vin rouge. Rôtir sur
légumes de la marinade. Dresser. Entourer avec champignons
grillés garnis de purée d'oignons (4 cinquièmes) et d'ail
doux (un cinquième) cuits avec jus de veau. *A part :* Déglaçage fait avec marinade réduite ; passée et montée au beurre.

Râble aux Cerises. — Rôtir sans mariner. Procéder
comme pour « Côtes de Chevreuil ».

Râble sauce Groseilles au Raifort. — Rôtir à feu vif.
Accompagner de Sauce indiquée.

Soufflé. — En farce Mousseline de lièvre. Traitement ordinaire des Soufflés. *A part :* Escalopes de filets mignons,
sautées et lames de truffe, dans sauce Demi-glace au fumet
de lièvre.

Marcassin et Sanglier.

Culinairement, le sanglier n'est employé que jusqu'à l'âge
où il prend le nom de « Bête rousse ». Le marcassin ou san-

glier de 6 mois est préféré. Les préparations indiquées pour « Selle de Chevreuil » lui sont applicables. Celles qui suivent concernent le Marcassin.

Côtelettes Saint-Hubert. — Sauter ; refroidir. Garnir côté revenu, de farce de marcassin, additionnée de mousserons sautés et baies de genévrier écrasées. Envelopper de crépine ; chapelurer ; cuire au four. *A part :* Sauce Venaison et marmelade de pommes, non sucrée.

Côtelettes Saint-Marc. — Piquer à la langue ; braiser. Dresser. Entourer de petites croquettes de marrons. *A part :* Fonds de braisage réduit ; marmelade d'airelles rouges.

Jambon. — Braisé ou rôti. S'accompagne d'une sauce Poivrade et d'une purée (marrons, céleri, lentilles). Peut également être servi avec l'une des sauces indiquées à « Gigot de Chevreuil ».

SALADES

Salades vertes.

Barbe de Capucin. — Céleri. — Chicorée. — Cresson d'eau et alénois. — Endive. — Escarole. — Feuilles de salsifis. — Laitue. — Mache ou Doucette. — Pissenlit. — Raiponce. — Romaine.

Nota : Pour renseignements complémentaires sur la série des salades simples et composées, voir *Guide Culinaire*.

Salades simples et composées.

(Abréviations : *Ass.* dit Assaisonnement.)

Aïda. — Moitié chicorée frisée blanche. L'autre moitié constituée en parties égales par : Tomates et fonds d'artichauts crus, émincés ; julienne de piments verts, blancs d'œufs durs émincés. Couvrir de jaunes d'œufs durs passés au tamis. Ass. ordinaire relevé de moutarde.

Alice. — Moyennes pommes Grand-Alexandre (ou autres) cernées côté pédoncule, creusées en caisses, remplies de boules de pommes vertes (grosseur pois) ; groseilles rouges égrappées ; amandes fraîches effilées, liées avec crème salée et acidulée au jus de citron. Couvrir avec les parties enlevées. Dresser en couronne ; quartier de laitue entre chacune.

Américaine. — Fines tranches de tomates ; rondelles de pommes de terre, d'oignon frais et d'œufs durs ; julienne de céleri. Ass. : Huile et vinaigre.

Andalouse. — Riz cuit à l'eau salée ; julienne de piments doux ; petits quartiers de tomates ; pointe d'ail ; oignon et persil hachés. Ass. : Huile et vinaigre.

Bagration. — En parties égales : Julienne de céleri et fonds d'artichauts émincés marinés 20 minutes avec huile et vinaigre ; julienne de blanc de volaille ; macaroni tiède en tronçons de 5 centimètres. Lier avec sauce Mayonnaise tomatée ; dresser ; lisser en dôme ; décorer étoile faite avec : truffe, langue, blanc et jaune d'œuf dur, persil hachés.

Beaucaire. — Julienne de céleri en branches, céleri-rave et endive, assaisonnée à l'avance ; julienne de jambon maigre, pommes acides et champignons. Lier avec sauce Mayonnaise. Dresser. Parsemer la surface de cerfeuil persil et estragon hachés. Bordure de betterave et pommes de terre en minces rondelles.

Belle-de-nuit. — Parties égales : Queues d'écrevisses et lames de truffes. Ass. : Huile et vinaigre de vin ; poivre fraîchement moulu.

Betterave. — En julienne, avec addition d'oignon cuit au four et haché. Ass. : Vinaigrette moutardée et fines herbes hachées.

Carmen. — Parties égales : Blanc de poulet et poivrons rouges grillés, pelés, coupés en dés ; petits pois ; riz cuit à l'eau salée. Ass. : Huile et vinaigre avec moutarde et estragon haché.

Céleri. — Blanc de céleri tronçonné, ciselé sans détacher les filets et tenu 2 heures dans de l'eau fraîche. Ass. : Moutarde à la crème.

Chou-fleur. — En petits bouquets, cuits un peu fermes, non rafraîchis et assaisonnés tièdes avec huile et vinaigre. Cerfeuil haché.

Chou-rouge. — Détaillé en fine julienne. Assaisonnement ordinaire fait 6 heures à l'avance.

Crémone. — En parties égales : Crosnes cuits à la grecque ; tomates pelées, taillées en fines tranches ; filets d'anchois. Ass. : Huile et vinaigre, avec moutarde et fines herbes.

Créole. — Petits melons près de maturité, cernés autour de la tige, débarrassés des graines et filaments. Pulpe détachée à la cuiller, taillée en gros dés, assaisonnée sel et gingembre, mélangée à quantité égale de riz cuit à l'eau salée. Assaisonner avec crème salée et acidulée. Remplir les melons, rapporter la partie cernée. Dresser sur glace en neige.

Cressonnière. — Se compose de moitié Salade de pommes de terre à la Parisienne et moitié feuilles de cresson. Dresser. Parsemer d'œufs durs et persil hachés, mélangés.

Danicheff. — En parties égales : Têtes d'asperges, cuites fermes ; céleri-rave, blanchi ; rondelles de pommes de terre ; fonds d'artichauts et champignons crus émincés. Ass. : Mayonnaise relevée. Décor avec queues d'écrevisses, œuf dur et truffe.

Délice. — Voir Salade aux fruits « à la Japonaise ».

Demi-Deuil. — En parties égales : pommes de terre et truffes en julienne. Ass. : Sauce Moutarde à la crème. Bordure d'anneaux de pommes de terre et truffe, alternés.

Estrées (d'). — Petits tronçons de blanc de céleri frisé ; grosse julienne de truffes, en parties égales. Ass. : Sauce Mayonnaise relevée à la moutarde et cayenne.

Ève. — En parties égales : Pulpe de pomme, banane et ananas coupés en dés ; cerneaux épluchés. Ass. et dressage comme « Salade Alice ».

Favorite. — En parties égales : Pointes d'asperges, queues d'écrevisses, truffes blanches émincées. Ass. : Huile d'olive, jus de citron, sel et poivre, céleri et fines herbes hachés.

Flamande. — Moitié endives ; un quart pommes de terre en julienne ; un quart oignon cuit au four, haché et filets de harengs en dés. Ass. : Huile et vinaigre ; persil et cerfeuil hachés.

Francillon. — Moitié pommes de terre émincées chaudes et marinées au Chablis ; un quart moules, pochées avec céleri haché et ébarbées ; un quart lames de truffes. Ass. : Huile et vinaigre.

Gobelins. — En parties égales : Céleri-rave taillé en liards, blanchi ; pommes de terre détaillées de même ; fonds d'artichauts et champignons crus, émincés ; lames de truffe et pointes d'asperges. Ass. : Sauce Mayonnaise acidulée au citron et estragon haché.

Irma. — En parties égales : Concombres verts émincés ; pointes d'asperges ; haricots verts en losanges ; bouquets de chou-fleur. Ass. : Sauce Mayonnaise à la crème avec cerfeuil et estragon hachés. Couvrir de cresson alénois et fine julienne de laitue. Décor avec pluches de cerfeuil, fleurs de capucine, rondelles de radis roses.

Isabelle. — En parties égales : Truffes, blanc de céleri, champignons crus, pommes de terre et fonds d'artichauts cuits : le tout émincé. Ass. : Huile et vinaigre, cerfeuil haché.

Italienne. — En parties égales : Carottes, navets, pommes de terre, chair de tomate, haricots verts, filets d'anchois coupés en dés ; petits pois, câpres et petites olives tournées. Ass. : Sauce Mayonnaise. Bordure de quartiers d'œufs durs et pluches de cerfeuil.

Japonaise. — Est la même que « Francillon ».

Japonaise (aux Fruits à la). — Ananas, orange, tomates, coupés en petits carrés. Aciduler l'ananas avec jus de citron et pincée de sucre en poudre sur la tomate. Dresser dans des cœurs de laitue (ou en saladier avec feuilles de cœur de laitue autour). Arroser de crème salée et acidulée. Même crème à part.

Jockey-Club. — En parties égales : Pointes d'asperges et julienne de truffes crues, assaisonnées à l'avance et séparément avec huile et vinaigre. Lier avec sauce Mayonnaise relevée.

Lackmé. — En parties égales : poivrons rouges et tomates pelées, coupés en dés ; riz cuit nature ; oignon haché. Ass. : Huile et vinaigre, currie.

Légumes frais. — Carottes et navets levés à la cuiller ovale ; haricots verts en losanges ; petits pois, pointes d'asperges ; chou-fleur (tous ces légumes cuits sans être rafraîchis) ; pommes de terre en dés. Ass. : Huile et vinaigre, persil et cerfeuil hachés.

Légumes secs. — Égoutter à fond ; assaisonner huile, vinaigre et persil haché, alors que le légume est encore un peu tiède. *A part :* Oignon finement haché.

Maraîchère. — Raiponce ; pousses de salsifis ; petits salsifis fraîchement cuits ; céleri-rave émincé, blanchi, rondelles de pomme de terre et de betterave. Ass. : Sauce moutarde à la crème avec Raifort râpé

Nota : Varie un peu selon les saisons.

Mascotte. — Œufs de vanneau, cuits durs ; têtes d'asperges vertes ; rognons de coq émincés ; lames de truffe et queues d'écrevisses. Ass. : Sauce moutarde à la crème.

Mignon. — En parties égales : Queues de crevettes et

fonds d'artichauts en dés. Ass. : Sauce Mayonnaise à la crème relevée au cayenne. Décor avec lames de truffes cannelées.

Mikado. — En parties égales : Huîtres pochées, ébarbées; poivrons verts et rouges grillés, pelés, coupés en dés; riz cuit nature. Ass. : Huile et vinaigre, moutarde.

Monte-Carlo. — En écorces de mandarines, cernées côté pédoncule et vidées : Ananas frais et chair d'orange taillés en dés; même quantité de grains de grenade, assaisonnés à la crème salée et acidulée. Rapporter le morceau d'écorce enlevé; dresser sur glace en neige; petit cœur de laitue entre chaque mandarine.

Monte-Cristo. — Chair de queue de homard, truffes, pommes de terre, œufs durs; le tout taillé en dés. Lier sauce Mayonnaise moutardée. Entourer de quartiers de cœurs de laitues.

Montfermeil. — En parties égales : Tronçons de salsifis tièdes coupés dans la longueur; fonds d'artichauts et pommes de terre émincés; grosse julienne de blanc d'œuf. Dresser. Couvrir de vermicelle de jaunes d'œufs durs. Ass. : Huile et vinaigre.

Moscovite. — Salade Russe moulée, entourée, en les alternant de petites croûtes de tartelettes, garnies, les unes de Caviar, les autres de purée de Sigui.

Muguette. — En parties égales : Blanc de chicorée frisée; pommes vertes émincées; julienne de cœur de céleri; tomates pelées, émincées; cerneaux marinés au verjus et cerfeuil. Lier avec sauce Mayonnaise aux jaunes d'œufs durs. Décor avec rondelles de radis roses et pluches de cerfeuil.

Niçoise. — En parties égales : Haricots verts et pommes de terre en dés; quartiers de petites tomates. Décor avec câpres, olives, filets d'anchois Ass. : Huile et vinaigre.

Noémi. — Escalopes de chair de poussin, rôti et tiède; queues d'écrevisses; cœurs de laitues émincés. Assaisonner au moment, avec crème au coulis d'écrevisses, additionnée de jus de citron, sel, poivre du moulin. Pluches de cerfeuil.

Nonnes. — En quantité égale : Riz cuit à l'eau salée et julienne de blanc de poulet. Dresser en dôme; saupoudrer truffe hachée. Ass. : Huile, vinaigre et moutarde.

Opéra. — En parties égales : Julienne de blanc de volaille, langue, céleri, truffes. Dresser en bouquets distincts. Pointes d'asperges au centre. Décor avec rondelles de rognons de coq et de cornichons. Ass. : Sauce Mayonnaise claire.

Oranges. — Pelées à vif ; partagées en deux dans le sens vertical, épépinées et détaillées en fines tranches. Arroser de kirsch.

Orientale. — Petites tomates pressées, cuites à l'huile avec gousse d'ail ; poivrons verts et rouges grillés, pelés, coupés en dés ; haricots verts ; riz cuit à l'eau salée. Ass. : Huile et vinaigre avec dés de filets d'anchois.

Parisienne. — En moule à dôme chemisé de gelée, foncé de minces escalopes de queue de langouste décorées d'une lame de truffe : Salade de légumes additionnée de chair de langouste en dés, liée avec sauce Mayonnaise à la gelée. Démouler sur serviette.

Polonaise. — En parties égales et en dés : Carottes, navets, betterave, concombres, cornichons, pommes de terre, œufs durs, filets de harengs. Dresser. Entre chaque bouquet, un quartier d'œuf garni de Mayonnaise collée et solidifiée. Ass. : Huile et vinaigre ; persil et estragon hachés.

Pommes de terre Parisienne. — Détailler en rondelles aussitôt cuites. Mariner avec vin blanc sec jusqu'à refroidissement. Ass. au moment : Huile et vinaigre ; persil et cerfeuil hachés.

Rachel. — En parties égales : Céleri ; truffes ; fonds d'artichauts et pommes de terre détaillés en Julienne ; pointes d'asperges. Lier avec sauce Mayonnaise claire.

Régence. — En parties égales : Céleri en bâtonnets ; truffes crues, en copeaux ; rognons de coq en rondelles ; pointes d'asperges. Ass. : Huile et jus de citron.

Russe. — En parties égales : Carottes ; navets ; pommes de terre ; petits pois ; haricots verts ; champignons cuits ; langue, saucisson et chair de queue de homard en julienne ; câpres ; cornichons ; truffes ; filets d'anchois. Lier avec sauce Mayonnaise. Décor à volonté avec éléments de la salade.

Saint-Jean. — En quantités égales : Pointes d'asperges ; haricots verts en losanges ; petits pois ; fonds d'artichauts crus émincés ; concombres. Lier avec sauce Mayonnaise claire. Décor : rondelles d'œufs durs et de cornichons ; feuilles d'estragon.

Saint-Sylvestre. — Moitié céleri-rave en grosse julienne mi-cuit ; l'autre moitié constituée avec : fonds d'artichauts et

champignons cuits, émincés ; julienne de truffe et de blanc
d'œuf dur. Décor : Bordure de rondelles de pommes de terre
avec point de truffe au milieu ; pluches de cerfeuil. Ass. :
Sauce Mayonnaise aux jaunes d'œufs durs et noix hachées.

Tomates. — Pelées ; détaillées en tranches fines ; très fins
anneaux d'oignon frais. Ass. : Huile, vinaigre, estragon
haché.

Tourangelle. — En parties égales : Haricots verts ; flageolets ; pommes de terre en julienne. Ass. : Sauce Mayonnaise
à la crème, avec estragon haché.

Tosca. — Blanc de poulet ; blanc de céleri ; truffe blanche ; parmesan ; le tout coupé en dés. Ass. : Sauce Mayonnaise très claire, relevée de moutarde et essence d'anchois.

Trédern. — Queues d'écrevisses partagées dans la longueur ; huîtres pochées au citron, ébarbées ; pointes d'asperges ; truffes crues taillées en copeaux minces. Ass. : Sauce
Mayonnaise additionnée de coulis d'écrevisses à la crème.

Truffes. — Truffes crues, pelées, taillées en copeaux
minces. Ass. : Pâte de jaunes d'œufs durs montée avec
huile, jus de citron, sel, poivre du moulin.

Truffes blanches. — Avec truffes du Piémont, procéder
comme ci-dessus, en ajoutant de la moutarde à l'assaisonnement.

Victoria. — En parties égales : Chair de langouste, concombres et truffes coupés en dés ; pointes d'asperges. Ass. :
Sauce Mayonnaise, additionnée de purée de corail de
homard.

Waldorf. — En parties égales : pommes reinette et cé-
leris-rave en dés ; lobes de noix sans pelure. Ass. : Sauce
Mayonnaise claire.

Windsor. — En parties égales : Julienne de céleri ; truffes
crues ; blanc de volaille ; langue ; piccalilis ; champignons
cuits. Ass. : Sauce Mayonnaise relevée de *Escoffier-sauce*.
Entourer de raiponces.

RÔTIS

GIBIER ET VOLAILLE

Alouettes. — Envelopper d'une fine barde de lard. Rôtir 10 minutes. Dresser sur croûtons frits avec demi-citrons et cresson.

Bécasse. — Ne se vide pas. Enlever seulement le gésier. Croiser les cuisses. Trousser en les traversant de part en part avec le bec sous la jointure des pilons. Barder. Temps de cuisson à feu vif : 15 à 18 minutes. Dresser sur canapé de pain frit et farci.

Bécassine. — Préparer comme Bécasse. Temps de cuisson à feu vif : 9 minutes.

Becs-figues et Béguinettes. — S'embrochent par 6. Temps de cuisson : 8 minutes. Saisissement à feu vif.

Cailles. — Envelopper d'une feuille de vigne beurrée, et d'une mince barde de lard. Rôtir à feu vif 10 à 12 minutes. Dresser sur canapés frits, masqués de farce gratin. (Voir Farces); entourer demi-citrons et cresson.

Canard sauvage. — Ne se barde pas. Temps de cuisson à feu vif : 20 minutes. Entourer demi-citrons et cresson.

Canard sauvage à l Anglaise. — Comme ci-dessus. *Apples-sauce* à part.

Canard sauvage à la Bigarrade. — Comme ci-dessus. Entourer de quartiers d'oranges parés à vif. *A part :* Sauce Bigarrade claire.

Canard sauvage au Porto. — Comme ci-dessus. *A part :* Jus lié, aromatisé au Porto.

Caneton d'Aylesbury. — Farcir à la sauge (Voir Dindonneau). Temps de cuisson : 45 minutes. Accompagnements ordinaires : Apples-sauce. Gelée de groseilles fondue ou Cranberries-sauce.

Caneton Nantais. — Pièce pesant un kil. 200. Temps de cuisson : 35 à 40 minutes.

Caneton Rouennais. — Pièce de un kilo 450. Temps de cuisson à feu vif : 25 minutes.

Chevaliers. — Comme Vanneaux, et se vident entièrement

Chevreuil. — Gigot ou Selle. Temps moyen de cuisson au four : 12 à 14 minutes par kilo.

Dindonneau. — Retirer les nerfs de cuisses. Temps de cuisson au four : 30 minutes par kilo.

Dindonneau à l'Anglaise. — Farcir à la sauge. Cuire comme comme ci-dessus. Dresser. Entourer de saucisses ou de tranches de Bacon grillées. *Farce à la Sauge :* Oignons cuits au four avec pelure. Après cuisson, peler, hacher, passer au beurre avec Sauge hachée ; mélanger avec mie de pain trempée au lait, pressée, et graisse de veau hachée.

Dindonneau truffé. — Temps de cuisson moyen au four : 25 minutes par kilo. Par la broche : 28 minutes. *A part :* Sauce Périgueux.

Faisan. — Barder. Temps de cuisson au four : 30 minutes. Dresser sur croûton farci, avec demi-citrons et cresson.

Faisan truffé. — Barder. Temps de cuisson au four chaleur moyenne : 55 minutes. *A part :* Sauce Périgueux.

Gelinotte. — Barder. Temps de cuisson à four vif, 15 à 18 minutes

Grives. — Barder. Grain de genévrier dans l'intérieur. Rôtir à feu vif 10 à 12 minutes. Dresser sur canapés, frits.

Grouse. — Barder. Temps de cuisson 12 minutes. Les cuisses ne se servent pas. Dans le service anglais, ils s'accompagnent de Bread-sauce, De Bread-Crump, et de Pommes Chips.

Merles de Corse. — Comme « Grives ».

Ortolans. — Les envelopper chacun d'un morceau de feuille de vigne : ranger en plaque humectée d'eau salée : saisir à four vif pendant 4 à 5 minutes.

Perdreau. — Envelopper d'une feuille de vigne beurrée et d'une mince barde de lard. Temps de cuisson au four : 20 minutes. A la broche : 25 minutes. Dresser sur croûtons frits, farci ; entourer demi-citrons et cresson.

Perdreau truffé. — Barder. Temps de cuisson au four : 35 minutes.

Pigeon. — Temps de cuisson à la casserole ou au four : 20 minutes : à la broche 25 minutes.

Pilet et Souchet. — Ne se bardent pas. Rôtir à feu vif. Temps de cuisson : 15 à 18 minutes.

Pintade. — Ne s'utilise que quand elle est jeune. Piquer ou barder. Rôtir à four vif : 30 minutes.

Pluvier doré. — Se vide et ne se barde pas. Rôtir à four vif. Temps de cuisson : 12 à 14 minutes.

Poularde. — Barder. Temps de cuisson pour pièce de un kilo 500 : 45 minutes au four : 50 minutes à la broche.

Poularde à l'Anglaise. — Comme ci-dessus. Dresser. Entourer de saucisses ou de tranches de Bacon grillées. *A part :* Bread-sauce.

Poularde truffée. — Temps moyen de cuisson : une heure et demie au four; une heure 3 quarts à la broche.

Poulet Reine. — Temps de cuisson : 35 minutes au four : 40 minutes à la broche.

Poulet de Grain. — Temps de cuisson : 25 à 30 minutes au four; 35 à 40 minutes à la broche.

Poussin. — En cocotte ou sur plat 12 à 15 minutes.

Râble de Lièvre. — Doit être dénervé, piqué de lard fin et rôti à four vif. Temps de cuisson : 20 minutes.

Sarcelle. — Temps de cuisson à four vif : 12 à 14 minutes.

Vanneau. — Comme « Pluvier doré ».

NOTA : Pour théorie du Truffage des pièces, v. *Guide Culinaire.*

LÉGUMES ET FARINAGES

ARTICHAUTS

Barigoule. — Très frais. Parer fond et tour. Blanchir et retirer le foin. Remplir la partie vidée avec Duxelles mélangée de un tiers lard gras râpé. Envelopper de bardes; braiser vin blanc et fonds brun. Dresser; retirer les bardes; napper avec fonds de braisage, réduit et lié avec sauce Demi-glace.

Boulangère. — Frais et tendres. Retirer le foin; remplir de chair à saucisses assez relevée. Envelopper en abaisse de pâte à pâté. Cuire une heure et demie au four de chaleur moyenne.

Cavour. — Petits artichauts de Provence. Tourner en forme d'œufs; cuire au consommé blanc. Egoutter; presser; tremper en beurre fondu. Rouler dans du Gruyère et Parmesan râpés. Dresser en couronne; faire colorer à four vif. Arroser de beurre mousseux additionné d'œufs durs hachés, filet d'essence d'anchois et persil haché.

Clamart. — Moyens et tendres. Parer. Mettre en cocotte avec beurre, petits pois frais, quartiers de carottes nouvelles, bouquet garni, filet d'eau, sel. Cuisson à l'étuvée. Après cuisson, retirer le bouquet; lié légèrement au beurre manié. Servir tel quel.

Colbert (Beignets d'). — Petits fonds d'artichauts cuits, garnis de farce gratin mélangée de Duxelles sèche. Assembler par deux, et maintenir avec petite brochette. Tremper en pâte à frire; frire au moment; retirer les brochettes. Dresser sur serviette avec quartiers de citron et persil frit.

Cussy. — Petits fonds d'artichauts cuits, garnis, en dôme, de purée de foie gras truffée. Tremper en sauce Villeroy; refroidir; paner à l'anglaise : frire au moment. Sur serviette avec persil frit. Sauce Madère à part.

Dietrich. — Artichauts de Provence. Parer; couper en quartiers; blanchir; égoutter et éponger. Faire revenir au beurre avec oignon haché. Mouiller avec cuisson de champignons et Velouté léger. Cuire doucement. Dresser en bordure de rizotto aux truffes de Piémont : Napper avec sauce réduite finie avec crème.

Farcis. — Fonds d'artichauts moyens traités comme « Champignons farcis. »

Grand-Duc. — Cœurs d'artichauts de Provence. Cuire à l'eau salée. Egoutter ; ranger en rosace sur plat nappé de sauce Crème. Couvrir de même sauce ; saupoudrer de Parmesan râpé : Glacer. Pointes d'asperges au centre et lame de truffe, glacée, sur chaque cœur.

Italienne. — En quartiers ; citronnés, blanchis et disposés sur fonds de braisage. Faire suer au four 8 à 10 minutes. Mouiller au vin blanc ; réduire à fond ; ajouter fonds brun à mi-hauteur. Cuire doucement. Dresser en légumier. Napper avec sauce Italienne additionnée du fonds de braisage.

Lyonnaise. — En quartiers. Blanchir ; ranger en sautoir sur couche d'oignons ciselés et passés au beurre. Traiter comme « Quartiers à l'Italienne ». Dresser ; réduire et beurrer la sauce. Verser sur les quartiers. Persil haché semé dessus.

Paysanne. — En casserole en terre. Quartiers blanchis, revenus au beure avec dés de lard maigre. Ajouter petits oignons glacés ; pommes Château ; sel et poivre ; bouquet garni ; bouillon, à hauteur. Cuire rapidement jusqu'à réduction complète du liquide. Servir tel quel (bouquet retiré).

Provençale. — Artichauts de Provence. Parer ; mettre en terrine en terre contenant de l'huile fumante. Assaisonner ; cuire à couvert pendant 10 minutes. Ajouter petits pois frais et julienne de laitue. Compléter la cuisson en tenant l'ustensile bien fermé.

Purée. — Fonds d'artichauts cuits aux 2 tiers à l'eau salée. Compléter la cuisson au beurre par étuvage. Passer au tamis ; ajouter moitié purée de pommes de terre légère. Finir avec beurre frais et filet de Beurre noisette.

Sauces diverses. — Parer ; ficeler et cuire à l'eau bouillante salée. Egoutter à fond ; dresser sur serviette. *A part :* Sauce au *Beurre; Hollandaise* ou *Mousseline*. Pour artichauts tièdes ou froids : Sauce *Vinaigrette*.

Stanley. — Artichauts de Provence tournés, mis en sauteuse beurrée foncée de lames de jambon cru et garnie d'oignons émincés, blanchis. Mouiller au vin blanc ; réduire à fond ; ajouter sauce Béchamel claire. Cuire doucement. Dresser en légumier. Passer oignons et sauce ; réduire avec addition de crème. Beurrer hors du feu ; napper et saupoudrer de jambon maigre coupé en dés très fins.

ASPERGES

Doivent être pelées, lavées, bottelées et cuites vivement à l'eau salée en les tenant un peu fermes. Se dressent sur grille ou sur serviette.

Flamande. — Servir à part jaunes d'œufs cuits durs, chauds, et beurre fondu. Ou : Broyer les jaunes ; les monter avec beurre fondu et servir en saucière.

Gratin. — Procéder comme pour « Asperges Mornay ».

Milanaise. — Dressées sur plat beurré saupoudré de Parmesan râpé, par rangées successives, en saupoudrant les têtes de Parmesan. Arroser de Beurre noisette la partie fromagée et glacer.

Mornay. — Dresser comme ci-dessus, en nappant de sauce Mornay les têtes d'asperges de chaque rangée. Envelopper de papier beurré, du côté opposé aux têtes. Masquer de même sauce la partie non couverte par le papier ; saupoudrer de fromage râpé et glacer. Enlever le papier en sortant le plat du four.

Polonaise. — Dresser comme « Milanaise » en saupoudrant les têtes de chaque rangée, avec jaunes d'œufs cuits durs mélangés de persil haché. Arroser les têtes avec Beurre noisette additionné de 30 grammes de mie de pain fine pour 125 grammes de beurre.

Sauces diverses. — Pour asperges chaudes : Au *Beurre*, *Hollandaise*, *Maltaise*, *Mousseline*. Le *Beurre fondu* et la sauce *Béarnaise*, sans herbes, se servent également. Pour asperges froides : *Vinaigrette* et *Mayonnaise Chantilly*.

Pointes d'asperges. — S'emploient surtout comme garnitures ; rarement en légume. Rompre à l'endroit ou cesse la flexibilité. Réunir les têtes en bottillons de 5 centimètres de longueur ; ficeler. Détailler le reste en parties d'un demi-centimètre. Plonger à l'eau bouillante salée et cuire vivement.

Au beurre : Egoutter à fond ; sauter à feu vif jusqu'à évaporation de l'humidité. Lier au beurre, hors du feu. Dresser en timbale avec bottillons dessus. (Ceux-ci conservés au naturel.)

A la Crème : Comme ci-dessus. Liaison à la sauce Crème.

AUBERGINES

Crème (à la). — Peler; couper en rondelles fines; dégorger au sel. Eponger; étuver au beurre et lier sauce Crème.

Egyptienne — Partager en deux dans la longueur. Cerner près des bords; ciseler la chair et frire. Retirer la chair de l'intérieur; ranger les écorces sur plat beurré. Les remplir avec chair hachée additionnée d'oignon haché, cuit à l'huile. Arroser d'huile; passer au four un quart d'heure. En servant, disposer sur chaque aubergine 3 petites rondelles de tomates, sautées à l'huile et persillées.

Frites. — Détailler en minces rondelles; assaisonner; fariner; frire à l'huile fumante. Dresser sur serviette.

Gratin. — Préparer comme « Egyptienne ». Garnir les écorces avec la chair hachée, mélangée de même quantité de Duxelles sèche. Saupoudrer de chapelure; arroser d'huile et gratiner. Entourer d'un cordon de sauce Demi-glace.

Orientale. — Peler; partager en 6 tranches. Rassembler les tranches par deux, en les soudant avec un hachis serré, composé de : Chair d'aubergine et tomates frites; pointe d'ail; persil haché; mie de pain; sel et poivre. Ranger en plat en terre; arroser d'huile; cuire au four une demi-heure. Se sert tel quel, chaud ou froid.

Provençale. — Procéder comme pour « Gratin » en remplaçant la Duxelles par de la tomate sautée à l'huile avec pointe d'ail. Cordon de sauce Tomate.

Serbe. — Préparer comme « Egyptienne ». Garnir les écorces avec appareil composé de : chair d'aubergine et viande cuite de mouton, hachées; tomate concassée, sautée au beurre; riz nature; oignon haché cuit au beurre : Gratiner. En servant; cordon de sauce Tomate autour et persil haché semé dessus.

Soufflées. — Préparer comme « Egyptienne ». Garnir les écorces avec appareil composé de : La chair des aubergines, hachée, mélangée à même quantité de sauce Béchamel réduite; additionnée de fromage râpé, jaunes d'œufs crus et blancs en neige ferme. Cuire à four doux.

CARDONS

Traitement : Supprimer les branches du tour; détailler les pétioles blancs en tronçons de 7 à 8 centimètres de longueur; citronner et mettre à l'eau fraîche. Débarrasser le cœur de son enveloppe ligneuse. Plonger dans un Blanc bouillant avec couverture de graisse de veau hachée. Compter une heure 3 quarts de cuisson lente.

Fines-Herbes (cœur de). — Diviser en rondelles. Rouler en sauteuse avec glace de viande blonde, beurrée, additionnée de fines-herbes hachées.

Nota : Peut être utilisé comme garniture de Poulet sauté.

Milanaise. — Procéder comme pour « Asperges ».

Moelle. — Dresser en timbale avec rondelles de cœur et lames de moelle, pochées. Napper sauce Moelle.

Mornay. — Avec sauce Mornay, procéder comme pour « Cardons au Parmesan ».

Parmesan. — Dresser par rangs, en nappant de sauce Demi-glace et en saupoudrant de Parmesan râpé. Couvrir de même sauce; saupoudrer de Parmesan et glacer.

Sauces diverses. — *Demi-glace, Crème, Italienne, Bordelaise.*

CAROTTES

Crème (à la). — Glacées comme ci-dessous. Couvrir de crème bouillante. Réduire à l'état de sauce légère.

Glacées. — En petits quartiers, tournés en forme d'olives allongées. Blanchir fortement si les carottes sont vieilles. Cuire avec eau, sel, sucre et beurre, jusqu'au moment où le liquide est réduit à l'état de sirop épais. Sauter, pour envelopper les quartiers d'une couche brillante. Ainsi traitées, servent principalement pour garnitures.

Marianne. — Julienne de carottes nouvelles, étuvées au beurre avec quantité égale de mousserons sautés. Compléter avec Beurre Maître-d'Hôtel et glace de viande. Dresser en timbale.

Vichy. — Emincer. Traiter comme « Carottes glacées » Saupoudrer de persil haché.

CÉLERI EN BRANCHES

Couper les branches à 18 ou 20 centimètres de la base. Enlever les branches du tour; parer la racine; laver; blanchir un quart d'heure et rafraîchir. Braiser. Après cuisson, partager en deux dans la longueur. Replier chaque partie en deux pour dresser. Se préparent comme Cardons : *Milanaise, Mornay, Parmesan.*

Peuvent s'accompagner d'une sauce : *Demi-glace, Fines-Herbes, Italienne, Jus lié, Moelle,* etc.

Purée. — Emincer; blanchir; cuire par étuvage avec consommé gras. Passer au tamis ; lier avec un quart de purée de pommes de terre. Beurrer.

CÉLERI-RAVE

Peler; diviser en tranches; parer; cuire aux 3 quarts à l'eau salée. Compléter la cuisson dans la sauce adoptée, soit : *Demi-glace, Duxelles, Fines-Herbes, Italienne, Jus lié,* etc.

CÈPES

Bordelaise. — Escaloper ; assaisonner ; mettre à l'huile fumante et sauter jusqu'à rissolage. En dernier lieu, ajouter queues de cèpes et échalotes, hachés. Dresser en timbale. Finir avec jus de citron et persil haché.

Crème (à la). — Escaloper ; étuver au beurre avec oignon haché. Egoutter ; couvrir de crème bouillante et réduire complètement. Compléter avec crème fraîche. Dresser en timbale.

Provençale. — Procéder comme pour « Bordelaise » en remplaçant l'échalote par oignon haché et pointe d'ail écrasé.

Rossini. — Procéder comme pour « Cèpes à la Crème » avec addition de un tiers de truffes crues, coupées en lames épaisses. Compléter avec filet de glace de viande blonde. Dresser en timbale.

CHAMPIGNONS BLANCS

Crème (à la). — Procéder comme pour « Cèpes ».

Croûtes. — Morceaux de pain Jocko de 5 à 6 centimètres de long ; à moitié vidés de la mie, beurrés et séchés au four. Garnir avec champignons émincés, étuvés au beurre, liés avec sauce Parisienne additionnée de la cuisson.

Farcis. — Moyens. Retirer les queues ; dégager la cavité ; arroser d'huile ; passer 5 minutes au four. Garnir de Duxelles (Voir *Duxelles pour légumes farcis,* Chap. des Garnitures) ; lisser en dôme ; saupoudrer de chapelure fine ; arroser de beurre et gratiner à four vif.

Flan grillé. — Cercle à flan foncé en pâte fine. Garnir champignons émincés, sautés au beurre avec oignon haché, liés à la crème et refroidis. Couvrir avec grillage comme pour Flan de pommes. Dresser. Cuire à four chaud.

Garnitures (Pour). — Très frais. Supprimer le bout terreux. Laver. Couper le pédicule au ras des têtes. Tourner ou canneler les têtes ; mettre en eau fraîche acidulée. Plonger en cuisson bouillante, composée (pour un kilo champignons) de : un décilitre eau ; 10 grammes sel ; 60 grammes beurre ; jus de un citron et demi. Couvrir ; cuire vivement 5 minutes. Réserver en terrine.

Grillés. — Gros champignons assaisonnés, huilés, grillés et remplis de Beurre Maître-d'Hôtel.

Grillés Bourguignonne. — Comme ci-dessus, avec Beurre d'escargots.

Purée. — Très frais. Nettoyer, peler, passer au gros tamis. Mettre en sautoir avec sauce Béchamel réduite, crème, sel, poivre blanc et muscade. Réduire 3 minutes en plein feu. Retirer et beurrer.

MORILLES

Se préparent à la *Crème*, comme Cèpes ; en *Croûtes*, comme Champignons ; avec sauces *Italienne, Poulette*, etc.

CHAYOTTE OU BRIONNE

Se prépare comme Courgettes. Les formules indiquées au « Cardon » lui sont applicables.

CHICORÉE

Traitement. — Blanchir 10 minutes à grande eau. Egoutter ; rafraîchir ; presser et hacher. Lier avec 150 grammes de roux blond (par kilo de chicorée). Mouiller avec Consommé ; assaisonner sel et sucre. Braiser au four, à couvert, pendant une heure et demie. Se sert à la *Crème*, au *Jus*, en *Pain* avec liaison d'œufs, en *Soufflé*, etc.

CHOUX ROUGES

Flamande. — Diviser en quartiers ; retirer côtes et trognon ; tailler en julienne. Assaisonner ; asperger de vinaigre ;

mettre en cocotte en terre, beurrée. Cuire doucement. Aux 3 quarts de cuisson, ajouter pommes Reinette pelées, coupées en petits quartiers et une cuillerée de cassonade ou de sucre en poudre.

Limousine. — En julienne comme ci-dessus. Cuire en casserole en terre avec très court mouillement au bouillon ; au bouillon ; graisse de rôti de porc et marrons crus, épluchés.

Marinés. — Voir *Hors-d'œuvre* froids.

CHOUX VERTS POMMÉS

Anglaise (à l'). — Partager en quartiers ; supprimer côtes et trognon ; cuire à l'eau salée. Egoutter ; presser fortement entre deux assiettes ; découper en carrés ou en losanges.

Braisés. — En quartiers. Blanchir. Rafraîchir ; supprimer côtes et trognon. Assaisonner. Mettre en casserole bardée, avec : quartiers de carotte ; oignon piqué de girofle ; bouquet garni ; consommé ; graisse de marmite. Couvrir de bardes ; braiser doucement pendant 2 heures.

Farci. — Chou moyen pommé. Blanchir fortement et rafraîchir. Dégager et retirer le trognon. Creuser l'intérieur du chou. Hacher les parties retirées ; mélanger avec du Hachis additionné d'oignon et persil hachés. Remplir l'intérieur du chou ; l'envelopper de bardes ; cuire doucement pendant 3 heures avec bouillon et graisse de marmite. Dresser ; retirer les bardes ; entourer avec fonds de cuisson, dégraissé, réduit, lié avec sauce Demi-glace.

Farcis pour Garnitures (A). — Blanchir et rafraîchir. Prendre les plus grandes feuilles ; les étaler sur serviette, par 2 ou 3 l'une sur l'autre. Assaisonner ; hacher le reste ; mélanger avec du hachis et mouler en boules de la grosseur d'une pêche. Enfermer ces boules dans les feuilles, en serrant fortement. Ranger en sautoir ; couvrir de bardes ; mouiller aux 2 tiers de la hauteur avec bouillon non dégraissé. Braiser doucement 3 quarts d'heure.

(B). — Feuilles de chou, blanchies comme ci-dessus, rapportées l'une sur l'autre. Garnir le centre d'une cuillerée de riz Pilaw, lié à la purée de foie gras. Enfermer dans les feuilles en forme de petits paquets. Braiser comme A.

Sou-Fassum. — Blanchir le chou entier. Détacher toutes les grandes feuilles ; les ranger sur un filet. Disposer sur les

feuilles : l'intérieur du chou, haché, assaisonné ; feuilles de
bette, blanchies ; chair à saucisses ; dés de lard de poitrine,
rissolés ; oignon haché, cuit au beurre ; tomates hachées :
pointe d'ail ; riz blanchi ; petits pois frais (en saison). Fermer
le filet. Plonger en marmite ordinaire. Cuire 3 heures et
demie à 4 heures.

CHOUX DE BRUXELLES

Anglaise (à l'). — Cuire à l'eau salée ; égoutter ; dresser
sur grille ou en timbale.

Crème (à la). — Cuire, égoutter ; sécher au beurre et hacher. Remettre en casserole et ajouter Crème fraîche.

Bonne Femme. — Cuire un peu fermes ; égoutter à fond
et étuver au beurre.

Gratin. — Cuire ; égoutter à fond ; sécher au beurre ; lier
avec sauce Béchamel et dresser sur plat. Napper de sauce
Mornay ; saupoudrer de fromage râpé et gratiner à four vif.

Milanaise. — Procéder comme pour « Chou-fleur » du
nom.

Polonaise. — Procéder comme pour « Chou-fleur » du nom.

Purée. — Cuire aux 3 quarts ; égoutter ; finir de cuire par
étuvage au beurre. Passer au tamis ; ajouter un tiers de purée
de pommes de terre. Chauffer et beurrer.

CHOU-FLEUR

Anglaise (à l'). — Cuire entier, à l'eau salée, en conservant les feuilles tendres qui enveloppent la fleur. Dresser
sur serviette.

Fritot (de). — Cuit. Divisé en petits bouquets. Mariner
20 minutes avec huile, jus de citron, assaisonnement, persil
haché. Tremper en pâte à frire ; frire au moment. Dresser
sur serviette avec persil frit. *A part :* Sauce Tomate.

Gratin (au). — Egoutter ; sécher au beurre ; mouler dans un
bol avec quelques cuillerées de sauce Mornay dans l'intérieur
du chou. Démouler sur plat saucé et recouvrir de même
sauce ; saupoudrer de fromage râpé et chapelure fine ; arroser
de beurre. Gratiner à four vif.

Milanaise. — Dresser sur plat beurré saupoudré de fromage râpé. Saupoudrer aussi la surface du chou ; arroser de
beurre et gratiner. En sortant du four, couvrir de Beurre
noisette.

Polonaise. — Dresser sur plat beurré. Saupoudrer d'œufs durs et persil hachés, mélangés. Arroser de Beurre Polonaise.

Purée. — Cuire à l'eau salée ; égoutter ; passer au tamis et ajouter un quart de purée de pommes de terre à la crème. Chauffer et beurrer.

Sauces diverses. — Cuit à l'eau salée et dressé en timbale. S'accompagne au choix de : *Beurre fondu*, sauce au *Beurre*, *Crème*, *Hollandaise*, *Mousseline*.

CHOU MARIN (SEA KALE)

Parer ; botteler par 4 ou 6 pieds et cuire à l'eau salée. Les préparations du Cardon, et les sauces indiquées pour Asperges lui sont applicables.

CONCOMBRES ET COURGETTES

Crème (à la). — Peler et façonner en olives ; blanchir ; étuver au beurre. Aux 3 quarts de cuisson, ajouter crème bouillante. Réduire. En dernier lieu, lier avec sauce Béchamel.

Farcis. — En tronçons de 4 à 5 centimètres ; peler et blanchir. Creuser en forme de caisses ; ranger en sautoir, étuver au beurre. Aux 3 quarts de cuisson, garnir en dôme de farce de volaille poussée à la poche. Compléter la cuisson en pochant la farce.

Glacés. — Tourner en gousses d'ail ; blanchir et traiter comme « Carottes glacées ».

Courgettes. — Emincer ; cuire au beurre ; ajouter un tiers de riz Pilaw lié avec sauce Béchamel. Verser sur plat à gratin ; saupoudrer de fromage râpé mélangé de chapelure ; arroser de beurre et gratiner.

CROSNES DU JAPON OU STACHYS

Doivent être aussi frais que possible. Le meilleur procédé, pour enlever la pellicule, est de les sasser dans un torchon avec du gros sel. Bien les laver ensuite et les égoutter à la main.

Beignets. — Cuits à l'eau salée et tenus un peu fermes. Egoutter à fond ; mélanger avec sauce Parisienne réduite comme pour Croquettes. Etaler sur plat ; refroidir. Prendre par cuillerées ; tremper en pâte à frire ; plonger à friture très chaude. Dresser sur serviette avec persil frit.

Crème (à la). — Blanchir; étuver au beurre **aux 3** quarts; ajouter crème et réduire en complétant la cuisson. En timbale.

Croquettes. — Composition comme pour « Beignets »; mouler en bouchon, poire au autre forme; paner à l'anglaise avec mie de pain; frire au moment. Sur serviette avec persil frit.

Milanaise. — Blanchir; étuver au beurre; dresser en timbale, par couches alternées de fromage râpé. Arroser avec fonds de braisé de bœuf; saupoudrer de fromage et faire colorer au four.

Velouté (au). — Cuire à l'eau salée; égoutter à fond. Lier avec Velouté à l'essence de champignons. En timbale.

Purée. — 2 tiers crosnes et un tiers pommes de terre. Cuire à l'eau salée en tenant un peu fermes. Egoutter à fond; passer au tamis; dessécher à feu vif. Mettre au point avec lait bouillant et beurre.

ENDIVES

Fraîches et blanches. Supprimer les feuilles flétries; laver; ranger en sautoir contenant cuisson composée, pour un kilo d'endives, de : 2 décilitres d'eau; 50 grammes de beurre; pincée de sel; jus de demi-citron. Couvrir; cuire 30 à 35 minutes. Ainsi préparées, elles se traitent : A la *Crème,* au *Jus,* à la *Mornay,* à la *Milanaise.*

Ardennaise. — Nettoyer; ranger en sautoir avec eau et beurre comme ci-dessus. A mi-cuisson, ajouter dés de lard de poitrine, blanchi; jambon maigre, haché. Compléter cuisson. Dresser en timbale. Napper avec fonds réduit, légèrement beurré.

EPINARDS

Traitement : Blanchir rapidement à grande eau bouillante salée. Egoutter. Rafraichir. Hacher ou passer au tamis. S'ils doivent être utilisés en feuilles, ils sont égouttés sur tamis et pas rafraichis.

Anglaise (à l'). — Blanchir; égoutter à fond; dresser en timbale. Beurre frais à part.

Crème (à la). — Passés au tamis. Dessécher à feu vif avec beurre. Ajouter crème et mijoter 10 minutes. Dresser en timbale. Arroser de crème chaude.

Gratin (au). — Dessécher au beurre comme ci-dessus ; ajouter fromage râpé. Dresser sur plat beurré ; saupoudrer abondamment de fromage râpé ; arroser de beurre Gratiner à four vif.

Soufflé. — Epinards desséchés au beurre comme pour « Subrics », additionnés de fromage râpé ; de jaunes d'œufs et blancs en neige ferme, ces derniers selon proportions ordinaires des Soufflés. Dresser en timbale et cuire à four doux.

Peut se faire avec filets d'anchois ; lames de truffe ; fines escalopes de jambon maigre ; en dressant la composition par couches alternées de l'élément adopté.

Subrics. — Dessécher jusqu'à consistance de pâte épaisse. Ajouter petit à petit sauce Béchamel réduite, un peu de crème, œufs et jaunes battus en omelette ; sel, poivre et muscade. Par parties de la grosseur d'un macaron ; faire tomber la composition dans une poêle contenant du beurre clarifié fumant. Retourner après quelques secondes, pour coloration du côté opposé. Dresser sur plat. *A part :* Sauce Crème.

Viroflay. — Subrics comme ci-dessus, dont la composition est additionnée de petits croûtons en dés frits ; enveloppés de plusieurs épaisseurs de feuilles d'épinards blanchies. Ranger sur plat. Napper de sauce Mornay, saupoudrer de fromage râpé et glacer.

FENOUIL TUBÉREUX (Fenucchi)

Se cuit à l'eau salée et se prépare comme Cardon et Céleri.

FÈVES

Doivent être écossées au moment et dépouillées, sauf dans leur service à l'Anglaise. Se cuisent à l'eau salée, avec bouquet de Sarriette, condiment indispensable. Après cuisson, on y ajoute les feuilles de sarriette, hachées.

Anglaise (à l'). — Cuire comme indiqué. Dresser sous serviette. Beurre frais à part.

Beurre (au). — Cuire ; égoutter ; ajouter sarriette ; sauter à feu vif pour évaporation de l'humidité. Lier au beurre hors du feu.

Crème (à la). — Procéder comme ci-dessus. Lier avec crème épaisse et fraîche.

Purée. — Cuire ; égoutter ; passer au tamis. Finir comme purée de pommes de terre. Convient comme garniture de jambon.

GOMBOS

Deux variétés : Le Gombo long et le Gombo rond ou *Bamia*. S'apprêtent de même.

Crème (à la). — Rogner les extrémités. Blanchir à l'eau salée. Etuver au beurre. Lier sauce Crème au moment.

Avec conserve. — Mettre en sautoir avec liquide de conserve ; réduire à fond et lier comme ci-dessus.

Etuvés. — Blanchir ; mettre en sauteuse avec assaisonnement ; oignon haché, cuit au beurre ; tranches de lard maigre, blanchi ; très peu d'eau. Cuire doucement. Dresser les tranches de lard en couronne ; gombos au milieu.

Garnitures (pour). — Blanchir jusqu'aux 2 tiers de cuisson. Finir de cuire avec jus de veau.

Janina. — Bamias, trempés 24 heures à l'avance s'ils sont secs. Oignons hachés, revenus blonds, avec graisse de queue de mouton. Ajouter tomates hachées ; chair de mouton, crue, coupée en dés ; faire revenir 7 à 8 minutes. Y joindre les bamias, égouttés ; très peu d'eau ; assaisonnement relevé. Cuire doucement.

JETS DE HOUBLON

Supprimer la partie ligneuse. Cuire à l'eau salée, acidulée. Se préparent ensuite au *Beurre*, à la *Crème*, au *Velouté*, etc. Servis comme légume, sont toujours accompagnés d'œufs pochés et de croûtons (forme crête) frits au beurre.

HARICOTS BLANCS

Américaine. — Cuire avec garniture ordinaire et lard maigre. Lier avec sauce Tomate et ajouter le lard, coupé en dés.

Bretonne. — Cuire ; égoutter ; lier avec sauce Bretonne. Saupoudrer de persil haché.

Gratin. — Lier avec jus de mouton non dégraissé. Mettre en plat beurré ; chapelurer ; arroser de beurre ; gratiner.

Lyonnaise. — Sautés avec oignons émincés rissolés au beurre à l'avance. En timbale avec persil haché.

Purée Bretonne. — Haricots additionnés d'oignon haché, cuit au beurre et purée de tomate. Passer au tamis. Beurrer.

Purée Soissonnaise. — Passés au tamis, brûlants. Dessécher avec beurre à feu vif. Ajouter lait bouillant pour ramener à consistance normale.

HARICOTS FLAGEOLETS

Se traitent comme haricots blancs. La purée de flageolets est indiquée sur les menus sous le nom de : *Purée Musard.*

HARICOTS ROUGES

Cuire avec eau additionnée d'un quart vin rouge, carotte, oignon piqué, lard maigre. Lier au beurre manié ; ajouter le lard coupé en dés, rissolé au beurre et persil haché.

HARICOTS VERTS

Très fins. Cuire vivement à grande eau salée, en les tenant un peu fermes. Egoutter sans rafraîchir.

Panachés — Haricots verts et flageolets en parties égales. Lier au beurre.

Tourangelle. — Cuire à moitié. Compléter la cuisson en sauce Béchamel claire. Beurrer. En timbale avec persil haché.

Purée. — Cuits fermes. Etuvés au beurre 8 minutes. Passer au tamis. Ajouter moitié purée de flageolets.

LAITUES

Jus (au). — Blanchir, rafraîchir et presser. Rassembler par trois. Braiser avec fonds blanc. Après cuisson, parer, replier légèrement. Dresser en couronne avec croûtons en cœurs frits. Napper de jus de veau lié.

Crème (à la). — Préparer comme Chicorée.

Farcies. — Blanchir ; presser ; ouvrir par le milieu. Garnir de farce mélangée de Duxelles sèche. Refermer et traiter comme « Laitues au jus ».

Florentine. — Blanchir comme ci-dessus. Détacher les feuilles, les rapporter l'une sur l'autre ; mettre au centre une cuillerée de riz Pilaw additionné de fromage râpé et jus d'Estouffade. Fermer en boules. Braiser. Après cuisson, ranger en plat creux ; placer une rondelle de moelle pochée sur chaque ; saupoudrer Parmesan râpé ; napper de fonds de veau tomaté, réduit.

Serbe. — Braiser ; farcir de riz à la Grecque et reformer. Dresser. Napper de jus de veau lié tomaté.

LENTILLES

Cuisson ordinaire des légumes secs. S'accommodent comme Haricots blancs. La purée de lentilles prend le nom de *Purée Esaü.*

MAÏS

Se cuit à la vapeur ou à l'eau salée, en laissant l'enveloppe. Après cuisson, les feuilles sont rabattues pour dégager l'épi. Se dresse sur serviette et s'accompagne de beurre frais. Doit être frais et laiteux.

Pour garniture : Les grains sont détachés d'après l'épi et liés au beurre ou à la Crème.

Hors saison, on l'emploie en conserve.

Croquettes (en). — Cuire ; détacher les grains ; mélanger avec sauce Béchamel liée aux jaunes d'œufs, très réduite. Refroidir et traiter comme « Croquettes ordinaires ».

Soufflé à la Crème. — Cuire ; passer au tamis. Dessécher la purée avec beurre ; ajouter Crème, jaunes d'œufs, blancs en neige ferme Traiter comme « Soufflé ordinaire ».

Soufflé au Paprika. — Ajouter oignon haché, cuit au beurre et Paprika, avant de passer les grains au tamis. Procéder ensuite comme ci-dessus.

MARRONS

Inciser l'écorce ; passer au four pour soulèvement de l'écorce, ou tremper en friture fumante, par petites parties, et éplucher tandis qu'ils sont brûlants.

Etuvés. — Cuire avec Consommé et morceaux de céleri.

Glacés. — Ranger en sautoir, l'un à côté de l'autre et sur un seul rang. Mouiller à hauteur avec fonds de veau corsé. Aux 3 quarts de cuisson, réduire à glace et rouler les marrons pour les envelopper d'une couche brillante.

Purée. — Cuire doucement avec consommé, céleri et sucre. Passer au tamis pendant qu'ils sont brûlants. Finir comme purée ordinaire.

NAVETS

Se préparent : *Glacés* et à la *Crème*, comme « Carottes ».

En *caisses*, garnies de purée, de semoule liée au fromage, d'épinards, chicorée, etc. En *purée*. Les *jeunes feuilles* de navets se préparent comme « Choux à l'Anglaise ».

OIGNONS

Farcis. — Oignons moyens d'Espagne, coupés aux 3 quarts de la hauteur; blanchis et creusés en caisses. Garnir à volonté de : Hachis additionné de Duxelles, ou selon l'une des façons indiquées pour Navets. Finir de cuire en braisant.

Glacés A). — Petits oignons de grosseur égale, cuits avec consommé et beurre. Réduire et glacer comme « Carottes ».

(B) Petits oignons, cuits doucement avec beurre, pincée de sucre, et tenus de couleur blond foncé.

Purée (dite Soubise). — « Voir Sauces »·

OSEILLE

Eplucher; laver, faire fondre doucement. Egoutter sur tamis; passer, lier avec roux blond. Ajouter consommé, sel et sucre; braiser 2 heures au four. Lier avec œufs entiers et jaunes; beurrer et crémer. Dresser en timbale; arroser de jus de veau corsé.

OXALIS

Se cuisent à l'eau salée. Se préparent ensuite à la *Crème*, *Farcis* ou au *Gratin*. La purée d'oxalis prend le nom de *Purée Brésilienne*.

PATATES

Se servent le plus souvent cuites au four avec accompagnement de beurre frais. Se préparent aussi sautées, gratinées, en croquettes, en soufflé, comme « Pommes de terre ».

PETITS POIS

Quel que soit le mode d'apprêt, doivent être nouvellement récoltés et fraîchement écossés.

Anglaise à l'). — Cuire rapidement à l'eau salée. Egoutter. Sauter à feu vif pour évaporer de l'humidité. En timbale. *A part :* Rondelles de beurre frais.

Beurre (au). — Traiter comme ci-dessus. Après séchage, lier au beurre, *hors du feu*.

Bonne-Femme. — Cuits en sauce brune faite au moment,

avec petits oignons et dés de lard maigre revenus au beurre, bouquet garni. Sauce réduite de moitié.

Flamande. — Petites carottes nouvelles en quartiers mises en cuisson avec consommé, beurre et sucre. A mi-cuisson, ajouter même quantité de petits pois. Finir de cuire. Beurrer hors du feu.

Française (à la). — En casserole : Petits pois fraîchement écossés ; cœur de laitue ; bouquet de persil et cerfeuil ; petits oignons ; beurre, sel et sucre. Mélanger en masse compacte. Tenir au frais une heure. Au moment de mettre en cuisson, ajouter 3 cuillerées d'eau par litre de pois. Cuire doucement, casserole bien fermée. Beurrer en dernier lieu. Dresser en timbale, avec la laitue coupée en 4 disposée sur les pois.

Laitues (aux) (A) — Comme ci-dessus en ajoutant le nombre de laitues nécessaires. Dresser en timbale avec les laitues parées, partagées en 2 et disposées en couronne sur les pois.

(B) Petits pois au beurre, dressés en timbale avec laitues braisées à part.

Menthe (à la). — Cuire à l'eau salée avec bouquet de menthe. Finir « à l'Anglaise » ou « au Beurre » ; avec feuilles de menthe blanchies, disposées sur les pois.

Paysanne. — Gros pois, préparés « à la Française » avec laitue ciselée et oignons en quartiers. Lier au beurre manié.

Purée (dite Saint-Germain). — Cuire, simplement couverts d'eau bouillante, avec sel, sucre, laitue, queues de persil. Égoutter ; passer ; ajouter la cuisson réduite à glace. Chauffer et beurrer.

Timbales pour garnitures. — La purée ci-dessus, liée avec œufs entiers et jaunes ; mise en moules beurrés (darioles ou autres). Pocher 25 minutes au bain-marie. Laisser reposer 5 minutes avant de démouler.

PIMENTOS OU PIMENTS DOUX

Piments doux, verts, rouges ou jaunes. Avant toute préparation, les plonger un instant à friture chaude pour pouvoir enlever la pellicule. Ouvrir le piment (côté pédicule) et extraire les graines de l'intérieur.

Farcis. — Piments verts remplis de riz Pilaw mi-cuit. Braiser avec fonds de veau ou de bœuf.

Garnitures (pour). — Gros piments d'Espagne. Braiser. Détailler selon emploi.

Purée. — Gros piments rouges. Braiser avec un tiers de riz. Passer au tamis et beurrer.

POMMES DE TERRE

Allumettes. — Tailler en bâtonnets de un demi-centimètre de côté. Traiter à friture chaude.

Anglaise (à l'). — Tourner en pommes Château. Cuire à la vapeur ou à l'eau salée. Égoutter et sécher.

Anna (A). — Tailler en rondelles fines et régulières. Laver; éponger. Disposer en sautoir beurré, par rangées circulaires et par couches successives alternées d'une couche de beurre. Couvrir; cuire à four chaud; retourner aux 2 tiers de cuisson. Démouler sur couvercle et glisser sur plat.

B). — En moules à darioles en cuivre étamé, beurrés. Remplir avec rondelles taillées du diamètre des moules et assaisonnées. Ranger en plaque contenant de la friture fumante. Cuire 25 minutes à four chaud.

Ardennaise. — Hollandes moyennes cuites au four. Partager en deux ; vider. Remplir les demi-écorces avec la pulpe, additionnée de : Jaunes d'œufs, beurre, brunoise de jambon, champignons hachés, fromage râpé, assaisonnement. Passer 20 minutes au four.

Berny. — Appareil à « Croquettes » ordinaire, additionné de truffe hachée. Mouler forme abricot. Tremper à l'œuf; rouler sur amandes finement effilées. Frire au moment.

Berrichonne. — En pommes Château. Cuire avec oignon haché; dés de lard maigre ; bouquet garni ; bouillon juste à couvert. Réduire. En timbale avec persil haché.

Boulangère. — Pommes en quartiers et oignons sautés au beurre, cuits en plat en terre avec beurre et court-mouillement au bouillon. Persil haché semé dessus au dernier moment.

Byron. — Pomme Macaire cuite en petite poêle. Dresser ; arroser de crème ; saupoudrer fromage râpé et glacer.

Château. — Tourner en forme de grosse olive allongée. Cuire au beurre clarifié.

Chatouillard. — Tailler en spirale ; développer en ruban. Traiter comme « Pommes soufflées ».

Chip. — En fines rondelles. Tenir à l'eau 10 minutes. Égoutter ; éponger ; frire en les tenant très croquantes.

Collerette. — En rondelles cannelées avec couteau spécial. Frire comme « Chip ».

Copeaux. — Tailler en rubans irréguliers. Frire très sec.

Crème (à la). — Cuire à l'eau salée. Peler ; détailler, brûlantes, en rondelles épaisses. Mettre en sautoir avec crème bouillante. Réduire. Finir avec crème fraîche.

Croquettes. — Pommes Hollande en quartiers. Cuire vivement à l'eau salée. Égoutter ; sécher au four ; passer au tamis. Assaisonner sel, poivre, muscade. Dessécher à feu vif avec beurre. Lier, hors du feu, avec jaunes d'œufs. Étaler sur plat et refroidir Diviser en parties de 60 grammes ; mouler forme à volonté ; paner à l'anglaise. Frire au moment.

Dauphine. — Même composition que « Croquettes » avec addition de un tiers Pâte à chou sans sucre. Mouler en bouchons ; paner à l'anglaise ; frire au moment.

Duchesse. — Même composition que « Croquettes ». Mouler en brioches, galettes, navettes, etc. Dorer. Colorer au four au moment.

Duchesse au Chester. — Appareil à « Croquettes » additionné de Chester râpé. Mouler en petites galettes. Lame de Chester sur chacune. Colorer au four.

Fondantes. — Pommes moyennes tournées forme œuf. Blanchir 7 à 8 minutes. Égoutter. Finir de cuire en sautoir avec beurre, sans laisser colorer.

Gratin Dauphinoise. — Émincées ; mélangées en terrine avec sel, poivre, muscade, œufs battus, lait bouilli, fromage râpé. Mettre en plat en terre frotté d'ail. Parcelles de beurre sur la surface. Cuire à four moyen 40 à 45 minutes.

Gratinées. — 1º Purée de pommes de terre mise en plat creux. Saupoudrer fromage râpé et chapelure ; arroser de beurre. Gratiner. — 2º Pommes Hollande cuites au four, partagées en deux dans la longueur ; remplie avec la pulpe préparée en purée. Fromage, chapelure et gratin comme ci-dessus. Dresser sur serviette.

Lard (au). — Quartiers cuits en Sauce brune faite au moment. Ajouter petits oignons et dés de lard maigre rissolés au beurre ; bouquet garni. En timbale ; saupoudrer de persil haché.

Liards (en). — Pommes « Collerette » non cannelées.

Lorette. — Appareil à « Pommes Dauphine » additionné de fromage râpé. Mouler en croissants. Frire au moment.

Lyonnaise. — Pommes sautées additionnées de un quart d'oignon émincé sauté au beurre. Mélanger en sautant. Persil haché.

Macaire. — Pulpe de Hollande cuite au four, assaisonnée et additionnée de beurre. Mettre en poêle contenant du beurre clarifié, chaud ; étaler en galette ; colorer des deux côtés.

Maire. — Voir « Pommes à la Crème ».

Maître-d'Hôtel. — Cuites à l'eau salée ; détaillées, brûlantes, en rondelles. Couvrir de lait bouillant ; assaisonner ; réduire complètement le lait. En timbale. Persil haché.

Marquise. — Appareil à « Croquettes » additionné de un cinquième de purée de tomate très réduite. Coucher à la poche en forme de Pain de la Mecque. Dorer. Colorer au four.

Ménagère. — Pommes Hollande cuites au four et vidées. Remplir avec pulpe additionnée de lait ; brunoise de jambon cru et oignon haché sautés au beurre. Saupoudrer de fromage. Gratiner.

Menthe. — Pommes à l'anglaise cuites avec bouquet de menthe. Dresser avec feuilles de menthe, blanchies.

Mireille. — Rondelles de pommes de terre sautées à cru. Ajouter fonds d'artichauts émincés, sautés au beurre, et lames de truffe. Sauter pour mélange. En timbale.

Mirette. — Brunoise de pommes de terre cuite au beurre. Ajouter julienne de truffe et glace de viande. Dresser en timbale ; saupoudrer de Parmesan râpé. Gratiner.

Monselet. — En rondelles épaisses sautées au beurre. Dresser en timbale, en couronne. Au centre : Champignons émincés et sautés ; julienne de truffe sur les champignons.

Mousse Parmentier. — Purée de pommes de terre apprêtée rapidement. Assaisonner sel, poivre, muscade. Ajouter beurre ; Parmesan râpé ; crème fouettée et blancs en neige (ces derniers en quantité égale). Mélanger légèrement. Dresser en timbale beurrée et farinée ; saupoudrer de Parmesan râpé. Cuire comme Soufflé.

Nana. — Procéder comme pour « Pommes Anna B » avec julienne de pommes. Après démoulage, napper de sauce Châteaubriand.

Nids. — Pommes pailles lavées ; épongées mises en moule à Nid. Fermer. Traiter à grande friture.

Noisette. — Levées à la cuiller ronde, grosseur noisette. Cuire au beurre.

Normande. — Blanc de poireau et un tiers d'oignon émincés, revenus au beurre, à blanc. Saupoudrer de farine ; mouiller avec lait bouillant. Ajouter pommes émincées ; sel, poivre, muscade, bouquet garni. Cuire doucement. Après cuisson, verser en plat creux et gratiner.

Pailles. — Taillées en julienne longue. Laver ; éponger. Mettre en panier à friture. Plonger 2 minutes à friture chaude. Egoutter. Au moment de servir plonger de nouveau à friture fumante. Quelques secondes suffisent pour les rendre croustillantes.

Paprika (au). — En rondelles épaisses. Cuire avec oignon haché revenu avec beurre et Paprika ; consommé à hauteur ; tomates pelées et hachées. Réduire le mouillement. Persil haché.

Parisienne. — Pommes « Noisette » (un peu plus petites) roulées dans la glace de viande et persillées.

Paysanne. — En rondelles épaisses. Etuver avec beurre, consommé, pointe d'ail. En dernier lieu, ajouter oseille ciselée passée au beurre avec cerfeuil.

Persillées. — Pommes à l'anglaise, roulées en beurre fondu additionné de persil haché.

Pont neuf. — Tailler en bâtonnets de un cent. de côté. Traiter à friture chaude.

Purée — Pommes Hollande en quartiers. Cuire rapidement à l'eau salée. Egoutter ; sécher au four ; passer au tamis. Travailler vigoureusement la purée avec beurre. Mettre au point avec lait bouillant.

Quenelles. — Appareil à « Croquettes » additionné de jaunes d'œufs et farine. Mouler en parties grosseur d'un petit œuf. Pocher à l'eau salée. Dresser ; saupoudrer de fromage râpé ; gratiner. En sortant du four, arroser de beurre noisette.

Robert. — Composition de « Pomme Macaire » additionnée d'œufs battus et ciboulette hachée. Cuire à la poêle.

Roxelane. — Pulpe de pommes Hollande cuites au four, additionnée de beurre, jaunes d'œufs, crème et blancs en neige. Dresser en brioches sans têtes vidées de la mie. Cuire comme Soufflé.

Saint-Florentin. — Appareil à « Croquettes » additionné de jambon haché. Mouler en rectangles. Paner à l'anglaise avec vermicelle brisé. Frire au moment.

Savoyarde. — Procéder comme pour « Gratin Dauphinoise » en remplaçant le lait par du consommé.

Schneider. — Comme « Pommes Maître-d'Hôtel », avec consommé au lieu de lait. Finir avec beurre ; glace de viande ; persil haché.

Soufflé. — Purée à la crème, légère, additionnée de jaunes et blancs d'œufs en neige ferme. Traiter comme Soufflé ordinaire.

Soufflées. — Tailler en tranches régulières de 3 millim. d'épaisseur. Mettre à friture modérément chaude ; chauffer progressivement jusqu'à cuisson assurée. Egoutter. Plonger en autre friture très chaude pour provoquer le gonflement ; laisser bien sécher et égoutter sur serviette.

Suzette. — Pommes Hollande, tournées forme œuf, cuites au four. Ouvrir par le bout pointu ; vider. Remplir avec pulpe additionnée de beurre ; jaunes d'œufs ; crème ; salpicon de blanc de volaille, langue, champignons et truffe. Passer au four 10 minutes. Lustrer au beurre fondu.

Voisin. — Comme « Pomme Anna », en semant du Gruyère râpé entre chaque couche. Même cuisson.

RIZ (Employer riz Caroline ou Patna.)

Blanc (au). — Cuit 18 minutes à grande eau salée. Egoutter ; laver à l'eau tiède. Egoutter encore ; sécher sur serviette. Arroser de beurre fondu.

Créole. — Laver ; cuire avec 2 fois son volume d'eau ; sel et beurre. 18 minutes de cuisson. Egrener et finir avec beurre frais.

Currie. — Faire revenir avec oignon haché et currie. Mouiller bouillon blanc. Cuire 18 minutes. Finir comme « Créole ».

Gras (au). — Blanchir. Egoutter. Passer au beurre. Mouiller bouillon gras. Cuire une demi-heure.

Florentine. — Riz Pilaw, fini avec Parmesan râpé et jus de Daube de bœuf.

Grecque (à la). — Riz Pilaw additionné de : chair à saucisses en parcelles, oignon haché, laitue ciselée, passés au beurre ; petits pois à la Française et poivron rouge en dés.

Indienne. — Riz Patna cuit un quart d'heure à l'eau salée. Egoutter ; laver à l'eau tiède. Etaler sur serviette ; sécher à l'étuve.

Pilaw (en). — 250 grammes riz passé au beurre avec un quart oignon haché. Mouiller un demi-litre consommé blanc. Cuire 18 minutes. Changer de casserole ; égrener à la fourchette ; ajouter 50 grammes beurre.

Portugaise. — Riz Pilaw additionné, avant mouillement, de tomates concassées et dés de poivron rouge grillé et pelé.

Rizotto Milanaise. — Préparé comme « Piémontaise ». Additionné de garniture Milanaise et sauce Tomate.

Rizotto Piémontaise. — Riz du Piémont passé au beurre avec oignon haché. Mouiller avec consommé blanc, double du riz et en plusieurs fois. Finir avec beurre, Parmesan râpé et truffe blanche (ou dés de jambon).

SALSIFIS

Ratisser. Laver. Couper en tronçons de 4 à cinq centimètres. Cuire dans un blanc léger.

Crème (à la) — Cuire aux 3 quarts. Finir la cuisson en sauce Béchamel légère. Réduire. Compléter avec crème fraîche.

Frits. — Marinés 25 minutes, comme « Chou-fleur ». Tremper en pâte à frire ; frire au moment. Sur serviette avec persil frit.

Gratin. — Salsifis à la Crème, additionnés de fromage râpé. Dresser sur plat ; saupoudrer fromage et chapelure. Gratiner.

Sautés. — Eponger. Sauter au beurre, à la poêle, jusqu'à rissolage. En timbale. Persil haché.

TOMATES

Farcies à l'ancienne. — Moyennes et entières ; ouvrir côté pédicule ; passer 5 minutes au four. Farcir avec Duxelles additionnée de brunoise de jambon. Cuire à four vif. Cordon de sauce Demi-glace tomatée.

Farcies Carmélite. — Tomates préparées comme ci-dessus. Garnir, à la poche, de farce Mousseline de sole, additionnée de purée de corail et œufs dur en dés. Pocher au four. Cordon de sauce Crevette.

Farcies au Gratin. — Garnir de Duxelles serrée ; saupoudrer de chapelure ; arroser d'huile. Gratiner à four vif. Cordon de sauce Demi-glace tomatée.

Farcies Hussarde. — Demi-tomates garnies d'un salpicon de : piments, champignons, langue, cornichons, liés sauce Béchamel réduite. Glacer à four vif.

Farcies Italienne. — Tomates entières, vidées, garnies de rizotto additionné de glace de viande et purée de tomate réduite. Cuire au four. Napper sauce Tomate légère. Persil haché.

Farcies Provençale (A). — Demi-tomates passées à l'huile fumante. Ranger sur plat. Garnir avec mélange de : oignon et tomates hachés cuits à l'huile ; pointe d'ail ; persil haché ; mie de pain trempée et filets d'anchois passes au tamis ; jus de daube. Gratiner. (Se servent chaudes ou froides).

(B). — Demi-tomates saisies à l'huile des deux côtés. Semer dessus (côté intérieur), mie de pain, persil haché, pointe d'ail. Finir de cuire au four. Dresser sur plat.

Farcies Portugaise. — Farcir de riz Pilaw à la Portugaise. Persil haché.

Frites. — En tranches épaisses, pelées, assaisonnées. Tremper en pâte à frire légère. Mettre à friture fumante.

Mousse. — Chair de tomates, hachée, fondue au beurre, liée avec Velouté et 2 feuilles de gélatine (pour 250 grammes tomate). Passer ; ajouter moitié de son volume de crème demi-fouettée.

Rivoli. — Petites tomates, vidées ; garnies d'un rognon de coq et remplies de Mousse de tomate. Ranger en plat creux. Recouvrir de gelée de volaille.

Soufflé Napolitaine. — Purée de tomate réduite, additionnée de sauce Béchamel serrée, jaunes d'œufs ; blancs en neige. Dresser en timbale, par couches, en alternant de macaroni lié au Parmesan. Cuire à four doux.

TOPINAMBOURS

Anglaise (à l'). — Tourner en grosses olives. Cuire au beurre. Lier avec sauce Béchamel.

Frits. — En tranches épaisses. Cuire au beurre. Procéder ensuite comme pour « Tomates ».

Purée. — Emincer ; cuire au beurre. Passer au tamis ; beurrer ; ajouter purée de pommes de terre pour liaison. Prend le nom de *Purée Palestine.*

TRUFFES

Cendre (sous la). — Grosses truffes. Assaisonner. Arroser de fine Champagne et enfermer dans une abaisse de pâte à pâté. Cuire à four chaud 25 à 30 minutes. Servir telles quelles.

Champagne (au). — Grosses truffes. Assaisonner. Cuire à couvert avec Champagne et Mirepoix bordelaise. Dresser en timbale ou en cassolettes. Réduire ; ajouter fonds de veau corsé ; passer à la mousseline ; verser sur les truffes. Tenir 10 minutes sur le coin du feu, sans bouillir.

Crème (à la). — En lames épaisses, pelées. Etuver avec beurre et filet de fine Champagne. Ajouter sauce Béchamel, crème et beurre. (Peuvent être servies en croûte de Vol-au-vent).

Serviette (à la). — Comme « Truffes au Champagne », avec Madère au lieu de Champagne. En timbale, placée dans une serviette pliée en artichaut.

Timbale. — Moule foncé en pâte à pâté et bardé. Remplir de truffes crues, pelées. Ajouter Madère et glace de veau ; couvrir d'une barde ; fermer avec abaisse de pâte. Cuire 50 minutes à four chaud.

FARINAGES

CANNELONI, GNOKI, NOCQUES

Canneloni farcis. — Blanchir ; couper en tronçons de 8 centimetres, fendre et garnir de farce composée de : Purée de jambon et de foie gras ; farce gratin, panade, cervelle cuite, jaunes d'œufs, brunoise de truffe. Rouler ; ranger sur plat beurré saupoudrer de fromage râpé. Couvrir de fromage et mie de pain mélangés. Gratiner. Cordon de jus de bœuf en servant.

Gnoki au Gratin. — Pâte à chou au lait, additionnée de Parmesan râpé. Rouler en boules grosseur d'une noix. Pocher à l'eau salée. Egoutter. Ranger sur plat nappé de sauce Mornay ; couvrir de même sauce. Gratiner 20 minutes à four chaleur moyenne.

Gnoki à la Romaine. — Semoule cuite au lait, liée aux jaunes d'œufs étalée sur plaque mouillée, en couche de un centimetre d'épaisseur. Détailler avec emporte-pièce rond de 4 à 5 centimètres de diamètre. Ranger en timbales basses, beurrées ; saupoudrer de fromage râpé ; arroser de beurre. Gratiner.

Gnoki de Pomme de terre. — Purée de pommes de terre, additionnée de : beurre, œufs entiers, jaunes, farine, assaisonnement. Rouler en boules, grosseur d'une noix ; aplatir et quadriller avec une fourchette. Pocher. Ranger en timbale, par couches alternées de fromage râpé ; saupoudrer de même ; arroser de beurre. Gratiner à four vif.

Noques. — En terrine chauffée : Beurre manié, travaillé à la spatule, additionné petit à petit de : œufs et jaunes battus ; farine ; blancs en neige, sel, poivre, muscade. Plonger à l'eau bouillante salée, en parties grosseur d'une noisette. Pocher. Dresser en timbale ; saupoudrer de fromage ; arroser Beurre noisette.

LASAGNES ET MACARONI

(Se cuisent à l'eau bouillante salée, et au moment de l'emploi. Doivent être tenus plutôt un peu fermes que trop cuits.)

Gratin (au). — Préparé comme « Italienne » avec addition de sauce Béchamel. Dresser. Saupoudrer fromage et chapelure mélangés. Arroser de beurre. Gratiner à four vif.

Italienne. — Egoutter à fond; sécher; assaisonner. Lier avec Gruyère et Parmesan râpés; beurre.

Jus (au). — Couper en petits tronçons. Mijoter avec jus de bœuf braisé. Dresser en timbale. Arroser de même jus.

Milanaise. — Tronçonner. Lier comme « Italienne ». Ajouter garniture Milanaise et sauce Demi-glace tomatée.

Nantua. — Tronçonner. Lier avec Crème d'écrevisses et ajouter queues d'écrevisses. Dresser. Couvrir de julienne de truffe.

Napolitaine. — Gros macaroni cuit ferme; tronçonné et lié au beurre. Dresser en timbale, par couches, alternées de fromage râpé et de purée d'Estouffade de bœuf au vin rouge et tomate.

Sicilienne. — Lier comme « Italienne ». Ajouter purée de foies de volaille sautés, détendue au Velouté.

Truffes blanches (aux). — Lier comme « Italienne ». Ajouter truffes du Piémont détaillées en copeaux minces.

NOUILLES

Pâte : 500 grammes farine détrempée avec: 15 grammes sel; une cuillerée d'eau (pour fondre le sel); 4 œufs entiers; 5 jaunes. Fraiser 2 fois pour lissage de la pâte; rouler en boule; envelopper. Reposer 2 heures au frais.

Détail : Abaisser en feuilles de 2 millimètres d'épaisseur; fariner; rouler en bouchon; détailler. Etaler sur plaque farinée; laisser sécher une heure à l'air. Se pochent à l'eau bouillante salée; 4 à 5 minutes suffisent.

Alsacienne. — Pocher. Lier comme « Macaroni Italienne ». Dresser. Couvrir de nouilles coupées en filets de 4 à 5 centimètres, sautées au beurre, à cru, et bien rissolées.

POLENTA

250 grammes farine de maïs versée en pluie, et en remuant dans un litre d'eau bouillante salée. Cuire 25 minutes; étaler

en couche mince sur plaque mouillée. Refroidir. Détailler en carrés ou losanges ; colorer au beurre : ranger sur plat. Saupoudrer de fromage râpé ; arroser de Beurre noisette.

RAVIOLIS

Farce (**A**) : Blanc de volaille haché ; cervelle écrasée ; fromage blanc ; épinards hachés ; bourrache blanchie ; basilic ; Parmesan râpé ; œufs entiers et jaunes ; sel, poivre muscade. — (**B**) Bœuf en daube, haché ; épinards hachés ; échalote hachée ; cervelle écrasée ; œufs entiers ; assaisonnement. — (**C**) Foies de volaille sautés avec échalote et pilés ; épinards ; filets d'anchois ; beurre ; œufs entiers ; assaisonnement. Passer au tamis.

Traitement : Se font de plusieurs façons dont celle-ci : Pâte à nouille abaissée en feuille de 2 millimètres d'épaisseur. Forme carrée ou rectangulaire. Garnir en ligne, de parties de farce, grosseur d'une noix, en laissant 5 centimètres d'espace entre chacune. Mouiller ; couvrir avec abaisse de mêmes dimensions et forme que la première. Détailler à la roulette, en carrés de 5 centimètres de côté. Pocher 8 minutes à l'eau bouillante salée. Egoutter ; dresser sur plat saupoudré de fromage râpé. Arroser de jus de bœuf ; saupoudrer encore de fromage et passer 2 minutes au four.

ENTREMETS

PRÉPARATIONS AUXILIAIRES POUR ENTREMETS

NOTA : Ces préparations, ainsi que la Série générale des Entremets sont simplement résumées. Pour renseignements complets sur détails d'exécution et proportions, voir *Guide culinaire*.

CRÈMES

Anglaise (A). — 500 grammes de sucre en poudre travaillé en casserole avec 16 jaunes. Délayer petit à petit avec un litre de lait bouilli, parfumé par infusion. Prendre à feu doux sans laisser bouillir. Passer. Vanner jusqu'à refroidissement.

Anglaise (B). — La même que ci-dessus, additionnée de 25 grammes de gélatine trempée à l'eau froide. Sert pour Entremets froids.

Beurre (au). — Crème Anglaise (A), tiède. Incorporer, petit à petit, 80 grammes de beurre fin par décilitre de crème. Parfumer.

Beurre au Sirop (au). — Sirop à 28° parfumé vanille ou zeste. Délayer, petit à petit, 12 jaunes avec 5 décilitres de sirop ; prendre comme Crème Anglaise (A). Refroidir aux 3 quarts ; ajouter 450 grammes de beurre fin.

Chantilly. — Crème épaisse fouettée jusqu'à ce qu'elle ait doublé de volume. Sucrer et parfumer.

Frangipane. — En casserole : 250 grammes sucre et 250 grammes farine travaillés avec 4 œufs, 8 jaunes et grain de sel. Délayer avec un litre et demi de lait bouilli, vanillé. Faire bouillir en remuant. Compléter avec 100 grammes de beurre et 3 macarons écrasés.

Pâtissière. — 500 grammes de sucre ; 125 grammes de farine ; 12 jaunes ; un litre de lait bouilli et parfumé. Opérer comme pour « Crème Frangipane ».

Saint-Honoré. — Crème Pâtissière additionnée, tandis qu'elle est bouillante, de 16 blancs en neige ferme.

MERINGUE

Ordinaire. — 8 blancs d'œufs en neige ferme, additionnés de 500 grammes de sucre en poudre déglacé.

Italienne (A). — En bassin en cuivre : 500 grammes de sucre en poudre et 8 blancs d'œufs. Mélanger au fouet ; placer l'ustensile sur cendres chaudes ; fouetter jusqu'à épaississement. — (B). 8 blancs d'œufs fouettés en neige ferme ; y mélanger, en remuant vivement avec le fouet, 500 grammes de sucre cuit au grand boulet et versé en petit filet.

PATES D'AMANDES

Amandes fondantes (d'). — 250 grammes d'amandes mondées, sèches, passées à la broyeuse. Mettre en mortier. Ajouter parfum et 500 grammes de sucre cuit au grand cassé, versé petit à petit. Mélanger au pilon.

Pistaches fondantes (de). — 250 grammes de pistaches et 50 grammes d'amandes mondées ; 250 grammes de sucre cuit au cassé. Opérer comme ci-dessus.

Pistaches pour infusion (de). — 100 grammes de pistaches mondées, broyées en pâte, ajoutées dans un litre de lait bouilli avec gousse de vanille. Couvrir ; infuser un quart d'heure et passer.

PRALINS

Pour gâteaux, genre Condé. — 3 cuillerées de glace de sucre et 2 blancs d'œufs, travaillés en terrine jusqu'à ce que la composition fasse le ruban. Ajouter amandes hachées.

Pour Glaces et Soufflés. — En bassin de cuivre : 500 grammes de sucre, cuit jusqu'au degré de caramel blond. Ajouter 500 grammes d'amandes brutes, ou noisettes, ou moitié de chaque. Mélanger ; refroidir sur marbre huilé ; piler et passer au tamis fin. Conserver en boites.

SAUCES POUR ENTREMETS

Anglaise. — Crème du nom (A), parfumée à volonté.

Abricot. — Fine purée d'abricots allongée avec sirop à 28°. Parfumer à volonté.

Cerises. — Sirop de compote, réduit, additionné de même quantité de gelée de groseilles. Parfumer kirsch.

Chocolat. — 250 grammes de chocolat râpé dissous avec 4 décilitres d'eau. Cuire 25 minutes ; compléter avec une cuillerée sucre vanillé, 3 à 4 cuillerées de crème et gros comme une noix de beurre fin.

Fraises. — Confiture de fraises passée au tamis. Relâcher avec sirop. Parfumer kirsch. Même pour Framboise.

Groseilles. — Jus de groseilles cuit à la nappe ou gelée dissoute. Parfumer kirsch.

Orange. — Purée de marmelade d'orange et un tiers sauce Abricot. Parfumer curaçao.

Noisette. — Crème Anglaise (A) parfumée vanille et additionnée de pralin de noisette.

Purées. — De pêches de vigne, de pommes, de poires, cuites au sirop. Parfumer kirsch ou marasquin.

Sabayon. — En casserole : 250 de grammes sucre en poudre travaillé avec 6 jaunes jusqu'à blanchissement du mélange. Délayer avec 2 décilitres et demi de vin blanc. Fouetter à feu doux, jusqu'à ce que la composition soit épaisse et mousseuse. Parfum à volonté.

Sirops liés. — Sirop à 15°, lié à l'arrow-root, parfumé avec liqueur ou essence au choix ; ou par infusion.

Entremets divers chauds et froids.

BAVAROIS

Note sur le Bavarois. — La crème frappée désignée sous ce nom dans les différents ouvrages de cuisine, s'inscrivait autrefois sur les menus « Fromage Bavarois ». Une simplification fut apportée par la suite, en supprimant le mot « Fromage » jugé peu esthétique et inutile, mais qui restait sous entendu.

La dénomination de « Bavarois » quoique consacrée par l'usage, me semble illogique et je la remplace par « Moscovite » qui me paraît plus logique et rationnel.

En conséquence, au lieu de « Bavarois à la Vanille, au café, etc. » on inscrira donc sur les menus « Moscovite à la Vanille, au café, etc. »

(Voir *Moscovite*, ordre alphabétique).

BEIGNETS TYPES

Abricots (d'). — En moitiés; saupoudrer de sucre; arroser d'une liqueur au choix. Macérer une heure. Éponger. Tremper en pâte à frire. Frire. Ranger sur plaque; saupoudrer de sucre fin, glacer à four vif.

Crème (de). — Crème renversée forcée en œufs, refroidie, détaillée en carrés, losanges, etc. Tremper en pâte. Frire. Ranger sur plaque; saupoudrer de glace de sucre. Glacer à four vif.

Dauphine. — Pâte à brioche commune abaissée d'un demi-centimètre d'épaisseur. Détailler avec emporte-pièce rond de 10 centimètres de diamètre. Garnir de confiture ou de crème. Plier en chausson. Frire. Saupoudrer de sucre. Dresser.

Fleurs d'acacia. — Éplucher les grappes; sucrer; arroser fine Champagne; macérer une demi-heure. Tremper en pâte; mettre à grande friture chaude. Glacer à blanc.

Fraises. — Grosses. Sucrer abondamment; arroser kirsch. Macérer une demi-heure sur glace. Tremper en pâte. Mettre à friture très chaude. Saupoudrer de sucre. (En termes de cuisine : glacer à blanc.)

Pommes. — Retirer l'intérieur avec tube à colonne. Peler. Couper en rondelles. Sucrer et macérer 20 minutes avec liqueur. Opérer comme pour « abricots ».

Soufflés. — En casserole : un demi-litre d'eau, 5 grammes de sel, 10 grammes de sucre; 100 grammes de beurre. Faire bouillir; ajouter 300 grammes de farine; mélanger; dessécher à feu vif. Incorporer, hors du feu, 6 ou 7 œufs, un par un. Prendre la pâte par parties de la grosseur d'une noix; faire tomber dans la friture modérément chaude. Augmenter progressivement la chaleur de la graisse pour développement de la pâte et séchage des Beignets. Egoutter; dresser; glacer à blanc.

BLANC-MANGER

Anglaise (à l'). — Ajouter un litre de lait bouillant additionné de 125 grammes de sucre, à 125 grammes de *corn-flour* délayée avec un quart de litre de lait froid. Mélanger au fouet. Cuire en remuant. Parfumer. Verser en moules humectés de sirop. Faire prendre au frais. Démouler au moment.

Française (à la). — 500 grammes d'amandes ; 5 amandes amères mondées, bien blanches. Piler finement en ajoutant, par cuillerée, 8 décilitres d'eau filtrée (ou 2 décilitres d'eau et 6 décilitres de crème légère). Passer au torchon, en tordant. Dans ce lait d'amandes, faire dissoudre 200 grammes de sucre en morceaux ; ajouter 30 grammes de gélatine dissoute dans 3 ou 4 cuillerées de sirop tiède. Passer à la mousseline ; parfumer à volonté. Verser en moule à douille centrale, huilé. Faire prendre sur glace.

CHARLOTTES

Arlequine. — Fond du moule masqué de papier ; parois garnies de rectangles de génoise glacés blanc, rose et vert. Remplir avec composition de Moscovite, additionnée de gros dés d'autres compositions de Moscovite au chocolat, pistache, fraise, solidifiées à l'avance. Démouler, retirer le papier du fond ; remplacer par rond en génoise glacé fondant blanc et décoré fruits confits.

Carmen. — Moule foncé gaufrettes. Composition : Marmelade de tomates et de piments rouges ; gingembre confit coupé en dés ; jus de citron ; sirop à 32° ; gélatine ; crème fouettée. Mélanger et garnir.

Chantilly. — Gaufrettes roulées, collées sur fond en pâte sucrée et soudées l'une à l'autre avec abricot cuit au filet. Garnir crème Chantilly vanillée montée en pyramide. Pointiller de crème teintée en rose.

Colinette. — Moule foncé avec petites meringues, forme macaron. Garnir de crème Chantilly vanillée, mélangée de violettes pralinées écrasées. Décorer avec violettes pralinées.

Giret (Chaude). — Charlotte de pommes, comme Charlotte ordinaire, masquée entièrement de Crème pâtissière. Saupoudrer de glace de sucre. Quadriller au fer rouge.

Montreuil. — Moule foncé biscuits cuiller. Garnir avec composition de Moscovite à la purée de pêches, additionnée de pêches fondantes émincées et sucrées à l'avance.

Opéra. — Moule foncé gaufrettes. Garnir avec composition de Moscovite, additionnée de un quart purée de marrons glacés et Salpicon de fruits confits macérés au marasquin.

Plombière. — Moule foncé biscuits cuiller. Remplir au moment avec *Glace Plombière*.

Pommes (Chaude). — Moule beurré, foncé avec croûtons en cœurs et rectangles en pain de mie trempés en beurre fondu. Remplir avec marmelade de pommes au beurre, serrée, parfumée à volonté et additionnée de marmelade d'abricot. Couvrir d'un rond de pain de mie humecté de beurre fondu. Cuire 35 minutes à four chaud. Laisser reposer avant de démouler. *A part :* Sauce Abricot.

Renaissance. — Foncer comme « Arlequine ». Garnir avec composition de Moscovite, additionnée de : abricots et pêches pelés et émincés, dés d'ananas et petites fraises; sucrés et macérés au kirsch. Démouler; placer dessus une large rondelle d'ananas décorée aux fruits confits.

Russe. — Moule foncé biscuits cuiller. Garnir avec composition de Moscovite à la crème ou à la purée de fruits.

CREMES

Brise de Printemps. — Crème Chantilly parfumée violette. En coupe. Violette pralinée dessus.

Caprice. — Crème Chantilly additionnée de un quart de débris de meringue. Mouler et sangler 2 heures.

Caramel (A). — Moule chemisé au caramel blond. Composition et traitement de Crème Renversée. — (B). Composition de crème renversée, faite avec sucre cuit au caramel blond dissous avec le lait.

Florentine. — Crème au caramel pralinée; refroidie, décorée avec crème Chantilly au kirsch. Semer pistaches hachées.

Meringuée (Chaude). — Crème « Régence » en moule à bordure. Pocher. Démouler. Garnir le centre de meringue italienne mélangée d'un Salpicon de fruits confits macérés kirsch. Décorer à la poche. Colorer au four. *A part :* Sauce Anglaise à l'orange.

Mont-Blanc (A). — Crème Chantilly vanillée; mélangée de petites fraises macérées au sirop, dressée en pyramide. — (B). Même crème, sans fraises, dressée dans une bordure de purée de marrons passée en vermicelle. — (C). Crème Chantilly parfumée framboise, montée sur rocher de glace Plombière ou sur Charlotte du nom.

Mousse Monte-Carlo. — Même que « Caprice » et vanillée. Frapper une heure en faux-fonds.

Opera. — Crème caramel en moule à bordure; refroidie.

Milieu garni de Crème Chantilly aux violettes pralinées. Sur la bordure, couronne de grosses fraises macérées kirsch. Voile de sucre filé.

Pralinée. — Crème renversée à la vanille, additionnée de pralin de nougat passé au tamis.

Renversée. — 200 grammes de sucre dans un litre de lait bouillant. Vanille ou zeste. Couvrir, infuser un quart d'heure. Verser, petit à petit, et en fouettant, en terrine contenant 4 œufs et 8 jaunes battus. Passer au linge ; enlever la mousse ; verser en moules à Moscovite, beurrés. Pocher au bain-marie, à couvert et sans aucune ébullition. Laisser refroidir en moule.

NOTA : Pour Crème en petits pots, modifier les proportions d'œufs (1 œuf et 8 jaunes). Même préparation.

Régence (chaude.) — Mélanger en terrine : 300 grammes de sucre en poudre ; 8 œufs ; 10 jaunes. Tremper dans 1 litre de lait bouillant 200 grammes biscuits cuiller, imbibés de Kirsch marasquin. Passer au tamis. Verser sur œufs et sucre en mélangeant au fouet. Mettre en moules à Charlotte bas, beurrés. Pocher au bain. Démouler. Entourer de demi-abricots en compote et cerises confites. Napper avec sirop d'abricots au marasquin.

Custard-Pudding (chaud) — Composition de crème renversée avec 6 œufs et 180 grammes de sucre par litre de lait. Pocher en plats anglais.

CREPES

Les compositions pour Crêpes varient, selon le genre de celles-ci, comme proportions et parfum. (V. *Guide culinaire.*)

Couvent (du). — Verser la composition en poêle chauffée, beurrée. Parsemer de brunoise de poire fondante. Retourner.

Georgette. — Même. Remplacer la poire par fines lames d'ananas.

Gil-Blas. — Crêpes tartinées de beurre fin, mélangé de sucre en poudre, filet de fine Champagne, beurre d'avelines et jus de citron. Plier en quatre.

Normande. — Comme « Crêpes du couvent », avec pommes émincées, sautées au beurre.

Parisienne. — Se font avec pâte additionnée de macarons écrasés, parfumée sirop d'orgeat et cognac.

Paysanne. — En pâte ordinaire parfumée fleur d'oranger.

Russe. — Avec pâte additionnée de biscuit émietté, parfumée Kummel et fine Champagne.

Suzette. — Avec pâte parfumée au Curaçao et suc de mandarine. Tartiner de beurre au même parfum.

CROQUETTES

Marrons (de). — Purée de marrons vanillée, desséchée au beurre, liée aux aux jaunes d'œufs. Refroidir. Rouler en boules, grosseur pêche, avec, au centre, marron cuit au sirop. Paner à l'anglaise. Frire. *A part :* Sauce Abricots vanillée.

Riz (de). — Composition indiquée à « Riz pour Entremets. » Mouler en forme de fruit. Traiter comme « Marrons ». *A part :* Sabayon vanillé ou sauce Abricots.

Nota : — Se font également avec Vermicelle, Semoule, Nouilles, additionnés de raisins secs.

GELÉES

Procédé (A). — Pieds de veau blanchis, fendus, cuits doucement 7 heures avec un litre d'eau par pied. Prise d'ébullition lente et écumage à fond. Essayer la consistance sur glace. Ajouter 250 grammes de sucre par litre de liquide ; zeste et jus d'orange et de citron. Clarifier au blanc d'œuf, comme ci-dessous.

(B). — un litre d'eau filtrée bouillie avec 250 grammes de sucre ; suc et zeste de demi-citron et orange. Ajouter 35 grammes de gélatine ; faire dissoudre. Verser en casserole sur 2 blancs d'œufs battus avec 3 cuillerées de vin blanc, et en fouettant. Faire bouillir en fouettant sans discontinuer. Tenir un quart d'heure en frémissement sur le coin du feu. Passer à la chausse ou à la serviette.

Fruits. — Gelée (B), faite avec un demi-litre d'eau pour quantités indiquées de sucre et gélatine. Ajouter même quantité de jus de fruits (Groseilles, framboises, cerises, etc.) fermenté et filtré. Les parfums, orange et citron, s'obtiennent par infusion.

Liqueurs (aux). — Addition de un décilitre de la liqueur choisie (Kirsch, marasquin, anisette, etc.) à 9 décilitres de gelée en tenant compte de la modification ci-dessus.

Macédoine. — Gelée au Kirsch montée par couches alternées de fruits frais émincés, macérés au sucre (poires, pêches, abricots) ; groseilles, fraises, framboises, etc. Prend aussi le nom de « Suédoise ».

Miss Helyett. — Deux tiers gelée au Kirsch; un tiers suc de framboise. En moule à bordure. Démouler sur fond pâte sèche. Au centre : Crème Chantilly vanillée. Saupoudrer de pralines rouges écrasées.

Rubannée. — Gelée au Kirsch et gelée de fruits rouges montées par couches alternées et d'épaisseur égale.

Russe (à la). — Gelée quelconque fouettée sur glace jusqu'à commencement de coagulation. Mouler.

MOSCOVITE (Anciennement Bavarois).

COMPOSITIONS. — 1o *A la Crème :* un litre de Crème Anglaise B. (V. *Préparations auxiliaires*) mise en terrine et remuée jusqu'à commencement de liaison. Ajouter un litre de crème fouettée, ferme, 100 grammes sucre fin et 25 grammes sucre vanillé. Verser en moule huilé. Faire prendre au frais.

2o *Aux fruits :* 5 décilitres de purée de fruits, délayée avec 5 décilitres de sirop à 30o; suc de 3 citrons; 30 grammes de gélatine dissoute. Lier comme ci-dessus; ajouter un demi-litre de crème fouettée. Mouler.

Clermont. — Composition Crème vanillée additionnée de purée de marrons. Bordure de marrons glacés.

Diplomate. — Moule à timbale chemisé de composition vanille. Remplir l'intérieur avec compositions chocolat et fraises, par couches alternées.

Divers. — Pour Moscovites *Café* ou *Chocolat*, ajouter l'un ou l'autre au lait de la Crème anglaise. Pour parfums : orange, citron, violette, procéder par infusion. Pour liqueurs, ajouter à la crème anglaise après refroidissement.

Marquise Alice. — Composition Crème pralinée. En moule à manqué avec biscuits cuiller imbibés d'anisette. Démouler, masquer de crème Chantilly vanillée. Décor à la groseille. Entourer de petits « Condés » forme triangle.

My Queen. — Moule timbale chemisé crème crue liée à la gélatine. Remplir composition à la purée de fraises mélangées de fraises macérées au Kirsch. Entourer de grosses fraises.

Normande. — Composition fruits, avec marmelade de pommes parfumée au rhum et crème demi-fouettée. Après démoulage, entourer de quartiers de pommes cuits au sirop vanillé.

Religieuse. — Moule chemisé avec chocolat dissous lié à

la gélatine. Remplir avec composition vanille, préparée avec crème au naturel au lieu d'être fouettée.

Tivoli. — Moule chemisé avec gelée Kirsch. Remplir avec composition purée de fraises.

OMELETTES ET ŒUFS

Célestine. — Petite omelette fourrée confiture, placée sur une seconde garnie crème. Rouler; dresser; saupoudrer sucre et glacer au fer rouge.

Confiture. — Ajouter sucre à l'assaisonnement des œufs. Garnir l'intérieur de l'omelette d'une confiture quelconque et glacer comme ci-dessus.

Liqueurs (aux). — Assaisonnement comme ci-dessus et quelques gouttes de la liqueur choisie ajoutée aux œufs. Faire l'omelette; saupoudrer de sucre; arroser avec la liqueur chauffée (Rhum, Kirsch, Cognac, etc.). Enflammer sur table.

Noël (de). — Ajouter aux œufs sucre, crème et rhum. Garnir de *mince-meat*. Sucrer; arroser de rhum chauffé. Enflammer sur table.

Soufflée. — 250 grammes de sucre en poudre travaillé avec 6 jaunes. Ajouter 8 blancs en neige ferme. Dresser en monticule sur plat long beurré et poudré de sucre. Lisser; décorer; fendre au milieu pour pénétration de la chaleur. Cuire à four moyen. Glacer au dernier moment.

Œufs à la Neige (Froid). — Meringue ordinaire moulée à la cuiller, forme œuf; pochée en lait bouillant, sucré et vanillé. Egoutter sur tamis. Dresser en compotier. Passer le lait. Lier aux jaunes d'œufs. Cuire comme Crème Anglaise. Verser sur les œufs. Refroidir.

Œufs à la Neige moulés. — Préparer Œufs et Crème comme ci-dessus. Ranger les œufs en moule à bordure huilé; couvrir avec la crème liée à la gélatine et froide.

Réjane. — Meringues grosseur et forme macaron couchées à la poche sur feuilles de papier. Plonger dans du lait bouillant, sucré et vanillé. Pocher. Dresser par 2 en petits plats à œufs; demi-abricot cuit sur chacune. Napper Crème Anglaise.

OMELETTES SURPRISE (Type : Omelette Norvégienne.)

Norvégienne. — Abaisse de génoise, forme ovale, 2 centimètres d'épaisseur, disposée sur plat long. Sur cette abaisse rocher de glace au parfum demandé. Recouvrir de meringue italienne (un centimètre et demi d'épaisseur); lisser; décorer à la poche avec même meringue. Colorer à four chaud.

Elisabeth. — Même procédé. Glace vanille; saupoudrer de violettes pralinées. Recouvrir de meringue. Décorer avec violettes cristallisées; colorer. Voile de sucre filé en servant.

Mandarines. - - Comme « Norvégienne ». Glace aux mandarines.

Milady. — Comme « Norvégienne ». Glace framboise et pêches pochées à la vanille incrustées dans la glace.

Montmorency. — Comme « Norvégienne ». Glace aux cerises mélangée de demi-cerises mi-sucre macérées au Kirsch. En sortant du four, entourer de cerises à l'eau-de-vie. Arroser Kirsch flambé. Enflammer sur table.

Mylord. — Comme « Norvégienne ». Glace vanille et compote de Poires par couches alternées.

Napolitaine. — Comme « Norvégienne ». Glaces vanille et fraises alternées; débris de marrons glacés. Recouvrir de meringue italienne au Kirsch. Placer dessus une barquette en meringue ordinaire séchée au four. Colorer. En servant, garnir la barquette de Cerises Jubilée. Enflammer au dernier moment.

PANNEQUETS

Confitures (aux). — Crêpes minces tartinées de confiture. Rouler. Parer sur les bouts. Diviser en 2 losanges. Saupoudrer de sucre et glacer à four vif sur serviette.

Crème (à la). — Tartiner de crème frangipane; saupoudrer de macarons écrasés. Compléter comme « Confitures ».

Meringués. - Tartiner de meringue italienne parfumée Kirsch marasquin. Détailler comme ci-dessus. Décorer avec même meringue. Saupoudrer de sucre. Glacer.

PUDDINGS

Américaine. — Cassonade; farine; mie de pain; quantité égale de graisse et moelle de bœuf hachées: fruits confits coupés en dés; œufs et jaunes; zeste de citron haché; muscade; cannelle; rhum. Mélanger. Verser en moule beurré et fariné. Cuire au bain. *A part* : Sabayon au rhum.

Anglaise. — Tranches de pain de mie, beurrées, rangées en *pie-dish*. Raisins de Smyrne et de Corinthe dessus. Couvrir avec composition de Crème renversée. Cuire à l'entrée du four.

Apples-Pudding. — Bol à pudding, beurré, foncé avec Pâte à la graisse de rognon de bœuf. Garnir avec pommes émincées additionnées de sucre en poudre, zeste de citron et cannelle. Fermer avec abaisse de pâte. Envelopper dans un linge : Ficeler. Cuire 2 heures à l'eau bouillante (pour bol d'un litre).

Aremberg (d') (Froid). — En moule à Madeleine glacée, garni au fond de quartiers de poires blancs et roses, fruits confits. Le tour du moule foncé minces tranches de Biscuit-punch imbibées Kirsch. Garnir avec composition de Moscovite au Kirsch additionnée de un tiers purée de poires crues. Laisser prendre sur glace.

Bohémienne (Froid). — En moule à bordure beurré : Boules faites avec petites crêpes garnies de raisins secs gonflés à l'eau tiède, liés avec marmelade de pommes et poires serrée. Finir avec composition de crème renversée aux œufs entiers. Pocher. Refroidir. Démouler. Napper Sabayon vanillé.

Brésilien — Composition de « Pudding Tapioca ». En moule caramélisé. Pocher et servir tel quel.

Cabinet. — En moule à bordure haut de bords : Biscuits cuiller imbibés de liqueur, disposés par couches alternées de salpicon de fruits confits et raisins secs macérés au rhum. Marmelade d'abricots à quelques endroits. Finir de remplir avec composition de crème renversée. Pocher. Napper sauce Anglaise vanille.

Diplomate (Froid). — Moule comme ci-dessus, huilé, décoré au fond avec fruits confits. Garnir par couches alternées, avec : composition de Moscovite à la vanille; biscuits à la cuiller imbibés de Kirsch, parsemés de raisins secs gonflés au sirop. Marmelade d'abricots de place en place. Mettre sur glace.

Diplomate aux fruits (Froid). — Comme « Diplomate », avec addition de fruits émincés et macérés avec liqueur quelconque.

Malakoff Froid). — En moule à Charlotte et par couches alternées : Crème anglaise B, additionnée de un tiers Crème fraîche, biscuits imbibés liqueur, tartinés de marmelade pommes et poires ; raisins secs gonflés ; écorce d'orange confite en dés, amandes effilées. Acc. : Sabayon Kirsch.

Mince-pie. — Grands moules à tartelettes foncés en pâte ordinaire, garnis de *Mince-meat* ; recouvrir d'une abaisse trouée au centre. Souder ; dorer ; cuire à four chaud.

Mince-meat. — Se compose de : Graisse de rognon de bœuf hachée ; filet de bœuf cuit, coupé en petits dés ; raisins secs, écorces confites ; pomme douce, hachée ; zeste et jus d'orange ; cognac et rhum. Mélanger ; mettre en pot de grès, laisser macérer un mois.

Moelle (à la) — Moelle et graisse de rognon de bœuf fondues au bain-marie. Ajouter sucre en poudre et travailler à la spatule. Compléter avec mie de pain trempée au lait, pressée ; œufs entiers et jaunes, salpicon de fruits confits ; raisins secs. En moule à bordure uni, beurré et fariné. Pocher. A part : Sabayon au rhum.

Nesselrode (Froid). — En moule à Charlotte : Crème anglaise B, additionnée de purée de marons ; dés d'écorce d'orange et cerises confites ; raisins secs ; crème fouttée. Parfumer marasquin. Fermer hermétiquement ; luter le couvercle ; sangler glace et sel. Démouler ; entourer de marrons glacés et boules purée de marrons glacées chocolat.

Pain à la Française (au). — En moule à bordure beurré saupoudré de mie de pain : Mie de pain trempée au lait bouilli, sucré et vanillé. Passer au tamis. Ajouter œufs entiers, jaunes, blancs en neige. Pocher. *A part :* Sabayon vanillé.

Plum-Pudding. — Graisse de rognon de bœuf hachée ; mie de pain ; farine ; pommes hachées ; raisin Malaga, Corinthe et Smyrne ; écorces d'oranges, de citron et cédrat coupés en dés ; gingembre ; amandes hachées ; cassonade ; zeste et jus d'orange et de citron ; œufs ; cognac ou rhum. Mélanger. Verser en bols à puddings ; envelopper en serviettes beurrées et farinées ; ficeler. (Ou, verser sur torchon beurré, fariné ; fermer en bourse et ficeler.) Cuire 4 heures à l'eau bouillante. Se sert : flambé au Rhum, ou avec Sabayon au rhum.

Riz (au). — Préparer le Riz comme pour Entremets (V. Riz). Ajouter blancs d'œufs en neige ferme. Mettre en moules beurrés saupoudrés de fine chapelure. Pocher. Acc. : Crème anglaise, Sabayon ou sauce aux Fruits.

Rizzio (Froid). — Même préparation que « Diplomate » avec macarons mous imbibés Kirsch. Sauce Abricots au lait d'amandes parfumée Kirsch.

Rolly-pudding. — Pâte à la graisse, abaissée en rectangle (un demi-centimètre d'épaisseur). Etaler dessus une couche de confiture; rouler en boudin; envelopper en linge beurré, fariné. Cuire une heure et demie à l'eau bouillante. Découper en rondelles de un centimètre épaisseur. Dresser en couronne. Sauce aux fruits.

Tapioca (au). Faire tomber en pluie dans du lait bouillant additionné de sucre, beurre, prise de sel. Cuire 25 minutes. Ajouter : jaunes d'œufs, beurre, blancs en neige. En moule à douille, beurré, saupoudré de tapioca. Pocher. *A part :* Sauce Anglaise ou Sabayon.

NOTA : Se préparent de même, les Puddings aux *Nouilles, Sagou, Semoule, Vermicelle.*

PUDDINGS SOUFFLÉS

Composition : 100 grammes de beurre travaillé en pommade; ajouter 100 grammes de sucre en poudre, 100 grammes de farine, 3 décilitres de lait. Faire bouillir. Dessécher comme Pâte à chou. Compléter, hors du feu, avec 5 jaunes et 5 blancs en neige. En moules beurrés. Pocher. Acc. : Crème Anglaise ou Sabayon.

Citron ou Orange. — Comme ci-dessus. Parfumer zeste de citron ou d'orange.

Indienne. — Composition ci-dessus, additionnée de Gingembre en poudre et gingembre confit, coupé en dés.

Marrons (aux). — Purée de marrons vanillée, additionnée de beurre, desséchée à feu vif. Ajouter jaunes d'œufs et blancs en neige. Opérer comme ci-dessus. Acc. : Crème Anglaise vanillée.

Mousseline. — Composition comme ci-dessus. Aussitôt cuite, ajouter blancs en neige, sans dessécher. En moules beurrés; remplir seulement à moitié. Acc. : Sabayon.

Régence. — Composition à la vanille. En moule chemisé sucre cuit au caramel. Acc. : Crème Anglaise au caramel.

Reine. — Composition vanille additionnée de pistaches. Acc. : Crème Anglaise pralinée.

Royale. — Composition ordinaire. En moule foncé avec minces tranches de biscuit roulé. Acc. : Sauce Abricots au Marsala.

Sans-Souci. — Composition ordinaire additionnée dés de pommes sautés au beurre. En moule beurré, parsemé de raisins de Corinthe. Acc. : Sauce Abricots rhum.

Vésuvienne. — Composition additionnée de confiture de tomates et raisins de Malaga. Pocher en moule à douille. Entourer sauce Abricot. Au centre, rhum chauffé, enflammé au moment.

RIZ POUR ENTREMETS

Préparation : 250 grammes de riz Caroline, blanchi, égoutté, lavé en eau tiède, mis en cuisson dans un litre de lait bouilli, infusé vanille, orange ou citron, additionné de 150 grammes de sucre. Ajouter 50 grammes de beurre; cuire 25 à 30 minutes. Après cuisson, égrener à la fourchette; ajouter 8 jaunes délayés avec 4 cuillerées de crème.

Impératrice. — Riz comme ci-dessus, additionné salpicon fruits confits et purée d'abricots. Ajouter même quantité de crème Anglaise B et crème fouettée. En moule à bordure, dont le fond sera couvert de gelée à la groseille, solidifiée

Maltaise. — Riz comme ci-dessus parfumé orange. Ajouter même quantité de crème Anglaise B et crème fouettée En moule à dôme. Après démoulage, couvrir de quartiers d'orange macérés au sirop.

SOUFFLÉS

Compositions : — (A) Un décilitre de lait bouilli avec 35 grammes de sucre. Ajouter une cuillerée de farine ou fécule délayée avec du lait froid. Cuire 2 minutes. Compléter avec 10 grammes de beurre, 3 jaunes, 3 blancs en neige ferme. Mélanger avec légèreté.

(B). — 250 grammes de sucre cuit au cassé, additionné de 200 grammes de purée de fruits. Verser sur 5 blancs montés en neige ferme.

Cuisson. — Dresser en timbale beurrée et poudrée de sucre. Cuire à four chaleur modérée. 2 minutes avant fin de cuisson, saupoudrer de glace de sucre et glacer.

Amandes (aux). — Composition A préparée au lait d'amandes. Ajouter amandes hachées, grillées.

Avelines (aux). — Composition préparée avec lait infusé au pralin d'avelines.

Camargo. — Compositions Avelines et Mandarines, dressées par couches alternées de biscuits cuiller imbibés de Curaçao.

Cerises. — Composition parfumée de Kirsch. *A part :* Compote de cerises liée purée de framboises.

Chocolat. — Composition vanille avec chocolat dissous dans le lait.

Elisabeth. — Composition vanille additionnée de macarons brisés et violettes pralinées. Voile de sucre filé en servant.

Fraises. — Soufflé Kirsch. *A part :* Fraises rafraîchies au suc d'orange.

Grenades. — Composition vanille dressée en alternant de biscuits imbibés de g enadine et Kirsch. Voile de sucre filé parsemé de bonbons imitant les grains de grenade.

Hilda. — Soufflé citron. *A part :* Fraises rafraîchies nappées purée de framboises.

Idéal. Soufflé avelines additionné de macarons mous imbibés de liqueur noyau. Dresser en caisse porcelaine plissée, forme carrée.

Javanais. — Composition A avec infusion de thé en place de lait. Pistaches hachées.

Lérina. — Parfumer avec liqueur du nom.

Liqueurs. — Pour composition A : Rhum, Curaçao, Crèmes de vanille et de cacao, etc. Pour composition B : Kirsch, Noyau, etc.

Lucullus. — Composition B dressée dans le centre d'un Savarin trempé au sirop Kirsch.

Orleans (d'). — Composition A additionnée de morceaux de biscuits (de Reims) imbibés Crème de pêche et Kirsch ; dés d'angélique et de cerises mi-sucre.

Palmyra. — Composition vanille dressée en alternant de biscuits cuiller imbibés Anisette et Kirsch.

Paulette. — Composition vanille additionnée de purée de fraises *A part :* Fraises rafraîchies.

Praliné. — Composition vanille avec pralin d'amandes. Dresser. Parsemer la surface de pralines écrasées.

Rothschild. — Composition A additionnée de Salpicon fruits confits macérés en eau-de-vie de Dantzig aux paillettes d'or. A fin de cuisson, entourer de grosses fraises ananas.

Royale. — Composition vanille, dressée en alternant de biscuits cuiller imbibés Kirsch et Salpicon de fruits confits.

Violettes. — Composition vanille, addit onnée de Violettes pralinées broyées. Décorer avec mêmes Violettes entières.

TIMBALES

Aremberg (d'). — Moule à Charlotte foncé pâte à brioche. Garnir compote de poires à la Vanille et marmelade d'abricots. Fermer avec abaisse de même pâte. Cuire à four chaud.

Bourdaloue — Moule foncé avec Pâte sèche sucrée additionnée d'amandes hachées. Garnir compotes variées et Crème frangipane. Fermer avec abaisse. Cuire à four chaud.

Favart. — Brioche cuite en moule « Richelieu » vidée de sa mie; garnie fruits cuits en compote et marrons glacés, liés avec sirop d'abricots Kirsch additionné de purée de marrons glacés.

Montmorency. — Brioche cuite en moule à côtes, vidée, nappée extérieurement avec abricot cuit au filet. Décorer avec détails de feuilletage cuits à blanc. Garnir compote de cerises liée avec gelée de groseille framboisée.

Parisienne. — Brioche mousseline cuite en moule à timbale. Décorer comme « Montmorency ». Garnir avec macédoine de fruits, liée purée d'abricots au Kirsch.

Entremets de Fruits chauds et froids.

(Entremets froids indiqués.)

ABRICOTS (Se pochent au sirop vanillé.)

Bourdaloue. — En bordure de Semoule ou en Génoise : Demi-abricots pochés; couvrir crème frangipane; saupoudrer de macarons écrasés; arroser beurre fondu. Gratiner.

Colbert. — Demi-abricots pochés fermes, garnis Riz vanillé. Paner à l'Anglaise avec mie de pain. Frire. Sauce Abricots.

Condé. — Demi-abricots pochés, dressés sur bordure Riz vanillé. Décorer aux fruits confits. Napper sauce Abricots Kirsch.

Cussy. — Demi-abricots pochés, dressés sur macarons mous garnis de Salpicon fruits lié purée abricots. Masquer de meringue italienne ; ranger sur plat ; sécher au four. Sauce Abricots Kirsch.

Gratinés. — Pochés ; ranger sur marmelade de pomme au beurre. Couvrir de pralin à Condé, saupoudrer glace de sucre. Sécher à four doux.

Meringués. — Pochés ; dressés sur couche Riz vanillé. Couvrir de meringue ordinaire ; lisser forme Charlotte ; décorer ; poudrer glace de sucre. Sécher et colorer à four doux. Gelée de groseilles et purée d'abricots dans les détails du décor.

Mireille (Froids). — En timbale sur glace : demi-abricots bien mûrs, pelés, avec leurs amandes mondées. Saupoudrer sucre. Macérer une heure. Arroser Kirsch ; couvrir crème fouettée vanillée ; parsemer fleurs de jasmin et de violettes cristallisées.

Parisienne (Froids). — Pochés ; garnis glace vanille ; reformés ; dressés sur macarons. Couvrir avec Crème Chantilly vanillée. Saupoudrer pralin de noisette.

Sultane. — Bordure de génoise collée sur fond en pâte sèche. Masquer le tour avec meringue ordinaire ; décorer ; colorer à four doux. Garnir le centre avec Riz vanillé mélangé crème frangipane et pistaches. Demi-abricots rangés sur riz. Sirop au lait d'amandes fini avec beurre fin.

Royale (Froids). — Demi-abricots mis en moules à tartelettes profonds avec gelée au Kirsch. Démouler. Ranger sur bordure en génoise glacée à la groseille et saupoudrée pistaches hachées. Au centre, gelée rose à l'anisette, hachée.

ANANAS

Condé. — Tranches macérées avec sucre et Kirsch. Opérer comme pour « Abricots » du nom.

Créole. — Moule dôme foncé avec minces tranches d'ananas. Remplir avec Riz vanillé mélangé de dés d'ananas, anones et bananes. Démouler. Décorer de feuilles en angélique. Sirop d'abricots Kirsch.

Favorite. — Tranches macérées sucre et Kirsch ; épongées, trempées en crème frangipane aux pistaches. Refroidir. Tremper en pâte à frire. Frire. Saupoudrer glace de sucre. Glacer.

Georgette (Froid). — Ananas cru découronné, creusé, rempli de composition de Moscovite additionnée purée d'ananas et ananas en fines tranches. Refermer avec partie enlevée.

Ninon (Froid). — Timbale à Soufflé foncée avec glace vanille. Masquer avec minces tranches d'ananas. Au centre, pyramide de petites fraises nappée purée de framboises. Saupoudrer pistaches hachées.

Royale (Froid). — Ananas cru découronné Creuser. Remplir avec macédoine de fruits frais au Kirsch. Dresser en coupe de cristal. Entourer de pêches pochées et grosses fraises macérées Kirsch. Refermer avec partie enlevée.

Virginie (Froid). — Procéder comme pour « Georgette » avec composition à la purée de fraises et dés d'ananas.

BANANES

Bourdaloue. — Ecorcer; pocher en sirop vanillé. Opérer comme pour « Abricots » du nom.

Condé. — Ecorcer; pocher en sirop vanillé. Opérer comme pour « Abricots » du nom.

Meringuées. — Ecorcer; pocher en sirop vanillé. Opérer comme pour « Abricots » du nom.

Norvégienne. — Bananes vidées en coupant l'écorce aux 2 tiers de la hauteur. Remplir glace à la banane; recouvrir de meringue italienne parfumée rhum. Passer à four chaud pour coloration.

Soufflées. — Vider comme ci-dessus. Garnir de composition de Soufflé A additionnée de la pulpe de banane. Cuire à four doux.

Trédern (Froide). — Demi-bananes écorcées, pochées au sirop vanillé, nappées abricot cuit au filet. Décorer fruits confits. Remplir les demi écorces avec composition de Moscovite au Kirsch, additionnée de un tiers de purée de bananes.

En dernier lieu, placer une demi-banane décorée sur chaque écorce garnie.

BRUGNONS OU NECTARINES (Comme Pêches.)

CERISES

Dubarry (Froides). — Flan de cerises ordinaire, refroidi. Couvrir les cerises de crème Chantilly additionnée de pralin d'amandes. Couvrir de poudre de macaron. Décorer avec crème Chantilly blanche et rose.

Danoise. — Cercle à flan, foncé en pâte ordinaire, garni de cerises dénoyautées saupoudrées de sucre épicé. Couvrir avec beurre travaillé en pommade, additionné de sucre en poudre, amandes en poudre et œufs. Cuire; refroidir. Napper gelée de groseilles et glacer au rhum.

Claret (au) (Froides). — En timbale : cerises avec demi-queues. Couvrir de vin de Bordeaux sucré avec pointe de cannelle. Pocher 10 minutes sur coin du feu. Egoutter; réduire le sirop; lier avec gelée de groseilles et verser sur les cerises. Refroidir. Biscuits à la cuiller en même temps.

Jubilée. — Cerises dénoyautées, pochées au sirop, dressées en petites timbales ou cassolettes. Réduire le sirop; lier à l'arrow-root ou avec gelée de groseilles. Verser sur cerises; ajouter Kirsch chauffé et enflammer au moment.

Valéria. — Grandes croûtes de tartelettes. Fond garni de glace groseilles et crème. Recouvrir de meringue italienne. Sécher rapidement au four sur plaque couverte de morceaux de glace. Garnir de compote de cerises au Bordeaux. Napper gelée de groseilles et saupoudrer pistaches hachées.

CROUTES ET MACÉDOINES

Fruits (aux). — Tranches de Savarin rassis (un demi-centimètre d'épaisseur), rangées sur plaque, poudrées de sucre fin. Sécher et glacer au four. Dresser en turban avec tranches d'ananas. Garnir avec poires et pommes cuites au sirop. Décorer aux fruits confits. Napper sauce Abricot au Kirsch.

Fruits rafraîchis (Froid). — En timbale : Poires et pêches fondantes, abricots, bananes, pelés et émincés. Dés d'ananas; groseilles égrappées, amandes fraîches. Arroser avec sirop au Kirsch. Mélanger. Tenir sanglé une heure.

Gabrielle (Suprême de fruits). — En bordure de marmelade de pommes, liée aux œufs et pochée. Macédoine de fruits variés (poires et pêches cuites au sirop; prunes fraîches ou confites; raisins secs trempés; dés d'ananas; cerises mi-sucre, angélique,) etc. Mijoter quelques minutes en sirop au lait d'amandes. Finir avec beurre fin. Parsemer de pistaches mondées et effilées.

Joinville (Froide). — Croûtes imbibées de Kirsch, dressées en turban avec tranches d'ananas. Au centre, crème Chantilly vanillée, pastilles de chocolat sur la crème. Entourer de sirop d'abricots au Kirsch.

Lyonnaise. — Croûtes masquées de purée de marrons vanillée, nappées d'abricot cuit au filet, parsemées d'amandes effilées et grillées. En turban. Garnir marrons cuits au raisin et raisins secs mijotés en sauce Abricots au Malaga.

Madère (au). — Croûtes glacées dressées en turban. Au centre : garniture fruits confits en dés ; raisins Malaga, Smyrne, Corinthe, mijotés en sauce abricots au madère.

Maréchale (à la). — Grands triangles en brioche mousseline, glacés et pralinés, à la Condé. Dresser debout, autour d'une pyramide de Salpicon fruits confits lié avec marmelade de pommes et d'abricots. Entourer de demi-poires blanches et roses, alternées. *A part :* Sauce Abricots vanillée.

Mexicaine (Froide). — Tranches ovales de génoise pralinées à la Condé. Dresser en couronne. Rocher de glace Plombière au centre.

Normande. — Croûtes masquées de marmelade de pommes réduite. Dresser en turban. Au centre ; pyramide de quartiers de pommes blancs et roses cuits au sirop. Napper de coulis de pommes léger, parfumé Kirsch.

Parisienne. — Croûtes pralinées à la Condé dressées en turban. Au centre ; macédoine de fruits liée sauce Abricots au Madère. Napper même sauce.

Victoria. — Croûtes glacées tartinées de gelée de groseilles ; saupoudrer de pistaches hachées. Au centre : gros dés d'ananas, marrons confits, cerises mi-sucre. Napper sauce Abricots au Kirsch.

FRAISES

Cardinal. — Fraises rafraîchies, nappées sauce Melba ou purée de framboises fraîches. Parsemer amandes effilées.

Créole. — Turban de tranches d'ananas macérées Kirsch. Au centre, fraises et dés d'ananas. Sirop Kirsch.

Fémina. — Macérées au Curaçao. Dressées en coupe, sur couche de glace orange.

Marguerite. — Macérées au Kirsch. Lier avec Sorbet grenadine. Dresser en timbale. Recouvrir de crème Chantilly parfumée au marasquin. Décor avec même crème.

Marquise. — En timbale sanglée. Crème Chantilly mélangée de purée de fraises des bois. Ranger dessus de grosses fraises macérées Kirsch, roulées en sucre semoule.

Melba. — Fraises choisies, rangées en timbale sur couche glace vanille. Couvrir purée de framboises, sucrée.

Nina. — Comme « Marguerite ». Lier avec Sorbet ananas. Crème Chantilly additionnée de marmelade de poivrons.

Rêve de Bébé. — Ananas frais, vidé, placé sur fond en génoise glacé fondant rose. Remplir avec fines tranches d'ananas macérées Kirsch et fraises des bois macérées au suc d'ananas, par couches alternées de crème Chantilly vanillée.

Ritz. — En timbale. Fraises rafraîchies bien sucrées. Couvrir avec crème Chantilly additionnée de purée de fraises des bois et un peu de purée de framboises.

Romanoff. — En timbale sanglée : Grosses fraises macérées avec suc d'orange et Curaçao. Couvrir crème Chantilly, poussée à la poche avec douille cannelée.

Sarah-Bernhardt. — Fraises macérées au Curaçao et fine Champagne. Dresser en timbale sur couche de glace ananas. Couvrir de Mousse au Curaçao.

Wilhelmine. — Macérées avec suc d'orange et Kirsch. En timbale. *A part :* Crème Chantilly vanillée

Zelma-Kuntz. — En timbale. Fraises rafraîchies. Couvrir de crème Chantilly additionnée de purée de framboises. Décor avec creme Chantilly ordinaire. Saupoudrer de pralin d'avelines.

GOOSBERRIES-FOOL

Groseilles vertes cuites en sirop léger, égouttées, passées au tamis. Purée additionnée de glace de sucre et même quantité de crème fouettée. Dresser en timbale. Décorer avec crème Chantilly.

MELON

Frappé. — Cerner autour de la tige. Retirer graines et filaments. Détacher la pulpe. Macérer avec rhum ou marasquin. Tenir l'écorce sur glace pendant une heure. Au dernier instant, remplir l'écorce avec Granité de melon alterné de couches de pulpe.

Orientale. — Vidé comme ci-dessus. Couper la pulpe en gros dés. Remplir avec fraises des bois et dés de pulpe, par couches alternées et saupoudrées de sucre fin. Arroser de Kirsch. Rapporter le morceau enlevé. Tenir 2 heures sur glace. Servir avec gaufrettes.

Surprise (en). — Vidé comme ci-dessus. Remplir avec Macédoine de fruits frais et la pulpe du melon en gros dés, liées avec purée de fraises des bois, sucrée et parfumée au Kirsch. Tenir au frais 2 heures.

ORANGES ET MANDARINES

Almina (Froides). — Mandarines ouvertes côté pédicule et vidées. Remplir les écorces avec composition de Moscovite aux violettes pralinées.

Blanc-manger (au) (Froides). — Ouvertes et vidées. Remplir avec « Blanc-manger à la Française ». Fermer avec partie retirée.

Norvégienne. — Vidées. Remplir les écorces aux 3 quarts avec glace au parfum du fruit. Recouvrir de meringue italienne. Colorer à la salamandre.

Palikare. — Mandarines vidées, quartiers réservés. Garnir écorces avec « Riz à Entremets » safrané. Dresser autour d'un dôme de même Riz. Ranger les quartiers dessus. Napper sirop d'abricots.

Rubannées (Froides). — Ecorces garnies de « Blanc manger » de teintes différentes. Partager en quartiers.

Soufflées. — Ecorces garnies de composition de Soufflé parfumée orange ou mandarine. Cuire à four doux.

Victor Hugo — Ecorces garnies, par couches alternées et régulières, de « Blanc-manger » à la Française et de gelée rose à l'anisette. Partager en quartiers.

PÊCHES

Sont presque toujours pochées au sirop vanillé. Pour apprêts froids, sont généralement conservées entières

Aiglon (Froides). — Pelées, pochées; dressées en timbale sur couche de glace vanille. Parsemer de violettes pralinées. Couvrir d'un voile de sucre filé.

Aurore (Froides). — Pochées. En timbale, sur couche de Mousse glacée aux fraises. Napper de Sabayon au Curaçao.

Alexandra (Froides). — Pochées. En timbale, sur couche de glace vanille masquée purée de fraises. Parsemer de pétales de roses rouges et blancs. Voile de sucre filé.

Bourdaloue. — Partagées et pochées. Comme « Abricots » du nom.

Cardinal (Froides). — Pochées. Comme « Fraises » du nom.

Château-Laffitte (au) (Froides). — Echauder, peler, partager en deux. Pocher avec vin de Château-Laffitte sucré. Refroidir. Dresser en timbale. Réduire le vin des 3 quarts, lier avec gelée de groseilles framboisée. Refroidir et verser sur les pêches.

Condé. — Partagées; pochées. Comme « Abricots » du nom.

Dame Blanche (Froides). — Pochées. Dressées en timbale, sur couche de glace vanille masquée de tranches d'ananas macérées au Kirsch. Entre chaque pêche points de crème Chantilly poussée à la poche avec douille cannelée.

Eugénie (Froides). — Pêches Montreuil bien mûres, dénoyautées, pelées, dressées en timbale en les intercalant de fraises des bois. Saupoudrer de sucre. Arroser Kirsch et marasquin. Tenir une heure sur glace. *A part :* Sabayon au Champagne, très froid.

Flambées. — 1° Pocher en sirop au Kirsch. Dresser en cassolettes. Lier le sirop à l'arrow-root; verser sur les pêches. Arroser de Kirsch chauffé; enflammer au moment. 2° Pocher de même. Dresser sur purée de fraises. Arroser de Kirsch chauffé; enflammer de même.

Gratinées. — Comme « Abricots » du nom.

Impératrice (Froides). — Partagées; pochées; garnies glace vanille en donnant la forme du fruit. Tremper en sauce Abricots serrée; couvrir d'amandes effilées pralinées. Dresser sur fond de génoise imbibé Kirsch. Voile de sucre filé.

Isabelle (Froides). — Pêches de vigne partagées et pelées. Dresser en timbale, par rangées successives, en saupoudrant de sucre et arrosant de vieux vin rouge. Tenir au frais 2 heures. *A part :* Crème Chantilly à la vanille.

Melba (Froides). — Pochées. Comme « Fraises » du nom.

Meringuées. — Pochées. Comme « Abricots » du nom.

Mistral (Froides). — Peler et dresser en timbale. Saupoudrer sucre en poudre. Couvrir de purée de fraises sucrée. Ajouter amandes fraîches mondées. En dernier lieu, recouvrir de crème fleurette fouettée et vanillée. Biscuits cuiller à part.

Maintenon. — Biscuit fait en moule à dôme, divisé en tranches minces. Masquer de frangipane additionnée de salpicon de fruits confits et amandes hachées, grillées. Reformer le biscuit; masquer de meringue italienne; décorer, sécher au four. Dresser. Entourer de demi-pêches pochées au sirop vanillé.

Petit-Duc (Froides). — Comme « Dame Blanche ». Remplacer les points de crème par confiture de Bar.

Rose-Chéri (Froides). — Pocher. Dresser en timbale sur couche de glace ananas. Masquer avec Sabayon au Champagne. Parsemer de pétales de roses cristallisés.

Rose-Pompon (Froides). — Pochées; dénoyautées, garnies de glace vanille. Dresser en timbale sur couche de glace framboise; recouvrir de crème Chantilly pralinée. Tenir une demi-heure à la glace. En servant, voile de sucre filé, rose.

Trianon (Froides). — Bien mûres; pelées. Saupoudrer de sucre. Dresser sur Mousse vanille additionnée de morceaux de macaron imbibés liqueur de noyau. Masquer légèrement avec purée de fraises des bois.

Sultane (Froides). — Pochées en sirop vanillé. Dresser en timbale sur couche de glace pistache. Napper avec le sirop lié, très froid. Voile sucre filé.

Vanille. — Pochées. Dresser en timbale ; napper avec sirop de pochage lié à l'arrow-root et additionné de Crème de Vanille. Entourer de croûtons en brioche, forme crêtes, saupoudrés de sucre et glacés.

POIRES (Se pochent le plus souvent au sirop vanillé, en quartiers ou moitiés.)

Alma (Froides). — Petites; tournées; cuites en sirop parfumé Porto et orange. En timbale. Saupoudrer de pralin-Crème Chantilly à part.

Bourdaloue. — Pocher en quartiers. Comme « Abricots » du nom.

Condé. — Pocher en quartiers. Comme « Abricots » du nom.

Félicia (Froides). — Quartiers pochés. Dresser au milieu d'une bordure de Crème renversée caramel B. Recouvrir de crème Chantilly, parsemer pralines rouges écrasées. Entourer de petites demi-poires roses.

Florentine (Froides). — En bordure de Moscovite à la semoule : Compote poires, liée purée d'abricots vanillée.

Hélène (Froides). — En quartiers ou en moitiés. Dresser en timbale sur couche glace vanille parsemée violettes pralinées. *A part :* Sauce Chocolat.

Impératrice. — Quartiers pochés. En timbale basse, entre deux couches de Riz Entremets relâché à la frangipane. Saupoudrer de macaron broyé; arroser beurre. Gratiner.

Mariette. — Petites poires tournées, pochées. Dresser en plat creux, sur purée de marrons vanillée. Napper sauce Abricots au Rhum.

Marquise (Froides). — Pocher, égoutter, refroidir. Napper fortement de gelée groseilles réduite: saupoudrer amandes hachées pralinées. Dresser sur « Pudding diplomate » fait en moule à manqué. Croûtonner à la gelée de pommes rose.

Mary Garden (Froides). — Pocher. Dresser en timbale sur purée framboises mélangées de cerises mi-sucre. Décorer à la crème Chantilly.

Melba. — Pocher. Comme « Fraises » du nom.

Parisienne. — Moyennes, entières. Pocher. Dresser autour d'un dôme riz vanillé, disposé sur fond de génoise imbibé Kirsch. Décorer avec meringue ordinaire. Sécher au four. En dernier lieu, lustrer les poires avec sirop d'abricots.

Pralinées (Froides). — Cuites en compote. Dresser en timbale. Napper crème frangipane relâchée avec crème crue. Cuillerée de crème Chantilly entre chaque poire. Saupoudrer pralin amandes, concassé. *A part* : Sauce Chocolat.

Religieuse (Froides). — Cuites en compote. Dresser en caisse porcelaine. Recouvrir de composition Moscovite au chocolat.

Rhum (au) (Chaudes ou Froides). — Cuire en compote. Dresser en timbale. Napper sirop lié à l'arrow-root, coloré rose.

Richelieu (Froides). — Cuire en compote. Dresser en bordure de semoule liée avec crème Anglaise B, décorée fruits confits. Napper avec crème frangipane additionnée de macarons écrasés et crème Chantilly. Sauce Abricots Kirsch.

Sultane. — Procéder comme pour « Abricots » du nom.

POMMES

Batelière. — Flan ovale foncé en pâte fine, garni marmelade de pommes à Charlotte. Recouvrir de Riz Entremets, additionné de blancs en neige et dressé en dôme. Cuire four moyen. Saupoudrer glace de sucre. Glacer au fer rouge.

Beurre (au). — Calvilles ou Reinettes vidées à la colonne. Peler; cuire au sirop vanillé. Dresser sur croûtons en brioche, glacés. Remplir la cavité avec beurre mélangé de sucre et Cognac. Napper avec sirop, lié purée abricots.

Bonne-Femme. — Reinettes vidées à la colonne. Inciser. Remplir la cavité avec beurre mélangé de sucre. Cuire au four.

Bourdaloue. — Quartiers cuits au sirop. Comme « Abricots » du nom.

Châtelaine. — Comme « Pommes au Beurre ». Remplir la cavité avec salpicon de cerises confites lié purée abricots. Napper de crème frangipane légère. Saupoudrer macarons écrasés. Arroser de beurre. Gratiner.

Chevreuse. — Quartiers, pochés sirop vanillé, dressés en turban sur fond de composition à Croquettes de semoule. Centre garni salpicon de fruits confits et raisins secs lié purée abricots. Recouvrir d'une légère couche de semoule. Masquer de meringue ordinaire ; parsemer pistaches hachées ; saupoudrer glace de sucre. Colorer au four. Entourer de quartiers de pommes blancs et roses.

Condé. — Quartiers cuits au sirop. Comme « Abricots » du nom.

Félicia. — Comme « Poires » du nom.

Gratinées. — Quartiers pochés, dressés sur fond de marmelade à Charlotte Comme « Abricots » du nom.

Irène. — Moyennes, pelées, cuites aux 3 quarts. Vider en caisses. Garnir le fond avec pulpe, passée ; finir d'emplir avec glace vanille mélangée de un tiers purée de pruneaux. Recouvrir de meringue italienne au Kirsch. Colorer à four vif.

Meringuées. — Quartiers pochés, dressés sur fond de Riz à Entremets. Comme « Abricots » du nom.

Moscovite. — Moyennes ; couper aux 2 tiers de la hauteur, vider en caisses. Pocher en sirop léger. Egoutter ; ranger sur plat. Garnir au tiers avec pulpe, passée. Compléter avec composition de Soufflé pommes, parfumé Kümmel. Cuire à four doux.

Parisienne. — Comme « Poires » du nom.

Portugaise. — En caisses, comme pour « Moscovite ». Remplir avec crème frangipane additionnée de : sucre d'orange, macarons broyés, raisins de Corinthe et Smyrne gonflés au sirop parfumé Curaçao. Dresser sur fond de semoule ; passer au four 10 minutes. Napper gelée de groseilles. mélangée de fine julienne de zeste d'orange, blanchi.

Royale (Froides). — Petites ; vidées à la colonne ; pelées ; pochées sirop vanillé. Napper gelée de groseilles. Dresser en couronne sur tartelettes de Blanc-manger. Au centre, gelée marasquin, hachée.

GLACES ET SORBETS

Nota : Pour renseignements complets sur proportions, préparation et manipulation des glaces, voir *Guide culinaire*.

BISCUITS

Composition : En bassin de cuivre : 500 grammes de sucre ; 12 jaunes, fouettés au bain-marie jusqu'à épaississement. Retirer ; fouetter jusqu'à refroidissement. Ajouter 250 grammes de meringue italienne et un litre de crème fouettée.

Bénédictine. — Fond, fraise. Milieu, Bénédictine. Dessus, violette.

Marquise. — Composition Kirsch et fraise, alternées deux fois.

Mont-Blanc. — Fond, Rhum. Milieu, marrons. Dessus, vanille.

Napolitaine. — Fond, vanille. Milieu, fraise. Dessus, praliné.

Princesse. — Composition Biscuit praliné avec, autour, amandes effilées, grillées. Décor avec glaces vanille et mandarine.

Sigurd. — Compositions fraise et pistache. Se sert en tranches rectangulaires enfermées entre deux Wafers.

BOMBES (Les glaces de chemisage sont simplement indiquées par le parfum.)

Composition : un litre sirop à 28° ; 32 jaunes. Monter à feu doux comme génoise. Fouetter jusqu'à refroidissement. Compléter avec un litre et demi de crème fouettée et parfum.

Aboukir. — Moule chemisé à la glace pistache. Intérieur, composition de bombe pralinée, additionnée de pistaches hachées.

Africaine. — Chemisé chocolat. Intérieur, bombe abricot.

Abricotine. — Chemisé abricot. Intérieur, bombe Kirsch et couches de marmelade d'abricots.

Aïda. — Chemisé fraise. Intérieur bombe Kirsch.

Alméria. — Chemisé anisette. Intérieur, bombe grenadine.

Alhambra. — Chemisé vanille. Intérieur, bombe fraise. Après démoulage, entourer de grosses fraises macérées au Kirsch.

Américaine. — Chemisé fraise. Intérieur, bombe mandarine. Décor à la glace pistache.

Andalouse. — Chemisé abricot. Intérieur bombe vanille.

Batavia. — Chemisé ananas. Intérieur, bombe fraise additionnée de dés de gingembre.

Bourdaloue. — Chemisé vanille. Intérieur, bombe anisette. Décor aux violettes pralinées.

Brésilienne. — Chemisé ananas. Intérieur, bombe vanille et Rhum avec dés d'ananas.

Camargo. — Chemisé café. Intérieur, bombe vanille.

Cardinal. — Chemisé groseille framboisée. Intérieur, bombe vanille pralinée.

Ceylan. — Chemisé café. Intérieur, bombe au Rhum.

Chateaubriand. — Chemisé abricot. Intérieur, bombe vanille.

Clarence. — Chemisé ananas. Intérieur, bombe violette.

Colombia. — Chemisé Kirsch. Intérieur bombe aux poires. Après démoulage, décor aux cerises mi-sucre.

Coppélia. — Chemise café. Intérieur, bombe pralinée.

Czarine. — Chemisé vanille. Intérieur, bombe au Kümmel. Après démoulage, décor aux violettes pralinées.

Dame-Blanche. — Chemisé vanille. Intérieur, bombe au lait d'amandes.

Danicheff. — Chemisé café. Intérieur, bombe au Kirsch.

Diable rose. — Chemisé fraise. Intérieur, bombe au Kirsch avec cerises mi-sucre.

Diplomate. — Chemisé vanille. Intérieur, bombe au marasquin additionnée de fruits confits.

Duchesse. — Chemisé ananas. Intérieur, bombe aux poires parfumée au Kirsch.

Fanchon. — Chemisé pralinée. Intérieur, bombe au Kirsch avec grains de café bonbons.

Fédora. — Chemisé orange. Intérieur, bombe pralinée.

Formosa. — Chemisé vanille. Intérieur, bombe fraise additionnée de grosses fraises.

Francillon. — Chemisé café. Intérieur, bombe à la fine Champagne.

Frou-frou. — Chemisé vanille. Intérieur, bombe au Rhum additionnée de fruits confits.

Gismonda. — Chemisé pralinée. Intérieur, bombe anisette additionnée de groseilles blanches de Bar.

Grande-Duchesse. — Chemisé glace aux poires. Intérieur, bombe à la Chartreuse.

Havanaise. — Chemisé café. Intérieur, bombe à la vanille et au Rhum.

Hilda. — Chemisé avelines. Intérieur, bombe à la Chartreuse additionnée de pralin d'avelines.

Hollandaise. — Chemisé vanille. Intérieur, bombe au Curaçao.

Jaffa. — Chemisé pralinée. Intérieur, bombe à l'orange.

Japonaise. — Chemisé pêche. Intérieur, composition de Mousse au thé.

Jeanne d'Arc. — Chemisé vanille. Intérieur, bombe au chocolat avec praliné.

Joséphine. — Chemisé café. Intérieur, bombe à la pistache.

Madeleine. — Chemisé glace aux amandes. Intérieur, bombe vanille et Kirsch additionnée de fruits confits.

Maltaise. — Chemisé glace orange sanguine. Intérieur, crème Chantilly parfumée à la mandarine.

Maréchale — Chemisé fraise. Intérieur, bombe pistache, vanille, orange, par couches alternées.

Margot. — Moule chemisé glace amandes. Intérieur, bombe pistache. Après démoulage, décorer à la glace vanille.

Marie-Louise. — Chemisé framboise. Intérieur, bombe vanille.

Marquise. — Chemisé abricot. Intérieur, bombe au Champagne.

Mascotte. — Chemisé pêche. Intérieur, bombe au Kirsch.

Mathilde. Chemisé café. Intérieur, bombe à l'abricot.

Medicis. — Chemisé glace Cognac. Intérieur, bombe à la framboise.

Mercédès. — Chemisé abricot. Intérieur, bombe à la Chartreuse.

Mignon. — Chemisé abricot. Intérieur, bombe à la noisette.

Miss Helyett. — Chemisé framboise. Intérieur, bombe à la vanille.

Mogador. — Chemisé café. Intérieur, bombe au Kirsch.

Moldave. — Chemisé ananas. Intérieur, bombe au Curaçao.

Montmorency. — Chemisé glace Kirsch. Intérieur, bombe aux cerises.

Moscovite. — Chemisé glace au Kummel. Intérieur, composition aux amandes amères additionnée de fruits confits.

Mousseline. — Chemisé fraise. Intérieur crème Chantilly à la purée de fraises.

Nabab. — Chemisé pralinée. Intérieur, bombe à la fine Champagne avec fruits confits.

Nélusko. — Chemisé pralinée. Intérieur, bombe au chocolat.

Néro. — Moule à dôme chemisé glace vanille au caramel. Intérieur, mousse vanille additionnée de petites truffes imitées en chocolat. Démouler sur fond en Biscuit-punch ; recouvrir de meringue italienne. Placer sur le dôme une petite coupe en pâte d'office intérieurement nappée d'abricot cuit. Décorer à la meringue. Colorer à four vif. Verser du rhum chaud dans la coupe et enflammer en servant.

Nesselrode. — Chemisé vanille. Intérieur, crème Chantilly additionnée de purée de marrons vanillée.

Odette. — Chemisé vanille. Intérieur, bombe pralinée.

Odessa. — Chemisé abricot. Intérieur, bombe à la fraise.

Orientale. — Moule chemisé glace gingembre. Intérieur, bombe à la pistache.

Patricienne. — Chemisé vanille. Intérieur, bombe au chocolat praliné.

Petit-Duc. — Chemisé fraise. Intérieur, bombe à la noisette additionnée de groseilles rouges de Bar.

Pompadour. — Moule chemisé glace aux asperges. Intérieur, bombe à la grenadine.

Prophète. — Chemisé fraise. Intérieur, bombe à l'ananas.

Richelieu. — Chemisé glace au rhum. Intérieur, bombe café et grains de café après démoulage.

Rosette. — Chemisé vanille. Intérieur, crème Chantilly additionnée de grains de groseilles.

Royale. — Chemisé glace au Kirsch. Intérieur, bombe au chocolat praliné.

Saint-Laud. — Chemisé framboise. Intérieur, composition au melon et crème Chantilly alternées.

Santiago. — Chemisé à la glace au cognac Intérieur, bombe aux pistaches.

Sélika. — Chemisé pralinée. Intérieur, bombe au Curaçao.

Skobeleff. — Chemisé glace au Vodka. Intérieur, crème Chantilly au Kummel.

Strogoff. — Chemisé pêche. Intérieur, bombe au Champagne.

Succès. — Chemisé abricot. Intérieur, crème Chantilly au Kirsch additionnée de dés d'abricots.

Sultane. — Chemisé chocolat. Intérieur, bombe pralinée.

Suzanne. — Chemisé glace au rhum rosée. Intérieur, bombe vanille avec groseilles rouges de Bar.

Tortoni. — Chemisé pralinée. Intérieur, composition au café avec grains de café dedans.

Tosca. — Chemisé abricot. Intérieur, bombe au marasquin et fruits. Après démoulage, décorer glace citron.

Trocadéro. — Chemisé glace orange additionnée de brunoise d'écorce d'orange confite. Intérieur, crème Chantilly alternée de rondelles de génoise aux avelines imbibées de Curaçao et dés d'écorce d'orange confite.

Tutti-frutti. — Chemisé fraise. Intérieur, bombe au citron additionnee de salpicon de fruits confits.

Valençay. — Chemisé pralinée. Intérieur, crème Chantilly additionnée de framboises.

Vénitienne. — Chemisé moitié fraise, moitié vanille, sens vertical. Intérieur, bombe au Kirsch.

Victoria. — Chemisé fraise. Intérieur, glace Plombière. (V. *Glaces diverses.*)

Zamora. — Chemisé café. Intérieur, bombe Curaçao.

COUPES

Adelina Patti. — Coupes remplies à ras de glace vanille. Sur celle-ci, ranger en couronne 6 cerises à l'eau-de-vie roulées dans du sucre semoule. Pointe de crème Chantilly au centre.

Antigny (d'). — Garnir aux 3 quarts avec glace fraise additionnée de crème fleurette, demi-pêche sur chaque coupe. Voile sucre filé.

Bohémienne. — Garnir en pointe avec glace vanille mélangée de débris de marrons glacés macérés au Rhum. Sauce Abricot au Rhum.

Clo-clo. — Garnir à demi glace vanille avec débris de marrons glacés ; marron glacé au centre. Bordure cannelée en crème Chantilly à la purée de fraises autour du marron.

Châtelaine. — Garnir le fond de framboises macérées avec sucre, Curaçao et fine Champagne. Finir avec rocher de crème Chantilly.

Dame Blanche. — Garnir aux 3 quarts glace au lait d'amandes. Sur chacune, demi-pêche retournée, cavité remplie de groseilles blanches de Bar. Cordon glace citron autour.

Denise. — Garnir glace Moka. Parsemer de bonbons à liqueur. Recouvrir de crème Chantilly.

Edna May. — Glace vanille au fond ; compote de cerises dessus. Recouvrir crème Chantilly à la purée de framboises.

Elisabeth. — Garnir de compote de cerises pochée au sirop parfumé Kirsch et Sherry Brandy. Ajouter prise de cannelle en poudre. Recouvrir de crème Chantilly.

Emma Calvé. — Fond des coupes masqué glace vanille pralinée. Ranger dessus compote de cerises au Kirsch. Napper purée framboises.

Eugénie. — Garnir glace vanille mélangée de débris de marrons. Recouvrir crème Chantilly. Semer dessus violettes pralinées.

Favorite. — Garnir glaces vanille et Kirsch-marasquin. Border d'un cordon glace citron. Au centre, crème Chantilly à la purée de fraises.

Germaine. — Fond garni glace vanille ; parsemer de cerises mi-sucre macérées au Kirsch. Couvrir avec purée de marrons poussée en vermicelle. Border crème Chantilly.

Gressac. — Fond garni glace vanille. Dans chaque coupe 3 petits macarons imbibés Kirsch. Sur ceux-ci demi-pêche retournée garnie de groseilles rouges de Bar et bordée d'un cordon de crème Chantilly.

Hélène. — Garnir à ras de glace vanille. Couronne de violettes pralinées. Au centre, dôme de crème Chantilly parsemé de chocolat râpé.

Jacques. — Garnir, verticalement, moitié glace citron, moitié glace fraise. Entre les 2 glaces, cuillerée de macédoine de fruits frais macérés au Kirsch.

Jeannette. — Garnir de glace vanille. Cuillerée de chocolat râpé au centre et cordon de crème Chantilly autour du chocolat.

Madeleine. — Garnir glace vanille mélangée de salpicon d'ananas confit. Sauce Abricot Kirsch et marasquin.

Malmaison. — Garnir de glace vanille additionnée de grains de Muscat pelés. Voile sucre filé.

Mexicaine. — Garnir de glace à la mandarine additionnée de salpicon d'ananas.

Midinette. — Garnir à moitié de glace vanille. Sur celle-ci, petite meringue ronde et demi-pêche pochée. Sauce fraise. Cordon de crème Chantilly.

Mireille. — Garnir, par moitié, glace vanille et groseille crème. Sur chaque coupe, une nectarine pochée, dénoyautée, remplie de groseilles blanches de Bar. Décorer crème Chantilly. Voile sucre filé.

Monte-Carlo. — Garnir de crème Chantilly, mélangée de petites fraises et de meringue rompue en petits morceaux.

Petit-Duc. — Garnir glace vanille. Dans chaque coupe, demi-pêche retournée garnie de groseilles rouges de Bar. Entourer cordon de glace citron.

Rêve de Bébé. — Garnir, par moitié, glaces ananas et framboises. Entre les 2 glaces, petites fraises macérées au suc d'orange. Entourer de crème Chantilly. Parsemer de violettes pralinées.

Madame Sans-Gêne. — Foncer avec glace vanille. Remplir le milieu avec groseilles rouges de Bar. Recouvrir de crème Chantilly.

Stella. — Garnir à moitié de glace vanille. Sur celle-ci, petite meringue et demi abricot poché et pelé. Sauce Abricot au Kirsch. Cordon de crème Chantilly.

Tutti-frutti. — Remplir, par couches alternées, avec glaces, fraise, ananas, citron et salpicon de fruits confits macéré au Kirsch marasquin.

Thaïs. — Garnir à moitié de glace vanille. Sur celle-ci, demi-pêche entourée de crème Chantilly. Copeaux de chocolat sur la crème.

Vénus. — Garnir à moitié de glace vanille. Dans chaque

coupe, petite pêche pochée avec une fraise dessus. Entourer d'un cordon de crème Chantilly.

Victoria. — Garnir le fond de débris de marrons glacés macérés au Kirsch. Finir de remplir avec glaces vanille et fraise. Marron glacé au milieu de la coupe.

GLACES DIVERSES

Alhambra. — *Moule à Madeleine* : Chemiser glace vanille. Intérieur, crème Chantilly additionnée de fraises macérées à la liqueur de noyau.

Carmen. — *Moule à côtes* : Glaces vanille, café, framboise, moulées dans le sens vertical.

Comtesse Marie. — *Moule carré* : Chemiser glace fraise. Intérieur, glace vanille. Après démoulage, décorer glace vanille.

Coucher de Soleil. — Purée de fraises à la liqueur Grand-Marnier, glacée à la Sorbetière et additionnée de crème Chantilly. Dresser en coupes.

Dame-Jeanne. — *Moule à Madeleine* : Chemiser glace vanille. Intérieur, crème Chantilly additionnée de fleur d'oranger pralinée

Dora. — *Moule à Madeleine* : Chemiser glace vanille. Intérieur, crème Chantilly additionnée d'ananas en dés et groseilles de Bar.

Etoile du Berger. — *Moule forme étoile* : Chemiser glace framboise. Intérieur, Mousse à la Bénédictine. Démouler sur fond en sucre filé.

Fleurette. — *Moule carré* : Glaces fraise et ananas en couches alternées. Après démoulage, décorer glace citron.

Francillon. — *Moule carré* : Chemiser glace café. Intérieur, glace à la fine Champagne.

Fromages glacés. — *Moules à côtes* : Deux glaces de couleurs et parfums différents, moulés verticalement.

Gourmets (des). — *Moule Bombe* : Chemiser glace pralinée vanille. Intérieur, glace marrons au Rhum et crème Chantilly vanillée, par couches alternées.

Iles (des). — *Moule à Madeleine* : Chemiser glace vanille. Intérieur, glace ananas.

Mandarines givrées. — Cerner; vider. Remplir les écorces avec glace à la mandarine. Refermer avec partie enlevée. Asperger d'eau, au pinceau. Mettre en rafraîchissoir sanglé.

Mandarines aux perles des Alpes. — Comme ci-dessus. Ecorces garnies de Mousse à la mandarine additionnée de bonbons à la Chartreuse. Procéder comme pour « Mandarines givrées ».

Marie-Thérèse. — *Moule à Madeleine :* Chemiser glace chocolat. Intérieur crème Chantilly vanillée. Après démoulage, décorer glace ananas.

Meringues glacées. — Coquilles de meringue, garnies de glace au choix, accouplées par deux.

Plombière. — *Moule à parfait :* Glace vanille, additionnée de fruits confits macérés au Kirsch, montée par couches alternées de marmelade d'abricots.

GRANITES ET MARQUISES

Les *Granités* se font avec sirops aux jus de fruits réglés à 14°. Se glacent à la Sorbetière.

Les *Marquises* se font avec compositon de Sorbet au Kirsch et s'additionnent, après glaçage, de crème Chantilly à la purée de fraises ou d'ananas.

MOUSSES GLACEES

A la crème : Crème Anglaise préparée avec 500 grammes de sucre en poudre ; 16 jaunes ; un demi-litre de lait. Après refroidissement, ajouter un demi-litre de crème ordinaire et 20 grammes de gomme adragante. Fouetter sur glace jusqu'à ce que la composition soit mousseuse. En moules foncés de papier. Sangler

Aux fruits : Mélange en parties égales de sirop froid à 35° et de purée de fruits ; le double de crème Chantilly. Mouler et sangler comme « Crème. »

PARFAIT

Composition : 32 jaunes ; un litre de sirop à 28°. Mélanger ; cuire comme Crème Anglaise ; fouetter sur glace jusqu'à refroidissement. Ajouter un litre de crème fouettée et parfum. Mouler et sangler.

PUNCH A LA ROMAINE

Composition : Sirop à 22° ramené à 17° par addition de vin blanc ou de Champagne. Ajouter jus d'orange et de citron ; zeste d'orange et citron. Infuser une heure. Passer. Glacer à la Sorbetière. Finir avec Meringue italienne et rhum. Dresser comme Sorbets.

SORBETS

Composition : Vin de Porto, Samos ou Sauternes ; jus d'oranges et de citrons ; sirop à 22°. Régler à 15°. Glacer à la Sorbetière. Finir avec Meringue italienne et liqueur ou Grand vin. Dresser en verres spéciaux.

SPOOMS

Se font principalement avec vins de Champagne, Samos, Muscat, Zucco, etc. Sirop comme pour Sorbet, réglé à 20°. Quantité double de meringue italienne.

SAVORYS

(Abréviations : *Can.* : Canapés. *Tart.* : Tartelettes.)

Allumettes. — Bande de feuilletage tartinée de sauce Béchamel réduite, cayennée. Saupoudrer Parmesan râpé. Détailler en rectangles de 2 centimètres de largeur. Cuire four moyen.

Anges à Cheval. — Huîtres enveloppées en fines lames de Bacon ; embrochées, assaisonnées et grillées. Dresser sur toast en pain grillé ; saupoudrer de Cayenne et de Breads-Crumps.

Beurrecks. — (Voir *Hors-d'œuvre chauds.*)

Brochettes Lucifer. — Huîtres natives, pochées, ébarbées, enduites de moutarde et embrochées. Paner à l'anglaise. Frire.

Camembert frit. — Enlever la croûte ; détailler en losanges ; cayenner. Paner à l'anglaise. Frire.

Canapés — Tranches de pain de mie, carrées, rondes ou rectangulaires, grillées et tartinées de beurre.

Can. Anchois. — Tartinés beurre d'anchois. Filets d'anchois disposés dessus en grillage.

Can. Cadogan. — Creusés ; frits au beurre, garnis d'épinards et huîtres. Napper sauce Mornay. Glacer.

Can. Écossaise. — Garnis purée de Haddock. Saupoudrer de fromage râpé. Glacer.

Can. des Gourmets. — Très minces. Masqués de fondue au fromage. Rassembler par deux avec tranche de Bacon grillé entre les deux.

Can. aux Kippers. — Comme « Écossaise » avec purée de Kippers.

Can. Ivanohé. — Garnis de purée de Haddock avec petit champignon grillé sur chaque.

Can. aux Laitances. — Garnis de purée de laitances pochées au beurre, additionnée de moutarde et Cayenne. Saupoudrer de fromage. Glacer.

Can. Œufs brouillés. — Garnir d'œufs brouillés. Saupoudrer de Parmesan râpé. Glacer.

Can. Rabelais. — Garnir langue fumée et jambon hachés, liés au beurre moutardé, cayenné. Parsemer de raifort râpé.

Can. Saint-Antoine. — Toasts rectangulaires grillés et beurrés, brûlants. Couvrir d'une couche de Roquefort pétri avec un tiers beurre et pointe de poivre rouge. Glacer à la salamandre. Sur chaque toast, placer une tranche de Bacon, grillée au dernier moment.

Can. aux Sardines. — Garnir avec filets de Sardines à l'huile, dépouillés.

Can. de Saumon. — Comme « Écossaise » avec purée de Saumon fumé.

Champignons sous cloche. — Moyens. La cavité garnie de Beurre Maître-d'Hôtel et crème. Cuire sous cloche en verre.

Chester cakes. — Farine, beurre et Chester râpé en quantités égales. Sel et cayenne. Détremper avec un peu d'eau. Détailler en ronds de 5 centimètres de diamètre. Dorer ; piquer ; cuire à four moyen.

Choux crème. — Petits choux grosseur noisette, cuits très secs, fourrés crème fouettée additionnée de Parmesan râpé.

Condés. — Abaisse de feuilletage comme pour « Allumettes ». Masquer de sauce Béchamel liée aux jaunes d'œufs, réduite et cayennée. Saupoudrer de brunoise de Gruyere. Détailler et cuire comme « Allumettes ».

Crèmes frites. — Crème pâtissière, sans sucre, très épaisse, additionnée de fromage râpé, étalée sur plaque et refroidie. Détailler en losanges ; paner à l'anglaise. Frire.

Délices. — Foie gras truffé, cuit en terrine avec gelée au Champagne. Refroidir. Servir avec tranches de mie de pain grillées, brûlantes.

Diablotins. — Petits gnokis pochés, saupoudrés de fromage râpé cayenné. Gratiner au moment.

Diablotins d'Épicure. — Petits toasts grillés, garnis, brûlants avec composition de un demi-roquefort écrasé, un quart de beurre ; un quart noix sèches hachées, relevée au cayenne.

Laitances à la Diable. — Pochées au beurre, roulées en moutarde cayennée. Dresser sur petits toasts rectangulaires.

Omelettes Berwick. — Toutes petites omelettes fourrées de purée de laitances salées et saumon fumé pochées au beurre. Arroser beurre fondu cayenné.

Paillettes Parmesan. — Rognures de feuilletage tourées cinq ou six fois en saupoudrant de Parmesan râpé cayenné. Détailler en baguettes de 10 centimètres de long sur 4 millimètres de large et autant d'épaisseur. Cuire à four chaud.

Pannequets Moscovite. — Rectangles de crèpes sans sucre, tartinées de caviar cayenné et roulées en cigarettes.

Sardines à la Diable. — Fraîches. Enlever peau et arête ; enduire de moutarde cayennée. Paner à l'anglaise. Frire.

Scoot-Woodook. — Épaisses tartines de pain, couvertes de sauce au beurre épaisse, additionnée de câpres et purée d'anchois. Saupoudrer de fromage râpé ; glacer ; détailler en rectangles.

Tart. Agnès. — Quiches tartelettes (V. *Hors-d'œuvre chauds*). Sur chacune, rond de moelle pochée, roulée dans la glace de viande et persillée.

Tart. Écossaise. — Croûtes garnies de purée de Haddock liée sauce Béchamel.

Tart. Florentine. — Croûtes garnies de Soufflé au Parmesan additionné de truffe râpée, queues d'écrevisses en dés, assaisonné à la mignonnette. Cuire 3 à 4 minutes.

Tart. Kitchener. — Croûtes garnies de Salpicon de haddock poché, lié sauce Mornay au currie. Glacer.

Tart. Marquise. — Foncées en pâte fine. Garnies, fond et parois, d'une couche de pâte à gnoki. Au milieu, sauce Mornay cayennée. Saupoudrer de fromage. Cuire à four vif.

Tart. Raglan. — Croûtes garnies au tiers avec purée de laitances de harengs fumés. Couvrir avec Soufflé de haddock. Cuire.

Tart. Tosca. — Croûtes garnies avec queues d'écrevisses cuites à la Bordelaise. Couvrir de Soufflé Parmesan. Cuire.

Tart. Vendôme. — Foncer en pâte fine. Garnir avec mélange de : cèpes, échalote, œuf dur, moelle, hachés ; mie de pain, sel et cayenne, jus de citron, glace de viande. Rondelle de moelle crue sur chacune. Cuire au dernier moment.

Welsh-Rarebit (A). — Toast épais, grillé, beurré, couvert de Chester râpé mélangé de Cayenne. Glacer à four vif (B). Même fromage émincé, fondu avec filet de Pale-ale et moutarde anglaise. Verser sur le toast, égaliser, saupoudrer de Cayenne.

BOISSONS AMÉRICAINES

Cocktails. — Cobblers. — Cups, etc.

L'usage des Boissons américaines dénommées « Cocktails », qui ne fut d'abord qu'une spécialité de Bars, s'est généralisé à peu près partout et, sans entrer dans l'exposé de multiples recettes, cet *Aide-Mémoire* doit tout au moins en mentionner quelques-unes.

Je ne discuterai, ni sur l'excentricité de ces breuvages, ni sur les effets au point de vue hygiénique, de ces mixtures réclamées par des natures blasées à la recherche de jouissances factices, qui ne sont, pour la plupart, que des apéritifs surexcitants.

Quelles que soient mes idées personnelles à ce sujet, j'ai surtout à tenir compte que ces boissons, ayant des amateurs, il importe de contenter leurs désirs, et que je dois renseigner mes lecteurs.

Si nombreuses que puissent être les recettes de Cocktails et leur originalité apparente, elles peuvent être indéfiniment augmentées par la possibilité de diversité des mélanges.

Toutefois, d'une étude attentive des recettes publiées, et de celles qui, journellement s'exécutent sous mes yeux, j'en conclus qu'elles se réduisent en somme aux quelques types principaux qui sont mentionnés ici.

MATÉRIEL POUR COCKTAILS

1° Grand verre, légèrement évasé, d'une contenance moyenne de 6 décilitres (ou Gobelet de mêmes forme et dimensions), où se rassemblent les éléments du Cocktail.

2° Gobelet en argent, emboîtant et fermant hermétiquement l'ustensile susdit, pour permettre d'agiter fortement le mélange du gobelet double, en argent, dit *Shaker*.

3° Cuiller en argent, de forme demi-sphérique, percée de trous, s'adaptant exactement sur l'ustensile de mélange et faisant office de passoire. (Peut être remplacée par une passoire fine.)

4° Rabot-caisse, ou moulin à broyer, pour préparation de la glace. (Laquelle peut être aussi simplement pilée.)

5° Chalumeaux (petits tuyaux de paille pour l'absorption du liquide.)

Observations : J'adopte comme type de mesure le *verre à Madère*. En conséquence, là où il sera seulement indiqué : un demi v. ou un tiers de v., on comprendra qu'il s'agit d'un demi ou d'un tiers de verre à Madère. Le terme *trait*, dont je me sers, correspond à ce que nous appelons plus communément *un filet* (filet de jus de citron), c'est-à-dire une petite quantité.

Absinthe Cockt. — Un tiers de v. d'absinthe verte, 2 gouttes d'orange. Bitters, 2 gouttes d'anisette, deux tiers d'eau glacée.

Adonis Cockt. — Un demi v. de sherry, un demi v. de Vermouth italien, 2 traits d'orange-bitters.

Adoré Cockt. — Un quart de v. d'absinthe, 2 cuillerées à café d'anisette de Bordeaux, 3 quarts d'eau glacée. Remuer et servir.

Alaska Cockt. — Un tiers de v. de chartreuse jaune. 2 tiers de v. de vieux gin, un trait d'orange-bitters, glace pilée. Agiter et servir.

Alexis Cockt. — 3 quarts de v. d'Armagnac, un quart de v. de Bénédictine, un zeste d'orange.

Anderson Cockt. — Un quart de v. de vermouth italien, trois quarts de v. de gin sec, pelure d'orange.

Auto Cockt. — Un tiers de v. de vermouth français, un tiers de vieux gin, un tiers de whisky, glace pilée. Agiter.

Ballantine Cockt. — Un tiers de v. de vermouth français, 2 tiers de v. de gin sec, une goutte d'absinthe.

Beauty Cockt. — Un quart de v. de vermouth français, un quart de v. de vermouth italien, un demi v. de gin, une cuillerée à café de jus d'orange, quelques gouttes de sirop de grenadine.

Blackstone Cockt (N° 1). — Un quart de v. de vermouth italien, 2 quarts de v. old gin, pelure de citron. Agiter.

Blackstone Cockt (N° 2). — Un tiers de v. de vermouth français, deux tiers de v. de gin sec, pelure d'orange. Agiter.

Blackstone Cockt (N° 3) (spécial). — Deux gouttes d'absinthe, un tiers de v. de vermouth français, 2 tiers de v. de gin sec, pelure de citron au dessus.

Boles Cockt. — Un quart de v. de vermouth italien, un quart de v. de vermouth français, un demi-v. de gin sec. Agiter et passer. Pelure d'orange.

Booby Cockt. — Un v. de gin, une cuillerée à café de sirop de grenadine, une cuillerée à café de jus de citron, glace pilée. Agiter et servir dans verre à Bordeaux.

Brandy Cockt. — Dans un grand verre : petits morceaux de glace, 2 traits d'orange-bitters, 2 traits de sirop nature, un v. de cognac. Agiter et passer.

Brandy Daisy. — Dans un grand verre : glace pilée, une cuillerée à café de jus de citron, une demi-cuillerée de sirop nature et autant de sirop d'orange, un v. de cognac. Agiter et finir de remplir avec eau de Seltz.

Broux Cockt. — Un demi v. de gin sec, un quart de v. de vermouth italien, un quart de v. de vermouth français, pelure d'orange. Agiter.

Broux Dry. — Un demi v. de gin sec, un demi v. de vermouth français, une cuillerée à café de jus d'orange. Agiter.

Brut Cockt (goût français). — Un trait angostura-bitters, un tiers de v. d'amer Picon, deux tiers de v. de vermouth français.

Calvados Cockt. — Une goutte d'angostura, un tiers de v. de curaçao, deux tiers de v. de Calvados. Agiter et servir.

Cardinal Cockt. — Trois quarts de v. de vieux Kirsch, 3 gouttes de maraschino, une cuillerée à dessert de sirop de fraises. Servir avec une belle fraise dans le verre.

Champagne Cobbler. — Grand verre à demi rempli de glace pilée; ajouter une cuillerée à dessert de sucre en poudre et une rondelle d'orange. Finir de remplir avec du Champagne, garnir de fruits frais. Servir avec chalumeau.

Champagne Cup. — Dans une timbale : 2 bouteilles de Champagne, 2 fortes cuillerée à soupe de sucre en poudr un v. de cognac, un v. de curaçao, 2 branchettes de mélisse, une petite orange coupée en minces rondelles, une demi-bouteille de Soda ou d'eau de Seltz. Mélanger avec une louche ; ajouter petites fraises et dés d'ananas, rafraîchir fortement et servir dans des verres à Bordeaux.

Champenois Cockt. — Dans un verre à champagne : un v. à liqueur de Curaçao Marnier ; finir de remplir avec du Champagne. Remuer et servir avec chalumeau.

Chantecler Cockt (ou Cloves-Club). — 3 quarts v. de gin, 2 cuillerées à café de sirop de grenadine, un blanc d'œuf. Frapper, passer et servir.

Chatelaine Cockt. — Dans un verre à Champagne : un v. à liqueur de sirop de fraises et petits morceaux de glace. Finir de remplir avec de la Tisane de Champagne. Servir avec chalumeau.

Chicago Cockt. — Grand verre à demi rempli de glace. Ajouter : une cuillerée à dessert de sirop nature, un demi de Curaçao, un trait d'angostura, un v. de fine Champagne, un v. de Champagne.

Claret cup. — Dans une timbale ou un grand bol : 2 bouteilles de vin rouge (Bordeaux ou Bourgogne), 2 fortes cuillerées à soupe de sucre en poudre, 8 rondelles d'orange et autant de citron, ananas coupé en tranches minces, un v. de marasquin. Mélanger avec une louche ; ajouter eau de Seltz et cerises. Servir dans verre à Bordeaux.

Clover Leaf Cockt. — Dans un gobelet : Petits morceaux de glace, jus d'un demi-citron, un blanc d'œuf ; un demi-v. de gin sec, une cuillerée à café de sirop de framboises. Agiter fortement et passer.

Coffée Cockt — Une cuillerée à café de sucre en poudre, un œuf, un demi-v. de port wine, un demi-v. de Brandy. Agiter fortement et servir dans verre à Bordeaux.

Colonial Cockt. — Un v. de gin, un demi-v. de marasquin, un v. de grape-fruit, glace pilée. Mélanger et servir dans verre à Bordeaux.

Columbus Cockt. — 2 tiers v. de vermouth français, un tiers v. d'angostura-bitters, glace pilée. Bien agiter.

Cordial-Cockt. — Un tiers v. de liqueur de gentiane, 2 tiers v. de vin blanc de Savoie.

Derby Cockt. — Angostura, sirop d'ananas et marasquin (une cuillerée à café de chaque), 3 quarts v. de fine Champagne, un v. de Champagne. Servir dans verre à Bordeaux avec deux belles fraises.

Derby Cobbler. — Dans un gobelet à demi rempli de glace pilée : 2 cuillerées à café de sucre en poudre, un tiers v. de sirop d'ananas, un v. et demi de Xérès. Agiter fortement. Compléter avec fraises, tranches d'ananas et un trait de Porto.

Dijonnais Cockt. — Deux tiers-v. de fine Champagne, un tiers v de crème de cassis ; un zeste d'orange.

Dry Martin Cockt. — Un demi-v. de vermouth français. un demi-v. de gin sec, petits morceaux de glace. Agiter et passer.

Dubonnet Cockt. — Un demi-v. de gin, un demi-v. de Dubonnet, un trait d'orange bitters. Agiter.

Duchesse Cockt. — Un tiers v. vermouth italien, un tiers v. de vermouth français, un tiers v. d'absinthe. Bien mélanger.

Egg. nogg. — Dans un gobelet : un tiers de glace pilée, un œuf frais, une cuillerée à soupe de sucre en poudre, un v. de whisky. Finir de remplir avec du lait. Agiter et passer.

Excelsior Cockt. — 3 quarts v. de vin blanc de Touraine, un quart v. de Sherry Brandy.

Fanny Cockt. — Un demi-v. de gin, un quart v. d'anisette, un jaune d'œuf. Bien frappé.

Favori Cockt. — 3 quarts v. de vin blanc de Touraine, un quart de v. vermouth français, 2 cuillerées à café de sirop de framboises.

Francine Cockt. — 2 tiers v. de liqueur de gentiane, un tiers v. de liqueur fraisette.

Galopin Cockt. — Un demi-v. de vin blanc, un quart v. de sirop de grenadine, un quart v. de kirsch.

Gigolo Cockt. — Un demi-v. de vermouth français, un quart v. de gin sec, un quart v. de cassis de Dijon.

Gin Daisy. — Se prépare comme le Brandy Daisy.

Gin Fix. — Dans un grand gobelet : 2 cuillerées à café de sucre en poudre, un quart v. de sirop d'ananas, un v. de genièvre, glace pilée et fruits frais.

Gin Flip. — Dans un gobelet : glace pilée, une cuillerée à café de sucre en poudre, un demi-v. de gin, un jaune d'œuf frais. Agiter, passer dans un verre ordinaire forme droite. Pincée de muscade râpée répandue sur la surface.

Graziella Cockt. — Dans un verre : un morceau de sucre

dissous avec 2 tiers v. de lait bouillant ajouté petit à petit, un tiers v. de vieux rhum, un jaune d'œuf frais.

Grog Américain. — Dans un verre à grog : une cuillerée à dessert de sucre en poudre, un petit jus de citron, un v. à liqueur de rhum, un v. à liqueur de cognac, une cuillerée à café de curaçao. Finir de remplir avec eau bouillante. Ajouter une rondelle d'orange.

Havanais Cockt. — Dans un verre à vin de Bordeaux : 2 tiers v. vermouth français, un tiers v. de curaçao sec, 2 cuillerées à café de fraisette. Finir de remplir avec glace pilée. Servir avec chalumeau.

Isabelle Cockt. — Mélange par moitié de sirop de grenadine et de crème de cassis. Petit morceau de glace dans le verre.

Italian Cockt. — Un demi-v. de vermouth italien, un quart v. de sirop de grenadine, un quart v. de Fenet-branca.

Japonais Cockt. — Un demi-v. de vermouth italien, un tiers v. de whisky, 2 cuillerées à café de sirop de grenadine, 2 cuillerées à café de curaçao.

Jones Cockt. — 3 quart v. de Gordon gin, un quart v. de vermouth français, quelques gouttes d'angostura.

Knickerboker Cockt. — Dans un gobelet en argent : petits morceaux de glace, le jus de un quart de citron, un v. à liqueur de sirop de framboises, un v. à liqueur de vieux rhum, une cuillerée à café de curaçao. Agiter et passer.

Lusitania Cockt. — 2 tiers v de vermouth français, un tiers v. de cognac, un trait d'absinthe, un trait d'orange-bitters.

Manhattan Cockt. — 2 gouttes d'angostura-bitters, un demi v. de vermouth italien, un demi v. d'eau-de-vie de seigle. Mélanger avec glace ; passer. (Certains remplacent l'eau-de-vie de seigle par du whisky et mettent une cerise ou une olive au fond du verre.)

Martini Cockt (demi-sec). — Dans un gobelet en argent : petits morceaux de glace, un demi-v. de gin, un quart v. de vermouth français, un quart v. de vermouth italien, 2 gouttes d'orange-bitters. Agiter et passer.

Martini Cockt (sec). — Même préparation que ci-dessus, moins le vermouth italien.

Martini Cockt (doux). — Même préparation, moins le vermouth francais.

Menthe glacée. — Remplir le verre de glace pilée; verser dessus de la menthe verte. Servir avec chalumeau piqué dans la glace. Cette composition se fait de même avec du Kummel, de la chartreuse verte, ou moitié anisette et fine champagne.

Mignon Cockt. — 3 quart de v. de fine champagne, un quart de v. de sirop de fraises, 4 gouttes de liqueur de vanille.

Milk punch. — Dans un grand verre : une cuillerée de sucre en poudre, lait chaud ou froid, un demi-v. de cognac, un demi-v. de rhum. Agiter, passer; ajouter pincée de muscade râpée.

Minette Cockt. — Un quart v. de gin, un quart v. de vermouth français, un quart v. de vermouth italien, 2 gouttes de Ferret-branca, 3 gouttes de Pernod, une cuillerée à café de sirop de grenadine, un zeste d'orange.

Mint Julep. — Dans un gobelet : un tiers d'eau, une cuillerée à soupe de sucre en poudre, un v. de cognac, 3 brindilles de menthe fraîche. Mélanger : changer de gobelet, compléter avec feuilles de menthe, fruits de saison et trait de liqueur à volonté. (La préparation est la même avec gin, whisky ou champagne.)

Montana Cockt. — Un quart v. de vermouth français, un demi-v. de cognac, 2 traits d'angostura, 2 gouttes de porto, 2 gouttes d'anisette.

Orange Blosson Cockt. — Un demi-v. jus d'orange, un demi-v. de gin.

Parfait Cockt. — Un demi-v. de whisky, un demi-v. de cassis de Dijon.

Parisien Cockt. — Un v. de Kirsch, le jus d'un limon. Mélanger.

Pick-me-up Cockt. — Dans un gobelet : petits morceaux de glace, un tiers v. de cognac, un tiers v. de vermouth italien, un tiers v. d'absinthe. Agiter et passer.

Poilu Cockt. — Un tiers v. d'anisette, 2 tiers d'eau-de-vie de cidre.

Polo Cockt. — Un tiers de jus de grape-fruit (pamplemousse), un tiers de jus d'orange, un tiers de gin. Mélanger; servir dans verre à Bordeaux.

Rose Cockt. — 2 tiers v. de gin, un tiers de jus d'orange et sirop de grenadine en parties égales.

Royal fizz. — Un v. de gin, une cuillerée à café de sucre en poudre, un peu de crème bien froide.

Royal Smile Cockt. — Un demi-v. de vermouth français, un demi-v. d'eau-de-vie de pommes, un petit jus de citron, une cuillerée à café de sirop de grenadine.

Saint-James Cockt. — Dans un grand gobelet : Petits morceaux de glace, une cuillerée à dessert de sirop nature, un trait de curaçao, un trait d'anisette, un trait d'angostura, un v. de rhum Saint-James. Agiter et passer.

Sherry Cobbler. — Dans un gobelet : 2 tiers de glace pilée, 2 cuillerées à café de sucre en poudre, un trait de cognac et de curaçao, 2 v. de Xerès. Agiter, passer; ajouter 2 rondelles d'orange et un trait de Porto rouge.

Sherry Cockt. — Un v. de sherry, une goutte d'orange-bitters, une goutte d'angostura.

Tango Cockt. — Un tiers v. de vermouth italien, 2 tiers v. de gin sec, une cuillerée à café de liqueur d'abricot.

Tipo-tap Cockt. — 3 quarts de v. de vermouth français, un quart de v. de bénédictine, 3 gouttes d'orange-bitters. Mélanger.

Tommy Cockt. — 2 tiers de v. de whisky, un tiers de v. de sirop de grenadine.

Verdunois Cockt. — Un demi-v. de menthe verte, un demi v. de fine-champagne. Bien glacé.

Whisky flip. — Dans un gobelet : un œuf frais battu, une cuillerée à dessert de sucre en poudre, un v. de whisky. Agiter, passer, ajouter de la muscade râpée.

Menus Types

JANVIER

DÉJEUNER

Hors-d'œuvre.
Œufs moulés Verdi.
Epaule d'Agneau de lait Parmentier.
Terrine de Faisan à la gelée.
Salade d'Endive.
Poires Impératrice.
Galette feuilletée.

DINER

Petite Marmite.
Turbotin Bonne Femme.
Ris de veau poelés.
Pointes d'asperges au beurre.
Bécassines Chasseur.
Salade de Laitue.
Mont Blanc aux Marrons.
Mirlitons de Rouen.

SOUPER

Caviar frais.
Consommé de volaille en tasse.
Mignonnettes de Sole diablées.
Côlelettes d'Agneau de lait Maréchal.
Petits Pois (primeur) au beurre.
Parfait de Foie gras.
Roast chauds.
Mandarines glacées.
Petits Mille-Feuille.

Menus Types

FÉVRIER

DÉJEUNER

Hors-d'œuvre. Huîtres ravigote.
Rougets à la Livournaise.
Châteaubriand Béarnaise.
Pommes soufflées.
Terrine de Canard Rouennaise.
Salade de Chicorée.
Soufflé Elisabeth.
Puits d'amour.

DINER

Potage Bortsch.
Timbale de Sole Grimaldi.
Selle de Chevreuil Grand Veneur.
Purée de Châtaignes.
Chapon rôti.
Salade verte.
Coupes Hélène.
Palmiers.

SOUPER

Consommé de tortue au Marsala.
Queues d'Ecrevisses à la Nantua.
Pilaw de Cailles à l'Orientale.
Blanc de Poulet sur mousse de tomate.
Salade Rachel.
Asperges de Lauris.
Biscuit Sigurd.
Gaufrettes Anglaises.

Menus Types

MARS

DÉJEUNER

Hors-d'œuvre. Crevettes roses.
Brandade truffée.
Filets mignons de veau Orloff.
Concombres à la crème.
Asperges vertes à l'huile.
Crêpes Châtelaine.
Fruits.

DINER

Crème de volaille à l'aurore.
Filets de Barbue Dieppoise.
Baron d'Agneau à la broche.
Pommes Mireille.
Rouge de rivière au Porto.
Salade Lorette.
Haricots verts nouveaux au beurre.
Parfait au Café.
Sacristains.

SOUPER

Caviar de Sterlet.
Consommé à l'essence de Céleri.
Filets de Truite glacés sur mousse au Volnay.
Suprême de Poulet Saint-Germain.
Petits Pois frais de Nice.
Friands au fromage.
Pêches du Cap Melba.
Tartelettes perlées.

Menus Types

AVRIL

DÉJEUNER

Œufs de Pluvier.
Anguille à la Tartare.
Poussins Valentinois.
Pointes d'Asperges au beurre.
Fricandeau à la gelée.
Cœurs de Laitue.
Bananes Soufflées.
Croquets de Bordeaux.

DINER

Potage Longchamps.
Sole Meunière aux morilles.
Jambon de Prague au Marsala.
Fèves de Marais.
Poulet de grains à la broche
Cœurs de Romaine.
Fraises Fémina.
Gâteaux Condé.

SOUPER

Consommé à l'essence de morilles.
Truites de rivière à la nage (froides).
Côtelettes d'agneau Villeroy.
Petits pois à l'Anglaise.
Cailles Richelieu.
Salade de Laitue.
Pêches Adrienne.
Gaufrettes Normandes.

Menus Types

MAI

DÉJEUNER

Melon Cantaloup.
OEufs Grand Duc.
Rumpsteak Mirabeau.
Pommes Persillées.
Terrine de Poulet à la gelée.
Salade Printanière.
Ananas à la Créole.
Croquets de Bordeaux.

DINER

Potage Saint-Germain.
Turbotin Dugléré.
Epigramme d'Agneau Jardinière.
Caneton de Rouen au sang.
Salade de Romaine.
Asperges à la Polonaise.
Fraises Sarah-Bernhardt.
Conversations.

SOUPER

Melon Cocktail.
Velouté léger de Poulet en tasse.
Filets de Sole glacés sur mousse de Crevettes.
Côtelettes de volaille Pojarski.
Petits pois à la Française.
Terrine de Canard au Porto.
Salade Saint-Jean.
Mousse aux fraises parfumée au Curaçao.
Langues de chat.

Menus Types

JUIN

DÉJEUNER

Hors-d'œuvre divers. Melon au gingembre.
Œufs Polignac à la gelée.
Croquettes de volaille à la Soubise tomatée.
Jambon sous la cendre.
Fèves à la Sarriette.
Salade Bagration.
Nectarines Orientale.
Gaufrettes roulées.

DINER

Consommé Rachel.
Darne de saumon sauce Génevoise.
Pigeonneaux aux petits pois.
Selle de Présalé poêlée
Purée d'artichauts.
Salade Irma.
Abricots meringués.
Sablés de Lisieux.

SOUPER

Consommé Madrilène en tasse.
Paillettes au Parmesan.
Homard à la New-burg.
Noisettes d'agneau Maréchal.
Pointes d'asperges à la crème.
Dindonneau en daube (froid).
Salade Américaine.
Framboises rafraîchies. Crème Chantilly.
Conques glacées.

Menus Types

JUILLET

DÉJEUNER

Grape-fruit. Jambon de Parme.
Timbale de Sole aux Raviolis.
Rognons d'agneau sautés au Paprika.
Champignons à la Crème.
Poulet Reine en gelée à l'estragon.
Salade de légumes.
Ananas frais au kirsch.
Eclairs au café.

DINER

Consommé Madrilène.
Paillettes au Parmesan.
Merlans à l'anglaise.
Selle d'Agneau Soubise.
Flageolets nouveaux au beurre.
Pommes Byron.
Jeunes Pintades en Cocotte.
Salade de romaine et tomate.
Bombe Hélène.
Papillons caramélisés.

SOUPER

Coupe de Melon au Porto.
Consommé Viveur.
Petits Palets au fromage.
Timbale de crevettes roses au Paprika.
Riz Pilaw.
Poussins Grand'mère.
Salade mélangée (mode Niçoise).
Mousse de Jambon Alsacienne.
Pêche au Sabayon.

Menus Types

AOUT

DÉJEUNER

Melon de Chypre — Saumon fumé.
Omelette à l'Espagnole.
Longe de Veau poêlée au beurre.
Fonds d'Artichauts émincés sauce Suprême aux truffes.
Flan aux Champignons.
Pêches Bourdaloue.
Mille-Feuilles.

DINER

Petite Marmite.
Filets de Sole Dugléré.
Timbale de Ris d'Agneau Toulousaine.
Coquillettes à la Crème.
Grouse à l'Ecossaise (Bread-Sauce).
Pommes Chip.
Céleri à la moelle.
Mousse à l'Ananas.
Gaufrettes Flamandes.

SOUPER

Consommé de Poulet en gelée.
Coquilles d'Ecrevisses Nantua.
Noisettes d'Agneau Lavallière.
Pommes Parisienne.
Grouses froides à la gelée.
Salade de Laitue aux œufs.
Biscuit glacé.
Eclairs caramélisés.

Menus Types

SEPTEMBRE

DÉJEUNER

Huîtres Côtes Rouges.
Œufs Grand Duc.
Pilaw de rognons de coq à l'Orientale.
Aubergines sautées aux tomates.
Grouse à la gelée.
Salade de Chicorée et Betterave.
Bananes flambées au Rhum.
Eclairs au café.

DINER

Consommé aux ailerons de Poulet à l'Ecossaise.
Mostèle à l'Anglaise.
Selle de Veau Orloff.
Concombres au Velouté.
Perdreaux aux feuilles de Vigne.
Salade Floride.
Cèpes persillés.
Poires Jubilé.

SOUPER

Caviar frais.
Consommé de Poulet en tasse.
Tartelettes à la moëlle.
Côtelettes d'Agneau de Pauillac Maréchal.
Fonds d'artichauts émincés à la crème.
Cailles Richelieu.
Salade de Laitue aux œufs.
Petits Soufflés glacés.
Langues de Chat.

Menus Types

OCTOBRE

DÉJEUNER

Huîtres — Cocktail.
Gnokis à la Parisienne.
Sauté d'Agneau Chasseur.
Pommes rissolées.
Terrine de Perdreau Toulousaine.
Salade Barbe de Capucin et Betterave.
Savarin aux fruits.

DINER

Velouté de Poulet au Paprika rosé.
Sole Véronique.
Ris de Veau Financière.
Nouilles à l'Alsacienne.
Faisan à la Broche.
Salade de Chicorée.
Céleri à la moëlle et Parmesan.
Soufflé Lérina.

SOUPER

Caviar frais — Blinis.
Soupe à l'oignon gratinée.
Huîtres à l'Anglaise.
Perdreaux aux raisins à la crème.
Salade de blanc de Poulet, artichauts et truffes.
Poires Bohémienne.
Macarons.

Menus Types

NOVEMBRE

DÉJEUNER

Cèpes marinés. — Salami de Bologne.
Bouillabaisse Provençale.
Selle d'Agneau de lait en cocotte,
aux truffes de Vaucluse.
Nouilles au beurre.
Croustade de Grives aux Olives noires.
Salade de Laitue.
Poires Mireille.
Macarons d'Aix.
(Menu d'un déjeuner à Carpentras.)

DINER

Velouté Crécy.
Truite saumonée au coulis d'Ecrevisses.
Poularde Derby.
Selle de Chevreuil Grand Veneur.
Purée de Châtaignes — Sauce groseille au raifort.
Cœurs d'artichauts garnis de pointes d'asperges à la crème.
Pommes à la Châtelaine.
Friandises.

SOUPER

Caviar frais — Crêpes au blé noir.
Consommé au suc de pommes d'amour.
Paillettes au Parmesan.
Cuisses de Grenouilles Meunière.
Faisan en cocotte à la Périgourdine.
Salade Lorette.
Soufflé au Paprika.
Coupes Adelina Patti.

Menus Types

DÉCEMBRE

DÉJEUNER

Variétés Norvégiennes — Huîtres à l'Américaine.
Matelote de Carpe et Anguille.
Ris d'Agneau sautés au beurre sauce Ivoire.
Pommes Macaire.
Pâté de Lièvre à la gelée.
Salade d'Endive et Betterave.
Tarte aux Poires.
Crème Chantilly.

DINER

Potage Tortue.
Paupiettes de Sole New-burg.
Râble de Marcassin.
Purée de marrons — Sauce Venaison.
Poulet Reine à la broche.
Salade de Cresson et Laitue.
Chou-fleur au gratin.
Mousse pralinée.
Mille-feuilles.

SOUPER

Huîtres — Caviar frais.
Consommé Gladiateur.
Filet de Poulet à l'Anglaise.
Bacon grillé — Purée de Céleri.
Pâté de foie gras.
Salade Vénitienne.
Poires flambées au kirsch.
Biscuit mousseline à l'Orange.

CARTE DU JOUR (janvier).

DINER

Hors-d'œuvre.

Caviar frais. Huîtres. Saumon fumé. Crevettes roses.
Melon d'Espagne.

Potages.

Petite Marmite. Bortsch russe. Tortue claire. Ox-tail.
Velouté de volaille. Bisque d'écrevisses. Saint-Germain.
Crème de tomate. Soupe aux huîtres.

Poissons.

Turbot. Turbotin. Barbue. Saumon sauce Hollandaise.
Truite saumonée. Truite de rivière.
Rougets grillés. Merlans à l'anglaise. Eperlans à la diable.
Grenouilles.
Soles : Meunière, Bonne femme, Portugaise, Grillées.
Filets de Sole : Walewska, Chambertin.
Homard à l'Américaine.

Relevés.

Filet de bœuf Provençale. Jambon aux épinards.
Chapon poêlé aux nouilles.

Entrées.

Noisettes d'agneau à l'estragon. Côtelettes d'agneau de lait Maréchal.
Ris de veau aux petits pois. Côtelettes de Chevreuil purée de marrons.
Tournedos Rossini. Caille à l'Orientale. Filets de poulet Favorite.
Bécasse en Salmis.

Buffet froid.

Suprême de volaille Jeannette. Mousse de jambon. Caille Richelieu.
Pâté de foie gras.

Rôtis.

Chapon. Poulet Reine. Poulet de grains. Poussins. Cailles. Faisan.
Bécasse. Bécassine. Pluvier. Caneton Nantais.
Caneton de Rouen. Canard sauvage.

Salades.

Simples : Laitue, Chicorée, Barbe de Capucin, Endives.
Composées : Rachel, d'Estrées, Waldorf.

Légumes.

Asperges. Artichauts. Choux de Bruxelles. Chou-fleur. Céleri.
Cardon. Petits pois. Haricots verts. Laitues.

Entremets.

Chauds : Poires Impératrice, Soufflé Rothschild, Beignets de pommes.
Froids : Mont-Blanc aux marrons, Crème au chocolat.
Glaces : Vanille, Fraise, Citron, Mandarine, Biscuit glacé.
Pêches du Cap Melba.

Pâtisseries variées.

CARTE DU JOUR (février).

DÉJEUNER

Hors-d'œuvre.

Huîtres. Saumon fumé. Caviar. Thon. Rillettes.
Saucisson de foie gras.
Sardines. Tomates. Anchois. Salade de pommes de terre.
Œufs farcis. Artichauts à la grecque.

Potages.

Consommé vermicelle. Velouté de tomate.

Œufs.

Grand-Duc. Cocotte. Brouillés aux pointes d'asperges.
Omelettes : Provençale, aux Artichauts, au Fromage.

Poissons.

Saumon grillé Maître-d'hôtel. Truite Meunière.
Barbue fines herbes.
Turbot. Coquilles Saint-Jacques.
Soles : Sur le plat, Colbert, d'Antin, Dieppoise.
Homard à l'Américaine. Langouste Mayonnaise.

Relevés.

Selle de veau aux carottes. Jambon aux petits pois.

Entrées.

Ragoût de mouton aux haricots. Pilaw de foie de volaille.
Rognons sautés Chasseur.
Filets de poulet Rossini. Côtelettes d'agneau Maréchal.
Poussins Grand'Mère.
Saucisses au vin blanc. Rizotto de volaille.

Buffet froid.

Terrine de canard. Parfait de foie gras. Galantine de volaille.
Poularde Périgourdine.
Jambon.
Langue. Roastbeef. Pressed-beef.

Salades.

Simples : Chicorée, Endive, Mâches, Cresson.
Composées : Niçoise, Lorette, Rachel.

Légumes.

Artichauts. Asperges. Petits pois. Haricots verts. Céleri. Épinards.
Chicorée. Tomates.

Entremets.

Chauds : Omelette au rhum, Croûte aux fruits, Pommes au beurre,
Bananes flambées.
Froids : Compote de poires, Macédoine de fruits, Pruneaux,
Crème au caramel.
Glaces : Vanille, Fraise, Citron, Mandarine.

Pâtisseries variées.

CARTE DU JOUR (mars).

DINER

Hors-d'œuvre.

Huîtres Côtes Rouges. Caviar frais. Saumon fumé.
Melon vert d'Espagne. Grape fruit.

Potages.

Consommés : Solange, Monte-Carlo, Royal.
Pot-au-feu. Croûte au pot. Tortue claire. Bortsch. Crème de volaille
Velouté Germiny. Bisque d'écrevisses.

Poissons.

Turbot Hollandaise. Turbotin Nantua. Brandade de Morue.
Saumon au beurre fondu.
Rouget à l'italienne. Merlan sur le plat.
Eperlans a la diable. White bait.
Truite : Au bleu, Meunière, Livonienne.
Soles : Bonne femme, Gratin, Vin blanc.
Filets de sole : Américaine, Victoria. — Homard New burg.

Relevés.

Selle d'agneau aux laitues farcies.
Langue de bœuf braisée (chicorée à la crème). Poule au riz.

Entrées.

Noisettes d'agneau Montpensier. Côtelettes d'agneau de lait Châtillon.
Ris de veau à la Toulousaine. Tournedos Lavallière.
Mousseline de jambon Florentine. Poussins Hermitage.
Filets de poulet Favorite.

Buffet froid.

Pâté de foie de canard. Fricassée de poulet à la gelée.
Suprème de volaille Jeannette. Ballotine d'agneau sauce menthe.

Rôtis.

Poularde. Poulet Reine. Poulet de grains. Pigeons. Caneton de Rouen.
Caneton Nantais. Canard sauvage.

Salades.

Simples : Barbe de Capucin, Cœurs de Laitues, Endives.
Composées : Mascotte, Danicheff, Lorette.

Légumes.

Asperges vertes. Fonds d'Artichauts Mornay. Petits pois frais.
Fèves de marais. Haricots verts. Céleri braisé.
Pommes de terre nouvelles. Epinards.

Entremets.

Chauds : Crêpes Suzette, Soufflé au chocolat, Pommes Bourdaloue.
Froids : Macédoine de fruits au kirsch, Compotes de poires.
Poires Hélène.
Glaces : Vanille, Fraise, Citron, Orange, Coupes Eugénie.

Pâtisseries variées.

CARTE DU JOUR (avril).

DÉJEUNER

Hors-d'œuvre.

Œufs de Pluvier. Melon de couche. Artichauts à la grecque.
Saumon fumé. Caviar. Thon mariné. Royales natives.
Tomates Provençale.

Potages.

Consommé Colbert. Crème de petits pois.

Œufs.

Œufs de Pâques : Jeannette, Florentine, frits, mollets à l'oseille.
Omelettes : aux pointes d'asperges, aux morilles, aux champignons.

Poissons.

Turbot grillé. Filets de barbue Dugléré. Saumon Béarnaise.
Rougets à la Nantaise. Raie au beurre noir. Truite Doria.
Truite froide sauce verte.
Soles : Colbert, sur le plat, Montreuil, Filets de sole Richelieu,
Homard à l'Américaine, au gratin.

Relevés.

Agneau de Pâques Parmentier. Jambon aux nouilles sauce Xérès.

Entrées.

Poulet de grains Belle Meunière. Poulet sauté forestière.
Croquettes de volaille aux pointes d'asperges.
Brochettes de foies de volaille. Tournedos Helder.
Escalope de veau printanière. Côtelettes d'agneau aux petits pois.
Rognon de veau en cocotte à la crème.

Buffet froid.

Terrines : de poulet à la gelée, de canard Rouennaise,
de Bœuf à la mode, de Foie gras Périgourdine. — Jambon, Langue,
Galantine de volaille, Agneau sauce menthe.

Salades.

Simples : Romaine, Laitue, Cresson alénois.
Composées : Artichauts et Asperges, Haricots verts et tomates,
Jardinière.

Légumes.

Asperges de Provence. Petits pois. Haricots verts. Fèves de marais.
Tomates au gratin. Pommes de terre nouvelles.
Brocolis au beurre fondu. Laitues farcies au riz. Soufflé au fromage.

Entremets.

Chauds : Soufflé aux fraises et curaçao,
Crêpes à la fine Champagne.
Froids : Crème au caramel, Meringues Chantilly,
Fraises Jeanne Granier.
Glaces : Vanille, framboise, orange, café.

Pâtisserie Parisienne.

CARTE DU JOUR (mai).

DINER

Hors-d'œuvre.

Œufs de Pluvier. Caviar frais. Melon Cantaloup. Saumon fumé.
Jambon de Parme.

Potages.

Consommés : à la Royale, La Perouse, Brunoise, Poule-au-pot,
Oxtail, Crécy perlé.
Crèmes : d'Ecrevisses, d'asperges, Georgette.

Poissons.

Turbot. Turbotin aux laitances. Saumon Hollandaise.
Côtelettes de saumon aux concombres. Rougets en caisses.
Truite au vin rouge.
Soles : Mornay des Provençaux, Portugaise, sur le plat.
Filets de Sole : Saint-Germain, Joinville, Orly,
Homard à la Bordelaise.

Relevés.

Longe de veau poêlée (petits pois aux laitues).
Jambon aux légumes nouveaux.

Entrées.

Caneton nouveau aux navets. Poulet de grains à l'estragon.
Filets de poulet au beurre noisette et petits pois.
Pigeonneaux aux olives. Noisettes d'agneau Judic.
Côtelettes d'agneau Mirecourt. Tournedos à la Niçoise.
Ris de veau Excelsior.

Buffet froid.

Terrine de caneton. Poularde Rose de Mai.
Blanc de volaille sur mousse de tomate. Jambon.
Langue à la gelée. Agneau de Pauillac.

Rôtis.

Chapon du Mans. Volaille de la Bresse. Poulet de grains.
Poussins. Pigeonneaux.
Caneton de Duclair. Caneton Nantais.

Salades.

Simples : Romaine, Cœurs de laitue, Chicorée,
Composées : Mascotte, Niçoise, Opéra.

Légumes.

Asperges d'Argenteuil. Asperges vertes. Artichauts à la barigoule.
Petits pois. Haricots verts. Laitues. Courgettes. Tomates. Epinards.

Entremets.

Chauds : Soufflé à la Moscovite, Ananas à la Créole.
Froids : Mousse aux fraises, Riz à la Maltaise.
Glaces : Vanille, fraise, citron, banane, orange.

Pâtisseries.

CARTE DU JOUR (juin).

DÉJEUNER

Hors-d'œuvre.

Melon Cantaloup. Melon Cocktail. Grape fruit.
Artichauts à la grecque. Aubergines a l'Orientale. Salade de homard.
Thon. Œufs farcis. Tomates.

Potages.

Consommé Printanier. Froid Madrilène. Velouté au currie.

Œufs.

En cocotte à la crème. Brouillés Piémontaise. Mollets à la Béchamel.
Pochés en gelée.
Omelettes : aux pointes d'asperges, aux rognons, à l'Espagnole.

Poissons.

Saumon : grillé, froid sauce verte, Truite au bleu et à la Meunière.
Filets de turbotin Victoria.
Rouget béarnaise. Dorade à la Provençale. Merlan au gratin.
Eperlans à l'anglaise.
Soles : au vin rouge, Bonne femme.
Filets de Sole : Doria, Dieppoise, Boitelle.
Homard Clarence, Newburg.

Relevés.

Côte de Bœuf à l'anglaise. Chapon au riz.

Entrées.

Sauté d'agneau aux petits pois. Escalopes de veau aux épinards.
Filet mignon Tyrolienne.
Moussaka. Cervelle de veau à la poulette.
Tête de veau vinaigrette.
Poulet de grains Bourguignonne.

Buffet froid.

Pâté de canard à la Toulousaine. Poularde à la Neva.
Blanc de poulet sur mousse de jambon. Roastbeef.
Langue à la gelée. Agneau. Jambon.

Salades.

Simples : Romaine, Laitue, Cresson.
Composées : Rachel, Carmen, Tomates et laitue.

Légumes.

Asperges d'Argenteuil. Asperges vertes. Artichauts. Courgettes.
Aubergines. Petits pois. Haricots verts.

Entremets.

Chauds : Soufflé aux fraises, Abricots Condé, Cerises Jubilée.
Froids : Pêches Melba, Macédoine de fruits au kirsch.
Pôts de crème au thé.
Glaces : Vanille, fraise, framboise, groseille, citron.

Pâtisseries variées.

CARTE DU JOUR (juillet).

DINER

Hors-d'œuvre.

Melon Cantaloup. Melon Cocktail. Grape fruit. Caviar frais.
Saumon fumé.

Potages.

Consommés : à la Royale, Julienne, Solange, Profiteroles,
froid en tasse. Croûte au pot, Longchamps, Saint-Germain,
Crème de laitues, Velouté de poulet au currie,
Consommé de tortue en gelée.

Poissons.

Turbot sauce crème aux œufs. Turbotin au Chambertin.
Saumon Suchet. Truite Livonienne. Merlan sur le plat.
Soles : Meunière aux aubergines, Coquelin, Bercy.
Filets de Sole : aux crevettes, Grand-Duc, Montreuil.
Timbale de homard, Mousselines d'écrevisses à la crème.

Relevés.

Filet de bœuf Portugaise (haricots verts au beurre).
Jambon au madère (épinards à la crème).

Entrées.

Noisettes d'agneau Rachel. Tournedos Judic. Ris de veau Toulousaine.
Vol au vent parisienne. Suprêmes de poulet aux concombres.
Côtelettes de volailles Pojarsky. Pigeonneaux aux petits pois.
Poussins Maréchal.

Buffet froid.

Médaillons de volaille à la gelée. Caneton de Rouen aux cerises.
Galantine de Pintade. Jambon. Langue. Roastbeef.
Agneau sauce menthe.

Rôtis.

Poularde. Poulet Reine. Poulet de grains. Dindonneau nouveau.
Caneton. Pigeonneaux.

Salades.

Simples : Laitue, Blanc de chicorée, Cœurs de Romaine.
Composées : Irma, Saint-Jean, Haricots verts et tomates.

Légumes.

Artichauts. Aubergines. Courgettes. Laitues farcies au riz.
Tomates au gratin. Petits pois à la française. Haricots verts.
Flageolets. Maïs au beurre fondu. Epinards en branches.

Entremets.

Chauds : Omelette soufflée vanille, Pêches flambées,
Croquettes de Semoule au sabayon
Froids : Mousse à l'abricot, Pudding diplomate, Pêches Cardinal.
Glaces : Vanille, framboise, fraise, citron, Parfait au café.

Pâtisseries variées.

CARTE DU JOUR (août).

DÉJEUNER

Hors-d'œuvre.

Melon Cantaloup. Figues fraîches. Concombres. Tomates.
Saumon fumé. Jambon de Bayonne. Thon mariné.
Salade de bœuf et haricots verts. Œufs pochés à la gelée.

Potages.

Consommé Madrilène en gelée. Crème de petits pois.
Velouté froid de poulet.

Œufs.

A la Florentine. Au beurre noir. A la crème. Brouillés aux tomates.
Mollets au currie. Frits au lard. Omelette paysanne.
Œufs froids : en gelée à l'estragon, pochés sur mousse de tomate.

Poissons.

Pilaw de Cabillaud. Cabillaud sauce aux œufs. Merlan à l'anglaise.
Saumon grillé Béarnaise et froid sauce verte. Eperlans à la diable.
Whitebait.
Soles : Bonne femme, au gratin.
Filets de sole Walewska. Homard à l'américaine, au gratin.

Relevés.

Selle d'agneau bretonne. Chapon.

Entrées.

Blanquette de veau aux champignons. Tournedos Mirabeau.
Bitokes à la crème. Tête de veau ravigote.
Poulet grillé à l'américaine. Poulet sauté Bordelaise.
Coquilles de volaille aux pointes d'asperges.
Pigeonneaux en compote.

Buffet froid.

Suprêmes de volaille Jeannette. Poulet à l'ancienne.
Galantine de volaille. Caille Richelieu. Grouse à la gelée.
Bœuf à la mode. Jambon. Langue. Agneau sauce menthe.

Salades.

Simples : Cœurs de laitues, Romaine, Scarole.
Composées : Châtelaine, Créole, Tomate et laitue.

Légumes.

Aubergines à l'orientale. Courgettes au gratin. Tomates farcies.
Maïs frais au beurre fondu. Fonds d'artichauts Grand-Duc.
Haricots verts. Flageolets. Epinards. Laitues braisées.

Entremets.

Chauds : Soufflé au curaçao, Omelette à la confiture d'abricots.
Froids : Pudding de riz à l'anglaise, Crème pralinée,
Pêches à l'aurore.
Compotes de poires, prunes, figues. — Glaces diverses.

Pâtisseries.

CARTE DU JOUR (septembre).

DINER

Hors-d'œuvre.

Caviar frais. Huîtres. Saumon fumé. Crevettes roses.
Jambon de Parme. Melon.

Potages.

Consommés : Colbert, Portalis, Olga, Poule au Pot, Crème Maria,
Velouté de poulet, Bortsch, Rossolnick, Ecossais, Tortue.

Poissons.

Turbotin à la mode de Hollande. Barbue d'Antin. Rouget Trouvillaise.
Filets de Merlans en paupiettes au gratin.
Soles : Meunière aux laitances, Marinière, Livonienne.
Filets de sole : Murat, Otero, Paupiettes à la d'Orléans.
Homard américaine, Newburg.

Relevés.

Selle de présalé (pommes Macaire).
Dindonneau poêlé (purée de navets).

Entrées.

Tournedos La Vallière. Noisettes d'agneau favorite.
Poulet sauté Gabrielle. Poularde pochée au gros sel.
Côtelettes de volaille Maréchal. Mousseline de volaille au Paprika.
Salmis de faisan. Râble de lièvre au genièvre.

Buffet froid.

Aspic de volaille. Mousse de Jambon, Caille au Château-Yquem.
Terrine de perdreau.

Rôtis.

Chapon du Mans. Poularde de Bresse. Poulet Reine.
Caneton de Rouen. Pigeonneaux. Caille. Grouse. Perdreau.
Faisan. Canepetière.

Salades.

Simples : Scarole, Blanc de chicorée, Laitue, Romaine.
Composées : Aïda, Waldorf, Niçoise.

Légumes.

Artichauts. Courgettes. Aubergines. Tomates. Haricots verts.
Flageolets. Epis de maïs au beurre.
Cèpes frais. Laitues braisées. Epinards.

Entremets.

Chauds : Pudding soufflé au citron, Croûte à la Normande.
Bananes meringuées.
Froids : Mousse aux poires, Moscovite aux pêches de vigne,
Compotes variées.
Glaces : Vanille, café, fraise, citron, melon, Biscuit marquise,
Coupes Jacques.

Pâtisseries variées.

CARTE DU JOUR (octobre).

DÉJEUNER

Hors-d'œuvre.

Caviar frais. Huîtres. Salade crevettes au riz. Saumon fumé.
Mortadelle.

Potages.

Consommé aux œufs pochés. Velouté à la Reine.

Œufs.

Pochés à la bourguignonne. Sur le plat Rachel. Crème gratin.
Brouillés d'Aumale. Au Parmesan.
Omelettes : Grandval, Paysanne, Chasseur.

Poissons.

Dorade grillée Rochelaise. Turbot crème gratin Périgourdine.
Filets de barbue Florentine.
Merlan Colbert. Rouget Livournaise.
Sole : grillée Saint-Germain, Meunière aux cèpes, Bercy.
Filets de sole : Véronique, Cancalaise.
Homard américaine.
Langouste sauce Vincent.

Relevés.

Jambon poêlé (maïs à la crème). Selle de présalé (purée bretonne).

Entrées.

Blanquette de veau au riz. Entrecôte à la Bordelaise.
Epigrammes d'agneau aux pointes d'asperges.
Escalope de veau Viennoise. Poulet poché ménagère.
Poulet sauté aux aubergines.
Chartreuse de perdreau. Grives au gratin.

Buffet froid.

Terrine de volaille à l'ancienne. Chaud-froid de cailles.
Pâté de lièvre en croûte. Terrine de perdreau.
Jambon. Langue. Roastbeef.

Salades.

Simples : Barbe de capucin, Céleri, Romaine.
Composées : Andalouse, Muguette, Lorette.

Légumes.

Artichauts. Aubergines. Tomates à la Provençale.
Choux de Bruxelles.
Endives. Epinards. Cèpes. Céleri au Parmesan.

Entremets.

Chauds : Flan de pommes à la crème, Omelette Norvégienne,
Beignets soufflés.
Froids : Croûte Joinville, Pêches Petit Duc, Poires Félicia.
Glaces : Vanille, café, fraise, orange.

Pâtisseries variées.

CARTE DU JOUR (novembre).

DINER

Hors-d'œuvre.

Caviar frais de Sterlet. Royales natives. Anchois de Norvège.
Saucisson impérial. Terrine de grives.

Potages.

Consommés : aux perles du Japon, aux ailerons de poulet,
Petite marmite Béarnaise. Faubonne, Crème de homard au paprika.
Velouté de volaille à l'Indienne, Soupe aux huîtres.

Poissons.

Turbot au beurre fondu. Turbotin Dugléré. Barbue Mornay.
Sole : Dorée, Normande, ménagère.
Filets de sole : Venitienne, Lavallière, aux crevettes.
Merlan : à l'anglaise, sur le plat, aux moules.
Eperlans au gratin. Timbale de homard aux truffes.
Homard Thermidor.

Relevés.

Longe de veau aux concombres. Pièce de bœuf à la mode.
Chapon à la Napolitaine.

Entrées.

Tournedos Marie-Louise. Côtes de présalé à la Carignan.
Poulet en fricassée à l'ancienne.
Filets de poulet : Saint-Germain, Favorite, Rossini.
Filets de Perdreau en Salmis aux truffes. Caille aux raisins.

Buffet froid.

Parfait de foie gras. Filet de bœuf Montlhéry.
Galantine de Chapon truffée. Caille à l'Orientale.

Rôtis.

Poularde. Chapon. Poulet de grains. Dindonneau. Perdreau.
Faisan. Caille. Bécasse. Bécassine. Pluvier doré. Sarcelle.
Râble de Lièvre. Canetons Rouennais et Nantais. Canard sauvage.

Salades.

Simples : Mâches, Céleri, Chicorée, Barbe de capucin.
Composées : Rachel, Tosca, Bagration.

Légumes.

Asperges vertes. Artichauts Barigoule. Céleri braisé. Endives.
Choux de Bruxelles. Soufflé aux épinards. Crosnes.
Tomates au gratin. Chou-fleur à la Polonaise.

Entremets.

Chauds : Charlotte de pommes, Soufflé à l'orange.
Croute Lyonnaise.
Froids : Mousse pralinée, Poires Hélène, Blanc-manger au rhum.
Glaces : Vanille, fraise, citron, mandarine, Parfait au café.

Pâtisseries.

17.

CARTE DU JOUR (décembre).

DÉJEUNER

Hors-d'œuvre.

Petites brioches au foie gras. Caviar frais. Huîtres,
Salade de thon Nantaise. Œufs farcis a la crème d'anchois,
Saucisson Imperial. Jambon de Bayonne. Variétés italiennes.

Potages.

Consommé aux pâtes de Gênes. Crème d'orge.

Œufs.

Œufs brouillés Magda, aux truffes, mollets d'Orsay.
Pochés Villeroy. Regina. Moulés Polignac. Sur le plat Mayerbeer.
Omelettes : au jambon, Savoyarde, Châtelaine.

Poissons.

Turbotin grillé à la diable. Cabillaud au beurre fondu.
Anguille tartare. Merlan Richelieu.
Soles : à l'americaine, Marchand de vins, Montreuil.
Filets de sole : Orly, Normande, Paupiettes à la Nantua.
Homard Clarence. Langoutisnes à la Provençale.

Relevés.

Selle d'agneau (chicorée à la crème). Filet de bœuf Frascati.
Dindonneau poêlé aux céleris.

Entrées.

Queue de bœuf Chipolata. Rumpsteak Mirabeau.
Côtes de moutons à la Réforme. Cervelle au gratin.
Pieds de porcs truffés. Civet de lièvre. Pilaw de volaille.
Poussins Grand'Mère. Faisan à la choucroute.
Caille à la Turque.

Buffet froid.

Hure de sanglier. Terrine de perdreau de Nérac.
Galantine de volaille. Poularde truffée. Pâté de foie gras.

Salades.

Simples : Barbe de capucin, Scarole, Endive.
Composées : Isabelle, Jockey-Club, Lorette.

Légumes.

Asperges de serre. Cœurs d'artichauts à la moelle.
Céleri au Parmesan. Chou-fleur, Choux de Bruxelles. Crosnes.
Tomates. Haricots verts. Salsifis. Gnoki à l'ancienne.

Entremets.

Chauds : Pudding de riz à l'orange, Pommes à la Châtelaine.
Beignets d'ananas.
Froids : Mont Blanc aux marrons, Meringués Chantilly.
Macédoine de fruits. Compotes diverses.
Glaces : Vanille, fraise, citron, orange, Coupes Bohémienne.

Pâtisseries.

SERVICE DES VINS
dans un grand repas moderne

Il est d'usage maintenant, avant de passer à table, de commencer par un verre de vieux Madère, de Xérès ou de Porto, mais c'est le Cocktail qui est devenu le plus à la mode. Or, si on considérait la quantité d'alcool que contiennent ces vins et cocktails, on s'apercevrait vite que, ni les uns ni les autres ne se recommandent pour préparer l'estomac à recevoir les aliments qui doivent suivre.

Une sage précaution, qui doit être rigoureusement observée, c'est de toujours mettre sur la table, à portée des convives, des vins blancs et rouges en carafes — choisis parmi de bons ordinaires — et des eaux minérales. Car, il y a bien des personnes qui, dans un dîner, soit par goût, soit pour raisons de santé, ne boivent d'autre vin que l'ordinaire ou de l'eau pendant tout le repas.

Autrefois, il était de règle de passer, après le Potage, du Marsala, du Madère ou du Xérès. Cette coutume est à peu près disparue, depuis que la mode moderne a admis que certains Hors-d'œuvre, tels que Caviar, Huitres, Saumon fumé, Œufs de Pluviers, Melon, suivant saison, soient servis avant le Potage.

Pour accompagner ces différents Hors-d'œuvre, les vins blancs secs sont tout indiqués ; les vins doux ne sont pas recommandables. Parmi les Bourgogne, le Chablis, le Pouilly, le Dry-Pouilly, le Meursault, le Montrachet sont toujours admis.

Parmi les vins blancs de Bordeaux, le Graves est celui qui est le plus couramment servi. Les vins de la Touraine et de l'Anjou sont très appréciés; ceux d'Alsace, de la Moselle et les vins du Rhin accompagnent dignement les Hors-d'œuvre et les Poissons en général; de sorte que le service des vins blancs se continue jusqu'aux relevés des Viandes de boucherie, Venaison, Volaille, etc.

De ce fait, aucun vin spécial n'est mentionné pour le service des Potages, et il en est de même pour les Hors-d'œuvre chauds servis avant ou après le, ou les Potages. Les Hors-d'œuvre chauds comprennent la série des Bouchées, Croustades, Cassolettes, Tartelettes, Croquettes, Petits pâtés, Fondue au fromage, Petits Soufflés, etc. Mais si, aujourd'hui, ces Hors-d'œuvre figurent rarement sur les menus des Dîners, on les retrouve sur ceux des Déjeuners où ils sont de plus en plus appréciés.

Pour les Relevés de Viandes de Boucherie, Venaison, Volaille et Entrées diverses, chaudes ou froides, les vins du Bordelais sont les plus recommandés. On sert en premier les vins les plus légers pour arriver, au second service, aux vins de Bourgogne choisis pour accompagner les diverses Pièces de Broche, surtout certains gibiers et le Canard à la Rouennaise.

Cependant, on peut enfreindre la règle, lorsque le Rôti est représenté par une belle pièce de volaille simplement rôtie ou truffée. Dans ce cas, un vin de Bordeaux un peu corsé, comme le Mouton-Rothschild ou le Château-Laflite peut dignement remplacer le Bourgogne.

Pour accompagner la Venaison, il est dit que les crus Bourguignons sont les plus appréciés et il en est de même pour les fromages; de sorte que la logique ne permet pas de servir un vin spécial pour les légumes et même pour les mets considérés comme Rôts froids (ou pièces de second Rôt), ceux-ci se trouvant placés entre le rôti et le fromage.

Dans ce cas, on doit continuer le service avec le même cru servi au rôti. Pour diverses raisons, je ne suis pas très partisan de passer le fromage dans un grand Dîner; mais on peut le remplacer par certaines préparations au fromage, tel le Soufflé au Parmesan, additionné de lamelles de truffe (fraîches si possible), ou de queues d'écrevisses, etc.

En cette occurrence, le Champagne pourrait être servi aussitôt après le Rôti, avec les Rôts froids comme : Pâtés,

Galantines, Jambon, Foie gras, Terrines de gibier, Crustacés divers, etc. et jusqu'au café.

Avec le Café, la grande Fine Champagne est certainement la plus appréciée des liqueurs ; néanmoins, on doit servir en même temps un choix d'autres fines liqueurs. Autrefois, la coutume — aujourd'hui démodée — était de passer avec les desserts différents vins doux ; cependant, quelquefois encore on sert du Château-Yquem, mais ce vin doit être servi très froid.

Pour Soupers fins, il est rare de voir figurer un vin rouge sur le menu. Seul, un Champagne de marque est admis des soupeurs.

En Angleterre, il est d'usage de commencer par prendre quelques Cocktails avant de passer à table et de dîner au Champagne « sec ». Les Anglais sont très connaisseurs et savent apprécier les bons crus. Leur vieille coutume est, au dessert, de faire servir du Porto ou un grand vin de Bordeaux. Avec le café, leur liqueur préférée est une Grande Fine Champagne ; néanmoins, on sert toujours un choix de liqueurs.

Pour un grand Déjeuner, le Service des Vins ne diffère pas de celui indiqué pour le Dîner.

*
* *

D'impressions et d'avis recueillis de convives gourmets, sur la succession des vins dans un grand repas, il résulte que, au Madère, Marsala et Xérès servis autrefois après le Potage, on préfère maintenant, dans la généralité, les vins de Graves, de Chablis, de Pouilly, de Meursault et de Montrachet, à condition qu'ils soient servis très froids. Ils ont l'avantage de ne pas paralyser l'appétit comme les premiers, et ne dépassent pas l'action d'une légère stimulation à peine sensible sur l'estomac.

Si, dans un Dîner, on commence à s'exciter avec des vins trop alcoolisés, le palais se trouve blasé pour apprécier la délicatesse et le bouquet de ceux qui suivent. Donc, la sagesse recommande de ne boire que des vins légers pendant le premier service et de réserver pour le Rôti les vins plus capiteux. Ainsi, on sera mieux disposé à goûter les grands crus, tels que le Clos-Vougeot, le Corton, le Romanée-Conti, le Pommard, Chambertin, Musigny, etc.

Si le talent et la science du cuisinier consistent à savoir faire manger sans fatiguer l'estomac, l'art du sommelier est de savoir faire boire sans troubler le cerveau.

L'affectation, commune autrefois, d'offrir un grand nombre de vins est considérée maintenant comme un luxe de mauvais goût. Donc, pas de profusion, mais que leur qualité retienne l'attention, aussi bien pour les vins ordinaires que pour les grands vins.

Les vins ordinaires sont généralement servis en carafes et frais. Les vins de Bordeaux doivent être montés de la cave quelques heures avant le Dîner, afin qu'ils prennent la température de la salle à manger. C'est une erreur de croire qu'une exposition au feu les améliore.

Les vins de Bourgogne doivent être servis frais, mais sans excès.

Le vin de Champagne, ami de la gaieté, demande à être glacé sans exagération ; le Champagne trop glacé perd beaucoup de sa valeur.

Les Grands vins sont versés par un sommelier qui en annonce le nom et la date. Au résumé, le service actuel des vins dans les plus grands repas, consiste en :

Vins blancs de Bordeaux ou de Bourgogne pour les Hors-d'œuvre et les Poissons.

Deux différents crus de Bordeaux pour les Relevés et Entrées.

Bourgogne rouge pour les Rôtis.

Champagne pour le Dessert.

Ordonnance du Service des Vins

1° Sur Table : Vins ordinaires, blancs et rouges en carafes. Eaux minérales.

2° Avec les Hors-d'œuvre froids ou chauds : Vins blancs de Bourgogne, du Bordelais, de Touraine, d'Anjou, d'Alsace, de Moselle et Vins du Rhin.

3° Avec les Poissons : Les mêmes que pour les Hors-d'œuvre.

4° Avec les Relevés de Boucherie, Venaison, Volailles : Vins rouges de Bordeaux.

5° Avec les Entrées : En général, on continue avec les mêmes vins que pour les Relevés. Selon les circonstances, on sert dans le premier service deux différents crus de Bordeaux ou plus, ce qui dépend de l'importance du Diner.

6° Avec les Rôtis : Il est convenu qu'on doit servir du Bourgogne ; cependant, comme je l'ai mentionné plus haut, on peut remplacer le vin de Bourgogne par du vin de Bordeaux un peu corsé.

7° Pour Pièces froides de Second Rôt : On peut, toujours selon les circonstances, continuer avec le même vin, ou servir le Champagne aussitôt après le Rôti chaud.

8° Avec les Légumes : Aucun vin spécial n'est mentionné ni servi avec les légumes.

9° Avec le Fromage : Si le menu en comporte, avec le même vin que celui du Rôti.

10° Avec les Entremets : Le Champagne.

11° Avec le Café : Grande Fine Champagne et Variété de Liqueurs de choix.

Classification

des

Grands Vins de la Gironde

NOMS DES CRUS	COMMUNES	PROPRIÉTAIRES	Production moyenne en tonneaux.
GRANDS PREMIERS CRUS			
Château-Lafite.........	Pauillac.	Barons A., G. et E. de Rothschild	180
Château-Latour........	Id.	De Flers, de Beaumont, de Graville, de Courtivron.	90
Château-Margaux.....	Margaux.	Pillet-Will.	130
Château-Haut Brion .	Pessac. (Graves .	Héritiers Am. Larrieu.	100
DEUXIÈMES CRUS			
Mouton................	Pauillac.	Héritiers Baron J.-E. de Rothschild.	120
Rauzan-Ségla.	Margaux.	Durand-Dassier.	60
Rauzan-Gassies........	Id.	Rhone-Pereire.	45
Leoville-Lascases	St-Julien.	Marquis de Lascases.	125
Leoville-Poyfere	Id.	Armand-Lalande.	90
Leoville-Barton........	Id.	Barton.	75
Durfort-Vivens.	Margaux.	De La Mare et F. Beaucourt.	50
Lascombes............	Id.	Chaix-d'Est-Ange	40
Gruaud-Larose-Sarget	St-Julien.	Baron Sarget.	100
Gruaud-Laroso.......	Id,	De Bethmann et A. Faure.	100
Brane-Cantenac.......	Cantenac.	Berger et Roy.	100
Pichon-Longueville	Pauillac.	Baron de Pichon.	60
Pichon-Lalande.	Id.	Comtesse de Lalande.	70
Ducru-Beaucaillou ...	St-Julien.	Nath. Johnston.	100
Cos-d'Estournel	St-Estèphe.	Famille de Errazu.	150
Montrose	Id.	Dollfus-Famille.	180

NOMS DES CRUS	COMMUNES	PROPRIÉTAIRES	Production moyenne en tonneau

TROISIÈMES CRUS

NOMS DES CRUS	COMMUNES	PROPRIÉTAIRES	
Giscours	Labarde.	Edouard Cruse.	125
Kirwan..................	Cantenac.	Ville de Bordeaux.	170
D'Issan.	Id.	G. Roy.	10
Lagrange	St-Julien.	Louys.	250
Langoa	Id.	Héritiers Barton.	125
Malescot-St-Exupéry ..	Margaux.	Bernos, de Boissac, Ch. Couve, Deroulède.	150
Cantenac-Brown......	Cantenac.	Armand Lalande.	130
Palmer	Id.	MM. Pereire.	170
La Lagune	Ludon.	Louis Seze.	75
Desmirail	Margaux.	Mᵐᵉ Sipiére.	50
Calon-Segur...........	St-Estèphe.	Hér. P. F. de Lestapis.	150
Ferriere.	Margaux.	Ferriere.	15
Mis. d'Alesme-Becker..	Id.	Sznajderski.	12

QUATRIÈMES CRUS

NOMS DES CRUS	COMMUNES	PROPRIÉTAIRES	
Saint-Pierre...........	St-Julien.	MM. Bontemps-Dubarry et Kappelhoff.	50
Saint-Pierre............	Id.	Mᵐᵉ de Luetkens.	30
Branaire-Ducru.......	Id.	Comte A. Ravez, Mis. de Carbonnier Marzac.	130
Talbot...	Id.	Marquis d'Aux.	100
Duhar-Milon...........	Pauillac.	Mᵐᵉ Casteja.	10
Pouget..	Cantenac.	De Chavaille.	30
La Tour-Carnet.......	St-Laurent	Mᵐᵉ de Luetkens.	130
Rochet....	St-Estèphe.	Mᵐᵉ Lafon de Camarsac et Fils.	45
Beychevelle...........	St-Julien.	Vve Arm. Heine.	160
Le Prieuré	Cantenac.	Rulh et Rosseau.	35
Mis. De Therme.......	Margaux.	Fr. Eschenauer.	80

CINQUIÈMES CRUS

NOMS DES CRUS	COMMUNES	PROPRIÉTAIRES	
Pontet-Canet..........	Pauillac.	Mᵐᵉ H. Cruse.	180
Batailley.	Id.	Constant Halphen.	110
Grand-Puy-Lacoste....	Id.	De Saint-Legier.	140
Ducasse-Grand-Puy ...	Id.	Duroy de Suduiraut.	100
Lynch-Bages.	Id.	Maurize Cayrou.	90
Lynch-Moussas	Id.	Vazquez.	100
Dauzac.....	Labarde.	Nath. Johnston.	90
Mouton-d'Armailhacq	Pauillac.	De Ferrand.	150
Le Tertre	Arsac.	Mᵐᵉ H. Kœnigswarter.	125
Haut-Bages	Pauillac.	De Solminmac.	30
Pédesclaux..	Id.	Mᵐᵉ Pedesclaux.	25
Belgrave	St-Laurent.	Mᵐᵉ Bruns-Devez.	80
Camensac	Id.	Mᵐᵉ Bruno-Popp.	60
Cos-Labory...........	St-Estephe.	Vve L. Peychaud et Fils.	40
Clerc-Milon.	Pauillac.	Laména, notaire.	30
Calvé-Croizet-Bages ..	Id.	Julien Calvé Fils.	65
Cantemerle........	Macau.	Baronne d'Abadie de Villeneuve de Durfort.	200

Le Médoc contient, en outre des vins ci-dessus, un grand nombre de crus bourgeois supérieurs d'un grand mérite ; quelques-uns se vendent à peu près comme les cinquièmes crus.

La région des Graves, au Sud de Bordeaux, où se trouve le grand premier Haut-Brion, contient un certain nombre de crus renommés qui se vendent comme les deuxièmes, troisièmes ou quatrièmes crus de Médoc.

Les meilleurs vignobles de Graves sont situés à Pessac, Léognan, Martillac, Talence, Villenave-d'Ornon, Gradignan, Canéjan, Cadujac, Ayguemortes, Portets, etc., etc.

Les vignobles renommés de Saint-Emilion et, à côté, ceux de Pomerol, dont la réputation grandit tous les jours, obtiennent dans les premiers crus les prix des quatrièmes ou cinquièmes crus du Médoc.

GRANDS VINS BLANCS

GRAND PREMIER CRU

Château-Yquem, à Sauternes.

PREMIERS CRUS

Château-La Tour-Blanche, à Bommes.
Château-Peyraguey, à Bommes.
Château-Vigneau, à Bommes.
Château-Suduiraut, à Preignac.
Château-Coutet, à Barsac.

Château-Climens, à Barsac.
Château-Bayle (Guiraud), à Sauternes.
Château-Rieussec, à Fargues.
Château-Rabaut, à Bommes.

DEUXIÈMES CRUS

Château-Mirat, à Barsac.
Château-Doisy, à Barsac.
Château-Peyxotto, à Bommes.
Château-d'Arche, à Sauternes.
Château-Filhot, à Sauternes.
Château-Caillou, à Barsac.

Château-Broustel-Nérac, à Barsac.
Château-Suau, à Barsac.
Château-Malle, à Preignac.
Château-Romer, à Preignac.
Château-Lamothe, à Sauternes.

Simple nomenclature des Principaux Vins de Bourgogne.

VINS DU BEAUJOLAIS

1. — Mâcon.
2. — Chénas.
3. — Fleurie.
4. — Juliena.
5. — Morgon.
6. — Thorins.
7. — Moulin à Vent.

VINS DE LA HAUTE BOURGOGNE

1. — Beaune.
2. — Mercurey.
3. — Nuits.
4. — Bonnes Mares.
5. — Corton.
6. — Pommard.
7. — Chambertin.
8. — Clos-Vougeot.
9. — Richebourg.
10. — Musigny.
11. — Romanée Conti.

VINS BLANCS DE BOURGOGNE

1. — Chablis.
2. — Chablis Vandésir.
3. — Pouilly-Fuissé.
4. — Meursault.
5. — Montrachet.
6. — Chablis Moutonne.

Division de l'Ouvrage

E. GREVIN — IMPRIMERIE DE LAGNY — 3-1928.